大学編入試験対策

編入数学入門

—講義と演習—

桜井基晴 著

金子書房

『編入数学入門—講義と演習—』の復刊によせて

本書は聖文新社（旧・聖文社）より2013年3月に出版された『編入数学入門—講義と演習—』の復刊です。『編入数学徹底研究』から始まった編入対策シリーズは2020年の聖文新社の業務終了後，金子書房のご厚意により継続して出版していただけることとなりました。本書はその第3弾となります。

本書執筆の背景は「はじめに」の中で述べた通りですが，この機会を利用してもう少し補足させていただきたいと思います。

著者の意図では本書『編入数学入門』は編入対策シリーズの中で極めて重要な位置を占めるものですが，これにはやや詳しめの説明が必要なようです。というのは，大学編入試験の出題の中心は主として大学で学ぶ微分積分と線形代数であり，高校数学（旧課程を含む）を扱う本書が極めて重要なものであるということがただちには了解されにくいからです。そこで，以下では編入試験における，特に旧帝大をはじめとする難関大合格における高校数学の重要性をできる限り丁寧に説明してみたいと思います。

編入試験は主として大学範囲の微分積分と線形代数からの出題（旧帝大その他，確率や応用数学がさらに加わる大学もある）ですが，けっして大学の教科書や演習書の問題と同じようなものが出題されるというわけではありません。編入試験も入試問題である限り，総合的な学力を問うものであり，たとえ大学範囲の問題であってもそれを解くためには高校数学の十分な学力（＝実力）が不可欠となります。そして，このような総合的な学力を試すという傾向は当然のことながら難関大になるほど強くなってきます。また，確率や数列，ベクトルなど，高校数学そのままの問題が出題されることもよくあります。

これまで大学編入を目指す多くの高専生や大学生を指導してきて，編入試験問題を自力で解けない大きな要因として高校数学の力不足があることを痛感してきました。高校数学はその幅の広さと数学的思考力を要求する点で，あらゆる問題を自由に解けるための極めて重要な基礎です。とはいえ，入試半年ほど前から受験勉強を開始する人も多く，高校数学が力不足のまま，すなわち実力不足のまま大学範囲だけを勉強して入試に突入するケースが目立ちます。確かに，ごく易しい編入試験であればそれでもかなり通用します。しかし，実力がないまま大学範囲だけを勉強して第一志望に失敗する受験生が多いのも事実です。問題集もたくさん解いて練習を積んだはずなのに答のない過去問を前にすると解けないとすれば，そこに何か原因があると考えなければなりません。

一言で言ってしまえば，問題が解けないのは実力がないからです。実力というのはけっして短期間で養成できるものではなく，それなりに長い月日をかけて養っていくものです。そして，数学の実力を養うための最も効果的な方法は高校数学をしっかりと勉強することです。このことは一般的な大学入試の受験指導を行っているような人には全くの常識ですが，大学編入の受験生，特に難関大編入を目指す受験生には十分に理解しておいてほしい事柄です。

東大編入の最初の試験に失敗したのち，浪人して見事合格を勝ち取ったある受験生は浪人してからの勉強について次のように書いてくれています。

「空いた時間に『編入数学入門－講義と演習（大学編入試験対策）』をちょっとずつこなしていき何とか一周は終わらせることが出来ました。この本は他の演習書では手が届きにくい漸化式や数列など高校の範囲の数学も扱っており，東大受験生の基礎固めには最適だと思いました。」そして東大編入試験直前には，「『編入数学入門－講義と演習（大学編入試験対策）』も二周ほどやりました。今回は（東大の：筆者追記）過去問は使っていません。」[注)]

二度目の編入試験で見事東大合格を果たしたこの受験生は最初の失敗から非常に重要なことを学んでくれたと思います。実力さえあれば，たとえ過去問をやらなかったとしても，余裕をもって問題が解けるということです。

入試まで残り日数が少ないとどうしても過去問やその類題の解き方をたくさん理解してそれを覚えるという表面的な対策に終始しがちです。ですから，できるだけ早い段階から計画的に実力を養いつつ，受験対策をしてもらうのが一番です。本書は編入試験で必要となる高校内容を凝縮したものであり，早い時期から取り組むことができます。勉強では“分かっているつもり”は要注意です。公式の証明なども省略したりせず，一つ一つじっくりと取り組むことが大切です。なお，「総合演習」の問題の多くは難関大の編入試験や二次試験からとってきた問題ですので，ぜひ力試しにチャレンジしてみてください。

最後に，編入対策シリーズを途絶えることなく聖文新社から引き継いでくださいました金子書房のみなさまには心より感謝申し上げます。『編入数学徹底研究』『編入数学過去問特訓』の復刊に向けた編集作業から引き続き，今回もまた金子書房編集部の亀井千是氏にたいへんお世話になりました。ここに深く感謝の意を表します。

2021 年 2 月

桜井　基晴

注)「東大編入について『体験談：lmb 氏』」小山太郎流　東大編入体験談まとめサイト：https://kosen-todai.com/oldsite/univ/experiences/lmb27.html

はじめに

本書は，大学編入試験対策として，高校数学の範囲（旧課程を含む）の学習を目的として書かれたものです。

編入試験では，主として大学１・２年（高専の４・５年）で学習する微分積分と線形代数から出題されます。しかし，大学の微分積分と線形代数を一通り勉強しただけで編入試験に合格することはなかなか難しいものです。というのは，問題が解けるためには土台となる高校（高専では１・２・３年）の数学の素養が不可欠だからです。また，東大や阪大などの最難関大学では，総合的な実力を試そうという意図からか，高校範囲（旧課程を含む）の問題が多数出題されることも要注意です。

ところで，高校数学は高専生にとって大きな弱点のようです。高専では，高校内容を簡単に学習した後，早めに大学内容に進む傾向があります。さらに，大学受験を経験していないという決定的な要因も加わって，高校数学の素養がかなり不十分であることが目につきます。実際，数列の和が満足に計算できない，簡単な漸化式が解けない，といったことが多くの高専生に見られます。

当然のことながら，このような状態では編入試験でなかなか満足のいく結果は期待できません。また，総合的な実力が要求される難関大にはほとんど通用しません。編入試験突破のためには，高校内容の基礎をしっかりと固め，その土台の上に大学内容をきちんと身に付けていくことが大切です。

本書は次のような２種類の読者を念頭に置いて書かれています。１つは，大学の微分積分や線形代数をまだ習っていない高専の１・２・３年生です。彼らには数学の実力を養うのに最適な高校数学をじっくり学習することを勧めます。真の実力の養成には長い月日をかけた地道な学習が絶対に不可欠です。もう１つは，編入試験を間近に控えている高専の４・５年生および大学１・２年生です。入試を間近に控えた受験生は必要な項目だけ取捨選択して学習してもらえればと思います。

今回もまた聖文新社の小松彰氏にたいへんお世話になりました。ここに深く感謝の意を表します。

2013年１月

桜井　基晴

目　次

＜ワンポイント解説＞

＜集中ゼミ＞

＜発展研究＞

編入数学入門

基本事項の総整理と必須問題の解法研究

第1章

数列の和

要項

1.1 基本公式

数列ではまず公式をきちんと覚えることが大切。

［公式］（等差数列）

初項a，公差dの等差数列において

① $a_n=a+(n-1)d$

② $S_n=\dfrac{n}{2}(a_1+a_n)=\dfrac{n}{2}\{2a+(n-1)d\}$

［公式］（等比数列）

初項a，公比rの等比数列において

① $a_n=a\cdot r^{n-1}$　　② $S_n=\begin{cases}\dfrac{a(1-r^n)}{1-r} & (r\neq 1)\\ na & (r=1)\end{cases}$

（注）②において，$\dfrac{a(1-r^n)}{1-r}$ は $\dfrac{a(r^n-1)}{r-1}$ でも同じ。

［公式］（Σの公式）

① $\displaystyle\sum_{k=1}^{n}k=\frac{1}{2}n(n+1)$

② $\displaystyle\sum_{k=1}^{n}k^2=\frac{1}{6}n(n+1)(2n+1)$

③ $\displaystyle\sum_{k=1}^{n}k^3=\left\{\frac{1}{2}n(n+1)\right\}^2$

（注1）$\displaystyle\sum_{k=1}^{n}c=c+c+\cdots+c=cn$　⬅ c を n 個加えるだけ

（注2）$\displaystyle\sum_{k=1}^{n}r^k=r+r^2+\cdots+r^n=\frac{r(1-r^n)}{1-r}$　（$r\neq 1$ のとき）　⬅ 等比数列

1. 2 階差数列の公式

[公式] 数列 $\{a_n\}$ の階差数列を $\{b_n\}$ とするとき（$b_n=a_{n+1}-a_n$）

$$a_n=a_1+\sum_{k=1}^{n-1}b_k \quad (n\geqq 2)$$

$$\begin{array}{cccccccc} a_1, & a_2, & a_3, & \cdots, & a_{n-1}, & a_n, & a_{n+1}, & \cdots \\ & b_1, & b_2, & \cdots, & & b_{n-1}, & b_n, & \cdots \end{array}$$

等差数列，等比数列の和の公式を証明しておこう。数学や物理では公式を導出することは実力をつけるための大切な作業である。公式の導出に無関心な人が実に多いがそれは要注意である。

等差数列の和の公式の証明：

$$\begin{array}{rl} & S_n=a_1+a_2+\cdots+a_{n-1}+a_n \quad (+d) \\ +) & S_n=a_n+a_{n-1}+\cdots+a_2+a_1 \quad (-d) \\ \hline & 2S_n=(a_1+a_n)\times n \end{array}$$

⬅ $\boldsymbol{a_1+a_n=a_2+a_{n-1}=\cdots=a_n+a_1}$

$$\therefore \quad S_n=\frac{n}{2}(a_1+a_n)=\frac{n}{2}\{2a+(n-1)d\}$$

□

等比数列の和の公式の証明：

$$\begin{array}{rl} & S_n=a+ar+ar^2+\cdots+ar^{n-1} \\ -) & rS_n=\quad\ ar+ar^2+\cdots+ar^{n-1}+ar^n \\ \hline & S_n-rS_n=a \qquad\qquad -ar^n \end{array}$$

⬅ **$S-rS$ 法**

$$\therefore \quad (1-r)S_n=a(1-r^n)$$

よって，$r\neq 1$ のときは

$$S_n=\frac{a(1-r^n)}{1-r}$$

一方，$r=1$ のときは，単純に

$$S_n=a+a+a+\cdots+a=na$$

□

（注） 数列の和の計算で重要な $S-rS$ 法がここで初めて登場する。

例題 1－1（等差数列と等比数列）

(1)　初項が 15，公差が -2 の等差数列において，初項から第 n 項までの和 S_n の最大値を求めよ。

(2)　初項が 2，公比が 3 の等比数列において，初項から第 n 項までの和 S_n が初めて 1000 より大きくなる n を求めよ。

解説　数列の中で最も基本となるものは**等差数列**と**等比数列**である。隣接する項の“差”あるいは“比”に着目することは数列のアイデアの基本である。

(i)　初項 a，公差 d の等差数列において

①　一般項：$a_n=a+(n-1)d$

②　和：$S_n=\dfrac{n}{2}(a_1+a_n)=\dfrac{n}{2}\{2a+(n-1)d\}$

(ii)　初項 a，公比 r の等比数列において

①　一般項：$a_n=a\cdot r^{n-1}$　　②　和：$S_n=\begin{cases}\dfrac{a(1-r^n)}{1-r} & (r\neq 1)\\ na & (r=1)\end{cases}$

解答　(1)　$S_n=\dfrac{n}{2}\{2\cdot 15+(n-1)\cdot(-2)\}=n(-n+16)$

$$=-n^2+16n=-(n-8)^2+64$$

よって，S_n の最大値は $S_8=64$　……〔答〕

別解　一般項は $a_n=15+(n-1)(-2)=-2n+17$ であるから

$n\leqq 8$ ならば $a_n>0$ であり，$n\geqq 9$ ならば $a_n<0$ である。

したがって，S_n の最大値は $S_8=64$　……〔答〕

(2)　$S_n=\dfrac{2(3^n-1)}{3-1}=3^n-1>1000$ とすると，$3^n>1001$

ここで，$3^6=729$，$3^7=2187$ であるから

和 S_n が初めて 1000 より大きくなる n は，$n=7$　……〔答〕

類題 1－1　解答は p. 206

(1)　第 10 項が -14，第 30 項が 66 の等差数列について，初項から第何項までの和が初めて正となるか。

(2)　年利率 3％，1 年ごとの複利計算で，毎年初めに 10 万円ずつ貯金するとき，10 年後の年末には貯金はいくらになっているか。ただし，$1.03^{10}=1.3439$ として計算し，1 万円未満は四捨五入して答えよ。

例題 1 － 2（公式による和の計算）

次の数列の和を求めよ。

(1)　$(n+1)^2+(n+2)^2+\cdots+(n+n)^2$　　(2)　$\displaystyle\sum_{k=1}^{n}3^{2k+1}$

解説　シグマの公式のうち次の 3 つは覚えておく必要がある。

①　$\displaystyle\sum_{k=1}^{n}k=\frac{1}{2}n(n+1)$　　②　$\displaystyle\sum_{k=1}^{n}k^2=\frac{1}{6}n(n+1)(2n+1)$

③　$\displaystyle\sum_{k=1}^{n}k^3=\left\{\frac{1}{2}n(n+1)\right\}^2$

解答　(1)　$(n+1)^2+(n+2)^2+\cdots+(n+n)^2$

$\displaystyle=\sum_{k=1}^{n}(n+k)^2$　⬅ **まずきちんとΣで表すこと！**

$\displaystyle=\sum_{k=1}^{n}(n^2+2nk+k^2)$

$\displaystyle=\sum_{k=1}^{n}n^2+2n\sum_{k=1}^{n}k+\sum_{k=1}^{n}k^2$　⬅ **k に関する和だから n は定数と見なす**

$\displaystyle=n^2\cdot n+2n\cdot\frac{1}{2}n(n+1)+\frac{1}{6}n(n+1)(2n+1)$

$\displaystyle=\frac{1}{6}n\{6n^2+6n(n+1)+(n+1)(2n+1)\}$

⬆ **{　} の中に分数が出ないように！**

$\displaystyle=\frac{1}{6}n(14n^2+9n+1)=\frac{1}{6}n(2n+1)(7n+1)$　……〔答〕

(2)　$\displaystyle\sum_{k=1}^{n}3^{2k+1}=3^3+3^5+\cdots+3^{2n+1}$　⬅ **初項 $3^3=27$，公比 $3^2=9$ の等比数列**

$\displaystyle=\frac{27(9^n-1)}{9-1}$　⬅ **$r\neq1$ のとき，$\displaystyle\sum_{k=1}^{n}a\cdot r^{k-1}=\frac{a(1-r^n)}{1-r}=\frac{a(r^n-1)}{r-1}$**

$\displaystyle=\frac{27}{8}(9^n-1)$　……〔答〕

類題 1 － 2

解答は p. 206

次の数列の和を求めよ。

(1)　$1\cdot n+2\cdot(n-1)+3\cdot(n-2)+\cdots+n\cdot1$

(2)　1, 2, 3, …, n において，異なる 2 つの項の積の総和。（ただし，$n\geqq2$）

例題 1－3（分数式の和の求め方）

次の数列の和を求めよ。

(1) $\displaystyle\sum_{k=1}^{n}\frac{1}{4k^2-1}$　(2) $\displaystyle\sum_{k=1}^{n}\frac{1}{\sqrt{2k+1}+\sqrt{2k-1}}$　(3) $\displaystyle\sum_{k=1}^{n}k(k+1)(k+2)$

解説 **分数式の和の求め方**は和の計算において重要である。分数式の和の計算は，公式ではなく，独特な方法による和の計算である。分数式の和でなくてもこの方法が使えることもある。打ち消し合う様子を図できちんと確認しよう。

解答 (1)

$$\sum_{k=1}^{n}\frac{1}{4k^2-1}=\sum_{k=1}^{n}\frac{1}{(2k+1)(2k-1)}$$

$$=\frac{1}{2}\sum_{k=1}^{n}\left(\frac{1}{2k-1}-\frac{1}{2k+1}\right)$$

⬅ Σの中を"差の形"に！

$$=\frac{1}{2}\left(1-\frac{1}{2n+1}\right)$$

$$=\frac{n}{2n+1}$$

……〔答〕

$$\begin{array}{rl} & 1-\frac{1}{3} \\ & \frac{1}{3}-\frac{1}{5} \\ & \quad\vdots \\ & \frac{1}{2n-3}-\frac{1}{2n-1} \\ +) & \frac{1}{2n-1}-\frac{1}{2n+1} \\ \hline & 1-\frac{1}{2n+1} \end{array}$$

(2)

$$\sum_{k=1}^{n}\frac{1}{\sqrt{2k+1}+\sqrt{2k-1}}$$

$$=\sum_{k=1}^{n}\frac{\sqrt{2k+1}-\sqrt{2k-1}}{(2k+1)-(2k-1)}$$

⬅ 分母の有理化

$$=\frac{1}{2}\sum_{k=1}^{n}(\sqrt{2k+1}-\sqrt{2k-1})$$

$$=\frac{1}{2}(\sqrt{2n+1}-1)$$

……〔答〕

$$\begin{array}{rl} & \sqrt{3}-1 \\ & \sqrt{5}-\sqrt{3} \\ & \quad\vdots \\ & \sqrt{2n-1}-\sqrt{2n-3} \\ +) & \sqrt{2n+1}-\sqrt{2n-1} \\ \hline & \sqrt{2n+1}-1 \end{array}$$

(3)

$$\sum_{k=1}^{n}k(k+1)(k+2)$$

$$=\frac{1}{4}\sum_{k=1}^{n}\{k(k+1)(k+2)(k+3)-(k-1)k(k+1)(k+2)\}$$

$$=\frac{1}{4}\{n(n+1)(n+2)(n+3)-0\}=\frac{1}{4}n(n+1)(n+2)(n+3)$$

……〔答〕

類題 1－3

解答は p. 206

次の数列の和を求めよ。

(1) $\displaystyle\sum_{k=1}^{n}\frac{1}{k^2+3k+2}$　(2) $\displaystyle\sum_{k=1}^{n}\frac{1}{k^2+2k}$　(3) $\displaystyle\sum_{k=1}^{n}\frac{5k+6}{k(k+1)(k+2)}$

例題１－４（$S-rS$ 法）

次の数列の和を求めよ。

$$\sum_{k=1}^{n}(k+1)2^{k-1}=2\cdot1+3\cdot2+4\cdot2^2+\cdots+(n+1)\cdot2^{n-1}$$

解説 $\boldsymbol{S-rS}$ **法**もまた数列の和の計算において重要である。これも公式の利用ではなく独特の和の求め方であるから，完全に習得しておこう。これで習得すべき和の計算法がすべて出揃ったことになる。

解答 求める和を S とおくと

$$S=\sum_{k=1}^{n}(k+1)2^{k-1}=2\cdot1+3\cdot2+4\cdot2^2+\cdots+(n+1)\cdot2^{n-1}$$

よって

$$S=2\cdot1+3\cdot2+4\cdot2^2+\cdots+(n+1)\cdot2^{n-1}\quad\cdots\cdots①$$

$$2S=\qquad 2\cdot2+3\cdot2^2+\cdots\cdots\cdots+n\cdot2^{n-1}+(n+1)\cdot2^n\quad\cdots\cdots②$$

①－② より

$$-S=\underset{\sim}{2}+2+2^2+\cdots+2^{n-1}-(n+1)\cdot2^n$$

$$=\underset{\sim}{1}+(\underset{\sim}{1}+2+2^2+\cdots+2^{n-1})-(n+1)\cdot2^n$$ ⬅ 初項の変則は軽く調整

$$=1+\frac{1\cdot(2^n-1)}{2-1}-(n+1)\cdot2^n$$

$$=1+2^n-1-(n+1)\cdot2^n=-n\cdot2^n$$

よって，$S=n\cdot2^n$　　すなわち，$\sum_{k=1}^{n}(k+1)2^{k-1}=n\cdot2^n$　……〔答〕

和の求め方をまとめると次のようになる。

◉ 数列の和の求め方 ◉

数列の和の計算方法はその一般項の形で判断できる。

一般項の形		和の求め方
① 等差数列，等比数列	⟶	専用の和の公式
② 整式（３次以下）	⟶	Σの公式
③ 分数式	⟶	分数式の和の求め方（例題１－３ 参照）
④ 等比数列もどき	⟶	$S-rS$ 法（例題１－４ 参照）

類題１－４　解答は p. 207

次の数列の和を求めよ。

(1) $\displaystyle\sum_{k=1}^{n}\frac{k}{2^k}$　　(2) $\displaystyle\sum_{k=1}^{n}\frac{k^2}{2^k}$

例題１－５（階差数列）

次の数列の一般項を求めよ。

$$1,\ 3,\ 7,\ 15,\ 31,\ \cdots$$

解説　数列 $\{a_n\}$ の階差数列を $\{b_n\}$，すなわち

$$b_n=a_{n+1}-a_n \quad (n=1,\ 2,\ 3,\ \cdots)$$

とするとき，元の数列 $\{a_n\}$ は

$$a_n=a_1+\sum_{k=1}^{n-1}b_k \quad (n\geqq 2)$$

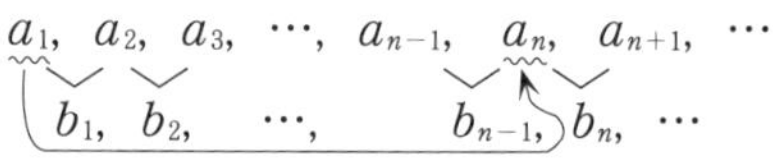

で与えられる。このように，階差数列が求まれば元の数列がただちに求まることが階差数列が大切な理由である。

階差数列の公式を右図に示すように分数式の和の求め方と同じ考え方で理解してもよい。

$$\begin{array}{rl} a_2-a_1 &= b_1 \\ a_3-a_2 &= b_2 \\ \vdots & \\ +)\ a_n-a_{n-1} &= b_{n-1} \\ \hline a_n-a_1 &= \sum_{k=1}^{n-1}b_k \end{array}$$

$n\geqq 2$ のとき，図より

$$a_n-a_1=\sum_{k=1}^{n-1}b_k \qquad \therefore\quad a_n=a_1+\sum_{k=1}^{n-1}b_k$$

解答　与えられた数列を $\{a_n\}$ とし，その階差数列を $\{b_n\}$ とする。

$\{a_n\}$: 1, 3, 7, 15, 31, ⋯

$\{b_n\}$: 　2, 4, 8, 16, ⋯

より，$b_n=2^n$ $(n=1,\ 2,\ 3,\ \cdots)$ であるから

$$a_n=a_1+\sum_{k=1}^{n-1}b_k \quad (n\geqq 2 \text{ のとき})$$

$$=1+\sum_{k=1}^{n-1}2^k$$

$$=1+\frac{2(2^{n-1}-1)}{2-1}$$

← $\sum_{k=1}^{n-1}2^k$ は初項 2，公比 2，項数 $n-1$ の等比数列の和

$$=2^n-1 \quad (\text{これは } n=1 \text{ のときも成り立つ。})$$

以上より，$a_n=2^n-1$　……〔答〕

類題１－５

解答は p. 208

次の数列の一般項を求めよ。

(1)　5, 11, 21, 35, 53, ⋯

(2)　$1,\ \frac{1}{3},\ \frac{1}{6},\ \frac{1}{10},\ \frac{1}{15},\ \frac{1}{21},\ \cdots$

例題 1 − 6（Σの公式の導出）

次の公式を導け。

(1) $\displaystyle\sum_{k=1}^{n} k=\frac{1}{2}n(n+1)$　　　(2) $\displaystyle\sum_{k=1}^{n} k^2=\frac{1}{6}n(n+1)(2n+1)$

解説 次のシグマの公式はすべて自分で導けるようにしておこう。

① $\displaystyle\sum_{k=1}^{n} k=\frac{1}{2}n(n+1)$　　　② $\displaystyle\sum_{k=1}^{n} k^2=\frac{1}{6}n(n+1)(2n+1)$

③ $\displaystyle\sum_{k=1}^{n} k^3=\left\{\frac{1}{2}n(n+1)\right\}^2$

導き方のポイントは“分数式の和の求め方”である。

解答 (1) $k^2-(k-1)^2=2k-1$ より

$$\sum_{k=1}^{n}\{k^2-(k-1)^2\}=\sum_{k=1}^{n}(2k-1)$$

$$\therefore\quad n^2-0^2=2\sum_{k=1}^{n}k-n$$

$$\therefore\quad 2\sum_{k=1}^{n}k=n^2+n=n(n+1)$$

$$\begin{array}{rrcl} & 1^2- \quad 0^2 & = & 1 \\ & 2^2- \quad 1^2 & = & 3 \\ & & \vdots & \\ +) & n^2-(n-1)^2 & = & 2n-1 \\ \hline & n^2- \quad 0^2 & = & \displaystyle\sum_{k=1}^{n}(2k-1) \end{array}$$

よって， $\displaystyle\sum_{k=1}^{n} k=\frac{1}{2}n(n+1)$

(2) $k^3-(k-1)^3=3k^2-3k+1$ より

$$\sum_{k=1}^{n}\{k^3-(k-1)^3\}=\sum_{k=1}^{n}(3k^2-3k+1)$$

$$\therefore\quad n^3-0^3=3\sum_{k=1}^{n}k^2-3\cdot\frac{1}{2}n(n+1)+n$$

$$\therefore\quad 3\sum_{k=1}^{n}k^2=n^3+\frac{3}{2}n(n+1)-n$$

$$=\frac{1}{2}n(2n^2+3n+1)=\frac{1}{2}n(n+1)(2n+1)$$

よって， $\displaystyle\sum_{k=1}^{n} k^2=\frac{1}{6}n(n+1)(2n+1)$

類題 1 − 6 解答は p. 208

公式 $\displaystyle\sum_{k=1}^{n} k^3=\left\{\frac{1}{2}n(n+1)\right\}^2$ を導け。

第2章
無限級数

要　項

2.1 数列の極限

［命題］（はさみうちの原理）

$a_n \leqq x_n \leqq b_n$ かつ $\lim_{n\to\infty} a_n = \lim_{n\to\infty} b_n = \alpha$

ならば，$\lim_{n\to\infty} x_n = \alpha$

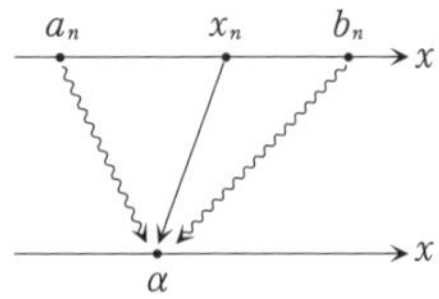

自然対数の底　自然対数の底 e を次で定義する。

$$e = \lim_{n\to\infty}\left(1+\frac{1}{n}\right)^n \quad (=2.71\cdots)$$

（注）　自然対数の底 e は微分積分において重要な役割を果たす。

2.2 無限等比数列の極限

無限等比数列 $\{r^n\}$ の極限は次のようになる。

（i）　$-1<r<1$ のとき，$\lim_{n\to\infty} r^n = 0$
（ii）　$r=1$ のとき，$\lim_{n\to\infty} r^n = 1$
　　　　　収束

（iii）　$r>1$ のとき，$\lim_{n\to\infty} r^n = \infty$
（iv）　$r \leqq -1$ のとき，（振動）
　　　　　発散

（注）　したがって，収束条件は $-1<r\leqq 1$

2.3 無限級数（級数）

無限級数　$\sum_{n=1}^{\infty} a_n = a_1 + a_2 + \cdots + a_n + \cdots$

に対して

部分和　$S_n = \sum_{k=1}^{n} a_k = a_1 + a_2 + \cdots + a_n$

を考える。

部分和が収束するとき**級数は収束する**といい，発散するとき**級数は発散する**という。級数が収束するとき，部分和の極限値を級数の**和**という。

2. 4　無限級数の基本性質

［公式］　2つの無限級数 $\sum_{n=1}^{\infty} a_n$, $\sum_{n=1}^{\infty} b_n$ が収束するとき

①　$\sum_{n=1}^{\infty}(a_n+b_n)=\sum_{n=1}^{\infty} a_n+\sum_{n=1}^{\infty} b_n$　　　②　$\sum_{n=1}^{\infty} ka_n=k\sum_{n=1}^{\infty} a_n$

［公式］　無限級数 $\sum_{n=1}^{\infty} a_n$ が収束するならば，$\lim_{n\to\infty} a_n=0$

（注）　この命題の対偶を述べると

$\lim_{n\to\infty} a_n=0$ でないならば，無限級数 $\sum_{n=1}^{\infty} a_n$ は発散する。

2. 5　無限等比級数

［公式］　無限等比級数：$a+ar+ar^2+\cdots+ar^{n-1}+\cdots$ について

（ i ）　$a=0$ のとき

r の値に関係なく収束して，和は 0

（ii）　$a\neq 0$ のとき

$-1<r<1$ のときに限り収束して，和は $\dfrac{a}{1-r}$

（証明）　部分和を考えて証明する。部分和を S_n とする。

（ i ）　$a=0$ のとき

$$S_n=a+ar+ar^2+\cdots+ar^{n-1}=0 \qquad \therefore \lim_{n\to\infty} S_n=\lim_{n\to\infty} 0=0$$

（ii）　$a\neq 0$ のとき

$$S_n=a+ar+ar^2+\cdots+ar^{n-1}$$

（ア）　$r=1$ のとき

$S_n=na$　これは発散

（イ）　$r\neq 1$ のとき

$$S_n=\frac{a(1-r^n)}{1-r}$$

r^n が収束するのは $-1<r\leqq 1$ のときであるが，いま $r\neq 1$ である。

このとき，$\lim_{n\to\infty} r^n=0$ であるから，結局

$-1<r<1$ のときに限り収束して，和は $\dfrac{a}{1-r}$　□

例題 2－1（数列の極限①）

次の数列の極限を求めよ。

(1) $\displaystyle\lim_{n\to\infty}\frac{1^2+2^2+3^2+\cdots+n^2}{n^3}$ (2) $\displaystyle\lim_{n\to\infty}(\sqrt{n^2+n}-n)$ (3) $\displaystyle\lim_{n\to\infty}\left(\frac{n+2}{n}\right)^n$

解説 まずは単純な計算によって極限が求まるものを練習してみる。

解答 $\displaystyle\lim_{n\to\infty}\frac{1^2+2^2+3^2+\cdots+n^2}{n^3}$

$$=\lim_{n\to\infty}\frac{\frac{1}{6}n(n+1)(2n+1)}{n^3}$$ ⬅ 公式：$\displaystyle\sum_{k=1}^{n}k^2=\frac{1}{6}n(n+1)(2n+1)$

$$=\lim_{n\to\infty}\frac{1}{6}\left(1+\frac{1}{n}\right)\left(2+\frac{1}{n}\right)=\frac{1}{3}$$ ……〔答〕

(2) $\displaystyle\lim_{n\to\infty}(\sqrt{n^2+n}-n)=\lim_{n\to\infty}\frac{(n^2+n)-n^2}{\sqrt{n^2+n}+n}$ ⬅ 分子の有理化

$$=\lim_{n\to\infty}\frac{n}{\sqrt{n^2+n}+n}$$

$$=\lim_{n\to\infty}\frac{1}{\frac{\sqrt{n^2+n}}{n}+1}=\lim_{n\to\infty}\frac{1}{\sqrt{\frac{n^2+n}{n^2}}+1}$$

$$=\lim_{n\to\infty}\frac{1}{\sqrt{1+\frac{1}{n}}+1}=\frac{1}{2}$$ ……〔答〕

(3) $\displaystyle\lim_{n\to\infty}\left(\frac{n+2}{n}\right)^n=\lim_{n\to\infty}\left(1+\frac{2}{n}\right)^n=\lim_{n\to\infty}\left(1+\frac{1}{\frac{n}{2}}\right)^n$

$$=\lim_{n\to\infty}\left\{\left(1+\frac{1}{\frac{n}{2}}\right)^{\frac{n}{2}}\right\}^2=e^2$$ ……〔答〕 ⬅ 自然対数の底：$\displaystyle e=\lim_{\square\to\infty}\left(1+\frac{1}{\square}\right)^{\square}$

類題 2－1 解答は p. 208

次の数列の極限を求めよ。

(1) $\displaystyle\lim_{n\to\infty}\frac{\sqrt{n+2}-\sqrt{n+1}}{\sqrt{n+1}-\sqrt{n}}$ (2) $\displaystyle\lim_{n\to\infty}\left(1-\frac{1}{n}\right)^n$

例題 2 − 2（数列の極限②）

次の数列の極限を求めよ。

(1) $\displaystyle\lim_{n\to\infty}\frac{n}{2^n}$　　　　(2) $\displaystyle\lim_{n\to\infty}\sqrt[n]{n}$

解説　ここではやや難しい数列の極限について学習する。次の**はさみうちの原理**は極限の計算において重要である。

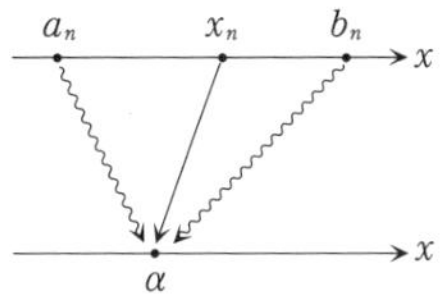

$a_n \leqq x_n \leqq b_n$ かつ $\displaystyle\lim_{n\to\infty}a_n=\lim_{n\to\infty}b_n=\alpha$

ならば，$\displaystyle\lim_{n\to\infty}x_n=\alpha$

また，次の**二項定理**もしばしば重要となる。

$$(a+b)^n=\sum_{k=0}^{n}{}_n\mathrm{C}_k a^{n-k}b^k$$
$$=a^n+{}_n\mathrm{C}_1a^{n-1}b+{}_n\mathrm{C}_2a^{n-2}b^2+\cdots+b^n$$

解答　(1)　二項定理より

$$(1+x)^n=1+{}_n\mathrm{C}_1x+{}_n\mathrm{C}_2x^2+\cdots+x^n$$

よって，$x>0$ ならば

$$(1+x)^n=1+{}_n\mathrm{C}_1x+{}_n\mathrm{C}_2x^2+\cdots+x^n>{}_n\mathrm{C}_2x^2$$

$x=1$ とすれば，$2^n>{}_n\mathrm{C}_2=\dfrac{n(n-1)}{2}$　　∴　$0<\dfrac{n}{2^n}<\dfrac{2}{n-1}$

ここで，$\displaystyle\lim_{n\to\infty}0=\lim_{n\to\infty}\frac{2}{n-1}=0$ であるから，はさみうちの原理より

$$\lim_{n\to\infty}\frac{n}{2^n}=0\quad\cdots\cdots〔答〕$$

(2)　$\sqrt[n]{n}=1+x$ とおく。$n>1$ のとき $x>0$

(1)と同様にして，$n=(1+x)^n>{}_n\mathrm{C}_2x^2=\dfrac{n(n-1)}{2}x^2$ であるから

$0<x^2<\dfrac{2}{n-1}$　　∴　$\displaystyle\lim_{n\to\infty}x^2=0$　　∴　$\displaystyle\lim_{n\to\infty}x=0$

よって，$\displaystyle\lim_{n\to\infty}\sqrt[n]{n}=1$　……〔答〕

類題 2 − 2

解答は p. 208

次の数列の極限を求めよ。

(1) $\displaystyle\lim_{n\to\infty}\frac{n^2}{2^n}$　　　　(2) $\displaystyle\lim_{n\to\infty}\frac{a^n}{n!}$　（ただし，$a>0$）

例題 2 − 3（無限級数と部分和）

次の無限級数の和を求めよ。

(1) $\displaystyle\sum_{n=1}^{\infty}\frac{1}{n(n+2)}$　　　(2) $\displaystyle\sum_{n=1}^{\infty}\frac{n}{3^n}$

解説　無限級数 $\displaystyle\sum_{n=1}^{\infty}a_n$ は部分和 $S_n=\displaystyle\sum_{k=1}^{n}a_k$ の極限として定義される。

解答　(1)　部分和：$S_n=\displaystyle\sum_{k=1}^{n}\frac{1}{k(k+2)}=\frac{1}{2}\sum_{k=1}^{n}\left(\frac{1}{k}-\frac{1}{k+2}\right)$

$$=\frac{1}{2}\left(1+\frac{1}{2}-\frac{1}{n+1}-\frac{1}{n+2}\right)$$

$\displaystyle\to\frac{1}{2}\left(1+\frac{1}{2}\right)=\frac{3}{4}\ (n\to\infty)$　　よって，$\displaystyle\sum_{n=1}^{\infty}\frac{1}{n(n+2)}=\frac{3}{4}$　……〔答〕

(2)　部分和：$S_n=\displaystyle\sum_{k=1}^{n}\frac{k}{3^k}=\sum_{k=1}^{n}k\left(\frac{1}{3}\right)^k$

$$S_n\ =1\cdot\frac{1}{3}+2\cdot\left(\frac{1}{3}\right)^2+\cdots\cdots+n\cdot\left(\frac{1}{3}\right)^n\quad\cdots\cdots①$$

$$\frac{1}{3}S_n=\qquad 1\cdot\left(\frac{1}{3}\right)^2+\cdots+(n-1)\cdot\left(\frac{1}{3}\right)^n+n\cdot\left(\frac{1}{3}\right)^{n+1}\quad\cdots\cdots②$$

①−② より

$$\frac{2}{3}S_n=\frac{1}{3}+\left(\frac{1}{3}\right)^2+\cdots+\left(\frac{1}{3}\right)^n-n\cdot\left(\frac{1}{3}\right)^{n+1}=\frac{\frac{1}{3}\left\{1-\left(\frac{1}{3}\right)^n\right\}}{1-\frac{1}{3}}-\frac{n}{3^{n+1}}$$

$$=\frac{1}{2}\left\{1-\left(\frac{1}{3}\right)^n\right\}-\frac{n}{3^{n+1}}$$

$$\therefore\quad S_n=\frac{3}{4}\left\{1-\left(\frac{1}{3}\right)^n\right\}-\frac{1}{2}\cdot\frac{n}{3^n}\to\frac{3}{4}\ (n\to\infty)$$

よって，$\displaystyle\sum_{n=1}^{\infty}\frac{n}{3^n}=\frac{3}{4}$　……〔答〕

類題 2 − 3　解答は p. 209

次の無限級数の和を求めよ。

(1) $\displaystyle\sum_{n=1}^{\infty}\frac{1}{n(n+1)(n+2)}$　　(2) $\displaystyle\sum_{n=1}^{\infty}\frac{1}{\sqrt{n+1}+\sqrt{n}}$　　(3) $\displaystyle\sum_{n=1}^{\infty}\frac{n}{(n+1)!}$

例題２－４（無限等比級数）

次の無限等比級数の収束・発散について調べ，収束する場合はその和を求めよ。

(1)　$\frac{1}{2}-\frac{1}{3}+\frac{2}{9}-\cdots$　　(2)　$2-3+\frac{9}{2}-\cdots$

解説　無限等比級数

$$\sum_{n=1}^{\infty} ar^{n-1}=a+ar+ar^2+\cdots+ar^{n-1}+\cdots$$

について，次が成り立つ。

（ｉ）　$a=0$ のとき

r の値に関係なく収束して，和は 0

（ii）　$a\neq 0$ のとき

$-1<r<1$ のときに限り収束して，和は $\frac{a}{1-r}$

（注１）　したがって，収束条件は「$a=0$ または $-1<r<1$」

（注２）　公式により，無限等比級数の場合は部分和 S_n を考える必要はない。部分和は公式の証明の中ですでに調べられている。

解答　(1)　初項は $\frac{1}{2}$，公比は $\left(-\frac{1}{3}\right)\div\frac{1}{2}=-\frac{2}{3}$

$\left|-\frac{2}{3}\right|<1$ であるから，与えられた無限等比級数は収束し，その和は

$$\frac{\frac{1}{2}}{1-\left(-\frac{2}{3}\right)}=\frac{3}{10}$$　……〔答〕

(2)　初項は 2，公比は $(-3)\div 2=-\frac{3}{2}$

$\left|-\frac{3}{2}\right|\geqq 1$ であるから，与えられた無限等比級数は発散する。　……〔答〕

類題２－４　解答は p. 209

次の無限等比級数の収束・発散について調べ，収束する場合はその和を求めよ。

(1)　$\frac{3}{20}-\frac{1}{5}+\frac{4}{15}-\cdots$　　(2)　$(\sqrt{5}-1)+(3-\sqrt{5})+(2\sqrt{5}-4)+\cdots$

例題 2 − 5（無限等比級数の収束条件）

次の無限等比級数の収束条件を求め，収束する場合の和を求めよ。

$$x+x(1-x)+x(1-x)^2+\cdots+x(1-x)^{n-1}+\cdots$$

解説　無限等比級数の公式にしたがって考えればよい。

解答　初項が x，公比が $1-x$ の無限等比級数である。

（i）$x=0$ のとき

収束して，和は 0

（ii）$x\neq 0$ のとき

収束するための公比の条件は，$-1<1-x<1$　　∴　$0<x<2$

このとき，和は　$\dfrac{x}{1-(1-x)}=\dfrac{x}{x}=1$

以上より，求める収束条件は　$0\leqq x<2$　……〔答〕

また，和は　$\begin{cases} 0 & (x=0) \\ 1 & (0<x<2) \end{cases}$　……〔答〕

（注）無限等比級数の公式で，

「収束するときの和は $\dfrac{a}{1-r}$ だ。」と勘違いしてはいけない。

つまり，「$a=0$ のときは $\dfrac{a}{1-r}=0$ だ。」と勘違いしないように。

上の例題で，$a=x=0$ のとき収束して和は 0 であるが

$$\frac{a}{1-r}=\frac{x}{1-(1-x)}=\frac{x}{x}=\frac{0}{0}=?$$

となることから分かるように，$a=0$ のときの和は $\dfrac{a}{1-r}$ ではない。

ということで，公式を誤解して覚えないようにしよう。

類題 2 − 5

解答は p. 209

次の無限等比級数の収束条件を求め，収束する場合の和を求めよ。

$$x+x(x^2+x+1)+x(x^2+x+1)^2+\cdots+x(x^2+x+1)^{n-1}+\cdots$$

例題２－６（無限級数の注意すべき性質）

次の無限級数の収束・発散を調べよ。

(1) $\left(\frac{2}{1}-\frac{3}{2}\right)+\left(\frac{3}{2}-\frac{4}{3}\right)+\cdots+\left(\frac{n+1}{n}-\frac{n+2}{n+1}\right)+\cdots$

(2) $\frac{2}{1}-\frac{3}{2}+\frac{3}{2}-\frac{4}{3}+\cdots+\frac{n+1}{n}-\frac{n+2}{n+1}+\cdots$

解説 無限級数を扱うときに，有限和の計算で成り立つ法則がそのまま無限和でも成り立つという思い込みは要注意である。

解答 (1) 部分和，すなわち初項から第 n 項までの和を S_n とすると

$$S_n=\left(\frac{2}{1}-\frac{3}{2}\right)+\left(\frac{3}{2}-\frac{4}{3}\right)+\cdots+\left(\frac{n+1}{n}-\frac{n+2}{n+1}\right)$$

⬅ $\left(\frac{n+1}{n}-\frac{n+2}{n+1}\right)$ が第 n 項

である。（注：括弧でくくられた部分が１つの項である。）

よって

$$S_n=\left(\frac{2}{1}-\frac{3}{2}\right)+\left(\frac{3}{2}-\frac{4}{3}\right)+\cdots+\left(\frac{n+1}{n}-\frac{n+2}{n+1}\right)$$

$$=\frac{2}{1}-\frac{3}{2}+\frac{3}{2}-\frac{4}{3}+\cdots+\frac{n+1}{n}-\frac{n+2}{n+1}$$

⬅ 有限和では括弧をはずしてよい

$$=\frac{2}{1}-\frac{n+2}{n+1}\to 2-1=1 \quad (n\to\infty)$$

したがって，無限級数は収束して，和は１である。 ……〔答〕

(2) 部分和，すなわち初項から第 n 項までの和を S_n とすると

$$S_{2m}=\frac{2}{1}-\frac{3}{2}+\frac{3}{2}-\frac{4}{3}+\cdots+\frac{m+1}{m}-\frac{m+2}{m+1}=\frac{2}{1}-\frac{m+2}{m+1}\to 1\ (m\to\infty)$$

$$S_{2m+1}=\frac{2}{1}-\frac{3}{2}+\frac{3}{2}-\frac{4}{3}+\cdots+\frac{m+1}{m}-\frac{m+2}{m+1}+\frac{m+2}{m+1}=\frac{2}{1}\to 2\ (m\to\infty)$$

であるから，$\lim_{m\to\infty}S_{2m}\neq\lim_{m\to\infty}S_{2m+1}$ であり，部分和 S_n は収束しない。

したがって，無限級数は発散する。 ……〔答〕

（注） 無限級数では，かってに括弧でくくるなど厳禁である!!

類題２－６ 解答は p. 210

次の無限級数の収束・発散を調べよ。

(1) $1-\frac{1}{3}+\frac{1}{3}-\frac{1}{5}+\frac{1}{5}-\frac{1}{7}+\cdots$

(2) $1-1+1-1+1-1+\cdots$

発展研究 1　ε−δ 論法

数列 $\{a_n\}$ が α に収束するとは厳密に表現すれば次のようになる。

任意の正の数 ε に対して，ある自然数 N が存在して

$$n>N \text{ ならば，} |a_n-\alpha|<\varepsilon$$

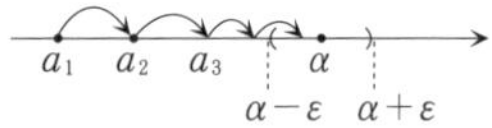

つまり，どんなに小さな正の数 ε をとってこようとも，ある番号 N から先の a_n は α との差が ε よりも小さくなるということである。

［例題１］ $\displaystyle\lim_{n\to\infty}a_n=\alpha$ ならば，$\displaystyle\lim_{n\to\infty}\frac{a_1+a_2+\cdots+a_n}{n}=\alpha$ であることを示せ。

（証明） 任意に正の数 ε をとってくる。

$\displaystyle\lim_{n\to\infty}a_n=\alpha$ であるから，ある自然数 N_1 が存在して

$$n>N_1 \text{ ならば，} |a_n-\alpha|<\frac{\varepsilon}{2}$$

次に，$M=\max\{|a_1-\alpha|,\ |a_2-\alpha|,\ \cdots,\ |a_{N_1}-\alpha|\}$ とおく。

このとき，$\displaystyle\lim_{n\to\infty}\frac{M\cdot N_1}{n}=0$ であるから，ある自然数 N_2 が存在して

$$n>N_2 \text{ ならば，} \frac{M\cdot N_1}{n}<\frac{\varepsilon}{2}$$

$N=\max\{N_1,\ N_2\}$ とおくと，$n>N$ のとき

$$\left|\frac{a_1+a_2+\cdots+a_n}{n}-\alpha\right|=\left|\frac{(a_1-\alpha)+(a_2-\alpha)+\cdots+(a_n-\alpha)}{n}\right|$$

$$\leqq\frac{|a_1-\alpha|+|a_2-\alpha|+\cdots+|a_n-\alpha|}{n}\quad\text{（三角不等式）}$$

$$=\frac{|a_1-\alpha|+|a_2-\alpha|+\cdots+|a_{N_1}-\alpha|+|a_{N_1+1}-\alpha|+\cdots+|a_n-\alpha|}{n}$$

$$<\frac{M\cdot N_1+\frac{\varepsilon}{2}\cdot(n-N_1)}{n}=\frac{M\cdot N_1}{n}+\frac{\varepsilon}{2}\cdot\left(1-\frac{N_1}{n}\right)<\frac{\varepsilon}{2}+\frac{\varepsilon}{2}=\varepsilon$$

よって，$\displaystyle\lim_{n\to\infty}\frac{a_1+a_2+\cdots+a_n}{n}=\alpha$ □

数学科を目指す人は，よ～く考えて理解できるように頑張ろう。

数列の収束の例では，ε–δ 論法という名称がやや不明であるから，関数の連続性の厳密な定義についても簡単に説明しておこう。ただし，関数の連続性で ε–δ 論法が本当に必要になるのは相当に高度な場合であるから，十分に理解できなくても心配しなくてよい。

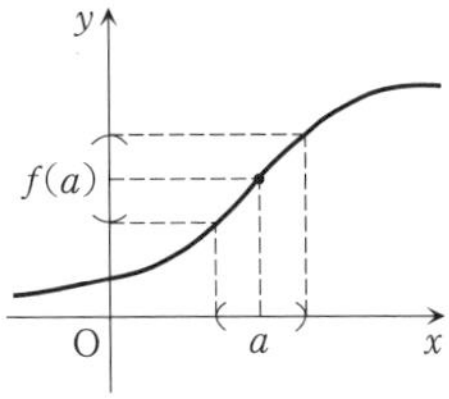

関数 $f : \boldsymbol{R} \to \boldsymbol{R}$ が $a \in \boldsymbol{R}$ において連続であるとは次を満たすことをいう。

「任意の $\varepsilon > 0$ に対して，ある $\delta > 0$ が存在して

$|x-a| < \delta$　ならば　$|f(x)-f(a)| < \varepsilon$」

つまり，x を十分 a に近づけることによって，$f(x)$ をいくらでも $f(a)$ に近づけることができるということを表している。

論理記号を使って書けば次のようになる。

「$\forall \varepsilon > 0,\ \exists \delta > 0 ; |x-a| < \delta \to |f(x)-f(a)| < \varepsilon$」

さて，ε–δ 論法を関数の連続性に関する簡単な例で少しだけ練習してみよう。

[例題 2]　関数 f, g が a で連続ならば，$f+g$ も a で連続であることを示せ。

(証明)　任意に $\varepsilon > 0$ をとっておく。

f は a で連続であるから，ある $\delta_1 > 0$ が存在して

$$|x-a| < \delta_1 \quad \text{ならば} \quad |f(x)-f(a)| < \frac{\varepsilon}{2}$$

g は a で連続であるから，ある $\delta_2 > 0$ が存在して

$$|x-a| < \delta_2 \quad \text{ならば} \quad |g(x)-g(a)| < \frac{\varepsilon}{2}$$

そこで，$\delta = \min\{\delta_1, \delta_2\}$ とおくと，$\delta \leqq \delta_1$ かつ $\delta \leqq \delta_2$ であるから

$$|x-a| < \delta \text{ ならば，} |f(x)-f(a)| < \frac{\varepsilon}{2} \text{ かつ } |g(x)-g(a)| < \frac{\varepsilon}{2}$$

よって

$$\begin{aligned} & |\{f(x)+g(x)\}-\{f(a)+g(a)\}| \\ = & |\{f(x)-f(a)\}+\{g(x)-g(a)\}| \\ \leqq & |f(x)-f(a)|+|g(x)-g(a)| < \frac{\varepsilon}{2}+\frac{\varepsilon}{2} = \varepsilon \end{aligned}$$

□

練習問題　解答は p. 281

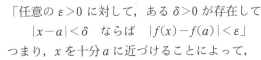

$\{a_n\}$, $\{b_n\}$ がともに収束するとき，次が成り立つことを示せ。

(1)　$\displaystyle\lim_{n\to\infty}(a_n+b_n) = \lim_{n\to\infty} a_n + \lim_{n\to\infty} b_n$　　(2)　$\displaystyle\lim_{n\to\infty}(a_n b_n) = (\lim_{n\to\infty} a_n)(\lim_{n\to\infty} b_n)$

第3章
漸　化　式

要　項

要点を簡単にまとめておく。“差”あるいは“比”に着目することが考え方のポイントである。具体的には例題を参照。

3. 1　単純な漸化式

(1)　等差数列型：$a_{n+1}=a_n+d$　（d が公差）

$a_n=a_1+(n-1)d$

(2)　等比数列型：$a_{n+1}=r\cdot a_n$　（r が公比）

$a_n=a_1\cdot r^{n-1}$

(3)　階差数列型：$a_{n+1}=a_n+b_n$　（b_n が階差数列）

$a_n=a_1+\sum_{k=1}^{n-1}b_k$　$(n\geqq 2)$

3. 2　2項間漸化式の基本形：$\boldsymbol{a_{n+1}=pa_n+q}$　$(p\fallingdotseq 1,\ q\fallingdotseq 0)$

$a_{n+1}=pa_n+q$　……①　　$\alpha=p\alpha+q$　……②　とおく。

①－② より，$a_{n+1}-\alpha=p(a_n-\alpha)$　← **公比 p の等比数列**

よって，$a_n-\alpha=(a_1-\alpha)p^{n-1}$　（α は②を解けばすぐに求まる。）

したがって，$a_n=(a_1-\alpha)p^{n-1}+\alpha$

3. 3　3項間漸化式：$\boldsymbol{a_{n+2}+pa_{n+1}+qa_n=0}$

与えられた漸化式を次の形に変形できればよい。

$a_{n+2}-\alpha a_{n+1}=\beta(a_{n+1}-\alpha a_n)$　……$(*)$

このとき $\{a_{n+1}-\alpha a_n\}$ は公比 β の等比数列となるから

$a_{n+1}-\alpha a_n=(a_2-\alpha a_1)\beta^{n-1}$

これは $\{a_n\}$ についての2項間漸化式であり，すでに解決している。

ここで，$(*)$を満たす $\alpha,\ \beta$ は容易に求まる。なぜならば，$(*)$より

$a_{n+2}-(\alpha+\beta)a_{n+1}+\alpha\beta a_n=0$

であるから，$\alpha+\beta=-p,\ \alpha\beta=q$ であればよいが，これは

$t^2+pt+q=0$

の解である。

例題 3 − 1（単純な漸化式）

次の漸化式を解け。

(1) $a_1=3,\ a_{n+1}=a_n+2$　　(2) $a_1=2,\ a_{n+1}=3a_n$

(3) $a_1=1,\ a_{n+1}=a_n+4n$

解説 まず最初に単純な漸化式を確認しておこう。これは漸化式の解き方など関係なく，ただちに解くことができる。ただし，“差”や“比”に着目することがポイントであることは十分に注意しておこう。

解答 (1) これは単に初項が 3，公差が 2 の等差数列であるから

$a_n=3+(n-1)\cdot 2=2n+1$ ……〔答〕

(2) これは単に初項が 2，公比が 3 の等比数列であるから

$a_n=2\cdot 3^{n-1}$ ……〔答〕

(3) これは単に初項が 1，階差数列が $b_n=a_{n+1}-a_n=4n$ の数列であるから

$a_n=a_1+\sum_{k=1}^{n-1}b_k\quad (n\geqq 2)$ ← **階差数列の公式**

$=1+\sum_{k=1}^{n-1}4k=1+4\cdot\frac{1}{2}(n-1)n$

$=2n^2-2n+1$（これは $n=1$ のときも成り立つ。）

よって，$a_n=2n^2-2n+1$ ……〔答〕

(注 1) ここでは特に，(3)のように階差数列が分かる場合に注意しておきたい（実は(1)もこの特別の場合）。以前にも書いたように，階差数列が分かれば元の数列はただちに分かる。

(注 2) 漸化式の書き表し方について 1 つだけ注意しておこう。

次の 2 つの漸化式は同一の漸化式である（n の範囲はしばしば省略する）。

$a_{n+1}=2a_n+1\quad (n=1,\ 2,\ 3,\ \cdots)$

$a_n=2a_{n-1}+1\quad (n=2,\ 3,\ 4,\ \cdots)$

いずれの漸化式も n に具体的な値を入れて書き出してみると同一の関係式の集まりであることが分かる。

$a_2=2a_1+1,\ a_3=2a_2+1,\ a_4=2a_3+1,\ \cdots\cdots$

類題 3 − 1

解答は p. 210

次の漸化式を解け。

(1) $a_1=2,\ a_{n+1}=a_n-3$　　(2) $a_1=-5,\ a_{n+1}=-5a_n$

(3) $a_1=1,\ a_{n+1}=a_n+3^n$

例題 3－2（2項間漸化式の基本形）

次の2項間漸化式を解け。

$$a_1=3,\ a_{n+1}=2a_n-1$$

解説　今度は漸化式の中で最も大切な**基本形**

$$a_{n+1}=pa_n+q\quad（ただし，p\neq 1,\ q\neq 0）$$

の解き方を学習する。“比”に着目する。すなわち，等比数列の発見がポイントである。

解答　与えられた漸化式とそれに対応する方程式を組にして考えよう。その理由はすぐに分かる。

$a_{n+1}=2a_n-1$　……①

$\alpha=2\alpha-1$　　……②　⬅ **漸化式①に対応する方程式**

①－② より

$a_{n+1}-\alpha=2(a_n-\alpha)$　⬅ **等比数列の発見!!**

よって，$\{a_n-\alpha\}$ は初項が $a_1-\alpha$，公比が2の等比数列である。

2倍　2倍

$$\boxed{a_1-\alpha},\ \boxed{a_2-\alpha},\ \boxed{a_3-\alpha},\ \cdots,\ \boxed{a_n-\alpha},\ \cdots$$

したがって

$a_n-\alpha=(a_1-\alpha)\cdot 2^{n-1}$　⬅ **(第 n 項)＝(初項)×(公比)$^{n-1}$**

ここで，$a_1=3$，②より $\alpha=1$ であるから

$a_n-1=(3-1)\cdot 2^{n-1}$　　$\therefore\ a_n=2^n+1$　……〔答〕

(注)　上の解答を見れば分かるように，たいていの場合に，与えられた漸化式からすぐにある等比数列を発見することができる。等比数列を発見できれば解決である。漸化式を解くことは2次方程式を解くよりも易しいと言ってよいぐらいである。

類題 3－2

解答は p. 210

次の2項間漸化式を解け。

(1)　$a_1=1,\ a_{n+1}=3a_n+2$　　(2)　$a_1=1,\ a_{n+1}=\dfrac{1}{2}a_n+1$

例題 3 − 3（いろいろな 2 項間漸化式①）

次の 2 項間漸化式を解け。

(1) $a_1=1,\ a_{n+1}=2a_n+3^n$　　(2) $a_1=1,\ na_{n+1}=(n+1)a_n+1$

解説 2 項間漸化式の基本形が解けるようになれば，基本形に帰着できるものも容易に解けるようになる。基本形に持ち込むことは少しの練習で十分。

解答 (1) $a_{n+1}=2a_n+3^n$ ⬅**これは基本形ではない！**

両辺を 3^{n+1} で割ると，$\dfrac{a_{n+1}}{3^{n+1}}=\dfrac{2}{3}\cdot\dfrac{a_n}{3^n}+\dfrac{1}{3}$

そこで，$b_n=\dfrac{a_n}{3^n}$ とおくと，$b_1=\dfrac{a_1}{3}=\dfrac{1}{3}$　$b_{n+1}=\dfrac{2}{3}b_n+\dfrac{1}{3}$ ⬅**これは基本形!!**

例題 3 − 2 で練習したように，この漸化式は簡単に解けて，$b_n=1-\left(\dfrac{2}{3}\right)^n$

したがって，$a_n=b_n\cdot3^n=\left\{1-\left(\dfrac{2}{3}\right)^n\right\}\cdot3^n=3^n-2^n$ ……〔答〕

(2) $na_{n+1}=(n+1)a_n+1$ の両辺を $n(n+1)$ で割ると

$$\frac{a_{n+1}}{n+1}=\frac{a_n}{n}+\frac{1}{n(n+1)}$$

そこで，$b_n=\dfrac{a_n}{n}$ とおくと，$b_1=\dfrac{a_1}{1}=\dfrac{1}{1}=1$ であり

$$b_{n+1}=b_n+\frac{1}{n(n+1)}$$

よって，$n\geqq2$ のとき

$$b_n=b_1+\sum_{k=1}^{n-1}\frac{1}{k(k+1)}=1+\sum_{k=1}^{n-1}\left(\frac{1}{k}-\frac{1}{k+1}\right)=1+\left(1-\frac{1}{n}\right)=2-\frac{1}{n}$$

（これは $n=1$ のときも成り立つ。）

したがって，$a_n=b_n\cdot n=\left(2-\dfrac{1}{n}\right)n=2n-1$ ……〔答〕

類題 3 − 3 **解答は p. 210**

次の 2 項間漸化式を解け。

(1) $a_1=1,\ a_{n+1}=\dfrac{a_n}{3a_n+2}$　　(2) $a_1=2,\ a_{n+1}=8{a_n}^4$

(3) $a_1=\dfrac{1}{2},\ na_{n+1}=(n+2)a_n+1$

例題 3 − 4（いろいろな 2 項間漸化式②）

次の 2 項間漸化式を解け。

$$a_1=1,\ a_{n+1}=2a_n+n$$

解説 簡単に見えるこの 2 項間漸化式も重要である。2 つの解法が考えられる。

解答 **（解法 1）** 与えられた漸化式より

$$a_{n+2}=2a_{n+1}+(n+1)\quad\cdots\cdots①$$

$$a_{n+1}=2a_n+n\quad\cdots\cdots②$$

①−② より

$$a_{n+2}-a_{n+1}=2(a_{n+1}-a_n)+1$$

よって，階差数列 $b_n=a_{n+1}-a_n$ は次を満たす。

$$b_{n+1}=2b_n+1$$ **⬅ これは基本形!!**

$b_1=a_2-a_1=(2a_1+1)-a_1=3-1=2$ であり，上の漸化式は容易に解けて

$$b_n=3\cdot 2^{n-1}-1$$

よって，階差数列の公式より

$$a_n=a_1+\sum_{k=1}^{n-1}b_k\quad(n\geqq 2)$$

$$=1+\sum_{k=1}^{n-1}(3\cdot 2^{k-1}-1)=1+\frac{3(2^{n-1}-1)}{2-1}-(n-1)$$

$$=3\cdot 2^{n-1}-n-1$$ （これは $n=1$ のときも成り立つ。）

$\therefore\ a_n=3\cdot 2^{n-1}-n-1$ ……〔答〕

（解法 2） 与えられた漸化式を次のように変形したい。

$$a_{n+1}+\{p(n+1)+q\}=2\{a_n+(pn+q)\}$$ **⬅ 基本形のアイデアの発展版**

このとき，$a_{n+1}=2a_n+pn+(q-p)$ となるから，$p=1$，$q=1$ と選べばよい。

よって，与えられた漸化式は次のように変形できる。

$$a_{n+1}+(n+1)+1=2(a_n+n+1)$$

すなわち，$\{a_n+n+1\}$ は公比 2 の等比数列である。

したがって，$a_n+n+1=(a_1+1+1)\cdot 2^{n-1}$

$\therefore\ a_n=3\cdot 2^{n-1}-n-1$ ……〔答〕

類題 3 − 4 解答は p. 211

次の 2 項間漸化式を解け。

(1) $a_1=3,\ a_{n+1}=2a_n-n$　　(2) $a_1=1,\ a_{n+1}=3a_n+2n-1$

例題 3 − 5（3 項間漸化式）

次の 3 項間漸化式を解け。

$$a_1=1,\ a_2=5,\ a_{n+2}-5a_{n+1}+6a_n=0$$

解説　3 項間漸化式は 2 項間漸化式よりも易しいと言ってよい。なぜなら，例題の形のものだけ解けるようにしておけば十分だからである。解法のアイデアはこれまで同様，等比数列の発見である。すなわち，与えられた漸化式を

$$a_{n+2}-\alpha a_{n+1}=\beta(a_{n+1}-\alpha a_n)\quad \cdots\cdots(*)$$

の形に変形すればよい。

ところで，この変形における α，β は容易に求められる。

$(*)$より，$a_{n+2}-(\alpha+\beta)a_{n+1}+\alpha\beta a_n=0$

よって，$\alpha+\beta=5$，$\alpha\beta=6$ であればよいが，解と係数の関係より

$t^2-5t+6=0$ を解けば，この α，β は求まる。

解答　$t^2-5t+6=0$ とすると，$(t-2)(t-3)=0$

$\therefore\ t=2,\ 3$　**⬅ $(\alpha,\ \beta)=(2,\ 3),\ (3,\ 2)$**

よって，与えられた漸化式は次のように 2 通りに変形できる。

$$\begin{cases} a_{n+2}-2a_{n+1}=3(a_{n+1}-2a_n) & \cdots\cdots① \\ a_{n+2}-3a_{n+1}=2(a_{n+1}-3a_n) & \cdots\cdots② \end{cases}$$

⬅ $\{a_{n+1}-2a_n\}$ は公比 3 の等比数列

⬅ $\{a_{n+1}-3a_n\}$ は公比 2 の等比数列

①より，$a_{n+1}-2a_n=(a_2-2a_1)\cdot 3^{n-1}=3^n$　……①′

②より，$a_{n+1}-3a_n=(a_2-3a_1)\cdot 2^{n-1}=2^n$　……②′

①′−②′ より，$a_n=3^n-2^n$　……〔答〕

【参考】　2 次方程式の解と係数の関係：

(1)　$ax^2+bx+c=0$ の解を α，β とするとき

$$\alpha+\beta=-\frac{b}{a},\ \alpha\beta=\frac{c}{a}$$

(2)　$\alpha+\beta=p$，$\alpha\beta=q$ のとき

α，β は　$x^2-px+q=0$ の解である。

類題 3 − 5

解答は p. 211

次の 3 項間漸化式を解け。

(1)　$a_1=1,\ a_2=3,\ a_{n+2}-6a_{n+1}+5a_n=0$

(2)　$a_1=1,\ a_2=4,\ a_{n+2}-4a_{n+1}+4a_n=0$

例題 3 − 6（連立漸化式）

次の連立漸化式を解け。

$$a_1=1,\ b_1=2,\ \begin{cases} a_{n+1}=3a_n+2b_n \\ b_{n+1}=2a_n+3b_n \end{cases}$$

解説　連立漸化式も特に難しいところはない。具体例で確認しよう。

解答　2つの漸化式をうまく組み合わせることを考える。

$a_{n+1}=3a_n+2b_n$　……①

$b_{n+1}=2a_n+3b_n$　……②

①＋②より

$a_{n+1}+b_{n+1}=5(a_n+b_n)$　⬅ $\{a_n+b_n\}$ は公比5の等比数列

$\therefore\ a_n+b_n=(a_1+b_1)\cdot 5^{n-1}=3\cdot 5^{n-1}$　……③

①−②より

$a_{n+1}-b_{n+1}=a_n-b_n$　⬅ $\{a_n-b_n\}$ は公比1の等比数列

$\therefore\ a_n-b_n=a_1-b_1=-1$　……④

③＋④より，$2a_n=3\cdot 5^{n-1}-1$　$\therefore\ a_n=\dfrac{3\cdot 5^{n-1}-1}{2}$

③−④より，$2b_n=3\cdot 5^{n-1}+1$　$\therefore\ b_n=\dfrac{3\cdot 5^{n-1}+1}{2}$

以上より，$a_n=\dfrac{3\cdot 5^{n-1}-1}{2}$，$b_n=\dfrac{3\cdot 5^{n-1}+1}{2}$　……〔答〕

（注）　上の解き方の他に次のように解くこともできる。

①から $b_n=\dfrac{a_{n+1}-3a_n}{2}$ であることが分かるから，$b_{n+1}=\dfrac{a_{n+2}-3a_{n+1}}{2}$ も成り立ち，これらを②に代入すると

$$\frac{a_{n+2}-3a_{n+1}}{2}=2a_n+3\frac{a_{n+1}-3a_n}{2}\qquad\therefore\ a_{n+2}-6a_{n+1}+5a_n=0$$

この3項間漸化式を $a_1=1$，$a_2=3a_1+2b_1=7$ のもとで解いても答は求まる。

類題 3 − 6　解答は p. 212

次の連立漸化式を解け。

$$a_1=1,\ b_1=-1,\ \begin{cases} a_{n+1}=4a_n-2b_n \\ b_{n+1}=a_n+b_n \end{cases}$$

例題 3 − 7（漸化式の応用）

平面上に n 本の直線があって，それらのどの 2 本も平行でなく，また，どの 3 本も 1 点で交わらないとする。これら n 本の直線は平面をいくつの部分に分けるか。

解 説 漸化式を応用する問題を少し練習してみよう。漸化式は多くの場面で威力を発揮するが，ここではその様子を少しだけ体験してみることにする。

解 答 題意の n 本の直線が平面を a_n 個の部分に分けるとする。
たとえば

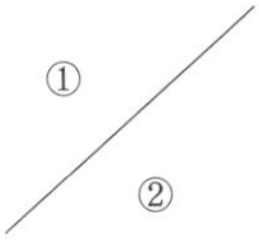

$a_1=2$

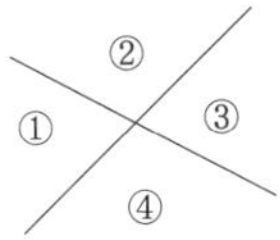

$a_2=4$

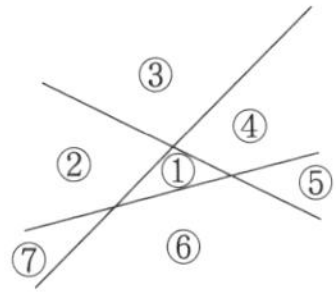

$a_3=7$

ここで，$a_2=4$，$a_3=7$ となった理由について少し考察してみよう。
すでに 1 本の直線が描かれているところに新しく 2 本目の直線を描くと，2 本目の直線は 1 本目の直線によって 2 つの部分に切断されるが，その 1 つの部分が領域の個数を 1 つ増やすことになる。よって，$a_2=a_1+2=2+2=4$ となる。
$a_3=7$ についても同様。
さて一般に，すでに n 本の直線が描かれているところに新しく $n+1$ 本目の直線を描くと，$n+1$ 本目の直線は n 本の直線によって $n+1$ 個の部分に切断されるが，その 1 つの部分が領域の個数を 1 つ増やすことになる。
よって，$a_{n+1}=a_n+(n+1)$
したがって，$b_n=a_{n+1}-a_n$ とおくと，$n\geqq 2$ のとき

$$a_n=a_1+\sum_{k=1}^{n-1}b_k=2+\sum_{k=1}^{n-1}(k+1)=2+\frac{1}{2}(n-1)n+(n-1)$$

$$=\frac{n^2+n+2}{2}$$ （これは $n=1$ のときも成り立つ。）

すなわち，題意の n 本の直線は平面を $\dfrac{n^2+n+2}{2}$ 個の部分に分ける。…〔答〕

類題 3 − 7

解答は p. 212

平面上に n 個の円があって，それらのどの 2 個も互いに交わり，3 個以上の円が同じ点では交わることはないとする。これら n 個の円は平面をいくつの部分に分けるか。

第 4 章

数学的帰納法

要　項

4.1　数学的帰納法

(例)　n を 3 以上の自然数とする。$2^n > 2n+1$ であることを証明せよ。

(証明)　$2^n > 2n+1$　……(＊)　とおく。

（Ⅰ）　$n=3$ のとき

　　$(\text{左辺})=2^3=8$，$(\text{右辺})=2\cdot 3+1=7$

　よって，$n=3$ のとき（＊）は成立。

（Ⅱ）　$n=k$（$k \geqq 3$）のとき（＊）が成り立つとする。$2^k > 2k+1$　……①

　$n=k+1$ のとき（＊）について

$$
\begin{aligned}
(\text{左辺})-(\text{右辺}) &= 2^{k+1}-\{2(k+1)+1\} = 2\cdot 2^k-(2k+3) \\
&> 2(2k+1)-(2k+3) \quad (\because\ \text{①より}) \\
&= 2k-1 > 0 \qquad \text{よって，} 2^{k+1} > 2(k+1)+1
\end{aligned}
$$

（Ⅰ），（Ⅱ）より，3 以上のすべての自然数 n に対して，（＊）は成り立つ。

□

4.2　いろいろな数学的帰納法

　数学的帰納法には上で見た基本形の他に重要ないくつかの形がある。

タイプ 1（基本形）：

　（Ⅰ）　$n=1$ のとき成り立つ。

　（Ⅱ）　$n=k$ のとき成り立つならば，$n=k+1$ のときも成り立つ。

タイプ 2（変化形①）

　（Ⅰ）　$n=1, 2$ のとき成り立つ。

　（Ⅱ）　$n=k, k+1$ のとき成り立つならば，$n=k+2$ のときも成り立つ。

タイプ 3（変化形②）

　（Ⅰ）　$n=1$ のとき成り立つ。

　（Ⅱ）　$n \leqq k$ のとき成り立つならば，$n=k+1$ のときも成り立つ。

いずれの場合も，（Ⅰ），（Ⅱ）より，すべての自然数 n に対して成り立つことが結論できる。

例題 4 － 1（数学的帰納法の基本形）

n を自然数とするとき，次の等式を数学的帰納法で証明せよ。

$$1^2+2^2+3^2+\cdots+n^2=\frac{1}{6}n(n+1)(2n+1)$$

解 説 数学的帰納法は非常に強力な証明法で，これを習得しておくことは絶対に必要である。数学的帰納法とはどのような証明法なのか完全に理解しよう。

解 答 $1^2+2^2+3^2+\cdots+n^2=\frac{1}{6}n(n+1)(2n+1)$ ……（＊） とおく。

（Ⅰ） $n=1$ のとき

$$(\text{左辺})=1^2=1,\ (\text{右辺})=\frac{1}{6}\cdot1\cdot2\cdot3=1 \text{ より，}(\text{左辺})=(\text{右辺})$$

よって，（＊）は成り立つ。

（Ⅱ） $n=k$ のとき（＊）が成り立つとする。すなわち

$$1^2+2^2+3^2+\cdots+k^2=\frac{1}{6}k(k+1)(2k+1) \quad \cdots\cdots①$$

とする。

$n=k+1$ のとき（＊）について；

$$\begin{aligned}(\text{左辺})&=\underline{1^2+2^2+3^2+\cdots+k^2}+(k+1)^2\\&=\underline{\frac{1}{6}k(k+1)(2k+1)}+(k+1)^2 \quad (\because\ ①\text{より})\\&=\frac{1}{6}(k+1)\{k(2k+1)+6(k+1)\}=\frac{1}{6}(k+1)(2k^2+7k+6)\\&=\frac{1}{6}(k+1)(k+2)(2k+3)=\frac{1}{6}(k+1)\{(k+1)+1\}\{2(k+1)+1\}\\&=(\text{右辺})\end{aligned}$$

よって，$n=k$ のとき（＊）が成り立てば，$n=k+1$ のときも（＊）は成り立つ。

（Ⅰ），（Ⅱ）より，すべての自然数 n に対して（＊）が成り立つ。

類題 4 － 1 解答は p. 213

n を自然数とするとき，次の不等式を数学的帰納法で証明せよ。

$$1^2+2^2+3^2+\cdots+n^2<\frac{1}{3}(n+1)^3$$

例題4－2（数学的帰納法の応用）

n を自然数とするとき，$2^{n+1}+3^{2n-1}$ は7で割り切れることを証明せよ。

解説　数学的帰納法は等式や不等式の証明だけでなく，様々な場面で活躍する。

解答　「$2^{n+1}+3^{2n-1}$ は7で割り切れる。」……(＊)　とおく。

（Ⅰ）$n=1$ のとき

$$2^{n+1}+3^{2n-1}=2^2+3^1=4+3=7$$

よって，(＊) は成り立つ。

（Ⅱ）$n=k$ のとき（＊）が成り立つとする。

「$2^{k+1}+3^{2k-1}$ は7で割り切れる。」

すなわち

$$2^{k+1}+3^{2k-1}=7M \quad (M \text{ は整数}) \quad \cdots\cdots ①$$

とする。

$n=k+1$ のとき（＊）について；

$$\begin{aligned} 2^{n+1}+3^{2n-1} &= 2^{k+2}+3^{2k+1} \\ &= 2\cdot 2^{k+1}+3^{2k+1} \\ &= 2\cdot(7M-3^{2k-1})+3^{2k+1} \quad (\because \ ①\text{より}) \\ &= 2\cdot 7M+(-2+3^2)\cdot 3^{2k-1} \\ &= 2\cdot 7M+7\cdot 3^{2k-1} \\ &= 7\cdot(2M+3^{2k-1}) \end{aligned}$$

これは7の倍数である。

よって，$n=k$ のとき（＊）が成り立てば，$n=k+1$ のときも（＊）は成り立つ。

（Ⅰ），（Ⅱ）より，すべての自然数 n に対して（＊）が成り立つ。

【参考】　数学的帰納法（基本形）は将棋倒し（あるいはドミノ倒し）のイメージである。

生徒：どうして将棋倒しは全部倒れるのですか？

先生：1番目は自分で倒します。そして k 番目が倒れると次の $k+1$ 番目が倒れるように並べてあります。だから，数学的帰納法により全部倒れるのです。

類題4－2　解答は p. 213

n を2以上の自然数とするとき，$x^n-nx+n-1$ は $(x-1)^2$ で割り切れることを証明せよ。

例題 4 − 3（数学的帰納法の変化形）

$\alpha+\beta$，$\alpha\beta$ がともに整数ならば，すべての自然数 n に対して $\alpha^n+\beta^n$ は整数であることを証明せよ。

解説 数学的帰納法は基本形の他に有用ないくつかの形がある。次の 3 つのタイプが重要である。

タイプ 1（基本形）；

（Ⅰ） $n=1$ のとき成り立つ。

（Ⅱ） $n=k$ のとき成り立つならば，$n=k+1$ のときも成り立つ。

タイプ 2（変化形①）；

（Ⅰ） $n=1$，2 のとき成り立つ。

（Ⅱ） $n=k$，$k+1$ のとき成り立つならば，$n=k+2$ のときも成り立つ。

タイプ 3（変化形②）；

（Ⅰ） $n=1$ のとき成り立つ。

（Ⅱ） $n\leqq k$ のとき成り立つならば，$n=k+1$ のときも成り立つ。

解答 「$\alpha^n+\beta^n$ は整数である。」……（＊） とおく。

（Ⅰ） $n=1$，2 のとき

$\alpha^1+\beta^1=\alpha+\beta$ これは仮定より，整数である。

$\alpha^2+\beta^2=(\alpha+\beta)^2-2\alpha\beta$ これは仮定より，整数である。

よって，$n=1$，2 のとき（＊）は成り立つ。

（Ⅱ） $n=k$，$k+1$ のとき成り立つとする。すなわち

「$\alpha^k+\beta^k$，$\alpha^{k+1}+\beta^{k+1}$ は整数である。」……①

このとき

$$\alpha^{k+2}+\beta^{k+2}=(\alpha+\beta)(\alpha^{k+1}+\beta^{k+1})-\alpha\beta(\alpha^k+\beta^k)$$

条件（$\alpha+\beta$，$\alpha\beta$ がともに整数）および①より，これは整数である。

よって，$n=k$，$k+1$ で（＊）が成り立てば，$n=k+2$ でも（＊）は成り立つ。

（Ⅰ），（Ⅱ）より，すべての自然数 n に対して（＊）は成り立つ。

類題 4 − 3

解答は p. 213

すべての自然数 n に対して $x^n+\dfrac{1}{x^n}$ は $t=x+\dfrac{1}{x}$ の n 次式であることを示せ。

例題 4 − 4（数学的帰納法と漸化式）

$a_1=2,\ a_{n+1}=\dfrac{a_n^2-1}{n}$ で定義される数列 $\{a_n\}$ について，一般項 a_n を予想し，その予想が正しいことを証明することによって，a_n を求めよ。

解 説　漸化式の中には，通常の解き方では解けないが一般項を予想し，その予想が正しいことを証明することによって一般項を求められるものがある。

解 答　$a_1=2,\ a_2=\dfrac{a_1^2-1}{1}=\dfrac{2^2-1}{1}=3,$

$$a_3=\frac{a_2^2-1}{2}=\frac{3^2-1}{2}=4$$

そこで，$a_n=n+1$ ……(＊)　と予想する。

この予想が正しいことを数学的帰納法で証明する。

（Ⅰ）$n=1$ のとき

明らかに（＊）は成り立つ。

（Ⅱ）$n=k$ のとき（＊）が成り立つとする。すなわち，$a_k=k+1$ ……①

$n=k+1$ のとき（＊）について；

$$a_{k+1}=\frac{a_k^2-1}{k}=\frac{(k+1)^2-1}{k}\quad (\because\ ①より)$$

$$=\frac{k^2+2k}{k}=k+2$$

よって，$n=k$ のとき（＊）が成り立つならば，$n=k+1$ のときも（＊）は成り立つ。

（Ⅰ），（Ⅱ）より，すべての自然数 n に対して（＊）は成り立つ。

以上より

$a_n=n+1$ ……〔答〕　⬅ **もはや予想ではない!!**

類題 4 − 4　解答は p. 214

数列 $\{a_n\}$（ただし，$a_n>0$）について，次の関係式が成り立つとする。

$$(a_1+a_2+\cdots+a_n)^2=a_1^3+a_2^3+\cdots+a_n^3$$

このとき，一般項 a_n を予想し，その予想が正しいことを証明することによって，a_n を求めよ。

集中ゼミ 1　2次関数の最大・最小

2次関数の最大最小問題は数学の根本をなす重要事項である。

[例題]　2次関数 $f(x)=x^2+2ax+a$ の $0 \leqq x \leqq 2$ における最大値，最小値を求めよ。

(解)　$f(x)=x^2+2ax+a=(x+a)^2-a^2+a$　⬅ **平方完成**

　軸の方程式は　$x=-a$

　頂点の座標は　$(-a,\ -a^2+a)$

求める最大値を M，最小値を m とする。

以下，**“軸の位置で場合分け”** して調べる。

（Ⅰ）　最大値 M について：

（ⅰ）　$-a \leqq 1$ のとき，すなわち $a \geqq -1$ のとき

$M=f(2)=5a+4$

（ⅱ）　$-a \geqq 1$ のとき，すなわち $a \leqq -1$ のとき

$M=f(0)=a$

以上をまとめると

$$M=\begin{cases} a & (a \leqq -1) \\ 5a+4 & (a \geqq -1) \end{cases}$$ ……〔**答**〕

（ⅰ）
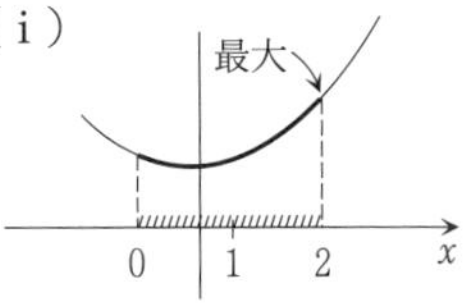

（ⅱ）
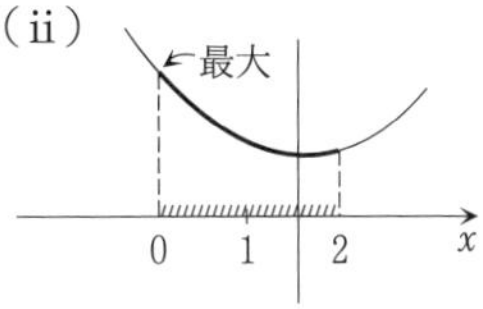

（Ⅱ）　最小値 m について：

（ⅰ）　$-a \leqq 0$ のとき，すなわち $a \geqq 0$ のとき

$m=f(0)=a$

（ⅱ）　$0 \leqq -a \leqq 2$ のとき，すなわち $-2 \leqq a \leqq 0$ のとき

$m=f(-a)=-a^2+a$

（ⅲ）　$-a \geqq 2$ のとき，すなわち $a \leqq -2$ のとき

$m=f(2)=5a+4$

以上をまとめると

$$m=\begin{cases} 5a+4 & (a \leqq -2) \\ -a^2+a & (-2 \leqq a \leqq 0) \\ a & (a \geqq 0) \end{cases}$$ ……〔**答**〕

（ⅰ）
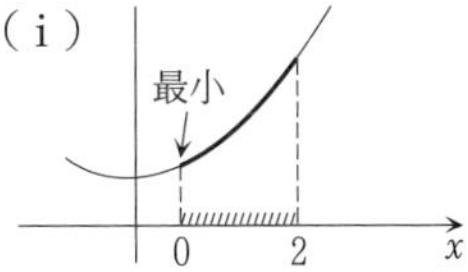

（ⅱ）
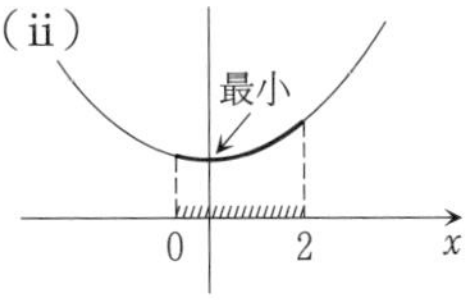

（ⅲ）
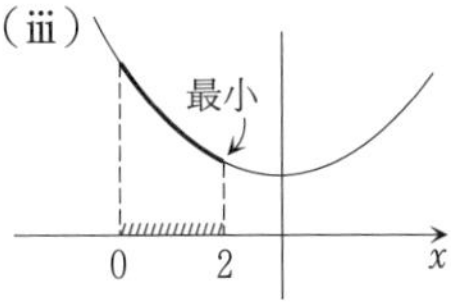

練習問題　解答は p. 279

2次関数 $f(x)=x^2+ax+2$ の $0 \leqq x \leqq 1$ における最大値，最小値を求めよ。

総合演習①　数列・数列の極限

解答は p. 254～258

●数列の和

1　次の数列の和を求めよ。

(1)　$1^2\cdot n+2^2\cdot(n-1)+3^2\cdot(n-2)+\cdots+n^2\cdot 1$

(2)　$\dfrac{1}{1}+\dfrac{1}{1+2}+\dfrac{1}{1+2+3}+\cdots+\dfrac{1}{1+2+\cdots+n}$

(3)　$1+4x+7x^2+\cdots+(3n-2)x^{n-1}$

2　自然数 m, n $(m<n)$ の間にある，3を分母とする既約分数は何個あるか。また，その既約分数の総和はいくらか。

3　自然数 n に対して数列 $\{a_n\}$ が

$$\sum_{k=1}^{n}\frac{1}{a_k}=n(n^2-1)+1$$

を満たすとき，以下の問いに答えよ。

(1)　一般項 a_n を求めよ。　　(2)　和 $S_n=\sum_{k=1}^{n}a_k$ を求めよ。

4　自然数 n に対して，領域 $x^2\leqq y\leqq n^2$ に含まれる格子点の個数を求めよ。ただし，格子点とは x 座標と y 座標がともに整数である点をいう。

5　数列 $\dfrac{1}{2}$, $\dfrac{2}{3}$, $\dfrac{1}{3}$, $\dfrac{3}{4}$, $\dfrac{2}{4}$, $\dfrac{1}{4}$, $\dfrac{4}{5}$, $\dfrac{3}{5}$, $\dfrac{2}{5}$, $\dfrac{1}{5}$, $\cdots$

について，以下の問いに答えよ。

(1)　$\dfrac{19}{25}$ は第何項か。　　(2)　初項から $\dfrac{19}{25}$ までの総和を求めよ。

6　次のような群数列について，以下の問いに答えよ。

$$1,\ |\ 3,\ 5,\ |\ 7,\ 9,\ 11,\ |\ 13,\ 15,\ 17,\ 19,\ |\ \cdots\cdots$$

(1)　第 n 群の1番目の数は何か。　　(2)　第 n 群の総和を求めよ。

(3)　301は第何群の何番目か。

●漸化式と数学的帰納法

7 数列 $\{a_n\}$ は次の関係を満たしている。

$$a_1=1,\ 3\sum_{k=1}^{n}a_k=(n+2)a_n$$

(1) a_n を求めよ。

(2) $\dfrac{1}{a_1}+\dfrac{1}{a_2}+\cdots+\dfrac{1}{a_n}$ を求めよ。

8 数列 $\{a_n\}$ は次の関係を満たしている。

$$a_1=\frac{1}{4},\ a_{n+1}=\frac{1}{2-a_n}$$

このとき，a_n を求めよ。

9 数列 $\{a_n\}$ は次の関係を満たしている。

$$a_1=1,$$
$$a_1a_2+a_2a_3+\cdots+a_na_{n+1}=2(a_1a_n+a_2a_{n-1}+\cdots+a_na_1)$$

このとき，a_n を求めよ。

●数列の極限

10 数列 $\{a_n\}$ は，$a_1=2$，$a_{n+1}=1+\sqrt{a_n+1}$ を満たすものとする。

(1) $0<a_n<3$ を示せ。

(2) $3-a_{n+1}\leqq\dfrac{1}{3}(3-a_n)$ を示せ。

(3) $\lim_{n\to\infty}a_n$ を求めよ。

11 次の無限級数の和を求めよ。

(1) $\displaystyle\sum_{n=1}^{\infty}\left(\frac{1}{3}\right)^n\cos n\pi$

(2) $\displaystyle\sum_{n=1}^{\infty}\left(-\frac{1}{3}\right)^n\sin\frac{n\pi}{2}$

12 次の各問いに答えよ。

(1) n を自然数とするとき，次の不等式を証明せよ。

$$\frac{1}{2^{n-1}+1}+\frac{1}{2^{n-1}+2}+\cdots+\frac{1}{2^n}>\frac{1}{2}$$

(2) 上のことを使って，次が成り立つことを証明せよ。

$$\sum_{n=1}^{\infty}\frac{1}{n}=1+\frac{1}{2}+\frac{1}{3}+\frac{1}{4}+\cdots\cdots=\infty$$

第5章
三角関数

要　項

5.1 三角関数

図のように角の大きさを単位円の対応する“弧の長さ”で表す方法を**弧度法**という。

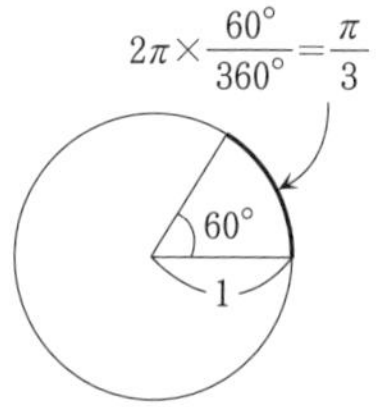

（例）　$180^\circ=\pi$，$60^\circ=\dfrac{\pi}{3}$

（注）「なぜ弧度法を使うのか」は，のちほど三角関数の微分で明らかとなる。

三角関数の定義　三角関数は角 θ に対応する単位円上の点の座標によって次のように定義される。

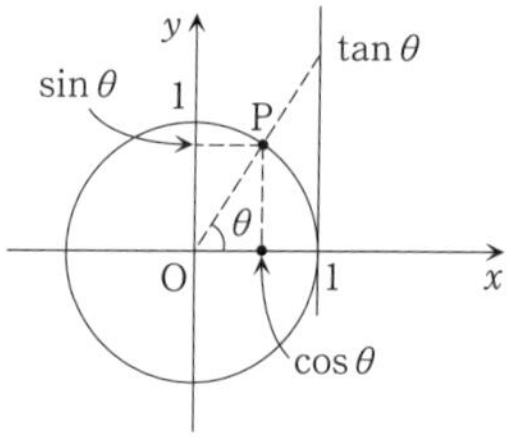

$$\begin{cases}\sin\theta=y & \cdots\cdots \text{点 P の } y \text{ 座標}\\ \cos\theta=x & \cdots\cdots \text{点 P の } x \text{ 座標}\\ \tan\theta=\dfrac{y}{x} & \cdots\cdots \text{OP の傾き}\end{cases}$$

三角関数は定義が何よりも大切。三角関数の公式は定義から明らかなものがほとんどで，以下で見るように暗記しなければならない公式は少しだけである。

5.2 いろいろな公式

［公式］（相互関係）

①　$\tan\theta=\dfrac{\sin\theta}{\cos\theta}$　　②　$\sin^2\theta+\cos^2\theta=1$　　③　$\tan^2\theta+1=\dfrac{1}{\cos^2\theta}$

（注）　①，②は定義そのもの。③は②の両辺を $\cos^2\theta$ で割っただけである。逆に，③の両辺に $\cos^2\theta$ をかければ②になる。

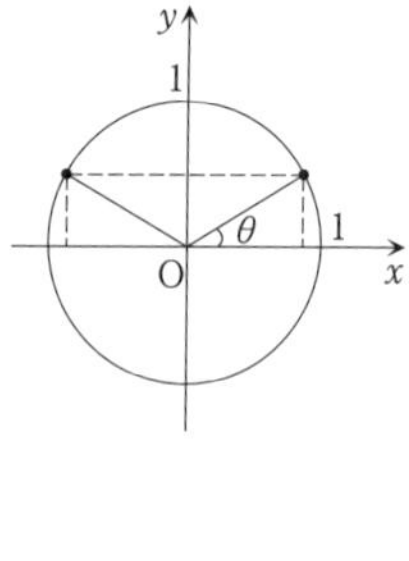

［公式］（補角の公式）

①　$\sin(\pi-\theta)=\sin\theta$

②　$\cos(\pi-\theta)=-\cos\theta$

③　$\tan(\pi-\theta)=-\tan\theta$

同様に次も分かる。

④　$\sin(\pi+\theta)=-\sin\theta$

⑤　$\cos(\pi+\theta)=-\cos\theta$

⑥　$\tan(\pi+\theta)=\tan\theta$

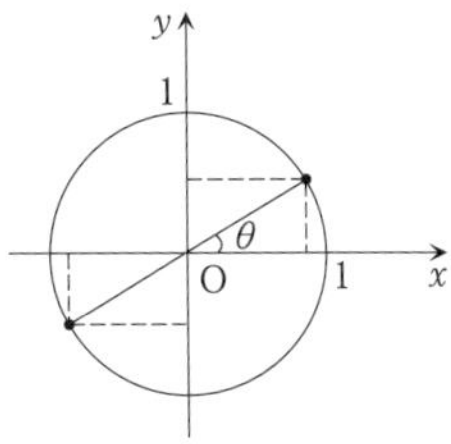

［公式］（余角の公式）

①　$\sin\left(\dfrac{\pi}{2}+\theta\right)=\cos\theta$

②　$\cos\left(\dfrac{\pi}{2}+\theta\right)=-\sin\theta$

③　$\tan\left(\dfrac{\pi}{2}+\theta\right)=-\dfrac{1}{\tan\theta}$

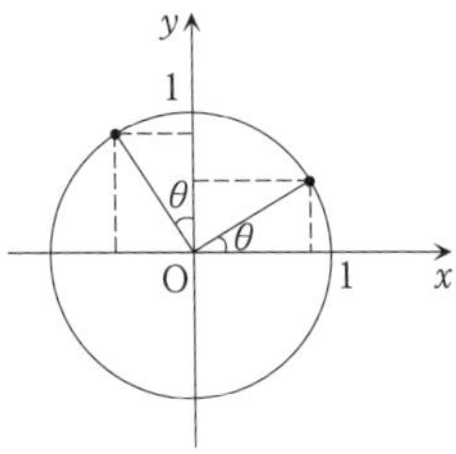

同様に次も分かる。

④　$\sin\left(\dfrac{\pi}{2}-\theta\right)=\cos\theta$

⑤　$\cos\left(\dfrac{\pi}{2}-\theta\right)=\sin\theta$

⑥　$\tan\left(\dfrac{\pi}{2}-\theta\right)=\dfrac{1}{\tan\theta}$

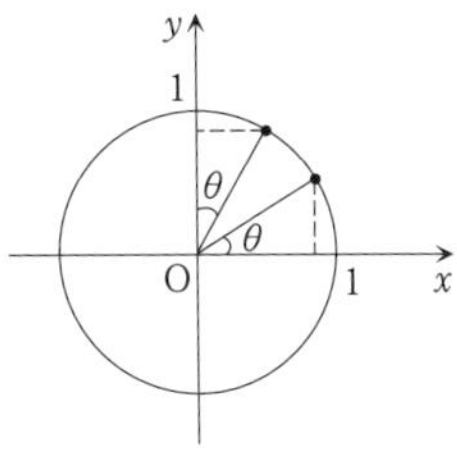

［公式］

①　$\sin(-\theta)=-\sin\theta$

②　$\cos(-\theta)=\cos\theta$

③　$\tan(-\theta)=-\tan\theta$

上の公式はどれも図を見れば明らかである。とにかく覚える必要はない！

5. 3　加法定理

三角関数の公式のうち暗記が必要な公式は次の 2 つの式①と②だけである。

［公式］（加法定理）

①　$\sin(\alpha+\beta)=\sin\alpha\cos\beta+\cos\alpha\sin\beta$

②　$\cos(\alpha+\beta)=\cos\alpha\cos\beta-\sin\alpha\sin\beta$

（注）　$\sin(-\beta)=-\sin\beta$, $\cos(-\beta)=\cos\beta$ であるから，次式は明らか。

③　$\sin(\alpha-\beta)=\sin\alpha\cos\beta-\cos\alpha\sin\beta$

④　$\cos(\alpha-\beta)=\cos\alpha\cos\beta+\sin\alpha\sin\beta$

［公式］（tan の加法定理）

①　$\tan(\alpha+\beta)=\dfrac{\tan\alpha+\tan\beta}{1-\tan\alpha\tan\beta}$　　②　$\tan(\alpha-\beta)=\dfrac{\tan\alpha-\tan\beta}{1+\tan\alpha\tan\beta}$

(証明) $\tan(\alpha+\beta)=\dfrac{\sin(\alpha+\beta)}{\cos(\alpha+\beta)}=\dfrac{\sin\alpha\cos\beta+\cos\alpha\sin\beta}{\cos\alpha\cos\beta-\sin\alpha\sin\beta}=\dfrac{\tan\alpha+\tan\beta}{1-\tan\alpha\tan\beta}$

(最後のところは分子・分母を $\cos\alpha\cos\beta$ で割っただけ。)

$\tan(\alpha-\beta)$ についても同様。□

5.4 加法定理といろいろな公式

[公式]　(2倍角の公式)

① $\sin 2\theta=2\sin\theta\cos\theta$

② $\cos 2\theta=\cos^2\theta-\sin^2\theta=\begin{cases}1-2\sin^2\theta\\ 2\cos^2\theta-1\end{cases}$

③ $\tan 2\theta=\dfrac{2\tan\theta}{1-\tan^2\theta}$

(注)　これは加法定理で $\alpha=\beta=\theta$ とおいただけである。

[公式]　(3倍角の公式)

① $\sin 3\theta=3\sin\theta-4\sin^3\theta$　　② $\cos 3\theta=-3\cos\theta+4\cos^3\theta$

(証明)　① $\sin 3\theta=\sin(\theta+2\theta)=\sin\theta\cos 2\theta+\cos\theta\sin 2\theta$

$=\sin\theta(1-2\sin^2\theta)+\cos\theta\cdot 2\sin\theta\cos\theta$

$=\sin\theta(1-2\sin^2\theta)+2\sin\theta\cos^2\theta$

$=\sin\theta(1-2\sin^2\theta)+2\sin\theta(1-\sin^2\theta)=3\sin\theta-4\sin^3\theta$　□

②も同様。

[公式]　(和積公式)

[積→和]公式

① $\sin\alpha\cos\beta=\dfrac{1}{2}\{\sin(\alpha+\beta)+\sin(\alpha-\beta)\}$

② $\cos\alpha\sin\beta=\dfrac{1}{2}\{\sin(\alpha+\beta)-\sin(\alpha-\beta)\}$

③ $\cos\alpha\cos\beta=\dfrac{1}{2}\{\cos(\alpha+\beta)+\cos(\alpha-\beta)\}$

④ $\sin\alpha\sin\beta=-\dfrac{1}{2}\{\cos(\alpha+\beta)-\cos(\alpha-\beta)\}$

[和→積]公式

⑤ $\sin A+\sin B=2\sin\dfrac{A+B}{2}\cos\dfrac{A-B}{2}$

⑥ $\sin A-\sin B=2\cos\dfrac{A+B}{2}\sin\dfrac{A-B}{2}$

⑦ $\cos A+\cos B=2\cos\dfrac{A+B}{2}\cos\dfrac{A-B}{2}$

⑧ $\cos A-\cos B=-2\sin\dfrac{A+B}{2}\sin\dfrac{A-B}{2}$

(注) 和積公式は加法定理からただちに分かる公式である。当然覚える必要など全くないが，即座に導けるようにしておかなければならない。

(例 1) たとえば，[積→和]公式①を使いたくなったとき；

$$\begin{array}{rl} & \sin(\alpha+\beta)=\sin\alpha\cos\beta+\cos\alpha\sin\beta \\ +) & \sin(\alpha-\beta)=\sin\alpha\cos\beta-\cos\alpha\sin\beta \\ \hline & \sin(\alpha+\beta)+\sin(\alpha-\beta)=2\sin\alpha\cos\beta \end{array}$$

$\therefore\ \sin\alpha\cos\beta=\dfrac{1}{2}\{\sin(\alpha+\beta)+\sin(\alpha-\beta)\}$

(例 2) たとえば，[和→積]公式⑧を使いたくなったとき；

$$\begin{array}{rl} & \cos(\alpha+\beta)=\cos\alpha\cos\beta-\sin\alpha\sin\beta \\ -) & \cos(\alpha-\beta)=\cos\alpha\cos\beta+\sin\alpha\sin\beta \\ \hline & \cos(\alpha+\beta)-\cos(\alpha-\beta)=-2\sin\alpha\sin\beta \end{array}$$

$\alpha+\beta=A$，$\alpha-\beta=B$ とおくと，$\alpha=\dfrac{A+B}{2}$，$\beta=\dfrac{A-B}{2}$ であるから

$$\cos A-\cos B=-2\sin\frac{A+B}{2}\sin\frac{A-B}{2}$$

次の合成公式も覚える必要はない。加法定理の簡単な応用である。

[公式]　(合成公式)

① $a\sin\theta+b\cos\theta=\sqrt{a^2+b^2}\sin(\theta+\alpha)$

② $a\cos\theta+b\sin\theta=\sqrt{a^2+b^2}\cos(\theta-\alpha)$

ここで，α は図のような角である。

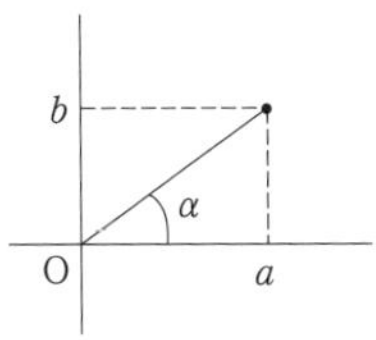

(証明) ① $a\sin\theta+b\cos\theta$

$=\sqrt{a^2+b^2}\left(\sin\theta\dfrac{a}{\sqrt{a^2+b^2}}+\cos\theta\dfrac{b}{\sqrt{a^2+b^2}}\right)$

$=\sqrt{a^2+b^2}(\sin\theta\cos\alpha+\cos\theta\sin\alpha)=\sqrt{a^2+b^2}\sin(\theta+\alpha)$

② $a\cos\theta+b\sin\theta=\sqrt{a^2+b^2}\left(\cos\theta\dfrac{a}{\sqrt{a^2+b^2}}+\sin\theta\dfrac{b}{\sqrt{a^2+b^2}}\right)$

$=\sqrt{a^2+b^2}(\cos\theta\cos\alpha+\sin\theta\sin\alpha)=\sqrt{a^2+b^2}\cos(\theta-\alpha)$ □

三角関数の計算では以上書いた公式を１つ残らず完璧に使いこなす必要がある。したがって，覚えるのではなく，必要なときに必要な公式だけを瞬時に導いて使えるようにしておくことが大切である。

例題 5 − 1（三角関数の基本）

次の三角方程式・三角不等式を解け。ただし，$0 \leqq \theta < 2\pi$ とする。

(1)　$4\sin\theta\cos\theta + 2\sqrt{3}\sin\theta - 2\sqrt{3}\cos\theta - 3 = 0$

(2)　$2\sin^2\theta - 3\sin\theta + 1 \geqq 0$　　　　(3)　$\tan\theta - 1 \leqq 0$

解 説　三角関数で最も重要なことは“定義を理解すること”である。

三角関数の定義　三角関数は角 θ に対応する単位円上の点の座標によって次のように定義される。

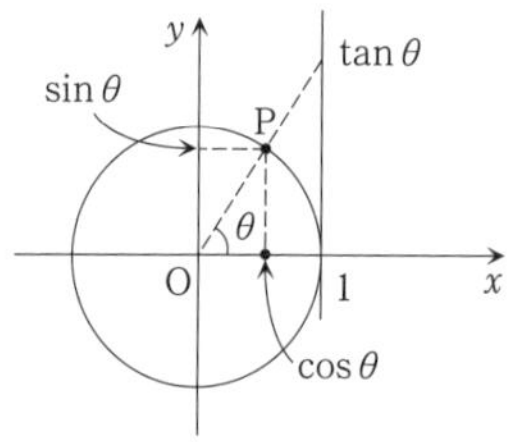

$$\begin{cases} \sin\theta = y & \cdots\cdots \text{点 P の } y \text{ 座標} \\ \cos\theta = x & \cdots\cdots \text{点 P の } x \text{ 座標} \\ \tan\theta = \dfrac{y}{x} & \cdots\cdots \text{OP の傾き} \end{cases}$$

解 答　(1)

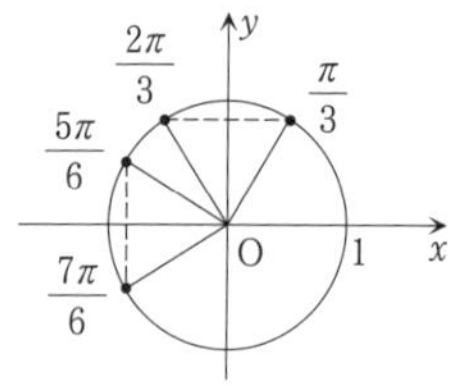

$4\sin\theta\cos\theta + 2\sqrt{3}\sin\theta - 2\sqrt{3}\cos\theta - 3 = 0$

より　$(2\sin\theta - \sqrt{3})(2\cos\theta + \sqrt{3}) = 0$

$\therefore$　$\sin\theta = \dfrac{\sqrt{3}}{2}$ または $\cos\theta = -\dfrac{\sqrt{3}}{2}$

よって，$\theta = \dfrac{\pi}{3},\ \dfrac{2\pi}{3},\ \dfrac{5\pi}{6},\ \dfrac{7\pi}{6}$　……〔答〕

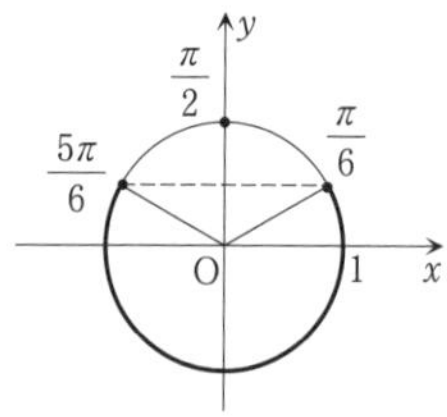

(2)　$2\sin^2\theta - 3\sin\theta + 1 \geqq 0$ より

$(2\sin\theta - 1)(\sin\theta - 1) \geqq 0$

$\therefore$　$\sin\theta \leqq \dfrac{1}{2},\ 1 \leqq \sin\theta$

よって，$0 \leqq \theta \leqq \dfrac{\pi}{6},\ \theta = \dfrac{\pi}{2},\ \dfrac{5\pi}{6} \leqq \theta < 2\pi$　……〔答〕

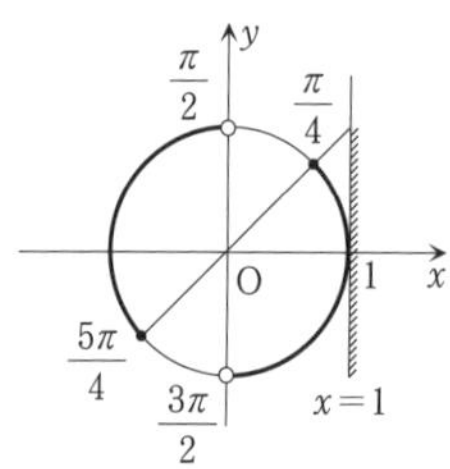

(3)　$\tan\theta - 1 \leqq 0$ より，$\tan\theta \leqq 1$

よって

$0 \leqq \theta \leqq \dfrac{\pi}{4},\ \dfrac{\pi}{2} < \theta \leqq \dfrac{5\pi}{4},\ \dfrac{3\pi}{2} < \theta < 2\pi$　……〔答〕

類題 5 − 1

解答は p. 214

次の三角方程式・三角不等式を解け。ただし，$0 \leqq \theta < 2\pi$ とする。

(1)　$2\cos^2\theta - \sin\theta - 1 = 0$

(2)　$2\sqrt{2}\sin\theta\cos\theta - 2\sin\theta - \sqrt{2}\cos\theta + 1 \leqq 0$　　　(3)　$\sqrt{3}\tan\theta + 1 \geqq 0$

例題 5 − 2（加法定理）

次の三角方程式・三角不等式を解け。ただし，$0 \leqq \theta < 2\pi$ とする。

(1) $\sin 2\theta + 2\sin\theta + \cos\theta + 1 = 0$

(2) $\cos 2\theta - \sin 2\theta + \sin\theta + \cos\theta - 1 \geqq 0$

解 説 三角関数の公式で覚える必要があるのは次の 2 式だけである。

［公式］（加法定理）

① $\sin(\alpha+\beta) = \sin\alpha\cos\beta + \cos\alpha\sin\beta$

② $\cos(\alpha+\beta) = \cos\alpha\cos\beta - \sin\alpha\sin\beta$

2 倍角の公式その他，これ以外の公式は定義と加法定理から簡単に導ける。

解 答 (1) $\sin 2\theta + 2\sin\theta + \cos\theta + 1 = 0$ より

$$2\sin\theta\cos\theta + 2\sin\theta + \cos\theta + 1 = 0$$

$$(2\sin\theta + 1)(\cos\theta + 1) = 0$$

$$\therefore \quad \sin\theta = -\frac{1}{2} \text{ または } \cos\theta = -1$$

よって，$\theta = \pi,\ \dfrac{7\pi}{6},\ \dfrac{11\pi}{6}$ ……〔答〕

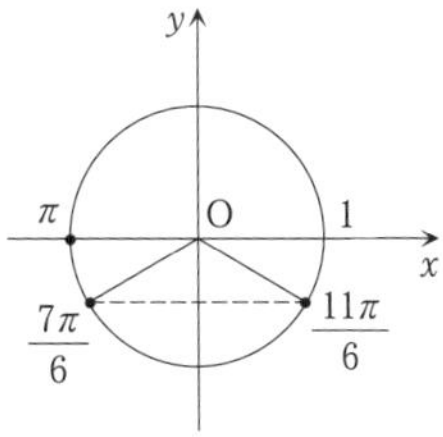

(2) $\cos 2\theta - \sin 2\theta + \sin\theta + \cos\theta - 1 \geqq 0$ より

$$(1 - 2\sin^2\theta) - 2\sin\theta\cos\theta + \sin\theta + \cos\theta - 1 \geqq 0$$

$$2\sin^2\theta + 2\sin\theta\cos\theta - \sin\theta - \cos\theta \leqq 0$$

$$(2\sin\theta - 1)(\sin\theta + \cos\theta) \leqq 0$$

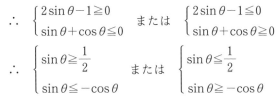

$$\therefore \quad \begin{cases} 2\sin\theta - 1 \geqq 0 \\ \sin\theta + \cos\theta \leqq 0 \end{cases} \text{ または } \begin{cases} 2\sin\theta - 1 \leqq 0 \\ \sin\theta + \cos\theta \geqq 0 \end{cases}$$

$$\therefore \quad \begin{cases} \sin\theta \geqq \dfrac{1}{2} \\ \sin\theta \leqq -\cos\theta \end{cases} \text{ または } \begin{cases} \sin\theta \leqq \dfrac{1}{2} \\ \sin\theta \geqq -\cos\theta \end{cases}$$

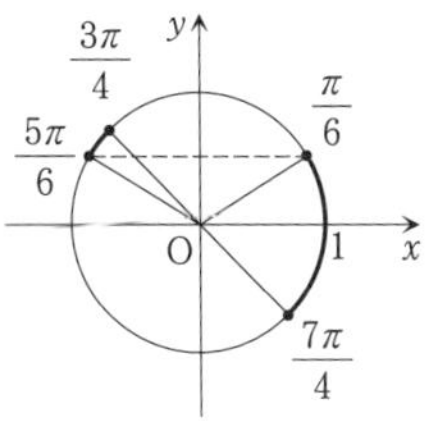

よって，

$$0 \leqq \theta \leqq \frac{\pi}{6},\ \frac{3\pi}{4} \leqq \theta \leqq \frac{5\pi}{6},\ \frac{7\pi}{4} \leqq \theta < 2\pi \quad \text{……〔答〕}$$

類題 5 − 2 解答は p. 215

次の三角方程式・三角不等式を解け。ただし，$0 \leqq \theta < 2\pi$ とする。

(1) $\cos 2\theta - \sin 2\theta - 2\sin\theta + 2\cos\theta + 1 = 0$

(2) $\sqrt{3}\sin 2\theta - \cos 2\theta - \sqrt{3}\sin\theta + \cos\theta - 1 \geqq 0$

例題 5 − 3（三角関数の合成）

(1)　$\sin\theta+\sqrt{3}\cos\theta$ を sin に合成せよ。

(2)　$\sin\theta+\sqrt{3}\cos\theta$ を cos に合成せよ。

解説　三角関数の合成とは加法定理とほとんど同じものである。合成公式は覚えていてもよいが覚えていなくても差し支えない。合成公式とは以下のような公式である。加法定理から自然に合成できるようにしておこう。

［公式］（合成公式）

①　$a\sin\theta+b\cos\theta=\sqrt{a^2+b^2}\sin(\theta+\alpha)$

②　$a\cos\theta+b\sin\theta=\sqrt{a^2+b^2}\cos(\theta-\alpha)$

ここで，α は図のような角である。

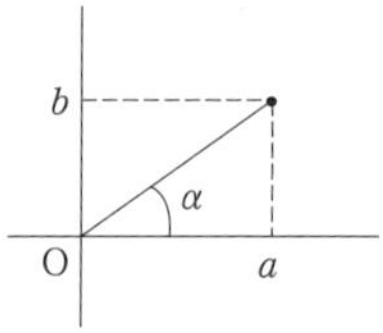

解答　次の加法定理を思い出そう。

［公式］（加法定理）

①　$\sin(\alpha+\beta)=\sin\alpha\cos\beta+\cos\alpha\sin\beta$

②　$\cos(\alpha+\beta)=\cos\alpha\cos\beta-\sin\alpha\sin\beta$

(1)　$\sin\theta+\sqrt{3}\cos\theta$

$$=2\left(\sin\theta\cdot\frac{1}{2}+\cos\theta\cdot\frac{\sqrt{3}}{2}\right)$$ ⬅ $\sqrt{1^2+(\sqrt{3})^2}=2$ でくくる

$$=2\left(\sin\theta\cos\frac{\pi}{3}+\cos\theta\sin\frac{\pi}{3}\right)$$

$$=2\sin\left(\theta+\frac{\pi}{3}\right)$$ ……〔答〕 ⬅ $\sin(\alpha+\beta)=\sin\alpha\cos\beta+\cos\alpha\sin\beta$

(2)　$\sin\theta+\sqrt{3}\cos\theta$

$$=2\left(\sin\theta\cdot\frac{1}{2}+\cos\theta\cdot\frac{\sqrt{3}}{2}\right)$$ ⬅ $\sqrt{1^2+(\sqrt{3})^2}=2$ でくくる

$$=2\left(\cos\theta\cdot\frac{\sqrt{3}}{2}+\sin\theta\cdot\frac{1}{2}\right)=2\left(\cos\theta\cos\frac{\pi}{6}+\sin\theta\sin\frac{\pi}{6}\right)$$

$$=2\cos\left(\theta-\frac{\pi}{6}\right)$$ ……〔答〕 ⬅ $\cos(\alpha-\beta)=\cos\alpha\cos\beta+\sin\alpha\sin\beta$

類題 5 − 3　解答は p. 215

(1)　$\sin\theta-\cos\theta$ を sin に合成せよ。

(2)　$\sin\theta-\cos\theta$ を cos に合成せよ。

例題 5 − 4（三角関数の最大・最小）

$0 \leqq \theta \leqq \dfrac{\pi}{2}$ のとき，次の関数の最大値と最小値を求めよ。

$$f(\theta)=\sin^2\theta+4\sin\theta\cos\theta+5\cos^2\theta$$

解説 加法定理から容易に次のような公式を得る。

2 倍角の公式：

$$\sin 2\theta=2\sin\theta\cos\theta$$

$$\cos 2\theta=\cos^2\theta-\sin^2\theta=\begin{cases}1-2\sin^2\theta\\2\cos^2\theta-1\end{cases}$$

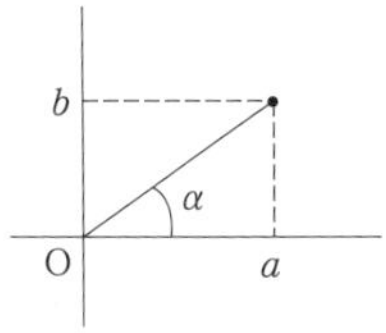

合成公式：

$$a\sin\theta+b\cos\theta=\sqrt{a^2+b^2}\sin(\theta+\alpha)$$

解答 2 倍角の公式より

$$\sin\theta\cos\theta=\frac{\sin 2\theta}{2},\ \sin^2\theta=\frac{1-\cos 2\theta}{2},\ \cos^2\theta=\frac{1+\cos 2\theta}{2}$$

であるから

$$\begin{aligned}f(\theta)&=\sin^2\theta+4\sin\theta\cos\theta+5\cos^2\theta\\&=\frac{1-\cos 2\theta}{2}+4\cdot\frac{\sin 2\theta}{2}+5\cdot\frac{1+\cos 2\theta}{2}\\&=2\sin 2\theta+2\cos 2\theta+3\\&=2\sqrt{2}\sin\left(2\theta+\frac{\pi}{4}\right)+3\end{aligned}$$

⬅ **合成公式より**

ここで，$0 \leqq \theta \leqq \dfrac{\pi}{2}$ より，$0 \leqq 2\theta \leqq \pi$　　∴　$\dfrac{\pi}{4} \leqq 2\theta+\dfrac{\pi}{4} \leqq \dfrac{5\pi}{4}$

よって，$-\dfrac{1}{\sqrt{2}} \leqq \sin\left(2\theta+\dfrac{\pi}{4}\right) \leqq 1$

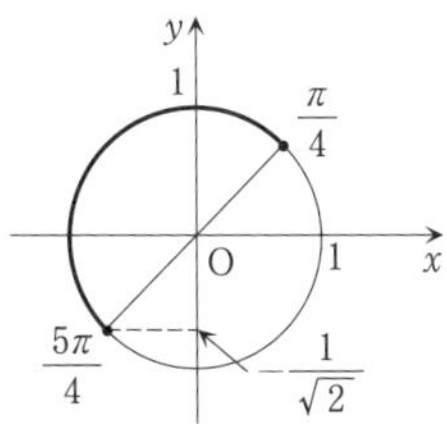

したがって

$$\begin{cases}\text{最大値は}\quad 2\sqrt{2}\cdot 1+3=2\sqrt{2}+3\\[4pt]\text{最小値は}\quad 2\sqrt{2}\cdot\left(-\dfrac{1}{\sqrt{2}}\right)+3=1\end{cases}$$

……〔答〕

類題 5 − 4

解答は p. 215

$0 \leqq \theta \leqq \dfrac{\pi}{2}$ のとき，次の関数の最大値と最小値を求めよ。

$$f(\theta)=\sin^2\theta+2\sqrt{3}\sin\theta\cos\theta-\cos^2\theta$$

例題5－5（tan の加法定理）

次の2直線のなす角を求めよ。

$$l : y=\frac{1}{2}x+1, \quad m : y=-\frac{1}{3}x+2$$

解説　tan の加法定理を応用して2直線のなす角を求めよう。
ところで，tan の加法定理は sin，cos の加法定理からほとんど明らかである。

［公式］（tan の加法定理）

①　$\tan(\alpha+\beta)=\dfrac{\tan\alpha+\tan\beta}{1-\tan\alpha\tan\beta}$　　②　$\tan(\alpha-\beta)=\dfrac{\tan\alpha-\tan\beta}{1+\tan\alpha\tan\beta}$

（証明）　$\tan(\alpha+\beta)=\dfrac{\sin(\alpha+\beta)}{\cos(\alpha+\beta)}=\dfrac{\sin\alpha\cos\beta+\cos\alpha\sin\beta}{\cos\alpha\cos\beta-\sin\alpha\sin\beta}=\dfrac{\tan\alpha+\tan\beta}{1-\tan\alpha\tan\beta}$

（最後のところは分子・分母を $\cos\alpha\cos\beta$ で割っただけ。）

$\tan(\alpha-\beta)$ についても同様。□

解答　2直線

$$l : y=\frac{1}{2}x+1,\ m : y=-\frac{1}{3}x+2$$

が x 軸正方向となす角をそれぞれ α，β（ただし，$0<\alpha<\beta<\pi$）とすると

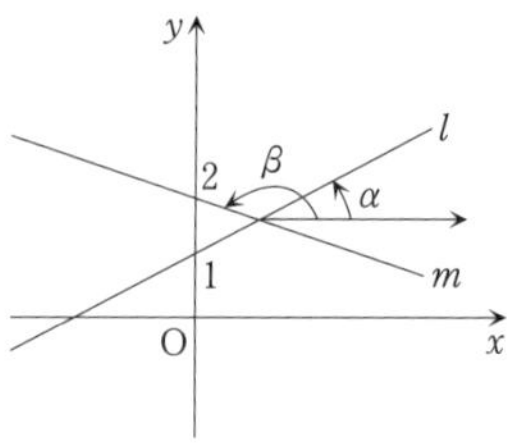

$$\tan\alpha=\frac{1}{2},\ \tan\beta=-\frac{1}{3}$$

よって

$$\tan(\beta-\alpha)=\frac{\tan\beta-\tan\alpha}{1+\tan\beta\tan\alpha}=\frac{\left(-\frac{1}{3}\right)-\frac{1}{2}}{1+\left(-\frac{1}{3}\right)\cdot\frac{1}{2}}=\frac{-\frac{5}{6}}{\frac{5}{6}}=-1$$

$0<\alpha<\beta<\pi$ より，$0<\beta-\alpha<\pi$ であるから

$$\beta-\alpha=\frac{3\pi}{4}$$

よって，2直線のなす角は，$\pi-(\beta-\alpha)=\dfrac{\pi}{4}$　……〔答〕

類題5－5　解答は p. 215

次の2直線のなす角を求めよ。

$$l : y=\frac{\sqrt{3}}{2}x+1, \quad m : y=-3\sqrt{3}x-2$$

例題 5 − 6（和積公式）

$A+B+C=\pi$ のとき，次の等式が成り立つことを示せ。

$$\sin A+\sin B+\sin C=4\cos\frac{A}{2}\cos\frac{B}{2}\cos\frac{C}{2}$$

解 説 和積公式も完璧に使いこなせなければならない。和積公式は加法定理からただちに得られる。必要な公式だけを瞬時に導いて使う（要項参照）。

解 答 $A+B+C=\pi$ より，$C=\pi-(A+B)$

$\therefore\quad \sin C=\sin\{\pi-(A+B)\}=\sin(A+B)$

$\therefore\quad \sin A+\sin B+\sin C=\sin A+\sin B+\sin(A+B)$

ここで

$$\sin A+\sin B=2\sin\frac{A+B}{2}\cos\frac{A-B}{2}$$ ⬅ 和積公式

$$\sin(A+B)=\sin\left(2\cdot\frac{A+B}{2}\right)$$

$$=2\sin\frac{A+B}{2}\cos\frac{A+B}{2}$$ ⬅ 2 倍角の公式

であるから

$$\sin A+\sin B+\sin(A+B)$$

$$=2\sin\frac{A+B}{2}\cos\frac{A-B}{2}+2\sin\frac{A+B}{2}\cos\frac{A+B}{2}$$

$$=2\sin\frac{A+B}{2}\left(\cos\frac{A+B}{2}+\cos\frac{A-B}{2}\right)$$

$$=2\sin\frac{A+B}{2}\cdot 2\cos\frac{A}{2}\cos\frac{B}{2}$$ ⬅ 和積公式

$$=4\cos\frac{A}{2}\cos\frac{B}{2}\sin\frac{A+B}{2}$$

$$=4\cos\frac{A}{2}\cos\frac{B}{2}\sin\left(\frac{\pi}{2}-\frac{C}{2}\right)$$ ⬅ $\boldsymbol{A+B+C=\pi}$

$$=4\cos\frac{A}{2}\cos\frac{B}{2}\cos\frac{C}{2}$$

類題 5 − 6

解答は p. 216

$A+B+C=\pi$ のとき，次の等式が成り立つことを示せ。

$$\cos A+\cos B-\cos C+1=4\cos\frac{A}{2}\cos\frac{B}{2}\sin\frac{C}{2}$$

第6章

指数関数・対数関数

要　項

6.1　指数関数

［公式］（指数法則）

①　$a^x a^y = a^{x+y}$　　②　$\dfrac{a^x}{a^y} = a^{x-y}$　　③　$(a^x)^y = a^{xy}$

④　$a^x b^x = (ab)^x$　　⑤　$\dfrac{a^x}{b^x} = \left(\dfrac{a}{b}\right)^x$

指数関数 $\boldsymbol{y = a^x}$（$a > 0$, $a \neq 1$）**のグラフ**

（i）$a > 1$ の場合　　（ii）$0 < a < 1$ の場合

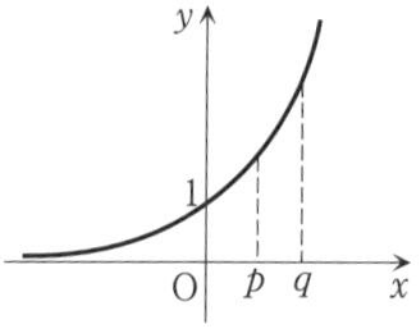

$a^p < a^q \iff p < q$

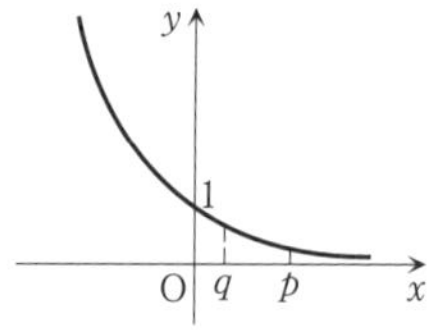

$a^p < a^q \iff p > q$

6.2　対数関数

対数関数 $\boldsymbol{y = \log_a x}$（$a > 0$, $a \neq 1$）は指数関数の逆関数である。

すなわち，$y = \log_a x \iff x = a^y$

ここで，x を対数の**真数**，a を**底**という。

真数の条件は $x > 0$，底の条件は $a > 0$, $a \neq 1$ である。

［公式］（対数法則）

①　$\log_a x + \log_a y = \log_a xy$　　②　$\log_a x - \log_a y = \log_a \dfrac{x}{y}$

③　$k \log_a x = \log_a x^k$

（証明）$\log_a x = X$, $\log_a y = Y$ とおくと，$x = a^X$, $y = a^Y$

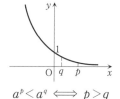

①　$xy = a^X a^Y = a^{X+Y}$　　$\therefore$　$\log_a x + \log_a y = X + Y = \log_a xy$

② $\dfrac{x}{y}=\dfrac{a^X}{a^Y}=a^{X-Y}$　　∴　$\log_a x-\log_a y=X-Y=\log_a\dfrac{x}{y}$

③ $x^k=(a^X)^k=a^{kX}$　　∴　$k\log_a x=kX=\log_a x^k$　□

［公式］（底の変換）

$$\log_a x=\frac{\log_c x}{\log_c a}$$（ただし，$c>0$，$c\neq 1$）

（証明）$\log_c x=p$，$\log_c a=q$ とおくと，$x=c^p$，$a=c^q$

$x^q=(c^p)^q=(c^q)^p=a^p$ より，$p=\log_a x^q=q\log_a x$

よって，$\log_a x=\dfrac{p}{q}=\dfrac{\log_c x}{\log_c a}$　□

［公式］$a^{\log_a x}=x$

（証明）$a^{\log_a x}=X$ とおくと，$\log_a x=\log_a X$　　∴　$X=x$　□

対数関数 $y=\log_a x$（$a>0$，$a\neq 1$）のグラフ

（i）$a>1$ の場合

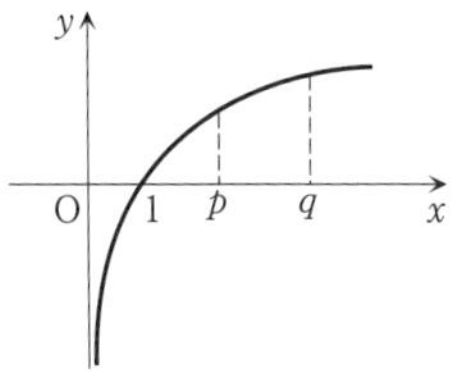

$\log_a p<\log_a q \iff p<q$

（ii）$0<a<1$ の場合

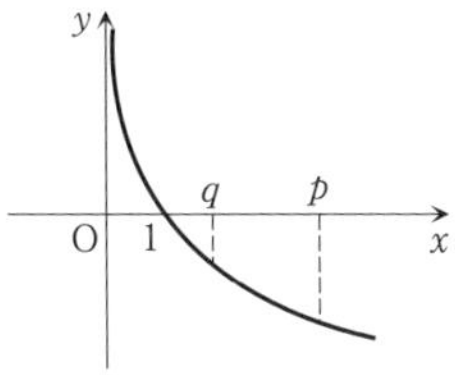

$\log_a p<\log_a q \iff p>q$

6.3 常用対数の応用

底が 10 の対数を**常用対数**という。

［公式］（桁数の数式表現）

① A が n 桁の数 $\iff 10^{n-1}\leqq A<10^n$

（例）$10^2\leqq 546<10^3$

② a（$0<a<1$）の首位が小数第 n 位 $\iff \dfrac{1}{10^n}\leqq a<\dfrac{1}{10^{n-1}}$

（例）$\dfrac{1}{10^3}\leqq 0.00546<\dfrac{1}{10^2}$

（注 1）首位とは，1 より小さい正数の小数点以下で初めて 0 でない数字が表れるところ。

（注 2）常用対数は上の不等式を解く際に用いられる。

例題 6 − 1（指数関数の基本）

次の指数方程式・指数不等式を解け。

(1)　$9^x-2\cdot3^{x+1}-27=0$　　　(2)　$4^x-17\cdot2^{x-1}+4<0$

解説　指数関数の基本事項は次の2つである。

指数法則

①　$a^xa^y=a^{x+y}$　　②　$\dfrac{a^x}{a^y}=a^{x-y}$　　③　$(a^x)^y=a^{xy}$

④　$a^xb^x=(ab)^x$　　⑤　$\dfrac{a^x}{b^x}=\left(\dfrac{a}{b}\right)^x$

指数関数 $y=a^x$ $(a>0,\ a\neq1)$ のグラフ

（i）$a>1$ の場合

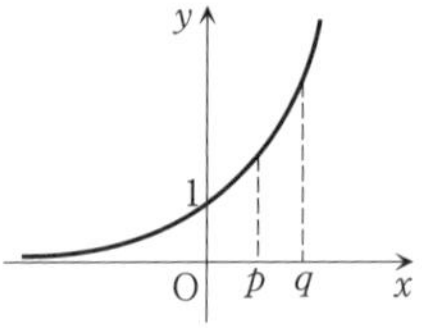

$a^p<a^q \iff p<q$

（ii）$0<a<1$ の場合

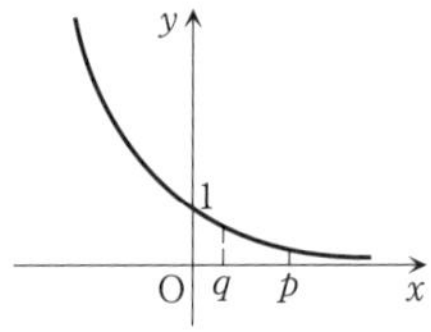

$a^p<a^q \iff p>q$

解答　(1)　$9^x-2\cdot3^{x+1}-27=0$ より

$(3^x)^2-6\cdot3^x-27=0$　⬅ **2次方程式 $t^2-6t-27=0$**

$\therefore$　$(3^x+3)(3^x-9)=0$

$3^x>0$ であるから，$3^x=9=3^2$　　よって，$x=2$　……〔答〕

(2)　$4^x-17\cdot2^{x-1}+4<0$ より

$(2^x)^2-\dfrac{17}{2}\cdot2^x+4<0$

$\therefore$　$2\cdot(2^x)^2-17\cdot2^x+8<0$　⬅ **2次不等式 $2t^2-17t+8<0$**

$\therefore$　$(2\cdot2^x-1)(2^x-8)<0$

$\therefore$　$\dfrac{1}{2}<2^x<8$　　$\therefore$　$2^{-1}<2^x<2^3$

ここで，底：$2>1$ であるから，$-1<x<3$　……〔答〕

類題 6 − 1　解答は p. 216

次の指数方程式・指数不等式を解け。

(1)　$3^{2x+1}+2\cdot3^x-1=0$　　　(2)　$\left(\dfrac{1}{4}\right)^x+\dfrac{1}{2^x}-6>0$

例題 6 − 2（対数関数の基本①）

次の対数方程式を解け。

(1) $\log_2(x-5)=\log_4(x-2)+1$　　(2) $(\log_{\frac{1}{3}}x)^2-\log_{\frac{1}{3}}x^2-3=0$

解説 まず対数関数の定義および基本公式をきちんと確認しておこう。

解答 (1) 真数の条件より

$x-5>0$ かつ $x-2>0$　　∴ $x>5$ ……①

与式より

$$\log_2(x-5)=\frac{\log_2(x-2)}{\log_2 4}+1$$ ⬅ **底の変換公式：$\log_a x=\dfrac{\log_c x}{\log_c a}$**

$$\therefore\ \log_2(x-5)=\frac{\log_2(x-2)}{2}+1$$

$$2\log_2(x-5)=\log_2(x-2)+2$$

$$\log_2(x-5)^2=\log_2(x-2)+\log_2 4$$ ⬅ **対数法則：$k\log_a x=\log_a x^k$**

$$\therefore\ \log_2(x-5)^2=\log_2 4(x-2)$$ ⬅ **対数法則：$\log_a x+\log_a y=\log_a xy$**

$$\therefore\ (x-5)^2=4(x-2)$$

$$\therefore\ x^2-14x+33=0\qquad (x-3)(x-11)=0$$

$$\therefore\ x=3,\ 11\ \cdots\cdots②$$

①，②より，$x=11$ ……〔答〕

(2) 真数の条件より，$x>0$ かつ $x^2>0$　　∴ $x>0$ ……①

与式より

$$(\log_{\frac{1}{3}}x)^2-2\log_{\frac{1}{3}}x-3=0$$ ⬅ **対数法則：$k\log_a x=\log_a x^k$**

$$\therefore\ (\log_{\frac{1}{3}}x+1)(\log_{\frac{1}{3}}x-3)=0\qquad\therefore\ \log_{\frac{1}{3}}x=-1,\ 3$$

$$\therefore\ x=\left(\frac{1}{3}\right)^{-1},\ \left(\frac{1}{3}\right)^{3}$$ ⬅ **対数の定義：$y=\log_a x \iff x=a^y$**

$$=3,\ \frac{1}{27}\ \cdots\cdots②$$

①，②より，$x=3,\ \dfrac{1}{27}$ ……〔答〕

類題 6 − 2

解答は p. 216

次の対数方程式を解け。

(1) $\log_{\sqrt{2}}(2-x)+\log_2(x+1)=1$　　(2) $\log_2 x-\log_x 16=3$

例題 6 － 3 （対数関数の基本②）

次の対数不等式を解け。

(1) $\log_2(2-x) \leqq \log_4(x+1)+1$ (2) $(\log_{\frac{1}{2}} x)^2+\log_{\frac{1}{2}} x-2<0$

解説 対数不等式では，対数関数のグラフを思い出して，底が“1より大”か“1より小”かに注意すること！

解答 (1) 真数の条件より

$2-x>0$ かつ $x+1>0$ $\quad\therefore\quad -1<x<2$ ……①

与式より

$$\log_2(2-x) \leqq \frac{\log_2(x+1)}{\log_2 4}+1$$

$$\therefore\quad \log_2(2-x) \leqq \frac{\log_2(x+1)}{2}+1$$

$$2\log_2(2-x) \leqq \log_2(x+1)+2$$

$$\log_2(2-x)^2 \leqq \log_2(x+1)+\log_2 4$$

$$\therefore\quad \log_2(2-x)^2 \leqq \log_2 4(x+1)$$

底：$2>1$ であるから，$(2-x)^2 \leqq 4(x+1)$ ⬅ **不等号の向きはそのまま**

$\therefore\quad x^2-8x \leqq 0 \qquad x(x-8) \leqq 0 \qquad \therefore\quad 0 \leqq x \leqq 8$ ……②

①，②より，$0 \leqq x<2$ ……〔答〕

(2) 真数の条件より，$x>0$ ……①

与式より

$(\log_{\frac{1}{2}} x+2)(\log_{\frac{1}{2}} x-1)<0 \qquad \therefore\quad -2<\log_{\frac{1}{2}} x<1$

$\therefore\quad \log_{\frac{1}{2}} 4<\log_{\frac{1}{2}} x<\log_{\frac{1}{2}} \frac{1}{2}$ ⬅ $\boldsymbol{-2=\log_{\frac{1}{2}}\left(\frac{1}{2}\right)^{-2}=\log_{\frac{1}{2}} 4}$

底：$\frac{1}{2}<1$ であるから，$4>x>\frac{1}{2}$ ……② ⬅ **不等号の向きが逆転!!**

①，②より，$\frac{1}{2}<x<4$ ……〔答〕

類題 6 － 3

解答は p. 217

次の対数不等式を解け。

(1) $2\log_{\frac{1}{3}}(x-2)>\log_{\frac{1}{3}}(x+4)$ (2) $(\log_4 x)^2 \leqq \log_2 x+3$

例題6－4（対数関数の応用）

次の対数不等式を満たす（x, y）の存在範囲を図示せよ。

$$\log_x y+2\log_y x>3$$

解説 対数不等式は大切であるからもう少し練習しておこう。底に注意して，大小関係をしっかりと理解すること。

対数関数 $y=\log_a x$（$a>0$, $a\neq1$）**のグラフ**

（i） $a>1$ の場合

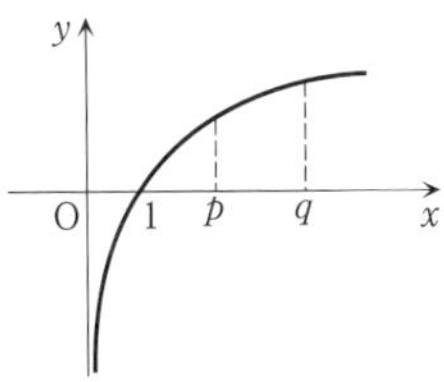

$\log_a p<\log_a q \iff p<q$

（ii） $0<a<1$ の場合

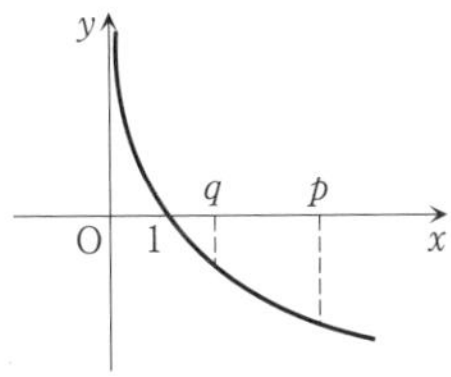

$\log_a p<\log_a q \iff p>q$

解答 真数および底の条件より　$x>0$, $x\neq1$, $y>0$, $y\neq1$

このとき，与式より

$$\log_x y+2\frac{1}{\log_x y}>3$$

⬅ **底の変換：$\log_y x=\dfrac{\log_x x}{\log_x y}=\dfrac{1}{\log_x y}$**

両辺に $(\log_x y)^2>0$ をかけて分母を払うと

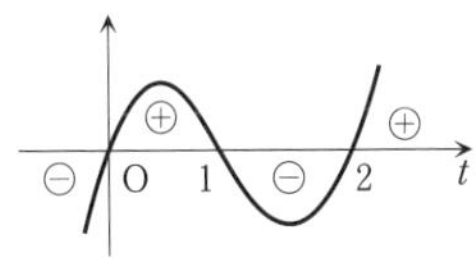

$$(\log_x y)^3+2\log_x y>3(\log_x y)^2$$

$\therefore$ $(\log_x y)\{(\log_x y)^2-3\log_x y+2\}>0$

$\therefore$ $(\log_x y)(\log_x y-1)(\log_x y-2)>0$　⬅ **3次不等式：$t(t-1)(t-2)>0$**

$\therefore$ $0<\log_x y<1$, $2<\log_x y$　⬅ **上の不等式の解は $0<t<1$, $2<t$**

$\therefore$ $\log_x 1<\log_x y<\log_x x$, $\log_x x^2<\log_x y$

よって

（i） 底：$x>1$ のとき　$1<y<x$,　$x^2<y$

（ii） 底：$x<1$ のとき　$1>y>x$, $x^2>y$

したがって，点（x, y）の存在範囲は図のようになる。

（境界は含まない）

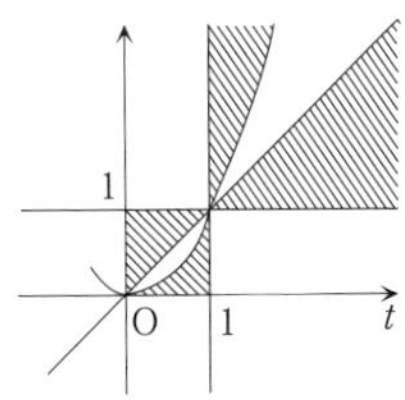

類題6－4

解答は p. 217

次の対数不等式を満たす（x, y）の存在範囲を図示せよ。

$$\log_x y<3\log_y x+2$$

例題 6 − 5（桁数と常用対数）

3^{100} の桁数を求めよ。また，最高位の数字は何か。
ただし，$\log_{10}2=0.3010$，$\log_{10}3=0.4771$ とする。

解説　底が10の対数を**常用対数**という。
桁数の問題は，“桁数”の概念をきちんと理解できているかどうかの問題である。
10進法において

（i）　A が n 桁の数 $\Longleftrightarrow 10^{n-1}\leqq A<10^n$　　　（例）　$10^2\leqq \underbrace{546}_{3\text{桁}}<10^3$

（ii）　n 桁の数 A の最高位の数字が a

$\Longleftrightarrow a\times10^{n-1}\leqq A<(a+1)\times10^{n-1}$　　（例）　$5\times10^2\leqq546<6\times10^2$

（注）　最高位の数字を求める問題も桁数を求める問題も同一の問題である。

解答　3^{100} の桁数を n とすると

$10^{n-1}\leqq3^{100}<10^n$　**⬅ ここが大切！　あとは計算するだけ**

$\therefore\ \log_{10}10^{n-1}\leqq\log_{10}3^{100}<\log_{10}10^n$

$n-1\leqq100\log_{10}3<n$

$n-1\leqq47.71<n$　　$\therefore\ n=48$

よって，3^{100} の桁数は48　……〔答〕

次に，48桁の数 3^{100} の最高位の数字を a とおくと

$a\times10^{47}\leqq3^{100}<(a+1)\times10^{47}$　**⬅ ここが大切！　あとは計算するだけ**

$\therefore\ \log_{10}(a\times10^{47})\leqq\log_{10}3^{100}<\log_{10}\{(a+1)\times10^{47}\}$

$\log_{10}a+\log_{10}10^{47}\leqq47.71<\log_{10}(a+1)+\log_{10}10^{47}$

$\log_{10}a+47\leqq0.71+47<\log_{10}(a+1)+47$

$\therefore\ \log_{10}a\leqq0.71<\log_{10}(a+1)$

ここで

$$\log_{10}5=\log_{10}\frac{10}{2}=\log_{10}10-\log_{10}2=1-0.3010=0.6990$$

$$\log_{10}6=\log_{10}(2\cdot3)=\log_{10}2+\log_{10}3=0.3010+0.4771=0.7781$$

より，$a=5$　　すなわち，3^{100} の最高位の数字は5　……〔答〕

類題 6 − 5　解答は p. 217

$\left(\dfrac{1}{32}\right)^{100}$ を小数で表したとき，小数第何位に初めて0でない数字が現れるか。
また，その数字は何か。ただし，$\log_{10}2=0.3010$，$\log_{10}3=0.4771$ とする。

集中ゼミ 2　2次方程式の解の配置

2次方程式の解の配置問題も数学の根本をなす重要事項である。

[例題]　x の2次方程式 $x^2-2(a+1)x+a+3=0$ について，以下の条件を満たす定数 a の値の範囲を求めよ。

(1)　1より大きい解と1より小さい解をもつ。

(2)　2つの解がともに1より大きい。　　(3)　1より大きい解をもつ。

(解)　$f(x)=x^2-2(a+1)x+a+3$

$=\{x-(a+1)\}^2-(a+1)^2+a+3=\{x-(a+1)\}^2-a^2-a+2$

よって，軸の方程式は $x=a+1$，頂点の座標は $(a+1,\ -a^2-a+2)$ である。

(1)　$f(1)<0$ であればよい。

$\therefore$　$-a+2<0$　　よって，$a>2$　……〔答〕

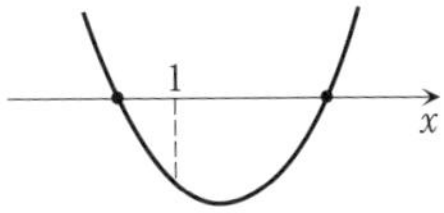

(2)　2つの解がともに1より大きいための条件は

$$\begin{cases} f(1)>0 & \cdots\cdots(\text{i}) \\ -a^2-a+2\leqq 0 & \cdots\cdots(\text{ii}) \\ a+1>1 & \cdots\cdots(\text{iii}) \end{cases}$$

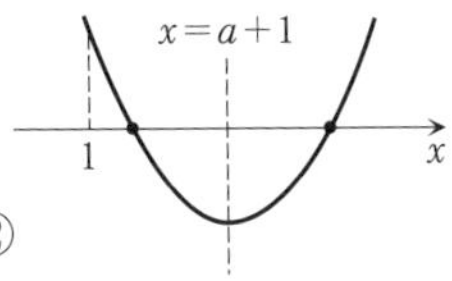

(i)より，$-a+2>0$　　$\therefore$　$a<2$　……①

(ii)より，$a^2+a-2\geqq 0$　　$\therefore$　$a\leqq -2,\ 1\leqq a$　……②

(iii)より，$a>0$　……③

①，②，③より，$1\leqq a<2$　……〔答〕

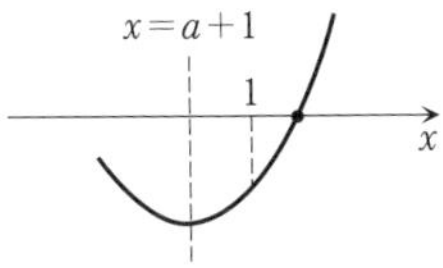

(3)　(i)　$a+1\leqq 1$　すなわち，$a\leqq 0$ のとき

$f(1)=-a+2<0$ であればよい。

$\therefore$　$a>2$　　$a\leqq 0$ よりこれは不適。

(ii)　$a+1>1$　すなわち，$a>0$ のとき

$-a^2-a+2\leqq 0$ であればよい。$\therefore$　$a\leqq -2,\ 1\leqq a$

$a>0$ のときなので，$a\geqq 1$

(i)，(ii)より，$a\geqq 1$　……〔答〕

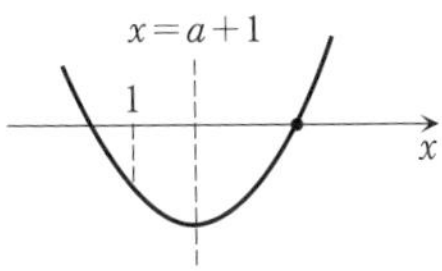

練習問題　解答は p. 279

x の2次方程式 $x^2+2ax+a+6=0$ について，以下の条件を満たす定数 a の値の範囲を求めよ。

(1)　1より大きい解と1より小さい解をもつ。

(2)　2つの解がともに1より大きい。　　(3)　1より大きい解をもつ。

第7章
微分法の計算

要　項

7.1　注意すべき関数の極限

［公式］（三角関数に関する極限）

$$\lim_{\theta \to 0} \frac{\sin\theta}{\theta} = 1$$　（ただし，θ の単位は弧度法による）

［公式］（自然対数の底 e に関する極限）

① $\displaystyle\lim_{x \to +\infty}\left(1+\frac{1}{x}\right)^x = e$　② $\displaystyle\lim_{t \to 0}(1+t)^{\frac{1}{t}} = e$　③ $\displaystyle\lim_{h \to 0}\frac{e^h-1}{h} = 1$

7.2　導関数の定義

導関数　導関数は次のように定義される。

$$f'(x) = \lim_{h \to 0}\frac{f(x+h)-f(x)}{h}$$

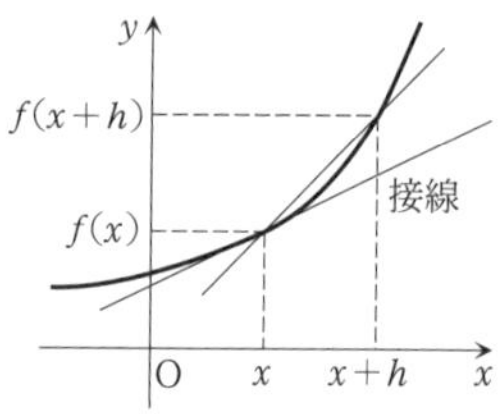

導関数は次のようにいろいろな記号で表される。

$f'(x)$，y'，$\dfrac{dy}{dx}$，$\dfrac{df}{dx}$，$\dfrac{d}{dx}f(x)$ など。

***n* 次導関数**　$f(x)$ が n 回微分可能なとき，$f(x)$ を n 回微分したものを ***n* 次導関数**といい，$f^{(n)}(x)$，$y^{(n)}$，$\dfrac{d^n y}{dx^n}$，$\dfrac{d^n}{dx^n}f(x)$ などと表される。ただし，n が小さい数のときは，$f'(x)$，$f''(x)$，$f'''(x)$ のように表すことが多い。

7.3　導関数の定義

［公式］（積の微分・商の微分）

① $(f\cdot g)' = f'\cdot g + f\cdot g'$　② $\left(\dfrac{f}{g}\right)' = \dfrac{f'\cdot g - f\cdot g'}{g^2}$

［公式］（合成関数の微分）

$\{f(g(x))\}' = f'(g(x))\cdot g'(x)$　すなわち，$\dfrac{dy}{dx} = \dfrac{dy}{du}\cdot\dfrac{du}{dx}$

［公式］（媒介変数で表された関数の微分）

$$\begin{cases} x=f(t) \\ y=g(t) \end{cases} \text{のとき,}\ \frac{dy}{dx}=\frac{\frac{dy}{dt}}{\frac{dx}{dt}}\ \left(=\frac{g'(t)}{f'(t)}\right)$$

［公式］（逆関数の微分）

$$\frac{dx}{dy}=\frac{1}{\frac{dy}{dx}}$$

■ワンポイント解説　三角関数に関する極限の公式

［公式］（三角関数に関する極限）

$$\lim_{\theta\to 0}\frac{\sin\theta}{\theta}=1$$（ただし，θ は弧度法による）

（証明） 図より（面積に着目）

$$\underbrace{\frac{1}{2}\cdot 1\cdot 1\cdot\sin\theta}_{\text{三角形}}<\underbrace{\pi\cdot 1^2\cdot\frac{\theta}{2\pi}}_{\text{扇形}}<\underbrace{\frac{1}{2}\cdot 1\cdot\tan\theta}_{\text{直角三角形}}$$

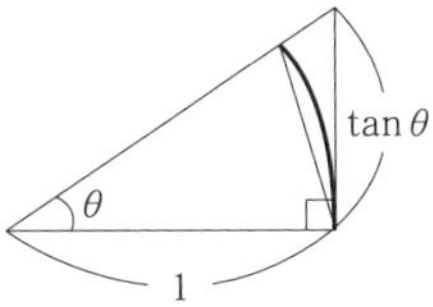

$\therefore\ \sin\theta<\theta<\dfrac{\sin\theta}{\cos\theta}$　　$\therefore\ \cos\theta<\dfrac{\sin\theta}{\theta}<1$

はさみうちの原理より

$$\lim_{\theta\to +0}\frac{\sin\theta}{\theta}=1$$ **⬅ $\theta\to +0$ は θ を右から（正の値で）0 に近づけるという意味**

また

$$\lim_{\theta\to -0}\frac{\sin\theta}{\theta}$$ **⬅ $\theta\to -0$ は θ を左から（負の値で）0 に近づけるという意味**

$$=\lim_{t\to +0}\frac{\sin(-t)}{-t}$$（$t=-\theta$ と置き換え）

$$=\lim_{t\to +0}\frac{-\sin t}{-t}=\lim_{t\to +0}\frac{\sin t}{t}=1$$

以上より，$\displaystyle\lim_{\theta\to 0}\frac{\sin\theta}{\theta}=1$　□

（注） 弧度法を用いることにより，この極限値が 1 となり，$(\sin x)'=\cos x$ となる。もし弧度法で角を表さなければ

$\displaystyle\lim_{\theta\to 0}\frac{\sin(\theta^\circ)}{\theta}=\frac{\pi}{180}$ より，$\{\sin(x^\circ)\}'=\dfrac{\pi}{180}\cos(x^\circ)$ となってしまう。

例題 7－1（関数の極限）

次の関数の極限を求めよ。

(1)　$\displaystyle\lim_{x\to 0}\frac{x^2}{1-\cos x}$　　　(2)　$\displaystyle\lim_{x\to 0}\frac{x}{e^{2x}-1}$

解説　特に注意すべき関数の極限として，次の三角関数に関する極限の公式と自然対数の底 e に関する極限の公式がある。

［公式］（三角関数に関する極限）（➡ワンポイント解説 参照）

$$\lim_{\theta\to 0}\frac{\sin\theta}{\theta}=1$$（ただし，θ の単位は弧度法による）

（注）　もちろん分数の分子・分母は逆でも同じ。すなわち，$\displaystyle\lim_{\theta\to 0}\frac{\theta}{\sin\theta}=1$

［公式］（自然対数の底 e に関する極限）

①　$\displaystyle\lim_{x\to+\infty}\left(1+\frac{1}{x}\right)^x=e$　　②　$\displaystyle\lim_{t\to 0}(1+t)^{\frac{1}{t}}=e$　　③　$\displaystyle\lim_{h\to 0}\frac{e^h-1}{h}=1$

解答　(1)　$\displaystyle\lim_{x\to 0}\frac{x^2}{1-\cos x}=\lim_{x\to 0}\frac{x^2(1+\cos x)}{1-\cos^2 x}$

$$=\lim_{x\to 0}\frac{x^2(1+\cos x)}{\sin^2 x}$$

$$=\lim_{x\to 0}\left(\frac{x}{\sin x}\right)^2(1+\cos x)=2$$　……〔答〕　⬅ $\displaystyle\lim_{\theta\to 0}\frac{\sin\theta}{\theta}=1$

(2)　$\displaystyle\lim_{x\to 0}\frac{x}{e^{2x}-1}=\lim_{x\to 0}\frac{1}{2}\frac{2x}{e^{2x}-1}$

$$=\frac{1}{2}$$　……〔答〕　⬅ $\displaystyle\lim_{h\to 0}\frac{e^h-1}{h}=1$

類題 7－1　解答は p. 218

次の関数の極限を求めよ。

(1)　$\displaystyle\lim_{x\to 0}\frac{\tan x-\sin x}{x^3}$　　　(2)　$\displaystyle\lim_{\theta\to 0}\frac{\sin(\theta^\circ)}{\theta}$

(3)　$\displaystyle\lim_{x\to+\infty}x\log\left(1+\frac{1}{2x}\right)$　　　(4)　$\displaystyle\lim_{x\to 0}(1+ax)^{\frac{1}{x}}$

例題 7 － 2 （導関数の定義）

次の関数の導関数を定義に従って求めよ。

(1) $f(x)=\sin x$　　　　(2) $f(x)=\log_a x$

解説 導関数は次のように定義される。

$$f'(x)=\lim_{h\to 0}\frac{f(x+h)-f(x)}{h}$$

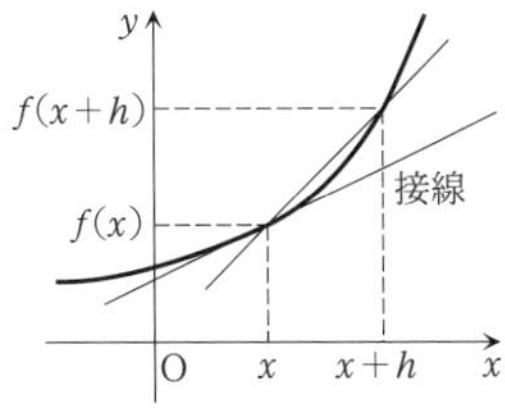

解答 (1) $f(x)=\sin x$ より

$$f'(x)=\lim_{h\to 0}\frac{f(x+h)-f(x)}{h}$$

$$=\lim_{h\to 0}\frac{\sin(x+h)-\sin x}{h}$$

$$=\lim_{h\to 0}\frac{2\cos\left(x+\frac{h}{2}\right)\sin\frac{h}{2}}{h}$$ ⬅ $\sin A-\sin B=2\cos\frac{A+B}{2}\sin\frac{A-B}{2}$

$$=\lim_{h\to 0}\cos\left(x+\frac{h}{2}\right)\frac{\sin\frac{h}{2}}{\frac{h}{2}}=\cos x\cdot 1$$ ⬅ 公式：$\lim_{\theta\to 0}\frac{\sin\theta}{\theta}=1$

$=\cos x$ ……〔答〕

(2) $f(x)=\log_a x$ より

$$f'(x)=\lim_{h\to 0}\frac{f(x+h)-f(x)}{h}=\lim_{h\to 0}\frac{\log_a(x+h)-\log_a x}{h}$$

$$=\lim_{h\to 0}\frac{1}{h}\log_a\left(1+\frac{h}{x}\right)$$ ⬅ $\log_a M-\log_a N=\log_a\frac{M}{N}$

$$=\lim_{t\to 0}\frac{1}{xt}\log_a(1+t)$$ ⬅ $t=\frac{h}{x}$ と置き換え

$$=\lim_{t\to 0}\frac{1}{x}\log_a(1+t)^{\frac{1}{t}}=\frac{1}{x}\log_a e$$ ……〔答〕 ⬅ 公式：$\lim_{t\to 0}(1+t)^{\frac{1}{t}}=e$

(注) よって，対数の底 a は e にしておくのが自然。そこで，$\log_e x$ を**自然対数**といい，数 e を**自然対数の底**という。今後，特別な事情がない限り対数の底は e とするから，自然対数 $\log_e x$ は底 e を省略して，$\log x$ と表す。

類題 7 － 2 解答は p. 218

次の関数の導関数を定義に従って求めよ。

(1) $f(x)=\cos x$　　　　(2) $f(x)=a^x$

例題 7 − 3（いろいろな公式の証明）

次の微分の公式を導関数の定義に従って証明せよ。

(1)　$\{f(x)g(x)\}'=f'(x)g(x)+f(x)g'(x)$　**（積の微分の公式）**

(2)　$\{f(g(x))\}'=f'(g(x))\cdot g'(x)$　**（合成関数の微分の公式）**

ただし，$f(x)$，$g(x)$ は適当な条件を満たしているものとする。

解説　導関数の定義からいろいろな公式を導出できるようにしておこう。

解答　(1)　$\displaystyle \{f(x)g(x)\}'=\lim_{h\to 0}\frac{f(x+h)g(x+h)-f(x)g(x)}{h}$

$$=\lim_{h\to 0}\frac{\{f(x+h)-f(x)\}g(x+h)+f(x)\{g(x+h)-g(x)\}}{h}$$

$$=\lim_{h\to 0}\left(\frac{f(x+h)-f(x)}{h}g(x+h)+f(x)\frac{g(x+h)-g(x)}{h}\right)$$

$$=f'(x)g(x)+f(x)g'(x)$$

(2)　$\displaystyle \{f(g(x))\}'=\lim_{h\to 0}\frac{f(g(x+h))-f(g(x))}{h}$

$$=\lim_{h\to 0}\frac{f(g(x+h))-f(g(x))}{g(x+h)-g(x)}\cdot\frac{g(x+h)-g(x)}{h}$$

$$=f'(g(x))\cdot g'(x)$$

【補足】　$\displaystyle \lim_{h\to 0}\frac{f(g(x+h))-f(g(x))}{g(x+h)-g(x)}$ の計算について：

$$\lim_{h\to 0}\frac{f(g(x+h))-f(g(x))}{g(x+h)-g(x)}$$

$$=\lim_{t\to 0}\frac{f(g(x)+t)-f(g(x))}{t}$$ **⬅ $t=g(x+h)-g(x)$ と置き換え**

$$=f'(g(x))$$ **⬅ $\displaystyle f'(a)=\lim_{t\to 0}\frac{f(a+t)-f(a)}{t}$**

類題 7 − 3　解答は p. 218

次の微分の公式を導関数の定義に従って証明せよ。

$$\left(\frac{f(x)}{g(x)}\right)'=\frac{f'(x)g(x)-f(x)g'(x)}{g(x)^2}$$ **（商の微分の公式）**

ただし，$f(x)$，$g(x)$ は適当な条件を満たしているものとする。

例題 7 − 4（微分の計算①）

次の関数を微分せよ。

(1)　$\cos(3x+2)$　　(2)　$\sqrt{x^2+1}$　　(3)　$\log(\cos x)$

(4)　2^{x^2-1}　　(5)　$x\log x$　　(6)　$\dfrac{\sin x}{x}$

解説　導関数の公式，微分の計算公式を利用していろいろな関数を微分してみよう。覚えるべき公式は次の通り。特に重要な公式は合成関数の微分の公式。

三角関数の導関数

①　$(\sin x)'=\cos x$　　②　$(\cos x)'=-\sin x$　　③　$(\tan x)'=\dfrac{1}{\cos^2 x}$

指数関数・対数関数の導関数

①　$(a^x)'=a^x\log a$　　特に，$(e^x)'=e^x$

②　$(\log x)'=\dfrac{1}{x}$　　より一般に，$(\log|x|)'=\dfrac{1}{x}$

微分の計算公式

積の微分：$(f\cdot g)'=f'\cdot g+f\cdot g'$　　商の微分：$\left(\dfrac{f}{g}\right)'=\dfrac{f'\cdot g-f\cdot g'}{g^2}$

合成関数の微分：$\{f(g(x))\}'=f'(g(x))\cdot g'(x)$

解答　(1)　$\{\cos(3x+2)\}'=-\sin(3x+2)\times 3=-3\sin(3x+2)$　……〔答〕

(2)　$\{\sqrt{x^2+1}\}'=\{(x^2+1)^{\frac{1}{2}}\}'=\dfrac{1}{2}(x^2+1)^{-\frac{1}{2}}\times 2x=\dfrac{x}{\sqrt{x^2+1}}$　……〔答〕

(3)　$\{\log(\cos x)\}'=\dfrac{1}{\cos x}\times(-\sin x)=-\tan x$　……〔答〕

(4)　$(2^{x^2-1})'=2^{x^2-1}\log 2\times 2x=2^{x^2}x\log 2$　……〔答〕

(5)　$(x\log x)'=1\cdot\log x+x\cdot\dfrac{1}{x}=\log x+1$　……〔答〕

(6)　$\left(\dfrac{\sin x}{x}\right)'=\dfrac{\cos x\cdot x-\sin x\cdot 1}{x^2}=\dfrac{x\cos x-\sin x}{x^2}$　……〔答〕

類題 7 − 4

解答は p. 218

次の関数を微分せよ。

(1)　$\sin\sqrt{x^2+1}$　　(2)　$x\tan(2x+1)$

(3)　$\log(x+\sqrt{x^2+1})$　　(4)　$\dfrac{x}{\log x}$

例題 7 − 5（微分の計算②）

(1) $\begin{cases} x=t-\sin t \\ y=1-\cos t \end{cases}$ のとき，$\dfrac{dy}{dx}$ および $\dfrac{d^2y}{dx^2}$ を求めよ。

(2) x^x $(x>0)$ を微分せよ。

解 説　もう少し微分の計算練習を続けよう。2階微分は要注意である。

［公式］（媒介変数で表された関数の微分）

$$\begin{cases} x=f(t) \\ y=g(t) \end{cases} \text{のとき，} \frac{dy}{dx}=\frac{\frac{dy}{dt}}{\frac{dx}{dt}} \left(=\frac{g'(t)}{f'(t)}\right)$$

その他，**対数微分法**（(2)参照）も理解しておこう。

解 答　(1) $\dfrac{dy}{dx}=\dfrac{\frac{dy}{dt}}{\frac{dx}{dt}}=\dfrac{\sin t}{1-\cos t}$　……〔答〕

$$\frac{d^2y}{dx^2}=\frac{d}{dx}\left(\frac{dy}{dx}\right)=\frac{\frac{d}{dt}\left(\frac{dy}{dx}\right)}{\frac{dx}{dt}}=\frac{\frac{d}{dt}\left(\frac{\sin t}{1-\cos t}\right)}{1-\cos t}$$

$$=\frac{\frac{\cos t\cdot(1-\cos t)-\sin t\cdot\sin t}{(1-\cos t)^2}}{1-\cos t}$$

$$=\frac{\cos t-(\cos^2 t+\sin^2 t)}{(1-\cos t)^3}=\frac{\cos t-1}{(1-\cos t)^3}=-\frac{1}{(1-\cos t)^2}$$　……〔答〕

(2) $y=x^x$ とおくと

$\log y=\log x^x$　⬅両辺の対数をとる

$\therefore$ $\log y=x\log x$

$\therefore$ $\dfrac{1}{y}\times y'=1\cdot\log x+x\cdot\dfrac{1}{x}=\log x+1$　⬅両辺を x で微分する

$\therefore$ $y'=y(\log x+1)=x^x(\log x+1)$　……〔答〕

類題 7 − 5　解答は p. 219

(1) $\begin{cases} x=\cos^3 t \\ y=\sin^3 t \end{cases}$ のとき，$\dfrac{dy}{dx}$ および $\dfrac{d^2y}{dx^2}$ を求めよ。

(2) $x^{\sin x}$ $(x>0)$ を微分せよ。

例題 7 − 6（微分の計算③）

次の関数について，$\dfrac{dy}{dx}$ を求めよ。ただし，y を用いて表してよい。

(1) $\dfrac{x^2}{9}-y^2=1$　　(2) $\sqrt[3]{x}+\sqrt[3]{y}=1$　　(3) $xy+y^3-x^2=0$

解 説　円の方程式 $x^2+y^2=1$ を考えてみよう。

この方程式を y について解くと，$y=\pm\sqrt{1-x^2}$

すなわち，$x^2+y^2=1$ は次の 2 つの関数を定める。

$y=\sqrt{1-x^2}$ ……①　　$y=-\sqrt{1-x^2}$ ……②

①，②より導関数 y' が計算できる。

ところで，導関数は，①，②を使わず，$x^2+y^2=1$ の両辺を x で微分することによりただちに得られる。

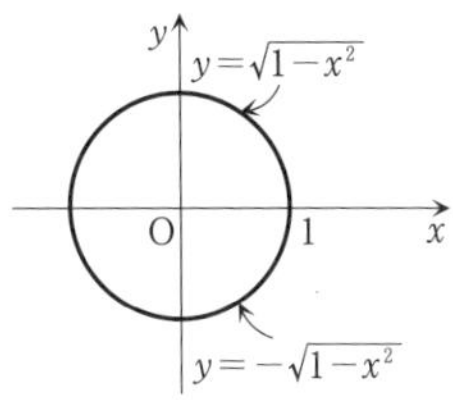

解 答　(1) $\dfrac{x^2}{9}-y^2=1$ の両辺を x で微分すると

$$\frac{2}{9}x-2y\cdot\frac{dy}{dx}=0 \qquad \therefore \quad \frac{dy}{dx}=\frac{x}{9y} \quad \cdots\cdots〔答〕$$

(2) $\sqrt[3]{x}+\sqrt[3]{y}=1$ より，$x^{\frac{1}{3}}+y^{\frac{1}{3}}=1$

両辺を x で微分すると

$$\frac{1}{3}x^{-\frac{2}{3}}+\frac{1}{3}y^{-\frac{2}{3}}\cdot\frac{dy}{dx}=0$$

$$\therefore \quad \frac{dy}{dx}=-\frac{x^{-\frac{2}{3}}}{y^{-\frac{2}{3}}}=-\frac{y^{\frac{2}{3}}}{x^{\frac{2}{3}}}=-\left(\frac{y}{x}\right)^{\frac{2}{3}} \quad \cdots\cdots〔答〕$$

(3) $xy+y^3-x^2=0$ の両辺を x で微分すると

$$1\cdot y+x\cdot\frac{dy}{dx}+3y^2\cdot\frac{dy}{dx}-2x=0$$

$$\therefore \quad (x+3y^2)\frac{dy}{dx}=2x-y \qquad \therefore \quad \frac{dy}{dx}=\frac{2x-y}{x+3y^2} \quad \cdots\cdots〔答〕$$

類題 7 − 6

解答は p. 219

次の関数について，$\dfrac{dy}{dx}$ を求めよ。ただし，y を用いて表してよい。

(1) $x^3+3xy+y^3=1$　　(2) $y^2=x^2(1-x^2)$　　(3) $x=y^2+2y-1$

第 8 章

微分法の応用

要　項

8.1　接線の方程式

点 $(a,\ f(a))$ における接線の方程式は

$$y-f(a)=f'(a)(x-a)$$

で与えられる。

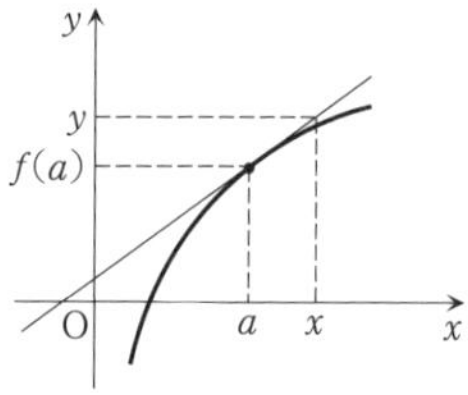

【参考】 大学の微分積分における接平面の方程式も本質的にこれと同じである。

点 $(a,\ b,\ f(a,\ b))$ における接平面の方程式は

$$z-f(a,\ b)=f_x(a,\ b)(x-a)+f_y(a,\ b)(y-b)$$

で与えられる。

高校数学をきちんと理解していないと大学の数学で学ぶ当たり前のことが当たり前だと理解できなくなる。

8.2　関数の増減と極大・極小

極大：$f(x)$ が増加から減少に変わる。

　　($f'(x)$ が正から負に変わる)

極小：$f(x)$ が減少から増加に変わる。

　　($f'(x)$ が負から正に変わる)

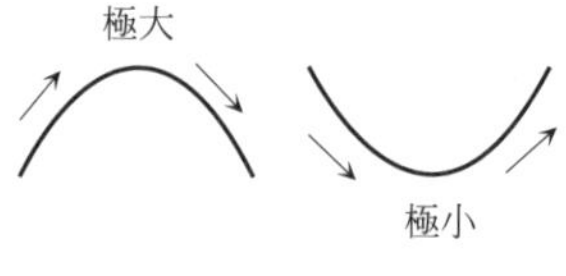

よって，次が成り立つ。

$$f(x) \text{ が } x=a \text{ で極値をとる} \iff x=a \text{ で } f'(x) \text{ の符号が変わる}$$

8.3　グラフの凹凸と変曲点

$f''(x)>0 \Longrightarrow f'(x)$ が増加

$\Longrightarrow$ グラフは下に凸

$f''(x)<0 \Longrightarrow f'(x)$ が減少

$\Longrightarrow$ グラフは上に凸

グラフの凹凸が変化する曲線上の点を**変曲点**という。

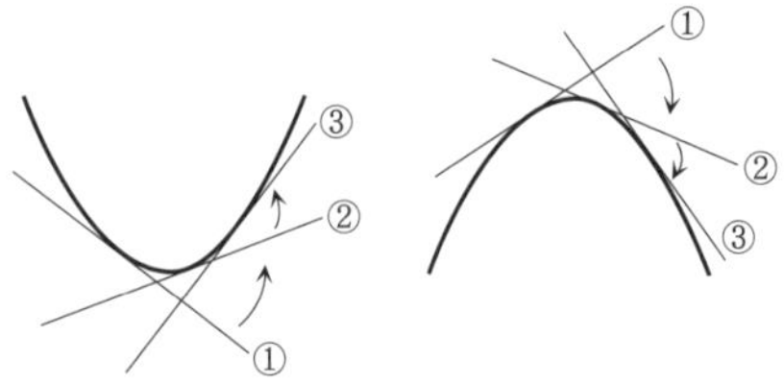

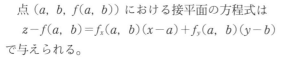

8.4 中間値の定理，平均値の定理

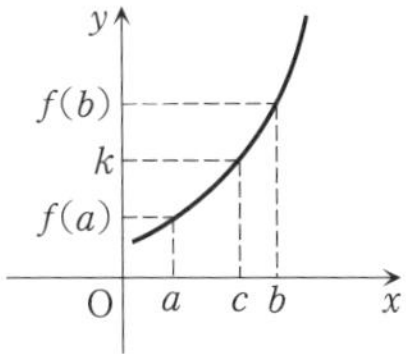

［中間値の定理］　関数 $f(x)$ が区間 $[a, b]$ において連続で，かつ $f(a) \neq f(b)$ ならば，$f(a)$ と $f(b)$ の間の任意の値 k に対して次を満たす c が存在する。

$$f(c)=k \quad かつ \quad a<c<b$$

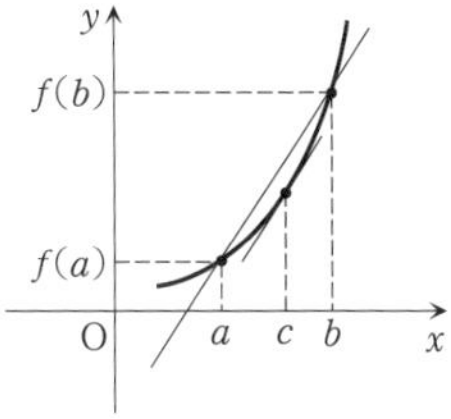

［平均値の定理］　関数 $f(x)$ が a，b を含む区間において微分可能ならば

$$f(b)-f(a)=f'(c)(b-a)$$

を満たす c $(a<c<b)$ が存在する。

（注）　平均値の定理において，$b-a=h$ とおくと上の内容は次のようにも表せる。

$$f(a+h)=f(a)+f'(a+\theta h)h$$

を満たす θ $(0<\theta<1)$ が存在する。

【参考】　平均値の定理を一般化したものがテーラーの定理である。
大学の微分積分では次のテーラーの定理を学習する（テーラーの定理で $n=1$ のときが平均値の定理である）。

［テーラーの定理］　関数 $f(x)$ が a，b を含む区間において，何回でも微分可能ならば

$$f(b)=f(a)+f'(a)(b-a)+\frac{f''(a)}{2!}(b-a)^2+\cdots+\frac{f^{(n-1)}(a)}{(n-1)!}(b-a)^{n-1}+\frac{f^{(n)}(c)}{n!}(b-a)^n$$

を満たす c $(a<c<b)$ が存在する。

（注）　テーラーの定理において，$b-a=h$ とおくと，上の内容は次のようにも表せる。

$$f(a+h)=f(a)+f'(a)h+\frac{f''(a)}{2!}h^2+\cdots+\frac{f^{(n-1)}(a)}{(n-1)!}h^{n-1}+\frac{f^{(n)}(a+\theta h)}{n!}h^n$$

を満たす θ $(0<\theta<1)$ が存在する。

平均値の定理を理解していないと，大学でテーラーの定理が理解しにくくなる。

例題 8 − 1 (接線の方程式)

(1) 曲線 $y=\log x$ の点 $(e^2,\ 2)$ における接線の方程式を求めよ。

(2) 曲線 $y=\dfrac{1}{x}$ の接線で点 $(3,\ -1)$ を通るものを求めよ。

解 説 接線の方程式は $f'(a)$ の図形的意味を考えれば明らかである。
曲線 $y=f(x)$ の点 $(a,\ f(a))$ における接線の方程式は

$$y-f(a)=f'(a)(x-a)$$

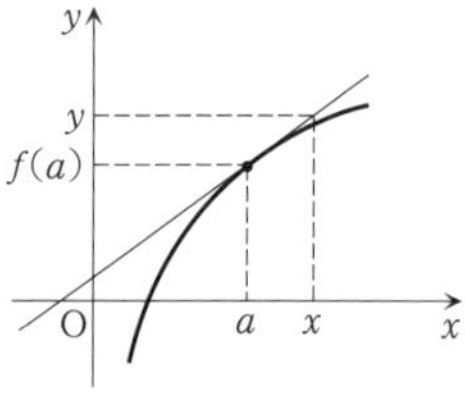

解 答 (1) $f(x)=\log x$ とおくと，$f'(x)=\dfrac{1}{x}$

よって，点 $(e^2,\ 2)$ における接線の方程式は

$$y-2=\frac{1}{e^2}(x-e^2) \quad \Leftarrow \boldsymbol{y-f(e^2)=f'(e^2)(x-e^2)}$$

$$\therefore\quad y=\frac{1}{e^2}x+1 \quad \cdots\cdots〔答〕$$

(2) $f(x)=\dfrac{1}{x}$ とおくと，$f'(x)=-\dfrac{1}{x^2}$

よって，点 $\left(t,\ \dfrac{1}{t}\right)$ における接線の方程式は

$$y-\frac{1}{t}=-\frac{1}{t^2}(x-t) \qquad \therefore\quad y=-\frac{1}{t^2}x+\frac{2}{t}$$

これが点 $(3,\ -1)$ を通るとすると

$$-1=-\frac{1}{t^2}\cdot 3+\frac{2}{t}$$

$$\therefore\quad t^2+2t-3=0 \qquad (t-1)(t+3)=0 \qquad \therefore\quad t=1,\ -3$$

よって，点 $(3,\ -1)$ を通る接線の方程式は

$$y=-x+2 \quad \text{および} \quad y=-\frac{1}{9}x-\frac{2}{3} \quad \cdots\cdots〔答〕$$

[ちょっと一言] 接線の方程式は実に簡単である。にもかかわらず大学の微分積分を勉強している学生が接平面の方程式が書けないのはいったいどういうことであろうか。つまり，接線の方程式も“理解”はしていなかったのである。

類題 8 − 1

解答は p. 219

(1) 曲線 $x^2+xy+y^2=7$ の点 $(2,\ 1)$ における接線の方程式を求めよ。

(2) 曲線 $y=\dfrac{e^x}{x}$ の接線で原点を通るものを求めよ。

例題 8 − 2（関数のグラフ）

関数 $f(x)=\dfrac{\log x}{x}$ のグラフを，凹凸も調べて描け。

解説 グラフの"凹凸"を調べるためには接線の傾きの変化，すなわち $f''(x)$ の正負を調べる必要がある。

$f''(x)>0 \Longrightarrow f'(x)$ が増加

$\Longrightarrow$ グラフは下に凸

$f''(x)<0 \Longrightarrow f'(x)$ が減少

$\Longrightarrow$ グラフは上に凸

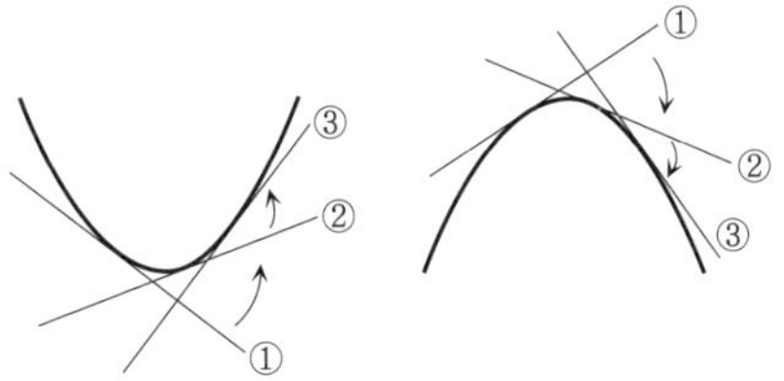

グラフの凹凸が変化する曲線上の点を**変曲点**という。

解答 関数 $f(x)$ の定義域は $x>0$ である。

$$f'(x)=\frac{\frac{1}{x}\cdot x-\log x\cdot 1}{x^2}=\frac{1-\log x}{x^2}$$

$$f''(x)=\frac{\left(-\frac{1}{x}\right)\cdot x^2-(1-\log x)\cdot 2x}{x^4}$$

$$=\frac{-1-(1-\log x)\cdot 2}{x^3}$$

$$=\frac{2\log x-3}{x^3}$$

x	0	$\cdots$	e	$\cdots$	$e^{\frac{3}{2}}$	$\cdots$
$f'(x)$		$+$	0	$-$	$-$	$-$
$f''(x)$		$-$	$-$	$-$	0	$+$
$f(x)$		↗	$\dfrac{1}{e}$	↘	$\dfrac{3}{2}e^{-\frac{3}{2}}$	↘

また

$$\lim_{x\to+\infty}\frac{\log x}{x}=0,\quad \lim_{x\to+0}\frac{\log x}{x}=-\infty$$

よって，増減・凹凸およびグラフは右のようになる。

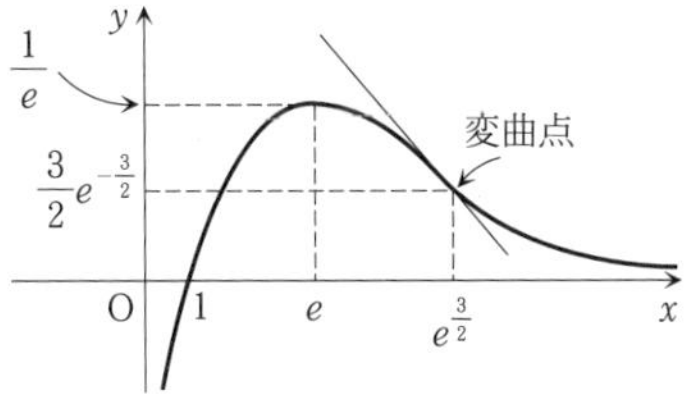

変曲点は $\left(e^{\frac{3}{2}},\ \dfrac{3}{2}e^{-\frac{3}{2}}\right)$

類題 8 − 2

解答は p. 219

関数のグラフを，凹凸も調べて描け。

(1) $f(x)=xe^{-x}$ (2) $f(x)=\dfrac{x}{\log x}$ (3) $f(x)=\dfrac{x^2}{x-1}$

例題 8 − 3（最大・最小）

関数 $f(x)=\sin^3 x+2\cos^3 x\ \left(0\leqq x\leqq \dfrac{\pi}{2}\right)$ の最大値，最小値を求めよ。

解 説　最大・最小問題は関数の増減の様子を調べるだけである。すなわち，増減表を書けばよい。

解 答　$f(x)=\sin^3 x+2\cos^3 x$ より

$$f'(x)=3\sin^2 x\cos x-6\cos^2 x\sin x$$
$$=3\sin x\cos x(\sin x-2\cos x)$$

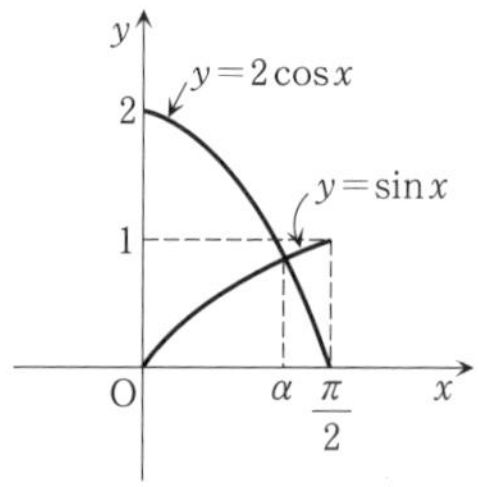

そこで，図のように α をとると

$\sin\alpha=2\cos\alpha$ より，$\tan\alpha=2$

$$\therefore\quad \sin\alpha=\frac{2}{\sqrt{5}},\ \cos\alpha=\frac{1}{\sqrt{5}}$$

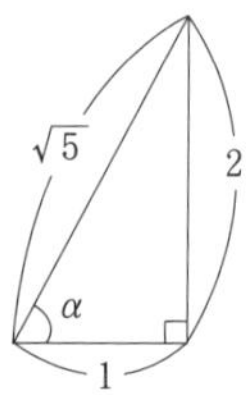

よって

$$f(\alpha)=\sin^3\alpha+2\cos^3\alpha$$
$$=\left(\frac{2}{\sqrt{5}}\right)^3+2\left(\frac{1}{\sqrt{5}}\right)^3$$
$$=\frac{10}{5\sqrt{5}}=\frac{2\sqrt{5}}{5}$$

また

$$f(0)=2,\ f\left(\frac{\pi}{2}\right)=1$$

以上より，増減表は右のようになり

最大値は 2，最小値は $\dfrac{2\sqrt{5}}{5}$　……〔答〕

x	0	…	α	…	$\dfrac{\pi}{2}$
$f'(x)$		−	0	+	
$f(x)$	2	↘		↗	1

類題 8 − 3　解答は p. 221

(1)　関数 $f(x)=x\log x$ の最大値，最小値を求めよ。

(2)　$0\leqq x\leqq\pi$ のとき，$2\sin x-x\cos x\geqq 0$ であることを示せ。

例題 8 － 4（方程式への応用）

方程式 $\log x = ax^2$ の実数解の個数を調べよ。ただし，a は定数とする。

解説 x の方程式の実数解とは左辺のグラフと右辺のグラフの共有点の x 座標を表す。したがって，両辺のグラフの共有点を調べればよい。その際，グラフの共有点を考えやすいように文字（本問の場合は a）を分離するのが原則。大切なことはグラフを正しく描けることである。

解答 真数の条件より $x>0$ であるから

$$\log x = ax^2 \iff \frac{\log x}{x^2} = a$$

$f(x)=\dfrac{\log x}{x^2}$ とおくと，$f'(x)=\dfrac{\frac{1}{x}\cdot x^2-\log x\cdot 2x}{x^4}=\dfrac{1-2\log x}{x^3}$

また，$\displaystyle\lim_{x\to+\infty}\frac{\log x}{x^2}=0$，$\displaystyle\lim_{x\to+0}\frac{\log x}{x^2}=-\infty$

よって

$f(x)$ の増減表およびグラフは右のようになり，方程式の実数解の個数は 2 つのグラフ

$$\begin{cases} y=\dfrac{\log x}{x^2} \\ y=a \text{（横棒）} \end{cases}$$

の共有点の個数を考えて

x	0	$\cdots$	$e^{\frac{1}{2}}$	$\cdots$
$f'(x)$		$+$	0	$-$
$f(x)$		$\nearrow$	$\dfrac{1}{2e}$	$\searrow$

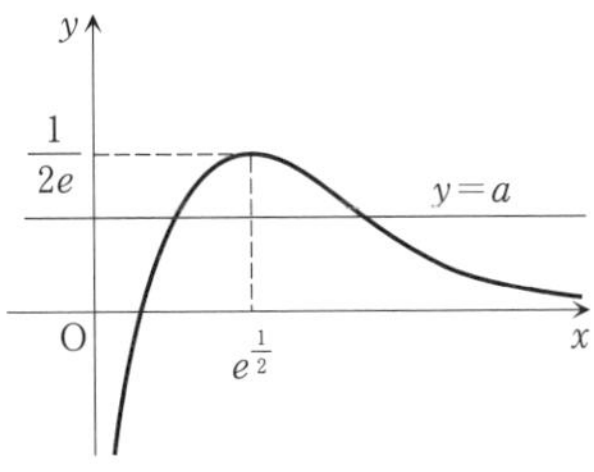

$$\begin{cases} a\leqq 0 \text{ のとき，1 個} \\ 0<a<\dfrac{1}{2e} \text{ のとき，2 個} \\ a=\dfrac{1}{2e} \text{ のとき，1 個} \\ \dfrac{1}{2e}<a \text{ のとき，0 個} \end{cases}$$

……〔答〕

類題 8 － 4

解答は p. 221

次の方程式の実数解の個数を調べよ。ただし，a は定数とする。

(1) $(a-1)e^x-x+1=0$　　(2) $ax^3-x+a=0$

例題 8 − 5（不等式への応用）

(1)　$x>0$ のとき，$e^x>1+x+\dfrac{x^2}{2}$ であることを示せ。

(2)　$0<p<1$ とする。正の数 a，b に対して，次の不等式を示せ。

$$a^p+b^p>(a+b)^p$$

解説　微分法を利用して不等式を証明してみよう。適当な関数 $f(x)$ を設定することから考える。

解答　(1)　$f(x)=e^x-1-x-\dfrac{x^2}{2}$ とおく。ただし，$x\geqq 0$

このとき

$$f'(x)=e^x-1-x$$

$f'(x)$ の正負を判断するためにさらに微分してみると

$$\{f'(x)\}'=f''(x)=e^x-1>0 \quad (x>0 \text{ のとき})$$

であるから，$f'(x)$ は $x\geqq 0$ において単調増加である。

また，$f'(0)=0$ であることから

$x>0$ のとき，$f'(x)>0$　すなわち，$f(x)$ も単調増加である。

また，$f(0)=0$ であることから

$x>0$ のとき，$f(x)>0$　すなわち，$e^x>1+x+\dfrac{x^2}{2}$

(2)　$f(x)=x^p+b^p-(x+b)^p$ とおく。ただし，$x\geqq 0$

このとき

$$f'(x)=px^{p-1}-p(x+b)^{p-1}$$
$$=p\{x^{p-1}-(x+b)^{p-1}\}>0 \qquad \textbf{(注)}\ \ p-1<0$$

であるから，$f(x)$ は $x\geqq 0$ において単調増加である。

また，$f(0)=0$ であることから

$x>0$ のとき，$f(x)>0$　すなわち，$x^p+b^p>(x+b)^p$

よって，題意は示された。

類題 8 − 5　解答は p. 222

(1)　$x>0$ のとき，$\cos x>1-\dfrac{x^2}{2}$ であることを示せ。

(2)　$0<a<b<1$ のとき，$be^a>ae^b$ であることを示せ。

例題 8 − 6（平均値の定理）

$f(x)=\dfrac{1}{x}$ $(x>0)$ とする。

$a>0,\ h\neq 0,\ a+\theta h>0$ のとき

$$f(a+h)=f(a)+f'(a+\theta h)h$$

を満たす θ $(0<\theta<1)$ が存在する。（平均値の定理）

(1) θ を $a,\ h$ で表せ。　　(2) 極限値 $\displaystyle\lim_{h\to 0}\theta$ を求めよ。

解 説　平均値の定理は極めて重要な定理である。これは大学数学で**テーラーの定理**として一般化される。まずは平均値の定理を理解しておくことが大切。

[平均値の定理]　関数 $f(x)$ が $a,\ b$ を含む区間において微分可能ならば

$$f(b)-f(a)=f'(c)(b-a)$$

を満たす c $(a<c<b)$ が存在する。

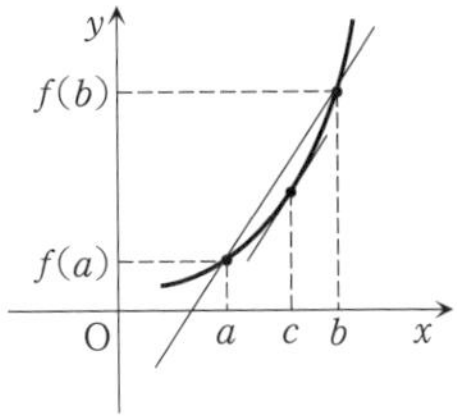

（注） $b-a=h$ とおくと次のようにも表せる。

$$f(a+h)=f(a)+f'(a+\theta h)h$$

を満たす θ $(0<\theta<1)$ が存在する。

解 答　(1) $f(x)=\dfrac{1}{x}$ より，$f'(x)=-\dfrac{1}{x^2}$

よって，$f(a+h)=f(a)+f'(a+\theta h)h$ は次のようになる。

$$\frac{1}{a+h}=\frac{1}{a}-\frac{1}{(a+\theta h)^2}h$$

$$\therefore\quad \frac{1}{(a+\theta h)^2}h=\frac{1}{a}-\frac{1}{a+h}=\frac{h}{a(a+h)}$$

$$\therefore\quad (a+\theta h)^2=a(a+h)=a^2+ah$$

$$\therefore\quad a+\theta h=\sqrt{a^2+ah}\quad (\because\ a+\theta h>0)$$

よって，$\theta=\dfrac{\sqrt{a^2+ah}-a}{h}$　……〔答〕

(2) $\displaystyle\lim_{h\to 0}\theta=\lim_{h\to 0}\frac{\sqrt{a^2+ah}-a}{h}=\lim_{h\to 0}\frac{(a^2+ah)-a^2}{h(\sqrt{a^2+ah}+a)}$

$\displaystyle=\lim_{h\to 0}\frac{a}{\sqrt{a^2+ah}+a}=\frac{a}{a+a}=\frac{1}{2}$　……〔答〕

類題 8 − 6

解答は p. 222

平均値の定理を利用して，極限値 $\displaystyle\lim_{x\to 0}\frac{e^{\tan x}-e^{x}}{\tan x-x}$ を求めよ

第9章 積分法の計算

要　項

9.1 不定積分

微分すると $f(x)$ になる関数を $f(x)$ の**不定積分**（または**原始関数**）いい，$\int f(x)dx$ と表す。

9.2 置換積分と部分積分

置換積分と**部分積分**の 2 つは重要な計算テクニックである。

［定理］（置換積分）

$$\int f(g(x))g'(x)dx=\int f(t)dt$$

すなわち，$g(x)=t$ とおくとき，$g'(x)dx=dt$

［定理］（部分積分）

$$\int f(x)g(x)dx=f(x)G(x)-\int f'(x)G(x)dx$$

ここで，$G(x)$ は $g(x)$ の不定積分の 1 つ。

9.3 定積分

定積分　$\int_a^b f(x)dx=\Big[F(x)\Big]_a^b=F(b)-F(a)$

（ただし，$F(x)$ は $f(x)$ の不定積分の 1 つ）

定積分においても，部分積分や置換積分が成り立つ。

［定理］（置換積分）

$$\int_a^b f(g(x))g'(x)dx=\int_\alpha^\beta f(t)dt$$

すなわち，$g(x)=t$ とおくとき $g'(x)dx=dt$

$x：a\to b$ のとき，$t：\alpha\to\beta$

［定理］（部分積分）

$$\int_a^b f(x)g(x)dx=\Big[f(x)G(x)\Big]_a^b-\int_a^b f'(x)G(x)dx$$

ここで，$G(x)$ は $g(x)$ の不定積分の 1 つ。

例題 9 − 1（不定積分の基本）

次の不定積分を計算せよ。

(1) $\int \sin 2x\,dx$ (2) $\int \frac{x}{x^2+1}dx$ (3) $\int \tan x\,dx$

(4) $\int \cos 3x \cos x\,dx$ (5) $\int \frac{x}{x+1}dx$ (6) $\int \frac{x}{\sqrt{x^2+1}}dx$

(7) $\int \frac{\cos x}{\sin^2 x}dx$

解説 微分すると $f(x)$ になる関数を $f(x)$ の**不定積分**（または**原始関数**）という。したがって，不定積分の計算とは微分して $f(x)$ になる関数を見つけ出す作業である。最も重要な公式は**合成関数の微分の公式**である。

解答 以下，C は積分定数を表す。

(1) $\int \sin 2x\,dx = -\frac{1}{2}\cos 2x + C$ ⬅ $(\cos 2x)' = -2\sin 2x$

(2) $\int \frac{x}{x^2+1}dx = \frac{1}{2}\log(x^2+1) + C$ ⬅ $\{\log(x^2+1)\}' = \frac{2x}{x^2+1}$

(3) $\int \tan x\,dx = \int \frac{\sin x}{\cos x}dx = -\log|\cos x| + C$ ⬅ $\{\log|\cos x|\}' = -\frac{\sin x}{\cos x}$

(4) $\int \cos 3x \cos x\,dx = \int \frac{1}{2}(\cos 4x + \cos 2x)\,dx = \frac{1}{8}\sin 4x + \frac{1}{4}\sin 2x + C$

(5) $\int \frac{x}{x+1}dx = \int \left(1 - \frac{1}{x+1}\right)dx = x - \log|x+1| + C$

(6) $\int \frac{x}{\sqrt{x^2+1}}dx = \sqrt{x^2+1} + C$ ⬅ $(\sqrt{x^2+1})' = \frac{x}{\sqrt{x^2+1}}$

(7) $\int \frac{\cos x}{\sin^2 x}dx = -\frac{1}{\sin x} + C$ ⬅ $\left(\frac{1}{\sin x}\right)' = -\frac{\cos x}{\sin^2 x}$

類題 9 − 1 解答は p. 222

次の不定積分を計算せよ。

(1) $\int \sin^2 x\,dx$ (2) $\int \sin^3 x\,dx$ (3) $\int \sin^4 x\,dx$

(4) $\int \frac{1}{\tan x}dx$ (5) $\int \frac{1+\sin x}{\cos^2 x}dx$ (6) $\int \frac{(x-1)^2}{x^2+1}dx$

(7) $\int \cos 5x \sin 3x\,dx$

例題 9 − 2（置換積分と部分積分）

次の不定積分を計算せよ。

(1) $\displaystyle\int\frac{1}{e^x+1}dx$　　(2) $\displaystyle\int(x+1)\cos x\,dx$

解説 微分して $f(x)$ になる関数を見つけ出す作業というのはなかなか大変なことである。そこで，強力な助っ人として**置換積分**と**部分積分**という 2 つの重要な計算テクニックを導入しよう。

[定理]（置換積分）

$$\int f(g(x))g'(x)\,dx=\int f(t)\,dt$$

すなわち，$g(x)=t$ とおくとき，$g'(x)dx=dt$

[定理]（部分積分）

$$\int f(x)g(x)\,dx=f(x)G(x)-\int f'(x)G(x)\,dx$$

ここで，$G(x)$ は $g(x)$ の不定積分の 1 つ。

解答 以下，C は積分定数を表す。

(1) $\displaystyle\int\frac{1}{e^x+1}dx$ において $e^x=t$ とおくと，$e^xdx=dt$　**⬅置換積分**

$$\therefore\quad\int\frac{1}{e^x+1}dx=\int\frac{1}{(e^x+1)e^x}e^xdx=\int\frac{1}{(t+1)t}dt$$

$$=\int\left(\frac{1}{t}-\frac{1}{t+1}\right)dt=\log|t|-\log|t+1|+C$$

$$=\log\left|\frac{t}{t+1}\right|+C=\log\frac{e^x}{e^x+1}+C\quad\cdots\cdots〔答〕$$

(2) $\displaystyle\int(x+1)\cdot\cos x\,dx$　**⬅$x+1$ が微分役，$\cos x$ が積分役**

$$=(x+1)\sin x-\int 1\cdot\sin x\,dx$$　**⬅部分積分**

$$=(x+1)\sin x+\cos x+C\quad\cdots\cdots〔答〕$$

類題 9 − 2　**解答は p. 223**

次の不定積分を計算せよ。

(1) $\displaystyle\int\frac{1}{e^x-e^{-x}}dx$　　(2) $\displaystyle\int\frac{\log x}{x(\log x+1)^2}dx$　　(3) $\displaystyle\int\frac{1}{\sqrt{x}+1}dx$

(4) $\displaystyle\int x^2\log x\,dx$　　(5) $\displaystyle\int\log x\,dx$　　(6) $\displaystyle\int\frac{x}{\cos^2x}dx$

例題 9 − 3（いろいろな不定積分）

次の不定積分を計算せよ。

(1) $\displaystyle\int e^{3x}\sin 2x\,dx$　　　(2) $\displaystyle\int \frac{1}{x^2(x-1)}dx$

解説　ここでは少し注意すべき不定積分を見ておこう。(1)は $e^{ax}\sin bx$ の形の不定積分であるが，これは簡単に不定積分が見つかることに注意しよう。(2)は部分分数分解が暗算で分からない場合である。恒等式の知識できちんと部分分数分解すればよい。

解答　以下，C は積分定数を表す。

(1)　微分して $e^{3x}\sin 2x$ となる関数は簡単に見つけることができる。

$$\begin{cases}(e^{3x}\sin 2x)'=3e^{3x}\cdot\sin 2x+e^{3x}\cdot 2\cos 2x & \cdots\cdots① \\ (e^{3x}\cos 2x)'=3e^{3x}\cdot\cos 2x+e^{3x}\cdot(-2\sin 2x) & \cdots\cdots②\end{cases}$$

ここで，右辺から $e^{3x}\cos 2x$ を消去するために，①×3−②×2 とすると

$$(3e^{3x}\sin 2x-2e^{3x}\cos 2x)'=13e^{3x}\sin 2x$$

$$\therefore\quad \int e^{3x}\sin 2x\,dx=\frac{1}{13}e^{3x}(3\sin 2x-2\cos 2x)+C \quad\cdots\cdots〔答〕$$

（注）　この計算は部分積分を繰り返し使っても計算できる。

(2)　$\displaystyle\frac{1}{x^2(x-1)}=a\frac{1}{x-1}+b\frac{1}{x}+c\frac{1}{x^2}$ とおくと

$$1=ax^2+bx(x-1)+c(x-1)$$

$$\therefore\quad 1=(a+b)x^2+(-b+c)x+(-c)$$

これが x の恒等式とすると

$$\begin{cases}a+b=0 \\ -b+c=0 \\ -c=1\end{cases}\qquad \text{これを解くと，}a=1,\ b=-1,\ c=-1$$

$$\therefore\quad \int\frac{1}{x^2(x-1)}dx=\int\left(\frac{1}{x-1}-\frac{1}{x}-\frac{1}{x^2}\right)dx$$

$$=\log|x-1|-\log|x|+\frac{1}{x}+C \quad\cdots\cdots〔答〕$$

類題 9 − 3

解答は p. 223

次の不定積分を計算せよ。

(1) $\displaystyle\int e^{-x}\cos 2x\,dx$　　　(2) $\displaystyle\int\frac{x^2-2x+3}{(x+1)(x^2+1)}dx$

例題 9－4（定積分の計算①）

次の定積分を計算せよ。

(1) $\displaystyle\int_1^2 \frac{2x+3}{x^2+2x+1}dx$　　(2) $\displaystyle\int_0^{\frac{\pi}{4}} \tan^2 x\,dx$　　(3) $\displaystyle\int_0^{\frac{\pi}{2}} \sin^2 x\,dx$

解説　定積分を次のように定義する。

$$\int_a^b f(x)\,dx=\Big[F(x)\Big]_a^b=F(b)-F(a)$$

（ただし，$F(x)$ は $f(x)$ の不定積分の1つ）

したがって，不定積分の計算ができるのであれば定積分も計算できる。

解答　(1) $\displaystyle\int_1^2 \frac{2x+3}{x^2+2x+1}dx=\int_1^2 \frac{(2x+2)+1}{x^2+2x+1}dx$

$$=\int_1^2\left(\frac{2x+2}{x^2+2x+1}+\frac{1}{(x+1)^2}\right)dx=\left[\log(x^2+2x+1)-\frac{1}{x+1}\right]_1^2$$

$$=\log 9-\log 4-\left(\frac{1}{3}-\frac{1}{2}\right)=\log\frac{9}{4}+\frac{1}{6}=2\log\frac{3}{2}+\frac{1}{6}$$ ……〔答〕

(2) $\displaystyle\int_0^{\frac{\pi}{4}} \tan^2 x\,dx=\int_0^{\frac{\pi}{4}}\left(\frac{1}{\cos^2 x}-1\right)dx=\Big[\tan x-x\Big]_0^{\frac{\pi}{4}}=1-\frac{\pi}{4}$ ……〔答〕

(3) $\displaystyle\int_0^{\frac{\pi}{2}} \sin^2 x\,dx=\int_0^{\frac{\pi}{2}} \frac{1-\cos 2x}{2}dx=\left[\frac{1}{2}x-\frac{1}{4}\sin 2x\right]_0^{\frac{\pi}{2}}=\frac{\pi}{4}$ ……〔答〕

【参考】　次の章で説明するように，定積分は“面積”を表す。したがって，定積分の計算では次のような“ちょっとした公式”が成立することは明らか。

（i）　$f(x)$ が奇関数（グラフが原点対称；$f(-x)=-f(x)$）のとき

$$\int_{-a}^a f(x)\,dx=0$$

（ii）　$f(x)$ が偶関数（グラフが y 軸対称；$f(-x)=f(x)$）のとき

$$\int_{-a}^a f(x)\,dx=2\int_0^a f(x)\,dx$$

類題 9－4　解答は p. 224

次の定積分を計算せよ。

(1) $\displaystyle\int_{-\frac{\pi}{2}}^{\frac{\pi}{2}} \sin^2 x\cos x\,dx$　　(2) $\displaystyle\int_0^{\frac{\pi}{4}} \tan x\,dx$　　(3) $\displaystyle\int_0^{\frac{\pi}{2}} \sin^3 x\,dx$

(4) $\displaystyle\int_0^{\frac{\pi}{2}} \cos 3x\sin x\,dx$　　(5) $\displaystyle\int_1^2 \frac{1}{x(x^2+1)}dx$　　(6) $\displaystyle\int_1^e \frac{\log x}{x}dx$

例題 9 － 5 （定積分の計算②）

次の定積分を計算せよ。

(1) $\displaystyle\int_0^1 \frac{1}{\sqrt{4-x^2}}dx$　　　(2) $\displaystyle\int_0^1 \log(x+1)\,dx$

解説　定積分の計算においても，部分積分や置換積分が成り立つ。

［定理］（部分積分）

$$\int_a^b f(x)g(x)\,dx=\Big[f(x)G(x)\Big]_a^b-\int_a^b f'(x)G(x)\,dx$$

ここで，$G(x)$ は $g(x)$ の不定積分の１つ。

［定理］（置換積分）

$$\int_a^b f(g(x))g'(x)\,dx=\int_\alpha^\beta f(t)\,dt$$

すなわち，$g(x)=t$ とおくとき $g'(x)dx=dt$

$x:a\to b$ のとき $t:\alpha\to\beta$

解答　(1) $\displaystyle\int_0^1 \frac{1}{\sqrt{4-x^2}}dx$ において

$x=2\sin\theta$ とおくと，$dx=2\cos\theta\,d\theta$　　また，$x:0\to 1$ のとき $\theta:0\to\dfrac{\pi}{6}$

よって

$$\int_0^1 \frac{1}{\sqrt{4-x^2}}dx=\int_0^{\frac{\pi}{6}}\frac{1}{\sqrt{4(1-\sin^2\theta)}}2\cos\theta\,d\theta$$

$$=\int_0^{\frac{\pi}{6}}\frac{1}{2\cos\theta}2\cos\theta\,d\theta=\int_0^{\frac{\pi}{6}}d\theta=\frac{\pi}{6}\quad\cdots\cdots\text{〔答〕}$$

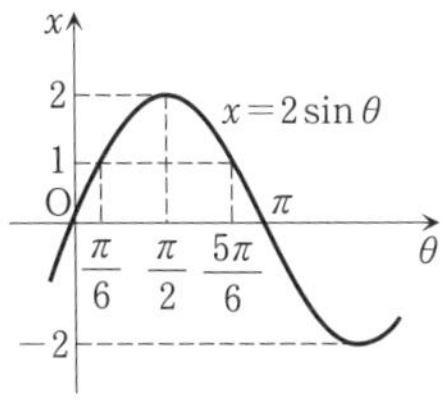

(2) $\displaystyle\int_0^1 \log(x+1)\,dx=\int_0^1 1\cdot\log(x+1)\,dx$

$$=\Big[(x+1)\cdot\log(x+1)\Big]_0^1-\int_0^1 (x+1)\cdot\frac{1}{x+1}dx$$

$$=2\log 2-\log 1-1=2\log 2-1\quad\cdots\cdots\text{〔答〕}$$

類題 9 － 5

解答は p. 224

次の定積分を計算せよ。

(1) $\displaystyle\int_0^1 \frac{x}{\sqrt{x+1}}dx$　　(2) $\displaystyle\int_0^1 \frac{1}{e^x+1}dx$　　(3) $\displaystyle\int_0^1 \frac{1}{x^2+1}dx$

(4) $\displaystyle\int_0^{\frac{\pi}{2}} x\sin 2x\,dx$　　(5) $\displaystyle\int_1^e x\log x\,dx$　　(6) $\displaystyle\int_1^e \frac{\log x}{x^2}dx$

例題 9 − 6（定積分の計算③）

次の定積分を計算せよ。

(1) $\displaystyle\int_0^{2\pi}|\sin x|\,dx$　　(2) $\displaystyle\int_0^{\pi}|\sin x-\cos x|\,dx$

解説　積分範囲を区切ることによって，絶対値記号をはずさなければならない。ただし，周期関数の場合，計算を工夫できる場合がある。

解答　(1) $\displaystyle\int_0^{2\pi}|\sin x|\,dx=\int_0^{\pi}|\sin x|\,dx+\int_\pi^{2\pi}|\sin x|\,dx$

$\displaystyle=\int_0^{\pi}\sin x\,dx+\int_\pi^{2\pi}(-\sin x)\,dx=\Big[-\cos x\Big]_0^{\pi}+\Big[\cos x\Big]_\pi^{2\pi}$

$=-(-1)+1+1-(-1)=4$　……〔答〕

別解　$\displaystyle\int_0^{2\pi}|\sin x|\,dx=2\int_0^{\pi}|\sin x|\,dx=2\int_0^{\pi}\sin x\,dx$

$\displaystyle=2\Big[-\cos x\Big]_0^{\pi}=2\{-(-1)+1\}=4$　……〔答〕

(2) $\displaystyle\int_0^{\pi}|\sin x-\cos x|\,dx=\int_0^{\frac{\pi}{4}}|\sin x-\cos x|\,dx+\int_{\frac{\pi}{4}}^{\pi}|\sin x-\cos x|\,dx$

$\displaystyle=-\int_0^{\frac{\pi}{4}}(\sin x-\cos x)\,dx+\int_{\frac{\pi}{4}}^{\pi}(\sin x-\cos x)\,dx$

$\displaystyle=\Big[\cos x+\sin x\Big]_0^{\frac{\pi}{4}}-\Big[\cos x+\sin x\Big]_{\frac{\pi}{4}}^{\pi}$

$\displaystyle=\frac{\sqrt{2}}{2}+\frac{\sqrt{2}}{2}-1-\left\{(-1)-\left(\frac{\sqrt{2}}{2}+\frac{\sqrt{2}}{2}\right)\right\}=2\sqrt{2}$　……〔答〕

別解　$\displaystyle\int_0^{\pi}|\sin x-\cos x|\,dx$

$\displaystyle=\int_0^{\pi}\left|\sqrt{2}\sin\left(x-\frac{\pi}{4}\right)\right|dx$　⬅ 三角関数の合成

$\displaystyle=\int_0^{\pi}|\sqrt{2}\sin x|\,dx$　⬅ 周期性に注意!!

$\displaystyle=\int_0^{\pi}\sqrt{2}\sin x\,dx=\sqrt{2}\int_0^{\pi}\sin x\,dx=2\sqrt{2}$　……〔答〕

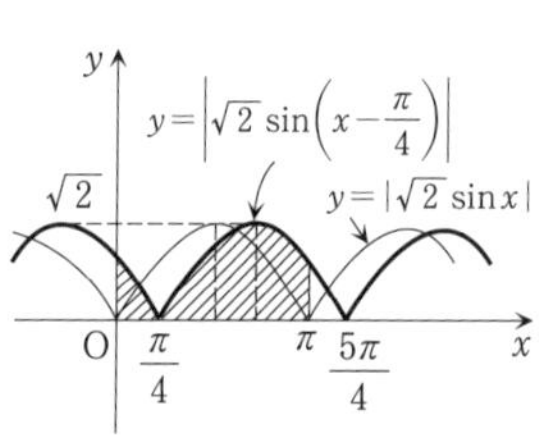

類題 9 − 6　解答は p. 225

次の定積分を計算せよ。

(1) $\displaystyle\int_0^{2}\sqrt{x^2-2x+1}\,dx$　　(2) $\displaystyle\int_0^{\pi}|2\sin x+\cos x|\,dx$

例題 9 − 7（定積分の計算④）

$I_n=\int_0^{\frac{\pi}{2}}\sin^n x\,dx$（$n=0,\ 1,\ 2,\ \cdots$）とおくとき

(1) $n\geqq 2$ のとき，I_n を I_{n-2} で表せ。　　(2) I_n を求めよ。

解説 部分積分を利用して漸化式を導くことにより，興味深い積分公式を導くことができる。**(注)** 公式を覚える必要はない。

解答 (1) $I_n=\int_0^{\frac{\pi}{2}}\sin^n x\,dx=\int_0^{\frac{\pi}{2}}\sin x\cdot\sin^{n-1}x\,dx$

$$=\Big[(-\cos x)\cdot\sin^{n-1}x\Big]_0^{\frac{\pi}{2}}-\int_0^{\frac{\pi}{2}}(-\cos x)\cdot(n-1)\sin^{n-2}x\cos x\,dx$$

$$=0+(n-1)\int_0^{\frac{\pi}{2}}\sin^{n-2}x\cos^2 x\,dx=(n-1)\int_0^{\frac{\pi}{2}}\sin^{n-2}x(1-\sin^2 x)\,dx$$

$$=(n-1)\int_0^{\frac{\pi}{2}}(\sin^{n-2}x-\sin^n x)\,dx=(n-1)(I_{n-2}-I_n)$$

$$\therefore\quad I_n=(n-1)I_{n-2}-(n-1)I_n\qquad\therefore\quad I_n=\frac{n-1}{n}I_{n-2}$$ ……〔答〕

(2) $I_0=\int_0^{\frac{\pi}{2}}\sin^0 x\,dx=\int_0^{\frac{\pi}{2}}dx=\frac{\pi}{2}$，$I_1=\int_0^{\frac{\pi}{2}}\sin x\,dx=\Big[-\cos x\Big]_0^{\frac{\pi}{2}}=1$

よって，(1)の結果より

（i） n が偶数のとき

$$I_n=\frac{n-1}{n}I_{n-2}=\frac{n-1}{n}\,\frac{n-3}{n-2}I_{n-4}=\cdots$$

$$=\frac{n-1}{n}\,\frac{n-3}{n-2}\cdots\frac{3}{4}\,\frac{1}{2}I_0=\frac{n-1}{n}\,\frac{n-3}{n-2}\cdots\frac{3}{4}\,\frac{1}{2}\cdot\frac{\pi}{2}$$ ……〔答〕

（ii） n が奇数のとき

$$I_n=\frac{n-1}{n}I_{n-2}=\frac{n-1}{n}\,\frac{n-3}{n-2}I_{n-4}=\cdots$$

$$=\frac{n-1}{n}\,\frac{n-3}{n-2}\cdots\frac{4}{5}\,\frac{2}{3}I_1=\frac{n-1}{n}\,\frac{n-3}{n-2}\cdots\frac{4}{5}\,\frac{2}{3}\cdot 1$$ ……〔答〕

類題 9 − 7 解答は p. 225

$I_n=\int_0^{\frac{\pi}{4}}\tan^n x\,dx$（$n=0,\ 1,\ 2,\ \cdots$）とおくとき

(1) $n\geqq 2$ のとき，I_n を I_{n-2} で表せ。　　(2) I_n を求めよ。

第10章

積分法の応用

要　項

10. 1　面積

曲線 $y=f(x)$，$y=g(x)$ および直線 $x=a$，$x=b$ で囲まれる領域の面積 S は

$$S=\int_a^b |f(x)-g(x)|\,dx$$

すなわち，**“(上の式)－(下の式)”** を積分すれば面積が求まる。

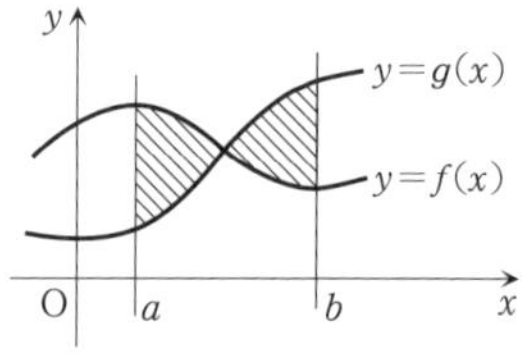

10. 2　体積

(1)　体積

立体の体積は **“切り口の面積”** を積分することで求められる。

$$V=\int_a^b S(x)\,dx$$

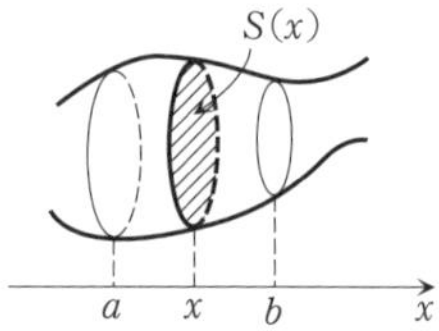

(2)　回転体の体積

曲線 $y=f(x)$，x 軸，2つの直線 $x=a$，$x=b$ で囲まれた図形を x 軸のまわりに1回転してできる回転体の体積 V は

$$V=\pi\int_a^b \{f(x)\}^2dx$$

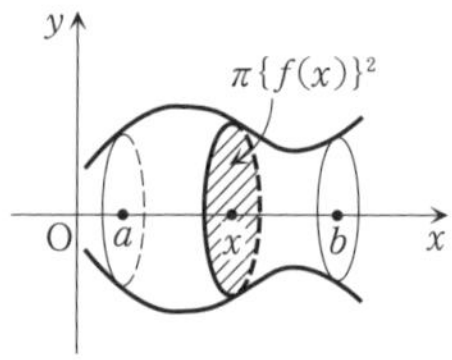

10. 3　曲線の長さ・道のり

(1)　曲線 $x=\varphi(t)$，$y=\phi(t)$ $(\alpha\leqq t\leqq\beta)$ の長さ L は

$$L=\int_\alpha^\beta \sqrt{\left(\frac{dx}{dt}\right)^2+\left(\frac{dy}{dt}\right)^2}\,dt$$

⬅ **(道のり)＝(速さ)×(時間)**

(2)　曲線 $y=f(x)$ $(a\leqq x\leqq b)$ の長さ L は

$$L=\int_a^b \sqrt{1+\left(\frac{dy}{dx}\right)^2}\,dx$$

⬅ **(1)において $t=x$ としたもの**

10.4 区分求積法

数列の和の極限ではしばしば**区分求積法**が用いられる。

$$\lim_{n\to\infty}\sum_{k=0}^{n-1} f\left(\frac{k}{n}\right)\frac{1}{n}=\int_0^1 f(x)\,dx$$ ← **左辺は長方形の面積の和の極限**

あるいは

$$\lim_{n\to\infty}\frac{1}{n}\sum_{k=0}^{n-1} f\left(\frac{k}{n}\right)=\int_0^1 f(x)\,dx$$

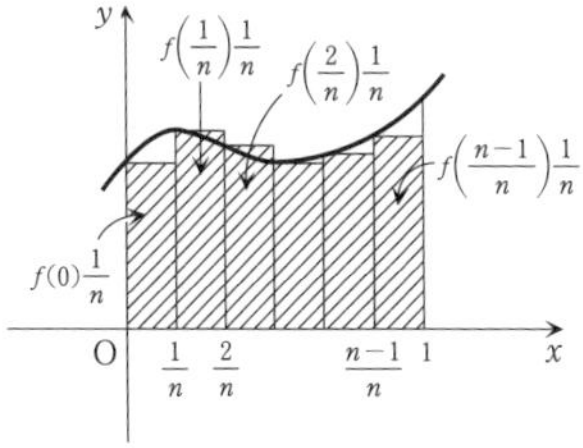

積分範囲は分点の x 座標の極限を考えるとよい。

すなわち，$\dfrac{0}{n}\to 0$，$\dfrac{n-1}{n}\to 1$ というように。

(注) 積分の記号は **“長方形の面積の和”** を象徴している。すなわち

長方形の面積(たて $f(x)$ ×横 dx)$=f(x)\,dx$ の総和 $\int$

■ワンポイント解説　定積分と面積

図のような領域の面積を考える。

この面積 S が

$$\int_a^b f(x)\,dx$$

で与えられることを証明しよう。

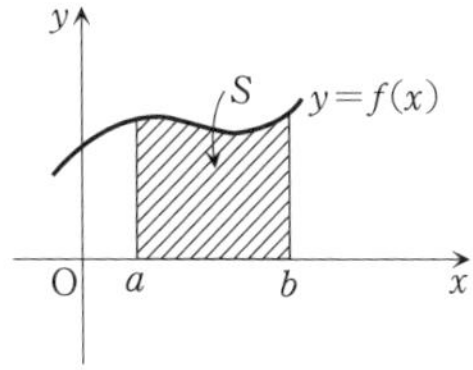

図に示すような面積を $S(x)$ とおく。

したがって，$S(a)=0$，$S(b)=S$ である。

さて，区間 $[x,\ x+h]$ における $f(x)$ の最大値を M，最小値を m とすると

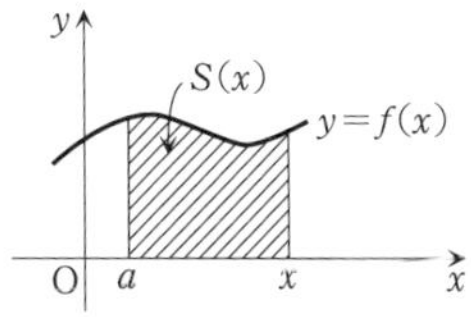

$$m\cdot h\leqq S(x+h)-S(x)\leqq M\cdot h$$

$$\therefore\quad m\leqq\frac{S(x+h)-S(x)}{h}\leqq M$$

ここで，$\displaystyle\lim_{h\to 0}M=\lim_{h\to 0}m=f(x)$ であるから

$$\lim_{h\to 0}\frac{S(x+h)-S(x)}{h}=f(x)$$

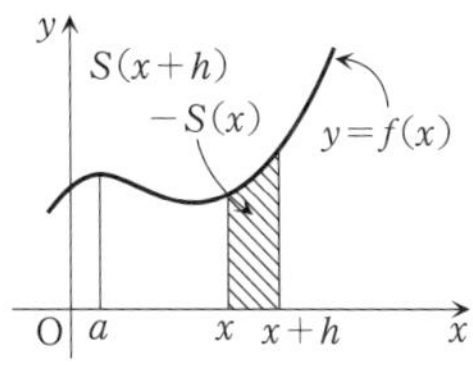

よって，$S'(x)=f(x)$ である。

すなわち，面積 $S(x)$ は $f(x)$ の不定積分である。

したがって

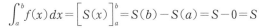

$$\int_a^b f(x)\,dx=\Big[S(x)\Big]_a^b=S(b)-S(a)=S-0=S$$

例題 10 − 1（面積①）

(1)　2つの曲線 $y=\sin x$, $y=\sin 2x$ $(0\leqq x\leqq \pi)$ で囲まれる領域の面積を求めよ。

(2)　曲線 $2x^2-2xy+y^2=2$ で囲まれる領域の面積を求めよ。

解説　定積分は“面積”を表す（ワンポイント解説参照）。そこで，積分を利用していろいろな面積を求めることができる。面積計算の基本は次の通り。

2つの曲線 $y=f(x)$, $y=g(x)$ および直線 $x=a$, $x=b$ で囲まれる図形の面積 S は

$$S=\int_a^b |f(x)-g(x)|\,dx$$

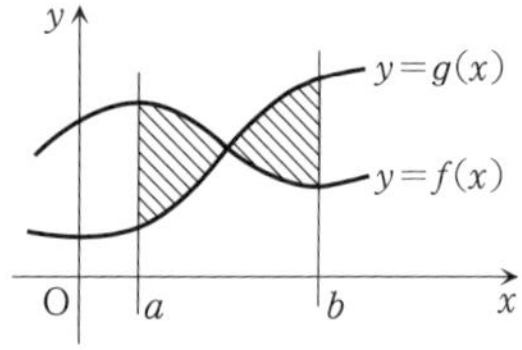

解答　(1)　$\sin 2x=\sin x$ とすると

$\sin x(2\cos x-1)=0$

$\therefore\ \ \sin x=0,\ \cos x=\dfrac{1}{2}$　　$\therefore\ \ x=0,\ \dfrac{\pi}{3},\ \pi$

よって，求める面積は

$$S=\int_0^{\frac{\pi}{3}}(\sin 2x-\sin x)\,dx+\int_{\frac{\pi}{3}}^{\pi}(\sin x-\sin 2x)\,dx$$

$$=\left[-\frac{1}{2}\cos 2x+\cos x\right]_0^{\frac{\pi}{3}}+\left[-\cos x+\frac{1}{2}\cos 2x\right]_{\frac{\pi}{3}}^{\pi}$$

$$=\left(\frac{1}{4}+\frac{1}{2}\right)-\left(-\frac{1}{2}+1\right)+\left(1+\frac{1}{2}\right)-\left(-\frac{1}{2}-\frac{1}{4}\right)=\frac{5}{2}$$　……〔答〕

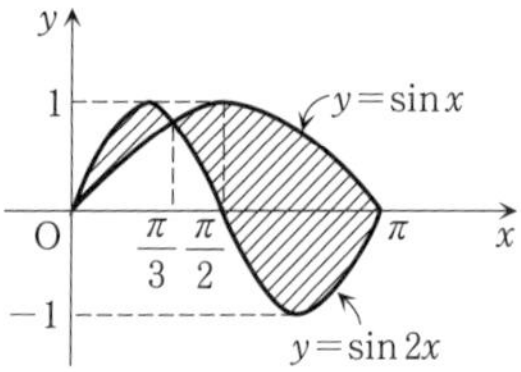

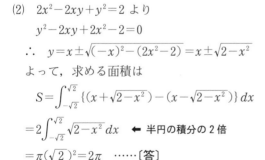

(2)　$2x^2-2xy+y^2=2$ より

$y^2-2xy+2x^2-2=0$

$\therefore\ \ y=x\pm\sqrt{(-x)^2-(2x^2-2)}=x\pm\sqrt{2-x^2}$

よって，求める面積は

$$S=\int_{-\sqrt{2}}^{\sqrt{2}}\{(x+\sqrt{2-x^2})-(x-\sqrt{2-x^2})\}\,dx$$

$$=2\int_{-\sqrt{2}}^{\sqrt{2}}\sqrt{2-x^2}\,dx$$　⬅ **半円の積分の2倍**

$$=\pi(\sqrt{2})^2=2\pi$$　……〔答〕

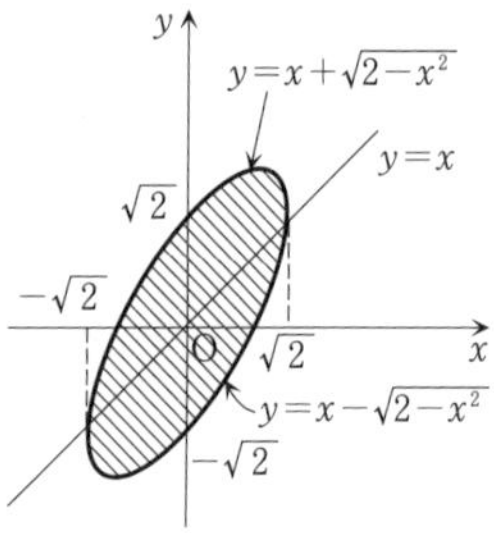

類題 10 − 1　解答は p. 226

(1)　2つの曲線 $y=x\log x-x+1$, $y=\log x$ で囲まれる領域の面積を求めよ。

(2)　曲線 $y^2=x^2(4-x^2)$ で囲まれる領域の面積を求めよ。

例題 10 − 2（面積②）

次の曲線 C と x 軸とで囲まれた領域の面積を求めよ。

$$C:\begin{cases}x=(t-2)^2\\ y=-t^2+3t\end{cases}\quad(-\infty<t<\infty)$$

解説 媒介変数で表された曲線で囲まれた領域の面積を求めることは面白い計算である。計算は自動的に置換積分になる。

解答 まず曲線 C の概形を求める。

t	$\cdots$	$\frac{3}{2}$	$\cdots$	2	$\cdots$
$\frac{dx}{dt}$	$-$	$-$	$-$	0	$+$
$\frac{dy}{dt}$	$+$	0	$-$	$-$	$-$
x	↘	$\frac{1}{4}$	↘	0	↗
y	↗	$\frac{9}{4}$	↘	2	↘

$$x=(t-2)^2 \text{ より，} \frac{dx}{dt}=2(t-2)$$

$$y=-t^2+3t \text{ より，} \frac{dy}{dt}=-2t+3$$

増減表および曲線 C の概形は右のようになる。

図のように y_1，y_2 を定めると，求める面積は

$$S=\int_0^4 y_1dx-\int_0^1 y_2dx$$

$$=\int_2^0(-t^2+3t)\cdot2(t-2)dt-\int_2^3(-t^2+3t)\cdot2(t-2)dt$$

$$=-\int_0^2(-t^2+3t)\cdot2(t-2)dt-\int_2^3(-t^2+3t)\cdot2(t-2)dt$$

$$=-\int_0^3(-t^2+3t)\cdot2(t-2)dt$$

$$=2\int_0^3(t^2-3t)(t-2)dt=2\int_0^3(t^3-5t^2+6t)dt$$

$$=2\left[\frac{t^4}{4}-\frac{5}{3}t^3+3t^2\right]_0^3$$

$$=2\left(\frac{81}{4}-45+27\right)=\frac{9}{2}$$ ……〔答〕

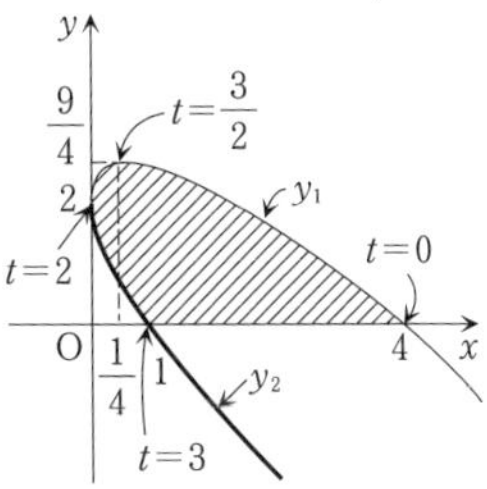

類題 10 − 2

解答は p. 227

(1) 次の曲線 C で囲まれた領域の面積を求めよ。

$$C:\begin{cases}x=\sin t\\ y=\sin 2t\end{cases}\quad(0\leqq t\leqq\pi)$$

(2) 次の曲線 C と x 軸とで囲まれた領域の面積を求めよ。

$$C:\begin{cases}x=\sin 2t\\ y=\sin 3t\end{cases}\quad\left(0\leqq t\leqq\frac{\pi}{3}\right)$$

例題 10 − 3（体積①）

底面の半径が a で高さも a の直円柱がある。底面の直径 AB を含み底面と 45° の傾きをなす平面で直円柱を 2 つの立体に分ける。小さい方の立体の体積を求めよ。

解説　立体の体積は“切り口の面積”を積分することで求められる。

$$V=\int_a^b S(x)\,dx$$

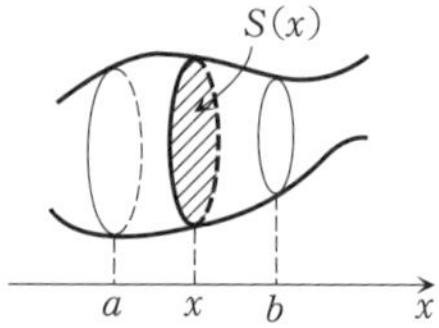

【参考】　これは大学の微分積分で学習する重積分の**逐次積分**に相当する。

解答　図のように x 軸を定める。

このとき，x 軸に垂直な平面 $x=t$ で切った切り口の面積を $S(t)$ とおくと

$$S(t)=\frac{1}{2}(\sqrt{a^2-t^2})^2=\frac{1}{2}(a^2-t^2)$$

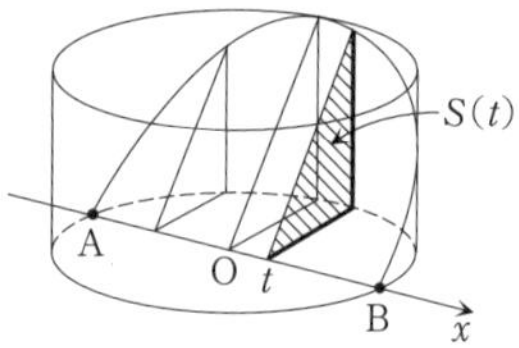

よって，求める体積は

$$V=\int_{-a}^{a}S(t)\,dt=\int_{-a}^{a}\frac{1}{2}(a^2-t^2)\,dt$$

$$=\int_0^a(a^2-t^2)\,dt=\left[a^2t-\frac{t^3}{3}\right]_0^a=\frac{2}{3}a^3$$　……〔答〕

【参考】　大学の微分積分の重積分の内容に翻訳すると次のようになる。

領域：$x^2+y^2\leqq a^2$，$0\leqq z\leqq y$ の体積 V を求めよ。

$$V=\iint_D y\,dxdy \qquad \text{ただし，} D：x^2+y^2\leqq a^2,\ y\geqq 0$$

$$=\int_{-a}^{a}\left(\int_0^{\sqrt{a^2-x^2}}y\,dy\right)dx=\int_{-a}^{a}\left[\frac{1}{2}y^2\right]_{y=0}^{y=\sqrt{a^2-x^2}}dx$$

$$=\int_{-a}^{a}\frac{1}{2}(a^2-x^2)\,dx=\cdots=\frac{2}{3}a^3$$

すなわち，逐次積分というのは，単に，まず切り口の面積を計算しようということである。

類題 10 − 3　解答は p. 228

放物面 $z=x^2+y^2$ と平面 $z=2y$ で囲まれた領域の体積を求めよ。

例題 10 − 4（体積②）

曲線 $y=\cos x\left(-\dfrac{\pi}{2}\leqq x\leqq\dfrac{\pi}{2}\right)$ と x 軸とで囲まれた図形を x 軸のまわりに回転してできる立体の体積 V_x および y 軸のまわりに回転してできる立体の体積 V_y を求めよ。

解説 回転体の体積ももちろん一般の場合と同じである。単に切り口が円になるに過ぎない。

曲線 $y=f(x)$，x 軸，2 つの直線 $x=a$，$x=b$ で囲まれた図形を x 軸のまわりに 1 回転してできる回転体の体積 V は

$$V=\pi\int_a^b\{f(x)\}^2dx$$

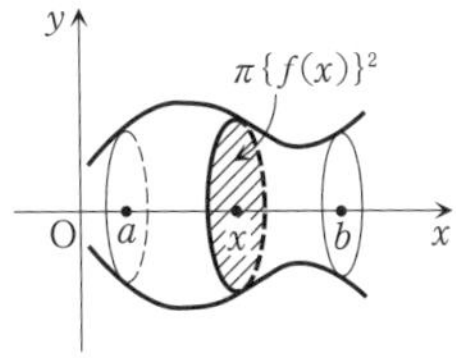

解答 $V_x=\pi\int_{-\frac{\pi}{2}}^{\frac{\pi}{2}}y^2dx=\pi\int_{-\frac{\pi}{2}}^{\frac{\pi}{2}}\cos^2x\,dx$

$=2\pi\int_0^{\frac{\pi}{2}}\cos^2x\,dx=\cdots=\dfrac{1}{2}\pi^2$ ……〔答〕

$V_y=\pi\int_0^1x^2dy$

$=\pi\int_{\frac{\pi}{2}}^0x^2(-\sin x)dx$ ⬅ **置換積分（$y=\cos x$）**

$=\pi\int_0^{\frac{\pi}{2}}x^2\sin x\,dx$

$=\cdots=\pi^2-2\pi$ ……〔答〕

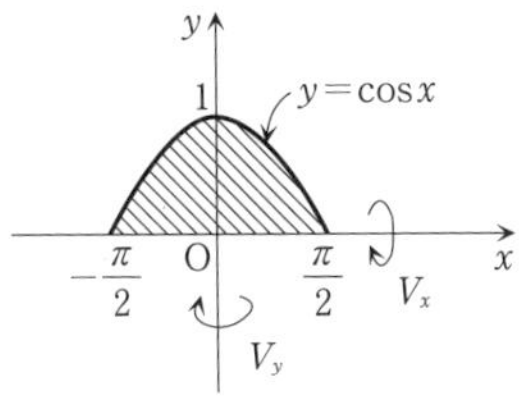

V_y の 別解 **バームクーヘン型の積分**をすれば次のようになる。

$V_y=\int_0^{\frac{\pi}{2}}2\pi x\cdot\cos x\,dx$

$=2\pi\int_0^{\frac{\pi}{2}}x\cos x\,dx$

$=\cdots=\pi^2-2\pi$ ……〔答〕

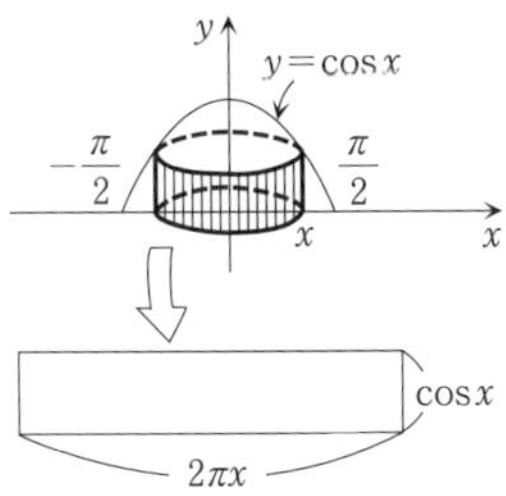

類題 10 − 4 解答は p. 228

曲線 $y=\sin x$ $(0\leqq x\leqq\pi)$ と x 軸とで囲まれた図形を x 軸のまわりに回転してできる立体の体積 V_x および y 軸のまわりに回転してできる立体の体積 V_y を求めよ。

例題 10 − 5（曲線の長さ）

次の曲線の長さを求めよ。

(1) $\begin{cases} x=e^t\cos t \\ y=e^t\sin t \end{cases}$ $(0\leqq t\leqq\pi)$　　(2) $y=\dfrac{x^3}{3}+\dfrac{1}{4x}$ $(1\leqq x\leqq 3)$

解説　曲線の長さは次の公式により計算できる。

(1) 曲線 $x=\varphi(t)$, $y=\phi(t)$ $(\alpha\leqq t\leqq\beta)$ の長さ L は

$$L=\int_\alpha^\beta\sqrt{\left(\frac{dx}{dt}\right)^2+\left(\frac{dy}{dt}\right)^2}\,dt$$

⬅（道のり）＝（速さ）の積分

(2) 曲線 $y=f(x)$ $(a\leqq x\leqq b)$ の長さ L は

$$L=\int_a^b\sqrt{1+\left(\frac{dy}{dx}\right)^2}\,dx$$

⬅ $y=f(x)$ の媒介変数表示は $\begin{cases} x=t \\ y=f(t) \end{cases}$
すなわち，(1)で $t=x$ とすればよい

解答　(1) $\dfrac{dx}{dt}=e^t\cos t-e^t\sin t$, $\dfrac{dy}{dt}=e^t\sin t+e^t\cos t$ より

$$\left(\frac{dx}{dt}\right)^2+\left(\frac{dy}{dt}\right)^2=2e^{2t}\qquad\therefore\ \sqrt{\left(\frac{dx}{dt}\right)^2+\left(\frac{dy}{dt}\right)^2}=\sqrt{2e^{2t}}=\sqrt{2}\,e^t$$

よって，求める曲線の長さは

$$L=\int_0^\pi\sqrt{2}\,e^tdt=\Big[\sqrt{2}\,e^t\Big]_0^\pi=\sqrt{2}\,(e^\pi-1)$$ ……〔答〕

(2) $\dfrac{dy}{dx}=x^2-\dfrac{1}{4x^2}$ より

$$1+\left(\frac{dy}{dx}\right)^2=1+\left(x^2-\frac{1}{4x^2}\right)^2=\left(x^2+\frac{1}{4x^2}\right)^2$$

$$\therefore\ \sqrt{1+\left(\frac{dy}{dx}\right)^2}=x^2+\frac{1}{4x^2}$$

よって，求める曲線の長さは

$$L=\int_1^3\left(x^2+\frac{1}{4x^2}\right)dx=\left[\frac{x^3}{3}-\frac{1}{4x}\right]_1^3=\frac{53}{6}$$ ……〔答〕

類題 10 − 5　解答は p. 228

次の曲線の長さを求めよ。

(1) $\begin{cases} x=3\cos t+\cos 3t \\ y=3\sin t-\sin 3t \end{cases}$ $(0\leqq t\leqq\pi)$　　(2) $y=\log(\cos x)$ $\left(0\leqq x\leqq\dfrac{\pi}{3}\right)$

例題 10 − 6（区分求積法）

$$\lim_{n\to\infty}\left(\frac{1}{n+1}+\frac{1}{n+2}+\frac{1}{n+3}+\cdots+\frac{1}{n+n}+\frac{1}{n+(n+1)}\right)$$ を求めよ。

解説 数列の和の極限ではしばしば**区分求積法**が用いられる。

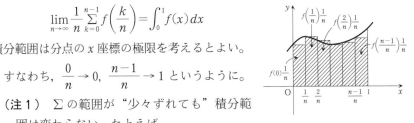

$$\lim_{n\to\infty}\frac{1}{n}\sum_{k=0}^{n-1}f\left(\frac{k}{n}\right)=\int_0^1 f(x)\,dx$$

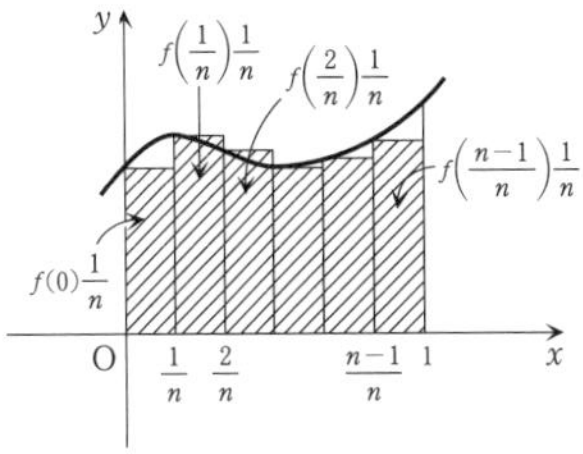

積分範囲は分点の x 座標の極限を考えるとよい。

すなわち，$\dfrac{0}{n}\to 0$, $\dfrac{n-1}{n}\to 1$ というように。

（注 1） Σの範囲が“少々ずれても”積分範囲は変わらない。たとえば

$$\lim_{n\to\infty}\frac{1}{n}\sum_{k=3}^{n+5}f\left(\frac{k}{n}\right)=\int_0^1 f(x)\,dx \quad \left(\frac{3}{n}\to 0,\ \frac{n+5}{n}\to 1\right)$$

（注 2） Σの範囲が“ずいぶんずれると”積分範囲は変わる。たとえば

$$\lim_{n\to\infty}\frac{1}{n}\sum_{k=n+2}^{3n+1}f\left(\frac{k}{n}\right)=\int_1^3 f(x)\,dx \quad \left(\frac{n+2}{n}\to 1,\ \frac{3n+1}{n}\to 3\right)$$

解答 $\displaystyle\lim_{n\to\infty}\left(\frac{1}{n+1}+\frac{1}{n+2}+\frac{1}{n+3}+\cdots+\frac{1}{n+n}+\frac{1}{n+(n+1)}\right)$

$=\displaystyle\lim_{n\to\infty}\sum_{k=1}^{n+1}\frac{1}{n+k}$ ⬅ **準備① シグマで表す**

$=\displaystyle\lim_{n\to\infty}\frac{1}{n}\sum_{k=1}^{n+1}\frac{n}{n+k}$ ⬅ **準備② “長方形の横幅” $\frac{1}{n}$ を確保する**

$=\displaystyle\lim_{n\to\infty}\frac{1}{n}\sum_{k=1}^{n+1}\frac{1}{1+\frac{k}{n}}$ ⬅ **準備③ Σの中を $\frac{k}{n}$ の式に整理する**

$=\displaystyle\int_0^1\frac{1}{1+x}dx$ ⬅ **$\frac{k}{n}$ を x に置き換えた式を積分**　（注） $\dfrac{1}{n}\to 0$, $\dfrac{n+1}{n}\to 1$

$=\Big[\log|1+x|\Big]_0^1=\log 2$ ……〔答〕

【参考】 この区分求積法の考え方こそ，本来の定積分の定義である。積分を定義するとは面積の概念を定義することである。数学者ルベーグは面積の概念の深い反省からルベーグ積分を創始した。

類題 10 − 6

解答は p. 229

$$\lim_{n\to\infty}\frac{1}{\sqrt{n}}\left(\frac{1}{\sqrt{n+2}}+\frac{1}{\sqrt{n+4}}+\frac{1}{\sqrt{n+6}}+\cdots+\frac{1}{\sqrt{n+2(n-1)}}\right)$$ を求めよ。

例題 10 − 7（定積分と不等式）

次の不等式を証明せよ。ただし，$n \geqq 2$ とする。

$$\log(n+1) < 1+\frac{1}{2}+\frac{1}{3}+\cdots+\frac{1}{n} < 1+\log n$$

解説　定積分の不等式への応用も重要である。導かれた不等式から重要な極限を得ることもしばしばある。

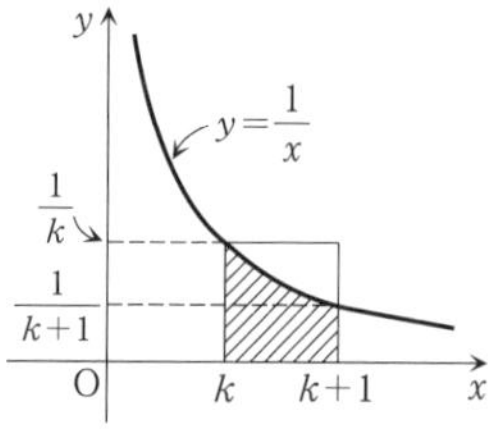

解答　図より次の不等式が成り立つ。

$$\frac{1}{k+1} < \int_k^{k+1} \frac{1}{x}dx < \frac{1}{k}$$　⬅ **この不等式がポイント**

$\displaystyle\int_k^{k+1} \frac{1}{x}dx < \frac{1}{k}$ より

$$\sum_{k=1}^{n} \int_k^{k+1} \frac{1}{x}dx < \sum_{k=1}^{n} \frac{1}{k}$$　⬅ **Σの範囲は示したい式と相談**

$$\therefore \quad \int_1^{n+1} \frac{1}{x}dx < 1+\frac{1}{2}+\cdots+\frac{1}{n} \qquad \therefore \quad \log(n+1) < 1+\frac{1}{2}+\frac{1}{3}+\cdots+\frac{1}{n}$$

同様に，$\displaystyle\frac{1}{k+1} < \int_k^{k+1} \frac{1}{x}dx$ より

$$\sum_{k=1}^{n-1} \frac{1}{k+1} < \sum_{k=1}^{n-1} \int_k^{k+1} \frac{1}{x}dx$$　⬅ **Σの範囲は示したい式と相談**

$$\therefore \quad \frac{1}{2}+\frac{1}{3}+\cdots+\frac{1}{n} < \int_1^{n} \frac{1}{x}dx = \Big[\log|x|\Big]_1^n = \log n$$

$$\therefore \quad 1+\frac{1}{2}+\frac{1}{3}+\cdots+\frac{1}{n} < 1+\log n$$　⬅ **両辺に 1 を加えた**

以上より

$$\log(n+1) < 1+\frac{1}{2}+\frac{1}{3}+\cdots+\frac{1}{n} < 1+\log n$$

【参考】　$\log(n+1) < 1+\frac{1}{2}+\frac{1}{3}+\cdots+\frac{1}{n}$ より次の極限が分かる。

$$1+\frac{1}{2}+\frac{1}{3}+\cdots+\frac{1}{n}+\cdots = \lim_{n\to\infty}\left(1+\frac{1}{2}+\frac{1}{3}+\cdots+\frac{1}{n}\right) = \infty$$

類題 10 − 7　解答は p. 229

次の不等式を証明せよ。ただし，$n \geqq 2$ とする。

$$1-\frac{1}{n+1} < 1+\frac{1}{2^2}+\frac{1}{3^2}+\cdots+\frac{1}{n^2} < 2-\frac{1}{n}$$

例題 10 − 8（定積分で表された関数）

$f(x)$ が連続な関数で，次の等式を満たすとき，$f(x)$ を求めよ。

(1) $f(x)=x+\int_0^{\pi} f(t)\sin t\,dt$　　(2) $\int_0^x (x-t)f(t)\,dt=\cos x$

解説 定積分で表された関数の問題を練習しておこう。次の公式に注意。

$$\frac{d}{dx}\int_a^x f(t)\,dt=f(x)$$　ただし，a は定数である。

(注) 積分の中に変数 x が含まれていれば，まず変数 x を積分の外に出さなければならない。

解答 (1) $f(x)=x+\int_0^{\pi} f(t)\sin t\,dt$ より

$$a=\int_0^{\pi} f(t)\sin t\,dt$$

とおくと，$f(x)=x+a$ であるから

$$a=\int_0^{\pi}(t+a)\sin t\,dt$$
$$=\Big[(t+a)(-\cos t)\Big]_0^{\pi}-\int_0^{\pi}1\cdot(-\cos t)\,dt$$
$$=(\pi+a)-(-a)+\int_0^{\pi}\cos t\,dt$$
$$=\pi+2a+\Big[\sin t\Big]_0^{\pi}=\pi+2a \qquad \therefore\ a=-\pi$$

よって，$f(x)=x-\pi$ ……〔答〕

(2) $\int_0^x (x-t)f(t)\,dt=\cos x$ より

$$x\int_0^x f(t)\,dt-\int_0^x t\cdot f(t)\,dt=\cos x$$

両辺を x で微分すると

$$1\cdot\int_0^x f(t)\,dt+x\cdot f(x)-x\cdot f(x)=-\sin x \qquad \therefore\ \int_0^x f(t)\,dt=-\sin x$$

再び両辺を x で微分すると

$f(x)=-\cos x$ ……〔答〕

類題 10 − 8 解答は p. 229

$f(x)$ が連続な関数で，次の等式を満たすとき，$f(x)$ を求めよ。

(1) $f(x)=1+\int_0^{\pi} f(t)\sin(x+t)\,dt$　　(2) $\int_0^{x^2} f(t)\,dt=\log x$

総合演習②　関数・微分積分

解答は p. 258〜262

●関数

1　$0 \leqq x \leqq \pi$ のとき，関数 $y=\sin 2x+2a(\sin x+\cos x)+2$ について，以下の問いに答えよ。

(1)　$t=\sin x+\cos x$ とおいて，y を t の関数として表せ。

(2)　y の最大値および最小値を求めよ。

2　$a^2<b<a<1$ であるとき

$$\log_a b,\ \log_b a,\ \log_a \frac{a}{b},\ \log_b \frac{b}{a},\ \frac{1}{2}$$

を大小の順に並べよ。

●微分

3　$p>0$ を定数とし，$\boldsymbol{R}$ 上の関数 f を

$$f(x)=\begin{cases} x^p \sin \dfrac{1}{x^2} & (x>0) \\ 0 & (x \leqq 0) \end{cases}$$

で定義する。次の問いに答えよ。

(1)　f は $\boldsymbol{R}$ 上で連続であることを示せ。

(2)　f が $\boldsymbol{R}$ 上で微分可能となるような p の値の範囲を求めよ。

(3)　f が $\boldsymbol{R}$ 上で微分可能で，さらにその導関数が連続となるような p の値の範囲を求めよ。

4　$f(x)$，$g(x)$ を何回でも微分可能な関数とする。このとき

$$\{f(x)g(x)\}^{(n)}=\sum_{k=0}^{n} {}_n\mathrm{C}_k f^{(n-k)}(x)g^{(k)}(x)$$

であることを証明せよ。ここで，$h^{(l)}(x)$ は関数 $h(x)$ の l 階導関数を表す。

5　n を正の整数とするとき，関数 $f(x)=nx(1-x)^n$ $(0 \leqq x \leqq 1)$ について次の問いに答えよ。

(1)　$f(x)$ の $0 \leqq x \leqq 1$ における最大値 $M(n)$ を求めよ。

(2)　$\displaystyle\lim_{n\to\infty} M(n)$ を求めよ。

6 方程式 $x^4-4kx^3+3=0$ が実数解をもつような定数 k の値の範囲を求めよ。

7 a_1, a_2, …, a_n を正の数とするとき

$$\frac{a_1+a_2+\cdots+a_n}{n} \geqq \sqrt[n]{a_1\cdot a_2\cdot\cdots\cdot a_n}$$

であることを示せ。また，等号成立の条件も求めよ。

8 $0\leqq x\leqq 1$ を含む区間で定義された微分可能な関数 $f(x)$ が次の 2 つの条件を満たすとする。

（i） $f(0)=0$　（ii） $0\leqq x\leqq 1$ において，つねに $0\leqq f'(x)\leqq f(x)$

このとき，$f(x)$ は $0\leqq x\leqq 1$ において恒等的に 0 であることを示せ。

●積分

9 放物線 $y=x^2-x$ と直線 $x=x$ とで囲まれる部分を直線 $y=x$ を軸として回転して得られる立体の体積を求めよ。

10 半径 10 cm の球形の容器に毎秒 $4\,\text{cm}^3$ の割合で水を入れる。

(1) 水の深さが h cm のときの水の量 $V\,\text{cm}^3$ を求めよ。ただし，$0\leqq h\leqq 20$ とする。

(2) 水の深さが 5 cm になったときの水面の上昇する速度を求めよ。

11 極限値 $\displaystyle\lim_{n\to\infty}\frac{1}{n}\left(\frac{(2n)!}{n!}\right)^{\frac{1}{n}}$ を求めよ。

12 $f(x)$ を $x\geqq 1$ で定義された単調増加な連続関数とする。$f(x)>0$ とするとき，次の各問いに答えよ。

(1) 次の不等式が成り立つことを示せ。

$$f(1)+f(2)+\cdots+f(n-1)\leqq\int_1^n f(x)\,dx\leqq f(2)+\cdots+f(n-1)+f(n)$$

(2) $F(x)=\displaystyle\int_1^x f(t)\,dt$ とおく。$\displaystyle\lim_{n\to\infty}\frac{f(n)}{F(n)}=0$ であるとき

$$\lim_{n\to\infty}\frac{f(1)+f(2)+\cdots+f(n)}{F(n)}=1$$

が成り立つことを示せ。

第11章

平面ベクトル

要　項

11.1　ベクトル

位置ベクトルによる書き換え

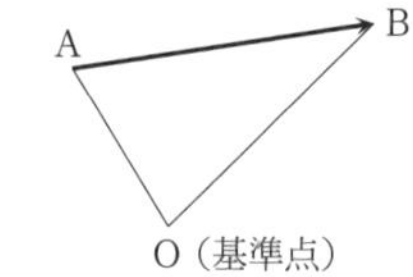

$\overrightarrow{AB}=\overrightarrow{OB}-\overrightarrow{OA}$　（終点－始点）

（注）　この書き換えは非常に大切。

［公式］　（内分点・外分点の公式）

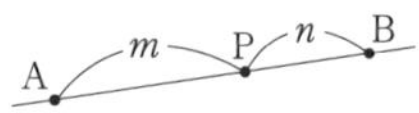

(1)　AB を $m:n$ に内分する点を P とするとき

$$\overrightarrow{OP}=\frac{n\overrightarrow{OA}+m\overrightarrow{OB}}{m+n}$$

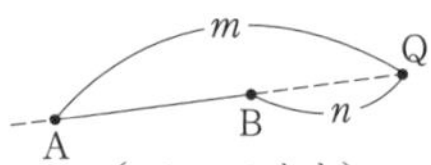

（$m>n$ のとき）

(2)　AB を $m:n$ に外分する点を Q とするとき

$$\overrightarrow{OQ}=\frac{-n\overrightarrow{OA}+m\overrightarrow{OB}}{m-n}$$

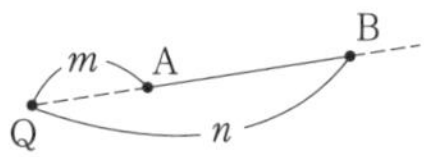

（$m<n$ のとき）

（注）　外分点の公式は内分点の公式の n を $-n$ に置き換えただけ。なお，m を $-m$ に置き換えても同じことである。すなわち

$$\overrightarrow{OQ}=\frac{n\overrightarrow{OA}-m\overrightarrow{OB}}{-m+n}$$

次の公式は容易に分かる。

［公式］　（中点の公式・重心の公式）

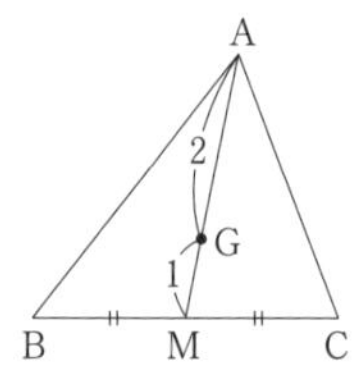

(1)　AB の中点を P とするとき

$$\overrightarrow{OP}=\frac{\overrightarrow{OA}+\overrightarrow{OB}}{2}$$

(2)　△ABC の重心を G とするとき

$$\overrightarrow{OG}=\frac{\overrightarrow{OA}+\overrightarrow{OB}+\overrightarrow{OC}}{3}$$

1次独立の定義

$\vec{a}$, $\vec{b}$が1次独立

$\Longleftrightarrow$ $\vec{a}$, $\vec{b}$で三角形ができる。

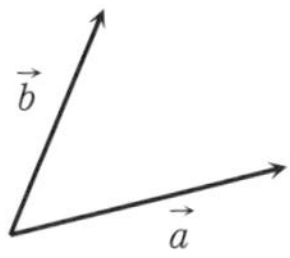

［命題］ $\vec{a}$, $\vec{b}$が1次独立のとき

$s\vec{a}+t\vec{b}=s'\vec{a}+t'\vec{b}$ ならば，

$s=s'$ かつ $t=t'$

（注） つまり，両辺で係数比較ができるということ。

【参考】 ベクトルを1つの文字で表す場合，高校では$\vec{a}$, $\vec{b}$, $\vec{c}$のように上に矢印をつけて書くが，大学では $\boldsymbol{a}$, $\boldsymbol{b}$, $\boldsymbol{c}$ のように太字で書くのが一般的である。

11. 2　内積

内積の定義

$\vec{a}$, $\vec{b}$に対して

$\vec{a}\cdot\vec{b}=|\vec{a}||\vec{b}|\cos\theta$ （θは$\vec{a}$と$\vec{b}$のなす角）

によって，$\vec{a}$と$\vec{b}$の**内積** $\vec{a}\cdot\vec{b}$ を定義する。

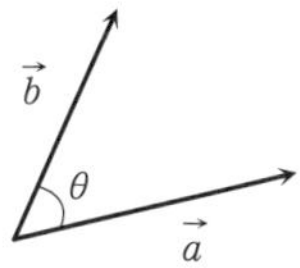

（注） $\vec{a}=\vec{0}$ または $\vec{b}=\vec{0}$ のときは $\vec{a}\cdot\vec{b}=0$ と約束。

［公式］ **（内積の基本性質）**

① $\vec{a}\cdot\vec{a}=|\vec{a}|^2$

② $\vec{a}\perp\vec{b}$ ならば，$\vec{a}\cdot\vec{b}=0$

③ 分配法則が成り立つ。（ばらすことができる。）

（例） $(\vec{a}+2\vec{b})\cdot(\vec{a}-3\vec{b})=|\vec{a}|^2-\vec{a}\cdot\vec{b}-6|\vec{b}|^2$

［公式］ **（内積の成分表示）**

$\vec{a}=(x_1,\ y_1)$, $\vec{b}=(x_2,\ y_2)$ のとき

$\vec{a}\cdot\vec{b}=x_1x_2+y_1y_2$

［公式］ **（面積公式）**

$\vec{a}$と$\vec{b}$でつくられる三角形の面積をSとするとき

$$S=\frac{1}{2}\sqrt{|\vec{a}|^2|\vec{b}|^2-(\vec{a}\cdot\vec{b})^2}$$

特に

$$\begin{cases}\vec{a}=(x_1,\ y_1)\\ \vec{b}=(x_2,\ y_2)\end{cases} \text{ならば，} S=\frac{1}{2}|x_1y_2-x_2y_1|$$

(証明)　$\vec{a}$ と $\vec{b}$ のなす角を θ とすると

$$S=\frac{1}{2}|\vec{a}||\vec{b}|\sin\theta$$ **⬅(面積)$=\frac{1}{2}\times$(1辺)$\times$(1辺)$\times\sin$(間の角)**

$$=\frac{1}{2}\sqrt{|\vec{a}|^2|\vec{b}|^2\sin^2\theta}$$

$$=\frac{1}{2}\sqrt{|\vec{a}|^2|\vec{b}|^2(1-\cos^2\theta)}$$

$$=\frac{1}{2}\sqrt{|\vec{a}|^2|\vec{b}|^2-(|\vec{a}||\vec{b}|\cos\theta)^2}$$

$$=\frac{1}{2}\sqrt{|\vec{a}|^2|\vec{b}|^2-(\vec{a}\cdot\vec{b})^2}$$ **⬅公式の前半**

$$=\frac{1}{2}\sqrt{(x_1{}^2+y_1{}^2)(x_2{}^2+y_2{}^2)-(x_1x_2+y_1y_2)^2}$$

$$=\frac{1}{2}\sqrt{x_1{}^2y_2{}^2+x_2{}^2y_1{}^2-2x_1x_2y_1y_2}$$

$$=\frac{1}{2}\sqrt{(x_1y_2-x_2y_1)^2}=\frac{1}{2}|x_1y_2-x_2y_1|$$ **⬅公式の後半**　□

11.3　直線のベクトル方程式

点Pが直線AB上の点

$\iff$　$\overrightarrow{AP}=t\overrightarrow{AB}$

$\iff$　$\overrightarrow{OP}-\overrightarrow{OA}=t(\overrightarrow{OB}-\overrightarrow{OA})$

$\iff$　$\overrightarrow{OP}=(1-t)\overrightarrow{OA}+t\overrightarrow{OB}$

$\iff$　$\overrightarrow{OP}=s\overrightarrow{OA}+t\overrightarrow{OB}$　$(s+t=1)$

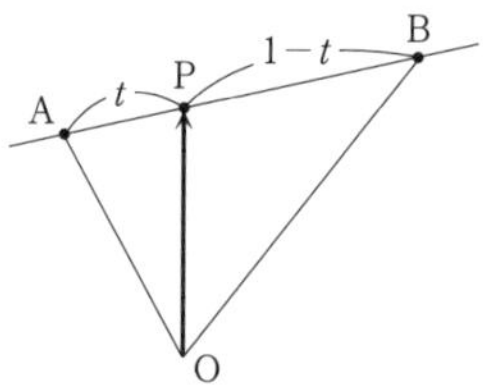

11.4　円のベクトル方程式

(1)　中心がC，半径が r の円の方程式は

$|\overrightarrow{CP}|=r$

あるいは

$|\overrightarrow{OP}-\overrightarrow{OC}|=r$

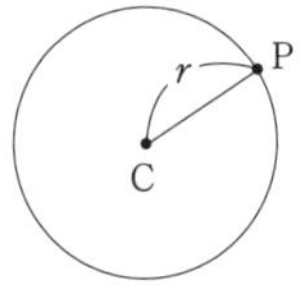

(2)　直径の両端がA，Bの円の方程式は

$\overrightarrow{AP}\cdot\overrightarrow{BP}=0$

あるいは

$(\overrightarrow{OP}-\overrightarrow{OA})\cdot(\overrightarrow{OP}-\overrightarrow{OB})=0$

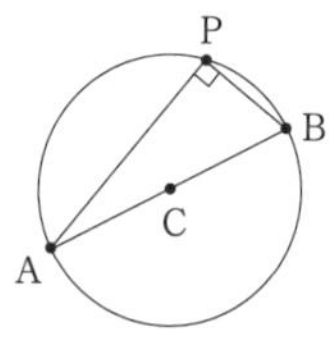

(注) 上の 2 つの方程式は同じような形になっている。

$|\overrightarrow{OP}-\overrightarrow{OC}|=r$ より，$|\overrightarrow{OP}-\overrightarrow{OC}|^2=r^2$

∴ $|\overrightarrow{OP}|^2-2\overrightarrow{OC}\cdot\overrightarrow{OP}+|\overrightarrow{OC}|^2-r^2=0$ ……①

一方，$(\overrightarrow{OP}-\overrightarrow{OA})\cdot(\overrightarrow{OP}-\overrightarrow{OB})=0$ より

∴ $|\overrightarrow{OP}|^2-(\overrightarrow{OA}+\overrightarrow{OB})\cdot\overrightarrow{OP}+\overrightarrow{OA}\cdot\overrightarrow{OB}=0$ ……②

①，②ともに次のような“2次方程式みたいな形”である。

$|\overrightarrow{OP}|^2-$(定ベクトル)$\cdot\overrightarrow{OP}+$(定数)$=0$

11.5 直線の法線ベクトル

点 $A(x_0,\ y_0)$ を通り，$\vec{n}=(a,\ b)$ に垂直な直線を l とする。
直線 l 上の任意の点を $P(x,\ y)$ とすると，$\vec{n}\cdot\overrightarrow{AP}=0$

∴ $a(x-x_0)+b(y-y_0)=0$

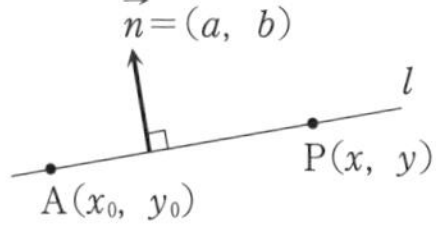

簡単な形で表すと

$$ax+by+c=0$$

$\vec{n}=(a,\ b)$ を直線 l の**法線ベクトル**という。

[公式] (点と直線の距離の公式)

点 $(x_1,\ y_1)$ と直線 $ax+by+c=0$ との距離は次で与えられる。

$$\frac{|ax_1+by_1+c|}{\sqrt{a^2+b^2}}$$

(証明) $A(x_1,\ y_1)$ から直線 $ax+by+c=0$ に下ろした垂線の足を H とする。

AH⊥直線 $ax+by+c=0$ であるから，$\overrightarrow{AH}=k\vec{n}=k(a,\ b)$

∴ $\overrightarrow{OH}=\overrightarrow{OA}+k\vec{n}=(x_1,\ y_1)+k(a,\ b)$

$=(x_1+ka,\ y_1+kb)$

点 H は直線 $ax+by+c=0$ 上の点であるから

$$a(x_1+ka)+b(y_1+kb)+c=0$$

∴ $(a^2+b^2)k+ax_1+by_1+c=0$

∴ $k=-\dfrac{ax_1+by_1+c}{a^2+b^2}$

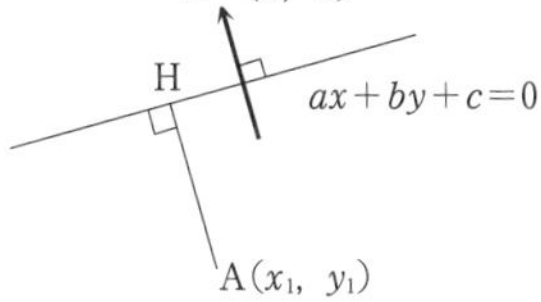

よって

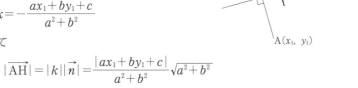

$$|\overrightarrow{AH}|=|k||\vec{n}|=\frac{|ax_1+by_1+c|}{a^2+b^2}\sqrt{a^2+b^2}$$

$$=\frac{|ax_1+by_1+c|}{\sqrt{a^2+b^2}}$$

□

例題 11 − 1（交点の求め方）

△ABC において，辺 AB を 2：1 の比に内分する点を D，辺 AC を 3：2 の比に内分する点を E とし，線分 BE と CD の交点を P とする。

(1)　$\overrightarrow{\mathrm{AP}}$ を $\overrightarrow{\mathrm{AB}}$，$\overrightarrow{\mathrm{AC}}$ で表せ。

(2)　直線 AP と辺 BC との交点を Q とするとき，BQ：QC を求めよ。

解説　次の命題に注意する。

[命題]　$\vec{a}$，$\vec{b}$ が 1 次独立のとき　$s\vec{a}+t\vec{b}=s'\vec{a}+t'\vec{b}$ ならば，$s=s'$ かつ $t=t'$

したがって，交点を求めるためには，交点の位置ベクトルを**2 通りに表して係数比較**すればよい。

解答　(1)　$\vec{b}=\overrightarrow{\mathrm{AB}}$，$\vec{c}=\overrightarrow{\mathrm{AC}}$ とおく。このとき，$\overrightarrow{\mathrm{AD}}=\dfrac{2}{3}\vec{b}$，$\overrightarrow{\mathrm{AE}}=\dfrac{3}{5}\vec{c}$

点 P は BE 上の点であるから

$$\overrightarrow{\mathrm{BP}}=t\overrightarrow{\mathrm{BE}}\qquad \therefore\quad \overrightarrow{\mathrm{AP}}-\overrightarrow{\mathrm{AB}}=t(\overrightarrow{\mathrm{AE}}-\overrightarrow{\mathrm{AB}})$$

$$\therefore\quad \overrightarrow{\mathrm{AP}}=(1-t)\overrightarrow{\mathrm{AB}}+t\overrightarrow{\mathrm{AE}}=(1-t)\vec{b}+\frac{3t}{5}\vec{c}\quad \cdots\cdots①$$

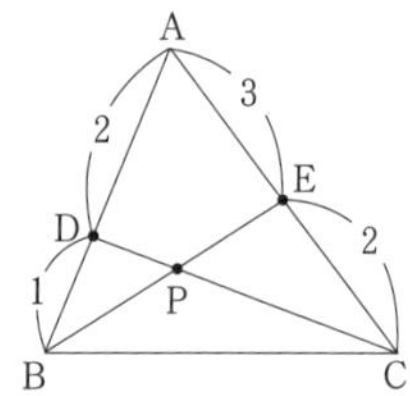

また，点 P は CD 上の点であるから

$$\overrightarrow{\mathrm{CP}}=s\overrightarrow{\mathrm{CD}}\qquad \therefore\quad \overrightarrow{\mathrm{AP}}-\overrightarrow{\mathrm{AC}}=s(\overrightarrow{\mathrm{AD}}-\overrightarrow{\mathrm{AC}})$$

$$\therefore\quad \overrightarrow{\mathrm{AP}}=(1-s)\overrightarrow{\mathrm{AC}}+s\overrightarrow{\mathrm{AD}}=\frac{2s}{3}\vec{b}+(1-s)\vec{c}\quad \cdots\cdots②$$

$\vec{b}$，$\vec{c}$ は 1 次独立であるから，①，②より

$1-t=\dfrac{2s}{3}$ かつ $\dfrac{3t}{5}=1-s$　これを解くと，$t=\dfrac{5}{9}$，$s=\dfrac{2}{3}$

よって，$\overrightarrow{\mathrm{AP}}=\dfrac{4}{9}\vec{b}+\dfrac{1}{3}\vec{c}=\dfrac{4}{9}\overrightarrow{\mathrm{AB}}+\dfrac{1}{3}\overrightarrow{\mathrm{AC}}$　……〔答〕

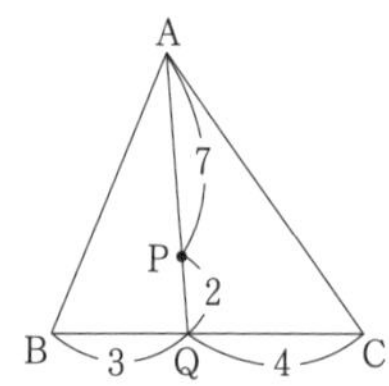

(2)　$\overrightarrow{\mathrm{AP}}=\dfrac{4}{9}\overrightarrow{\mathrm{AB}}+\dfrac{1}{3}\overrightarrow{\mathrm{AC}}=\dfrac{4\overrightarrow{\mathrm{AB}}+3\overrightarrow{\mathrm{AC}}}{9}=\dfrac{7}{9}\cdot\dfrac{4\overrightarrow{\mathrm{AB}}+3\overrightarrow{\mathrm{AC}}}{7}$ より

$\overrightarrow{\mathrm{AQ}}=\dfrac{4\overrightarrow{\mathrm{AB}}+3\overrightarrow{\mathrm{AC}}}{7}$　　よって，BQ：QC＝3：4　……〔答〕

類題 11 − 1　解答は p. 230

△ABC において，辺 AB の中点を D，辺 AC を 2：1 の比に内分する点を E とし，線分 BE と CD の交点を P とする。

(1)　$\overrightarrow{\mathrm{AP}}$ を $\overrightarrow{\mathrm{AB}}$，$\overrightarrow{\mathrm{AC}}$ で表せ。

(2)　直線 AP と辺 BC との交点を Q とするとき，BQ：QC を求めよ。

例題 11 − 2（内積の計算）

$|\vec{a}|=2$, $|\vec{b}|=5$, $|2\vec{a}+\vec{b}|=3$ のとき，$|\vec{a}-\vec{b}|$ の値を求めよ。

解説 内積の定義およびその基本性質は次の通りである。

内積の定義

$\vec{a}$, $\vec{b}$ に対して

$\vec{a}\cdot\vec{b}=|\vec{a}||\vec{b}|\cos\theta$ （θ は $\vec{a}$ と $\vec{b}$ のなす角）

によって，$\vec{a}$ と $\vec{b}$ の**内積** $\vec{a}\cdot\vec{b}$ を定義する。

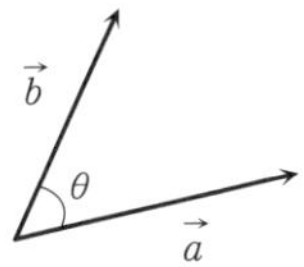

（注） $\vec{a}=\vec{0}$ または $\vec{b}=\vec{0}$ のときは $\vec{a}\cdot\vec{b}=0$ と約束。

［公式］（内積の基本性質）

① $\vec{a}\cdot\vec{a}=|\vec{a}|^2$

② $\vec{a}\perp\vec{b}$ ならば，$\vec{a}\cdot\vec{b}=0$

③ 分配法則が成り立つ。（ばらすことができる。）

（例） $(\vec{a}+2\vec{b})\cdot(\vec{a}-3\vec{b})=|\vec{a}|^2-\vec{a}\cdot\vec{b}-6|\vec{b}|^2$

解答 $|2\vec{a}+\vec{b}|=3$ より

$|2\vec{a}+\vec{b}|^2=9$ ⬅ **2 乗する!!**

$\therefore$ $(2\vec{a}+\vec{b})\cdot(2\vec{a}+\vec{b})=9$ ⬅ ① $\vec{v}\cdot\vec{v}=|\vec{v}|^2$

$\therefore$ $4\vec{a}\cdot\vec{a}+4\vec{a}\cdot\vec{b}+\vec{b}\cdot\vec{b}=9$ ⬅ ③ **ばらすことができる**

$4|\vec{a}|^2+4\vec{a}\cdot\vec{b}+|\vec{b}|^2=9$

$|\vec{a}|=2$, $|\vec{b}|=5$ より

$4\cdot2^2+4\vec{a}\cdot\vec{b}+5^2=9$

$16+4\vec{a}\cdot\vec{b}+25=9$ $\therefore$ $\vec{a}\cdot\vec{b}=-8$

よって

$|\vec{a}-\vec{b}|^2=\vec{a}\cdot\vec{a}-2\vec{a}\cdot\vec{b}+\vec{b}\cdot\vec{b}$ ⬅ **2 乗を計算する!!**

$=|\vec{a}|^2-2\vec{a}\cdot\vec{b}+|\vec{b}|^2$

$=2^2-2\cdot(-8)+5^2=4+16+25=45$

$\therefore$ $|\vec{a}-\vec{b}|=\sqrt{45}=3\sqrt{5}$ ……〔答〕

類題 11 − 2 解答は p. 231

$|\vec{a}|=3$, $|\vec{b}|=4$, $|\vec{a}+\vec{b}|=2$ のとき，$|\vec{a}-\vec{b}|$ の値を求めよ。

例題 11 − 3（垂線の扱い方）

△ABC において，AB=2，AC=3，BC=4 とする。頂点 A から辺 BC に下ろした垂線の足を H とするとき，$\overrightarrow{AH}$ を $\overrightarrow{AB}$，$\overrightarrow{AC}$ で表せ。

解説 内積の定義からただちに次のことが分かる。

$\vec{a}\neq\vec{0}$，$\vec{b}\neq\vec{0}$ のとき，$\vec{a}\perp\vec{b} \iff \vec{a}\cdot\vec{b}=0$

したがって，垂直が成り立つところで，“内積=0”という式を立てる。

解答 $\vec{b}=\overrightarrow{AB}$，$\vec{c}=\overrightarrow{AC}$ とおく。

AB=2，AC=3，BC=4 より

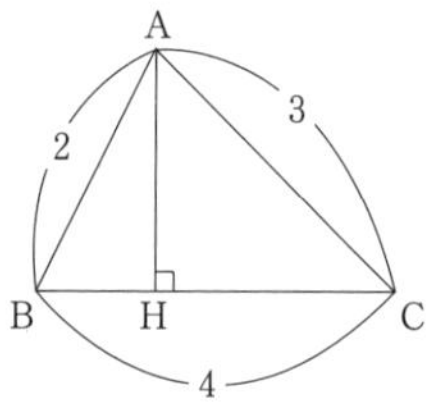

$$|\vec{b}|=2,\ |\vec{c}|=3,\ |\overrightarrow{BC}|=|\vec{c}-\vec{b}|=4$$

まずはじめに，$\vec{b}\cdot\vec{c}$ の値を求めておく。

そこで，$|\vec{c}-\vec{b}|^2=4^2$ より

$$|\vec{c}|^2-2\vec{b}\cdot\vec{c}+|\vec{b}|^2=4^2$$

$$\therefore\quad 3^2-2\vec{b}\cdot\vec{c}+2^2=4^2$$

$$9-2\vec{b}\cdot\vec{c}+4=16 \qquad \therefore\quad \vec{b}\cdot\vec{c}=-\frac{3}{2}$$

さて，点 H は辺 BC 上の点であるから

$$\overrightarrow{BH}=t\overrightarrow{BC}$$

$$\therefore\quad \overrightarrow{AH}-\overrightarrow{AB}=t(\overrightarrow{AC}-\overrightarrow{AB})$$

$$\therefore\quad \overrightarrow{AH}=(1-t)\overrightarrow{AB}+t\overrightarrow{AC}=(1-t)\vec{b}+t\vec{c} \quad \cdots\cdots①$$

次に，$\overrightarrow{AH}\perp\overrightarrow{BC}$ より，$\overrightarrow{AH}\cdot\overrightarrow{BC}=0$ ……②

①，②より

$$\{(1-t)\vec{b}+t\vec{c}\}\cdot(\vec{c}-\vec{b})=0$$

$$\therefore\quad (1-t)\vec{b}\cdot\vec{c}+t|\vec{c}|^2-(1-t)|\vec{b}|^2-t\vec{c}\cdot\vec{b}=0$$

$$-\frac{3}{2}(1-t)+9t-4(1-t)+\frac{3}{2}t=0 \qquad \therefore\quad t=\frac{11}{32}$$

よって，$\overrightarrow{AH}=\dfrac{21}{32}\overrightarrow{AB}+\dfrac{11}{32}\overrightarrow{AC}$ ……〔答〕

類題 11 − 3 解答は p. 231

△ABC において，AB=2，AC=3，∠A=60° とする。△ABC の外接円の中心（外心）を P とするとき，$\overrightarrow{AP}$ を $\overrightarrow{AB}$，$\overrightarrow{AC}$ で表せ。

例題 11 － 4（直線のベクトル方程式）

△OAB において，$\overrightarrow{OP}=s\overrightarrow{OA}+t\overrightarrow{OB}$ を満たす点 P を考える。s，t が次の条件を満たして動くとき，点 P はそれぞれどのような図形を描くか。

(1)　$2s+3t=1$　　　(2)　$2s+t=1$，$t\geqq 0$

解説　直線のベクトル方程式は実は先ほどまでの例題で何度も出てきているが，ここできちんと理解を深めておこう。

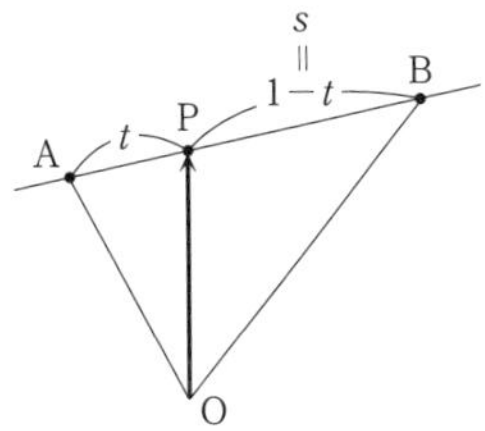

点 P が直線 AB 上の点

$\Longleftrightarrow \overrightarrow{AP}=t\overrightarrow{AB}$

$\Longleftrightarrow \overrightarrow{OP}-\overrightarrow{OA}=t(\overrightarrow{OB}-\overrightarrow{OA})$

$\Longleftrightarrow \overrightarrow{OP}=(1-t)\overrightarrow{OA}+t\overrightarrow{OB}$

$\Longleftrightarrow \overrightarrow{OP}=s\overrightarrow{OA}+t\overrightarrow{OB}$ $(s+t=1)$

ここで大切なことは，t，s の値と点 P の位置との対応が理解できているかである。$t>0$ ならば，点 P は A から見て B の方にある。$t<0$ ならば，点 P は A から見て B と反対側にある。同様に，$s>0$ ならば，点 P は B から見て A の方にある。$s<0$ ならば，点 P は B から見て A と反対側にある。こういったことをきちんと理解しておこう。

解答　(1)　$\overrightarrow{OP}=s\overrightarrow{OA}+t\overrightarrow{OB}=2s\cdot\dfrac{1}{2}\overrightarrow{OA}+3t\cdot\dfrac{1}{3}\overrightarrow{OB}$

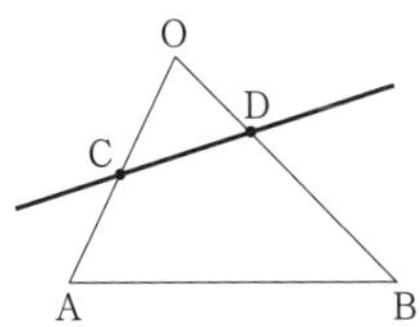

ここで $\overrightarrow{OC}=\dfrac{1}{2}\overrightarrow{OA}$，$\overrightarrow{OD}=\dfrac{1}{3}\overrightarrow{OB}$ を満たす点 C，D をとると　$\overrightarrow{OP}=2s\overrightarrow{OC}+3t\overrightarrow{OD}$ でかつ $2s+3t=1$

よって，点 P は直線 CD を描く。　……〔答〕

(2)　$\overrightarrow{OP}=s\overrightarrow{OA}+t\overrightarrow{OB}=2s\cdot\dfrac{1}{2}\overrightarrow{OA}+t\overrightarrow{OB}$

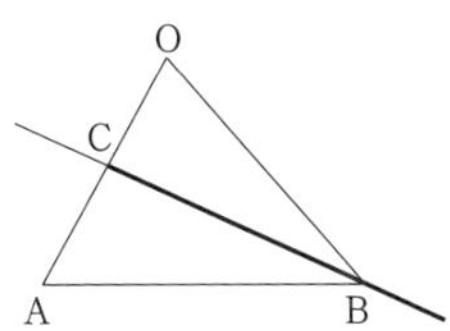

ここで，$\overrightarrow{OC}=\dfrac{1}{2}\overrightarrow{OA}$ を満たす点 C をとると

$\overrightarrow{OP}=2s\overrightarrow{OC}+t\overrightarrow{OB}$ でかつ $2s+t=1$，$t\geqq 0$

よって，点 P は半直線 CB を描く。　……〔答〕

類題 11 － 4　解答は p. 231

△OAB において，$\overrightarrow{OP}=s\overrightarrow{OA}+t\overrightarrow{OB}$ を満たす点 P を考える。s，t が次の条件を満たして動くとき，点 P はそれぞれどのような図形を描くか。

(1)　$s+t=2$，$s\geqq 0$　　　(2)　$s+t\leqq 1$，$s\geqq 0$，$t\geqq 0$

例題 11 − 5（円のベクトル方程式）

平面上に △ABC がある。この平面上で次の等式を満たして動く点 P はどのような図形を描くか。

$$\overrightarrow{AP}\cdot\overrightarrow{BP}=\overrightarrow{AC}\cdot\overrightarrow{BC}$$

解説　円のベクトル方程式は次の通りである。

(1)　中心が C，半径が r の円の方程式は

$|\overrightarrow{CP}|=r$　あるいは　$|\overrightarrow{OP}-\overrightarrow{OC}|=r$

(2)　直径の両端が A，B の円の方程式は

$\overrightarrow{AP}\cdot\overrightarrow{BP}=0$　あるいは　$(\overrightarrow{OP}-\overrightarrow{OA})\cdot(\overrightarrow{OP}-\overrightarrow{OB})=0$

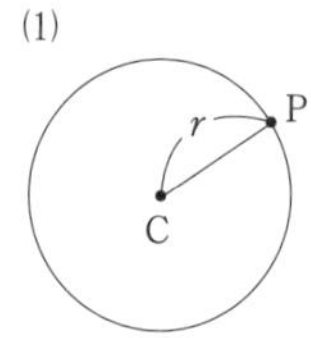

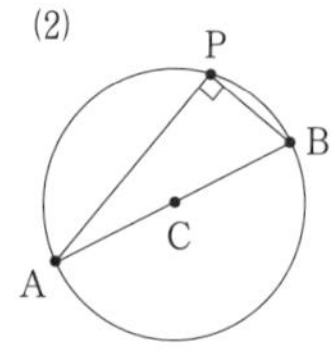

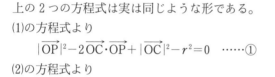

上の 2 つの方程式は実は同じような形である。

(1)の方程式より

$|\overrightarrow{OP}|^2-2\overrightarrow{OC}\cdot\overrightarrow{OP}+|\overrightarrow{OC}|^2-r^2=0$　……①

(2)の方程式より

$|\overrightarrow{OP}|^2-(\overrightarrow{OA}+\overrightarrow{OB})\cdot\overrightarrow{OP}+\overrightarrow{OA}\cdot\overrightarrow{OB}=0$　……②

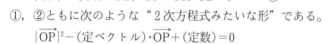

①，②ともに次のような“2 次方程式みたいな形”である。

$|\overrightarrow{OP}|^2-$(定ベクトル)$\cdot\overrightarrow{OP}+$(定数)$=0$

解答　各点の位置ベクトルを次のように表す。

A($\vec{a}$)，B($\vec{b}$)，C($\vec{c}$)，P($\vec{p}$)

$\overrightarrow{AP}\cdot\overrightarrow{BP}=\overrightarrow{AC}\cdot\overrightarrow{BC}$ より　$(\vec{p}-\vec{a})\cdot(\vec{p}-\vec{b})=(\vec{c}-\vec{a})\cdot(\vec{c}-\vec{b})$

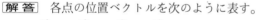

$\therefore\quad |\vec{p}|^2-(\vec{a}+\vec{b})\cdot\vec{p}+\vec{a}\cdot\vec{b}=|\vec{c}|^2-(\vec{a}+\vec{b})\cdot\vec{c}+\vec{a}\cdot\vec{b}$

$\therefore\quad |\vec{p}|^2-(\vec{a}+\vec{b})\cdot\vec{p}=|\vec{c}|^2-(\vec{a}+\vec{b})\cdot\vec{c}$　……①

ここで，位置ベクトルの基準点を辺 AB の中点にとると

$\dfrac{\vec{a}+\vec{b}}{2}=\vec{0}$　　すなわち，$\vec{a}+\vec{b}=\vec{0}$

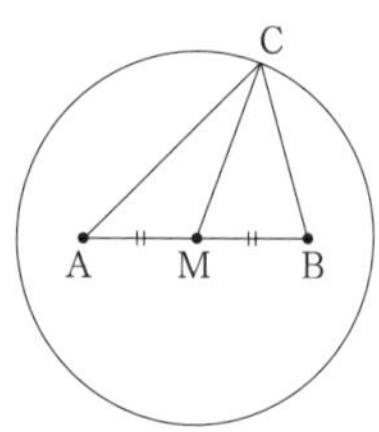

であるから，①は $|\vec{p}|^2=|\vec{c}|^2$ となる。

よって，点 P の描く図形は

辺 AB の中点を中心とし，点 C を通る円　……〔答〕

類題 11 − 5

解答は p. 231

平面上に四角形 ABCD がある。この平面上で次の等式を満たして動く点 P はどのような図形を描くか。

$$\overrightarrow{PA}\cdot\overrightarrow{PB}+\overrightarrow{PB}\cdot\overrightarrow{PC}+\overrightarrow{PC}\cdot\overrightarrow{PD}+\overrightarrow{PD}\cdot\overrightarrow{PA}=0$$

例題 11 − 6（直線の法線ベクトル）

次の直線 l，m について以下の問いに答えよ。

$$l：2x+6y+1=0,\qquad m：2x+y+1=0$$

(1) 点 (1, 2) を通り，直線 l に平行な直線 l' を求めよ。

(2) 点 (3, 2) を通り，直線 m に垂直な直線 m' を求めよ。

(3) 2 つの直線 l'，m' のなす角を求めよ。

解説 点 $\mathrm{A}(x_0,\ y_0)$ を通り，$\vec{n}=(a,\ b)$ に垂直な直線を l とする。
直線 l 上の任意の点を $\mathrm{P}(x,\ y)$ とすると

$$\vec{n}\cdot\overrightarrow{\mathrm{AP}}=0\qquad\therefore\quad a(x-x_0)+b(y-y_0)=0$$

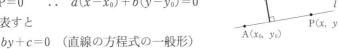

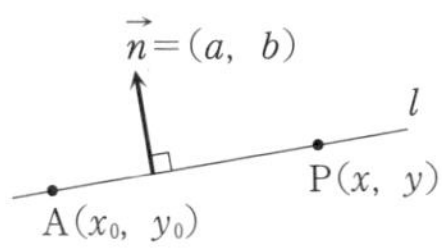

簡単な形で表すと

$$ax+by+c=0\quad（直線の方程式の一般形）$$

$\vec{n}=(a,\ b)$ を直線 l の**法線ベクトル**という。
したがって，2 つの直線のなす角はそれぞれの法線ベクトルのなす角を求めれば分かる。直線の法線ベクトルは直線の方程式の一般形の係数を見ればよい。

解答 (1) l' の法線ベクトルは，$\vec{l}=(2,\ 6)$ と平行な $\vec{l'}=(1,\ 3)$ であるから

$$1\cdot(x-1)+3\cdot(y-2)=0\qquad\therefore\quad l'：x+3y-7=0$$ ……〔答〕

(2) m' の法線ベクトルは，$\vec{m}=(2,\ 1)$ と垂直な $\vec{m'}=(1,\ -2)$ であるから

$$1\cdot(x-3)+(-2)\cdot(y-2)=0\qquad\therefore\quad m'：x-2y+1=0$$ ……〔答〕

(3) 直線 l'，m' の法線ベクトルはそれぞれ

$$\vec{l'}=(1,\ 3),\ \vec{m'}=(1,\ -2)$$

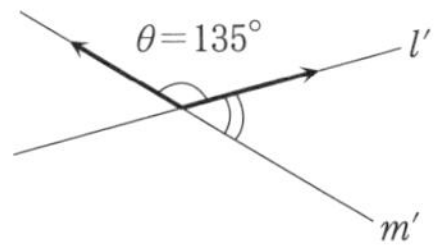

そこで，$\vec{l'}$ と $\vec{m'}$ のなす角を θ ($0°\leqq\theta\leqq180°$) とすると

$$\cos\theta=\frac{\vec{l'}\cdot\vec{m'}}{|\vec{l'}||\vec{m'}|}=\frac{1-6}{\sqrt{10}\sqrt{5}}=\frac{-5}{5\sqrt{2}}=-\frac{1}{\sqrt{2}}\qquad\therefore\quad\theta=135°$$

よって，求める 2 直線のなす角は，　$180°-\theta=45°$ ……〔答〕

類題 11 − 6

解答は p. 232

次の直線 l，m について以下の問いに答えよ。

$$l：x-\sqrt{3}y-3=0,\quad m：x+\sqrt{3}y+1=0$$

(1) 点 $(1,\ \sqrt{3})$ を通り，直線 l に平行な直線 l' を求めよ。

(2) 点 $(\sqrt{3},\ 2)$ を通り，直線 m に垂直な直線 m' を求めよ。

(3) 2 つの直線 l'，m' のなす角を求めよ。

第12章

空間ベクトル

要　項

ほとんどの公式は平面ベクトルのときと同じである。

12. 1　ベクトル

1次独立の定義

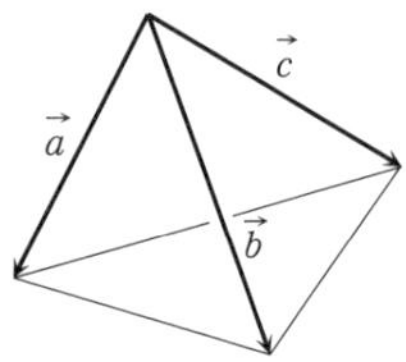

$\vec{a}$, $\vec{b}$, $\vec{c}$ が1次独立

$\Longleftrightarrow$ $\vec{a}$, $\vec{b}$, $\vec{c}$ で四面体ができる。

[命題] $\vec{a}$, $\vec{b}$, $\vec{c}$ が1次独立のとき

$s\vec{a}+t\vec{b}+u\vec{c}=s'\vec{a}+t'\vec{b}+u'\vec{c}$

ならば，$s=s'$ かつ $t=t'$ かつ $u=u'$

12. 2　内積

[公式]（内積の成分表示）

$\vec{a}=(x_1,\ y_1,\ z_1)$，$\vec{b}=(x_2,\ y_2,\ z_2)$ のとき

$\vec{a}\cdot\vec{b}=x_1x_2+y_1y_2+z_1z_2$

[公式]（面積公式）

$\vec{a}$ と $\vec{b}$ でつくられる三角形の面積を S とするとき

$$S=\frac{1}{2}\sqrt{|\vec{a}|^2|\vec{b}|^2-(\vec{a}\cdot\vec{b})^2}$$

12. 3　平面のベクトル方程式

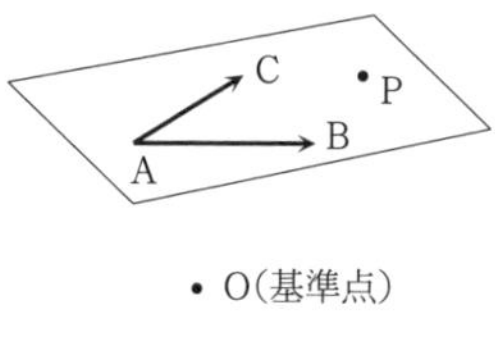

点Pが平面ABC上の点

$\Longleftrightarrow$ $\overrightarrow{AP}=s\overrightarrow{AB}+t\overrightarrow{AC}$

$\Longleftrightarrow$ $\overrightarrow{OP}-\overrightarrow{OA}=s(\overrightarrow{OB}-\overrightarrow{OA})+t(\overrightarrow{OC}-\overrightarrow{OA})$

$\Longleftrightarrow$ $\overrightarrow{OP}=(1-s-t)\overrightarrow{OA}+s\overrightarrow{OB}+t\overrightarrow{OC}$

$\Longleftrightarrow$ $\overrightarrow{OP}=k\overrightarrow{OA}+l\overrightarrow{OB}+m\overrightarrow{OC}$　$(k+l+m=1)$

例題 12 − 1（平面のベクトル方程式①）

四面体OABCにおいて，辺OBの中点をM，辺OCを1：2に内分する点をN，△ABCの重心をGとし，線分OGと△AMNの交点をPとする。$\overrightarrow{OA}=\vec{a}$，$\overrightarrow{OB}=\vec{b}$，$\overrightarrow{OC}=\vec{c}$として，次の問いに答えよ。

(1) $\overrightarrow{OP}$を$\vec{a}$，$\vec{b}$，$\vec{c}$で表せ。　　(2) OP：PGを求めよ。

解説 空間における平面のベクトル方程式も自然につくることができる。

点Pが平面ABC上の点

$\Longleftrightarrow$ $\overrightarrow{AP}=s\overrightarrow{AB}+t\overrightarrow{AC}$

$\Longleftrightarrow$ $\overrightarrow{OP}-\overrightarrow{OA}=s(\overrightarrow{OB}-\overrightarrow{OA})+t(\overrightarrow{OC}-\overrightarrow{OA})$

$\Longleftrightarrow$ $\overrightarrow{OP}=(1-s-t)\overrightarrow{OA}+s\overrightarrow{OB}+t\overrightarrow{OC}$

$\Longleftrightarrow$ $\overrightarrow{OP}=k\overrightarrow{OA}+l\overrightarrow{OB}+m\overrightarrow{OC}$　$(k+l+m=1)$

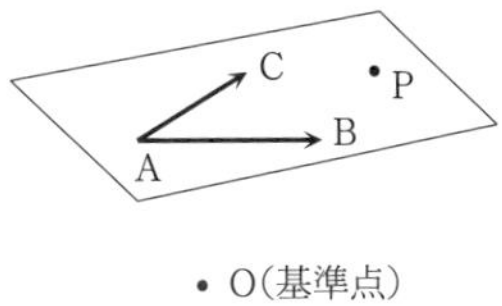

解答 (1) 点Pは平面AMN上の点であるから

$\overrightarrow{AP}=s\overrightarrow{AM}+t\overrightarrow{AN}$

$\therefore$ $\overrightarrow{OP}=(1-s-t)\overrightarrow{OA}+s\overrightarrow{OM}+t\overrightarrow{ON}$

$=(1-s-t)\vec{a}+\dfrac{s}{2}\vec{b}+\dfrac{t}{3}\vec{c}$ ………①

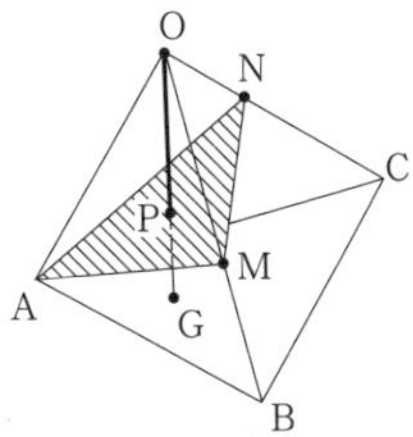

また，点Pは直線OG上の点であるから

$\overrightarrow{OP}=k\overrightarrow{OG}=\dfrac{k}{3}\vec{a}+\dfrac{k}{3}\vec{b}+\dfrac{k}{3}\vec{c}$ ……②

$\vec{a}$，$\vec{b}$，$\vec{c}$は1次独立であるから，①，②より

$1-s-t=\dfrac{k}{3}$，$\dfrac{s}{2}=\dfrac{k}{3}$，$\dfrac{t}{3}=\dfrac{k}{3}$

これを解くと，$k=\dfrac{1}{2}$，$s=\dfrac{1}{3}$，$t=\dfrac{1}{2}$

よって，$\overrightarrow{OP}=\dfrac{1}{6}\vec{a}+\dfrac{1}{6}\vec{b}+\dfrac{1}{6}\vec{c}$ ……〔答〕

(2) $k=\dfrac{1}{2}$より，$\overrightarrow{OP}=\dfrac{1}{2}\overrightarrow{OG}$　$\therefore$ OP：PG＝1：1 ……〔答〕

類題 12 − 1 解答は p. 232

四面体OABCにおいて，辺OAの中点をD，辺OBを2：1に内分する点をE，△ABCの重心をGとし，線分OGと△DECの交点をPとする。$\overrightarrow{OA}=\vec{a}$，$\overrightarrow{OB}=\vec{b}$，$\overrightarrow{OC}=\vec{c}$として，次の問いに答えよ。

(1) $\overrightarrow{OP}$を$\vec{a}$，$\vec{b}$，$\vec{c}$で表せ。　　(2) OP：PGを求めよ。

例題 12 － 2（平面のベクトル方程式②）

1辺の長さが1の正四面体OABCがある。点Oから平面ABCに下ろした垂線の足をHとする。$\overrightarrow{OA}=\vec{a}$, $\overrightarrow{OB}=\vec{b}$, $\overrightarrow{OC}=\vec{c}$ として，次の問いに答えよ。

(1) $\overrightarrow{OH}$ を $\vec{a}$, $\vec{b}$, $\vec{c}$ で表せ。　　(2) $|\overrightarrow{OH}|$ を求めよ。

解説 今度は空間における平面に下ろした垂線の足を求めてみよう。

解答 (1) まず次が成り立つことが分かる。

$$|\vec{a}|=|\vec{b}|=|\vec{c}|=1,\ \vec{a}\cdot\vec{b}=\vec{b}\cdot\vec{c}=\vec{c}\cdot\vec{a}=1\cdot1\cdot\cos60^\circ=\frac{1}{2}$$

点Hは平面ABC上の点であるから，$\overrightarrow{AH}=s\overrightarrow{AB}+t\overrightarrow{AC}$

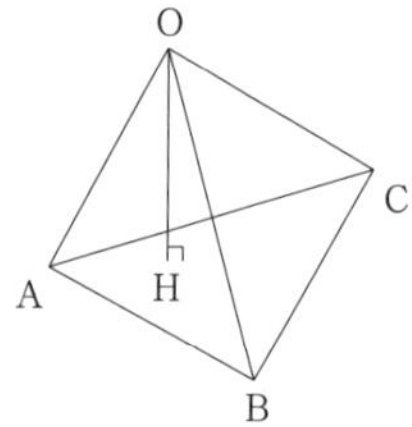

$\therefore\ \overrightarrow{OH}=(1-s-t)\overrightarrow{OA}+s\overrightarrow{OB}+t\overrightarrow{OC}$

$=(1-s-t)\vec{a}+s\vec{b}+t\vec{c}$

ここで

OH⊥平面ABC $\iff$ $\overrightarrow{OH}\perp\overrightarrow{AB}$ かつ $\overrightarrow{OH}\perp\overrightarrow{AC}$

であることに注意する。

$\overrightarrow{OH}\perp\overrightarrow{AB}$ より，$\overrightarrow{OH}\cdot\overrightarrow{AB}=0$

$\therefore\ \{(1-s-t)\vec{a}+s\vec{b}+t\vec{c}\}\cdot(\vec{b}-\vec{a})=0$　　$\therefore\ 2s+t=1$　……①

$\overrightarrow{OH}\perp\overrightarrow{AC}$ より，$\overrightarrow{OH}\cdot\overrightarrow{AC}=0$

$\therefore\ \{(1-s-t)\vec{a}+s\vec{b}+t\vec{c}\}\cdot(\vec{c}-\vec{a})=0$　　$\therefore\ s+2t=1$　……②

①，②より，$s=t=\dfrac{1}{3}$　　$\therefore\ \overrightarrow{OH}=\dfrac{1}{3}\vec{a}+\dfrac{1}{3}\vec{b}+\dfrac{1}{3}\vec{c}$　……〔答〕

(2) $|\vec{a}+\vec{b}+\vec{c}|^2=(\vec{a}+\vec{b}+\vec{c})\cdot(\vec{a}+\vec{b}+\vec{c})$

$=|\vec{a}|^2+|\vec{b}|^2+|\vec{c}|^2+2\vec{a}\cdot\vec{b}+2\vec{b}\cdot\vec{c}+2\vec{c}\cdot\vec{a}$

$=1+1+1+1+1+1=6$　　$\therefore\ |\vec{a}+\vec{b}+\vec{c}|=\sqrt{6}$

よって，$|\overrightarrow{OH}|=\dfrac{1}{3}|\vec{a}+\vec{b}+\vec{c}|=\dfrac{\sqrt{6}}{3}$　……〔答〕

類題 12 － 2

解答は p. 232

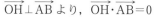

四面体OABCがあり，△OAB, △OBC, △OCAはいずれもOA＝OB＝OC＝1を満たす直角二等辺三角形である。辺OAの中点をMとし，点Oから平面MBCに下ろした垂線の足をHとする。$\overrightarrow{OA}=\vec{a}$, $\overrightarrow{OB}=\vec{b}$, $\overrightarrow{OC}=\vec{c}$ として，次の問いに答えよ。

(1) $\overrightarrow{OH}$ を $\vec{a}$, $\vec{b}$, $\vec{c}$ で表せ。　　(2) $|\overrightarrow{OH}|$ を求めよ。

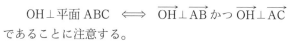

例題 12 − 3（ベクトルの応用）

四面体 ABCD において，辺 AB，BC，CD，DA の中点をそれぞれ E，F，G，H とするとき，次の問いに答えよ。

(1) 4 点 E，F，G，H は同一平面上にあることを示せ。

(2) AC＝BD ならば EG⊥FH であることを示せ。

解説 ベクトルを利用することで，難しい図形の証明問題が簡単に解けることがある。

解答 (1) 各点の位置ベクトルを次のようにおく。

$$\mathrm{A}(\vec{a}),\ \mathrm{B}(\vec{b}),\ \mathrm{C}(\vec{c}),\ \mathrm{D}(\vec{d}),\ \mathrm{E}(\vec{e}),\ \mathrm{F}(\vec{f}),\ \mathrm{G}(\vec{g}),\ \mathrm{H}(\vec{h})$$

このとき，$\vec{e}=\dfrac{\vec{a}+\vec{b}}{2}$，$\vec{f}=\dfrac{\vec{b}+\vec{c}}{2}$，$\vec{g}=\dfrac{\vec{c}+\vec{d}}{2}$，$\vec{h}=\dfrac{\vec{d}+\vec{a}}{2}$ が成り立つ。

よって

$$\overrightarrow{\mathrm{EF}}=\vec{f}-\vec{e}=\frac{\vec{b}+\vec{c}}{2}-\frac{\vec{a}+\vec{b}}{2}=\frac{\vec{c}-\vec{a}}{2}$$

$$\overrightarrow{\mathrm{GH}}=\vec{h}-\vec{g}=\frac{\vec{d}+\vec{a}}{2}-\frac{\vec{c}+\vec{d}}{2}=\frac{\vec{a}-\vec{c}}{2}=-\frac{\vec{c}-\vec{a}}{2}$$

したがって，$\overrightarrow{\mathrm{EF}}=\overrightarrow{\mathrm{HG}}$ であり，4 点 E，F，G，H は同一平面上にある。

(2) $\overrightarrow{\mathrm{EG}}=\vec{g}-\vec{e}=\dfrac{\vec{c}+\vec{d}}{2}-\dfrac{\vec{a}+\vec{b}}{2}$，$\overrightarrow{\mathrm{FH}}=\vec{h}-\vec{f}=\dfrac{\vec{d}+\vec{a}}{2}-\dfrac{\vec{b}+\vec{c}}{2}$

$$\therefore\ \ \overrightarrow{\mathrm{EG}}=\frac{\vec{d}-\vec{b}}{2}+\frac{\vec{c}-\vec{a}}{2},\ \ \overrightarrow{\mathrm{FH}}=\frac{\vec{d}-\vec{b}}{2}-\frac{\vec{c}-\vec{a}}{2}$$

よって

$$\overrightarrow{\mathrm{EG}}\cdot\overrightarrow{\mathrm{FH}}=\left(\frac{\vec{d}-\vec{b}}{2}+\frac{\vec{c}-\vec{a}}{2}\right)\cdot\left(\frac{\vec{d}-\vec{b}}{2}-\frac{\vec{c}-\vec{a}}{2}\right)$$

$$=\frac{|\vec{d}-\vec{b}|^2}{4}-\frac{|\vec{c}-\vec{a}|^2}{4}=\frac{|\overrightarrow{\mathrm{BD}}|^2}{4}-\frac{|\overrightarrow{\mathrm{AC}}|^2}{4}=0\quad(\because\ \ \mathrm{AC}=\mathrm{BD})$$

すなわち，$\overrightarrow{\mathrm{EG}}\cdot\overrightarrow{\mathrm{FH}}=0$ であるから，EG⊥FH

類題 12 − 3 解答は p. 233

(1) 四面体 ABCD の辺 AD の 3 等分点を E，F（AE＝EF＝FD），辺 BC の 3 等分点を G，H（BG＝GH＝HC）とするとき，線分 AB，EG，FH，DC の中点は同一直線上にあることを示せ。

(2) 四面体 OABC において，OA⊥BC，OB⊥CA であるとき，OC⊥AB であることを示せ。

集中ゼミ 3　領域と最大・最小（逆像法）

領域と最大・最小の問題では独特の考え方が用いられる。以下に具体例で説明するその考え方は重要なアイデアで，“写像”および“対応”における逆像の概念から，**順像法**に対立させて**逆像法**と呼ばれることがある。**自然流**に対立させて**逆手流**と呼ばれることもある。このアイデアは，領域と最大・最小の問題だけでなく，通過領域の問題その他，様々な場面で用いられる。（発展研究も参照せよ。）

［例題 1］（領域と最大・最小）

x，y が $x^2+y^2\leqq 1$，$y\geqq 0$ を満たして変化するとき，$x+2y$ の最大値，最小値を求めよ。

（解） 次のように考える。

不等式，$x^2+y^2\leqq 1$，$y\geqq 0$ で表される領域を D とする。

$(x,\ y)$ が領域 D を動くとき，$x+2y$ が k という値をとり得る。

$\Longleftrightarrow$ $x+2y=k$ を満たす $(x,\ y)$ が領域 D に存在する。

$\Longleftrightarrow$ 図形 $x+2y=k$ と領域 D は共有点をもつ。

こうして，$x+2y$ が k という値をとり得るかどうかは，$x+2y=k$ で表される図形が領域 D と共有点をもつかどうかで判断できることになる。

$x+2y=k$ とおくと，$y=-\dfrac{1}{2}x+\dfrac{k}{2}$

これは傾きが $-\dfrac{1}{2}$，y 切片が $\dfrac{k}{2}$ の直線を表す。

(i) k が最小となるとき；

図より，k が最小となるとき，

直線 $y=-\dfrac{1}{2}x+\dfrac{k}{2}$ は点 $(-1,\ 0)$ を通る。

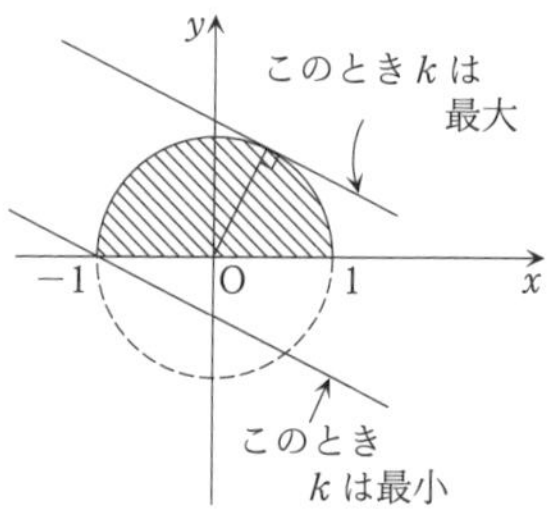

$\therefore\ \ 0=\dfrac{1}{2}+\dfrac{k}{2}$

$\therefore\ \ k=-1$

(ii) k が最大となるとき；

図より，k が最大となるとき，

直線 $y=-\dfrac{1}{2}x+\dfrac{k}{2}$ $(x+2y-k=0)$ は円 $x^2+y^2=1$ に接する。

$\therefore\quad \dfrac{|0+2\cdot 0-k|}{\sqrt{1^2+2^2}}=1 \qquad \therefore\quad k=\pm\sqrt{5}$

図より，$k>0$ であるから，$k=\sqrt{5}$

以上より，最大値は $\sqrt{5}$，最小値は -1 ……〔答〕

［例題 2］（通過領域）

t が $t\geqq 1$ を満たして変化するとき，直線 $y=2tx-t^2$ が通過する領域を図示せよ。

（解） 次のように考える。

$t\geqq 1$ のとき，直線 $y=2tx-t^2$ が点 $(X,\ Y)$ を通過できる。

$\Longleftrightarrow\quad Y=2tX-t^2$ を満たす $t\geqq 1$ が存在する。

$\Longleftrightarrow\quad t$ の 2 次方程式 $t^2-2Xt+Y=0$ が $t\geqq 1$ の範囲に解をもつ。

こうして，直線 $y=2tx-t^2$ が点 $(X,\ Y)$ を通過できるかどうかは，t の 2 次方程式 $t^2-2Xt+Y=0$ が $t\geqq 1$ の範囲に解をもつかどうかで判断できることになる。

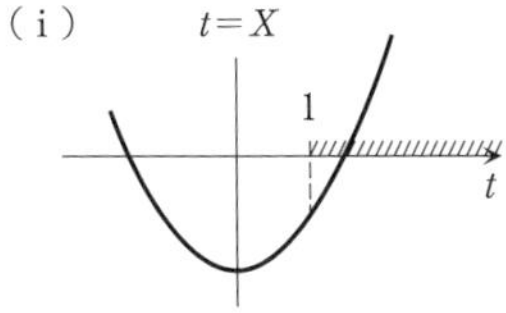

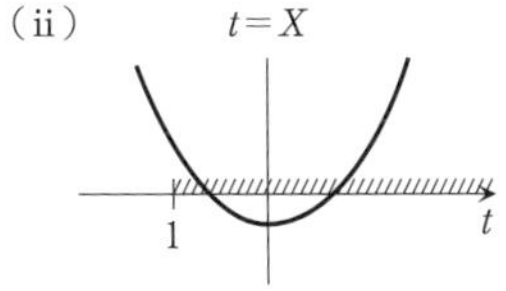

$f(t)=t^2-2Xt+Y=(t-X)^2-X^2+Y$ とおく。

軸の方程式は $t=X$，頂点の座標は $(X,\ -X^2+Y)$

（i） $X<1$ のとき

$f(1)\leqq 0$ であればよい。

$\therefore\quad 1-2X+Y\leqq 0$

$\therefore\quad Y\leqq 2X-1$

（ii） $X\geqq 1$ のとき

$-X^2+Y\leqq 0$ であればよい。

$\therefore\quad Y\leqq X^2$

以上より，求める通過領域は図の斜線部分のようになる（境界を含む）。

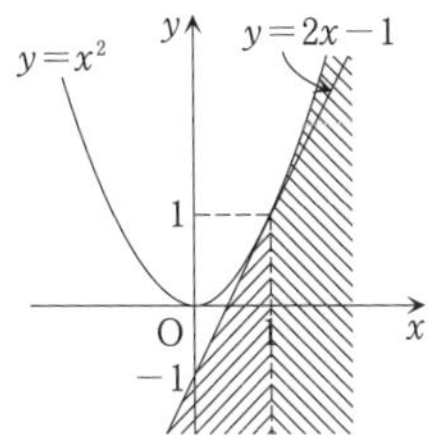

練習問題 解答は p. 280

(1) $x,\ y$ が $x^2+y^2\leqq 1,\ y\geqq 0$ を満たして変化するとき，$x^2+y^2-2x+2y$ の最大値，最小値を求めよ。

(2) $x,\ y$ が $2x^2-2xy+y^2=2$ を満たして変化するとき，$x+y$ の最大値，最小値を求めよ。

発展研究 2　写像および対応

集合から集合への“写像”および“対応”について簡単に解説する。ここでは特に，集中ゼミ（領域と最大・最小）で説明した逆像法との関係に注意して解説する。

(1) 写像

A，B を集合とする。

集合 A の任意の要素 a に対して集合 B のただ1つの要素 b が対応するとき，これを集合 A から集合 B への**写像**という。

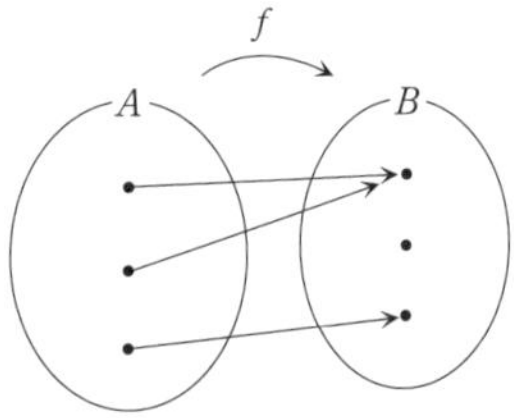

これを

$f: A \to B,\ a \mapsto b$（または $f(a)=b$）

のように表す。

$a \in A$ に対して $f(a) \in B$ を写像 f による a の**像**といい，$b \in B$ に対して

$f^{-1}(b)=\{a \in A \mid f(a)=b\} \subset A$

を写像 f による b の**逆像**という。

(例1)　写像 $f: \boldsymbol{R} \to \boldsymbol{R}$，$f(x)=x^2$（$\boldsymbol{R}$ は実数の全体を表す。）

写像 f による1の像は

$f(1)=1^2=1$

写像 f による1の逆像は

$f^{-1}(1)=\{x \in \boldsymbol{R} \mid f(x)=1\}$

$=\{x \in \boldsymbol{R} \mid x^2=1\}=\{1,\ -1\}$

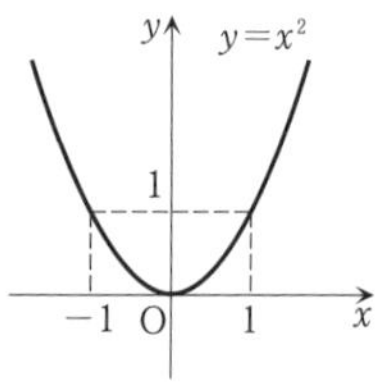

(注)　写像 f による b の逆像の定義を，誤解のないよう，きちんと理解すること。写像 f に逆写像が存在しなくてもよい。上の例の写像には逆写像は存在しない。

(例2)　$D \subset \boldsymbol{R}^2=\{(x,\ y) \mid x,\ y \in \boldsymbol{R}\}$ とする。写像 $f: D \to \boldsymbol{R}$ について

写像 f が $k \in \boldsymbol{R}$ という値をとり得る。

$\Longleftrightarrow$　$f^{-1}(k)=\{(x,\ y) \in D \mid f(x,\ y)=k\} \neq \phi$

$\Longleftrightarrow$　$f(x,\ y)=k$ を満たす $(x,\ y) \in D$ が存在する

$\Longleftrightarrow$　図形 $f(x,\ y)=k$ と D が共有点をもつ

このような考え方によって写像 f の値域を求める方法を**逆像法**と呼ぶ。

(2) 対応

写像の概念をさらに一般化したものが**対応**である。

A, B を集合とする。

集合 A の任意の要素 a に対して集合 B のただ1つの部分集合 S が対応するとき，これを集合 A から集合 B への**対応**という。

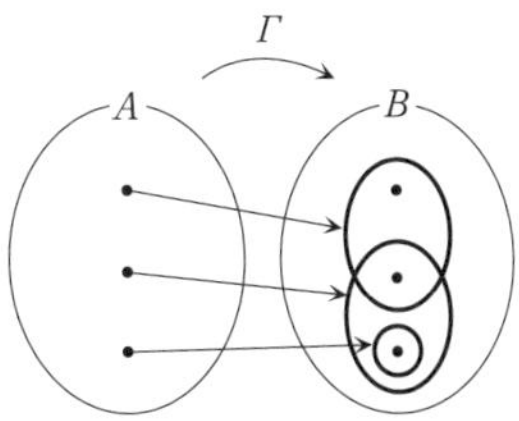

これを

$$\Gamma : A \to B,\ a \mapsto S \text{（または } \Gamma(a)=S\text{）}$$

のように表す。

$a \in A$ に対して $\Gamma(a) \subset B$ を対応 Γ による a の**像**といい，$b \in B$ に対して

$$\Gamma^{-1}(b)=\{a \in A \mid b \in \Gamma(a)\}$$

を対応 Γ による b の**逆像**という。

（例1） 実数 t に対して，直線 l_t を $y=2tx-t^2$ とする。すなわち

$$l_t=\{(x,\ y) \in \boldsymbol{R}^2 \mid y=2tx-t^2\} \subset \boldsymbol{R}^2$$

このとき，対応

$$\Gamma : \boldsymbol{R} \to \boldsymbol{R}^2,\ \Gamma(t)=l_t \subset \boldsymbol{R}^2$$

が定義される。

この対応 Γ による1の像は

$$\Gamma(1)=l_1=\{(x,\ y) \in \boldsymbol{R}^2 \mid y=2x-1\}$$

この対応 Γ による点 (2, 1) の逆像は

$$\Gamma^{-1}((2,\ 1))=\{t \in \boldsymbol{R} \mid (2,\ 1) \in \Gamma(t)\}$$
$$=\{t \in \boldsymbol{R} \mid 1=4t-t^2\}=\{2 \pm \sqrt{3}\}$$

（例2） 例1の対応 Γ において

直線 l_t が点 $(X,\ Y)$ を通過できる

$\iff$ $\Gamma^{-1}((X,\ Y))=\{t \in \boldsymbol{R} \mid (X,\ Y) \in \Gamma(t)\} \neq \phi$

$\iff$ $Y=2tX-t^2$ を満たす実数 t が存在する

$\iff$ t の2次方程式 $t^2-2Xt+Y=0$ が実数解をもつ

このようにして対応 Γ の通過点を求める方法も**逆像法**である。

第13章

複素数と方程式

要　項

13. 1　2 次方程式

［公式］（解の公式）

(1)　2 次方程式 $ax^2+bx+c=0$ の解は

$$x=\frac{-b\pm\sqrt{b^2-4ac}}{2a}$$

(2)　2 次方程式 $ax^2+2b'x+c=0$ の解は

$$x=\frac{-b'\pm\sqrt{(b')^2-ac}}{a}$$

判別式　$D=b^2-4ac$（解の公式の $\sqrt{\ }$ の中身のこと。）

2 次方程式 $ax^2+bx+c=0$ は

$$\begin{cases} D>0 \iff \text{異なる 2 つの実数解をもつ} \\ D=0 \iff \text{重解（実数解）をもつ} \\ D<0 \iff \text{（異なる 2 つの）虚数解をもつ} \end{cases}$$

（注）　$ax^2+2b'x+c=0$ のときは，$\dfrac{D}{4}=(b')^2-ac$ を用いる。

［公式］（解と係数の関係）

(1)　2 次方程式 $ax^2+bx+c=0$ の解を α，β とするとき

$$\alpha+\beta=-\frac{b}{a},\ \ \alpha\beta=\frac{c}{a}$$

(2)　$\alpha+\beta=p$，$\alpha\beta=q$ であるとき

α，β は $x^2-px+q=0$ の解である。

13. 2　整式の割り算

除法の原理　整式の割り算においてつねに次の関係が成り立つ。

（元の式）＝（割る式）×（商）＋（余り）

ただし，余りは割る式より次数が低い。

次の 2 つの定理は除法の原理からほとんど明らかである。

[定理]　(剰余の定理)

⑴　整式 $f(x)$ を 1 次式 $x-\alpha$ で割ったときの余りは，$f(\alpha)$

⑵　整式 $f(x)$ を 1 次式 $ax+b$ で割ったときの余りは，$f\left(-\dfrac{b}{a}\right)$

[定理]　(因数定理)

⑴　整式 $f(x)$ が 1 次式 $x-\alpha$ を因数にもつ　$\Longleftrightarrow$　$f(\alpha)=0$

⑵　整式 $f(x)$ が 1 次式 $ax+b$ を因数にもつ　$\Longleftrightarrow$　$f\left(-\dfrac{b}{a}\right)=0$

13. 3　3 次方程式

[公式]　(3 次方程式の解と係数の関係)

⑴　3 次方程式 $ax^3+bx^2+cx+d=0$ の解を α，β，γ とするとき

$$\alpha+\beta+\gamma=-\frac{b}{a},\quad \alpha\beta+\beta\gamma+\gamma\alpha=\frac{c}{a},\quad \alpha\beta\gamma=-\frac{d}{a}$$

⑵　$\alpha+\beta+\gamma=p$，$\alpha\beta+\beta\gamma+\gamma\alpha=q$，$\alpha\beta\gamma=r$ であるとき
α，β，γ は $x^3-px^2+qx-r=0$ の解である。

1 の原始 3 乗根　3 乗してはじめて 1 になる数を **1 の原始 3 乗根**といい，ω で表す。ω は次を満たす。

$$\omega^3=1 \text{ かつ } \omega^2+\omega+1=0$$

■ワンポイント解説　組立除法

高次式を 1 次式 $x-\alpha$ で割ったときの商と余りを求める組立除法は知っておいて損はないので紹介しておく。具体例で理解しよう。

(例)　$(2x^3-x^2+3)\div(x-2)$

(解)

2	2	−1	0	3
($x-2$)	↓	×2 ↗ 4	×2 ↗ 6	×2 ↗ 12
+)	2	3	6	15

よって，商は $2x^2+3x+6$，余りは15

<確認>　除法の原理が成立していることをチェック！

$$2x^3-x^2+3=(x-2)(2x^2+3x+6)+15$$

例題 13－1（整式の割り算）

(1)　整式 $P(x)$ を $(x-1)(x-2)$ で割ると $x+3$ 余り，$(x-1)(x-3)$ で割ると $3x+1$ 余るとき，$P(x)$ を $(x-2)(x-3)$ で割った余りを求めよ。

(2)　整式 $P(x)$ を $(x-1)^2$ で割ると $2x-1$ 余り，$(x+1)^2$ で割ると $3x-4$ 余るとき，$P(x)$ を $(x-1)^2(x+1)$ で割った余りを求めよ。

解説　整式の割り算で重要なことは次の**除法の原理**だけである。

除法の原理　整式の割り算において，つねに次の関係が成り立つ。

（元の式）＝（割る式）×（商）＋（余り）

ただし，余りは割る式より次数が低い。

解答　(1)　与えられた条件より

$$P(x)=(x-1)(x-2)Q_1(x)+x+3 \quad \cdots\cdots(\text{i})$$

$$P(x)=(x-1)(x-3)Q_2(x)+3x+1 \quad \cdots\cdots(\text{ii})$$

$P(x)$ を $(x-2)(x-3)$ で割った商を $Q(x)$，余りを $ax+b$ とおくと

$$P(x)=(x-2)(x-3)Q(x)+ax+b$$

(i)より $P(2)=5$，(ii)より $P(3)=10$ であることに注意すると

$$\begin{cases}2a+b=5\\3a+b=10\end{cases}\quad \text{これを解くと，} a=5,\ b=-5$$

よって，求める余りは，$5x-5$ ……〔答〕

(2)　与えられた条件より

$$P(x)=(x-1)^2Q_1(x)+2x-1 \quad \cdots\cdots(\text{i})$$

$$P(x)=(x+1)^2Q_2(x)+3x-4 \quad \cdots\cdots(\text{ii})$$

$P(x)$ を $(x-1)^2(x+1)$ で割った商を $Q(x)$，余りを ax^2+bx+c とおくと

$$P(x)=(x-1)^2(x+1)Q(x)+ax^2+bx+c$$

条件(i)より，$ax^2+bx+c=a(x-1)^2+2x-1$　**⬅よ〜く考えること！**

よって　$P(x)=(x-1)^2(x+1)Q(x)+a(x-1)^2+2x-1$

(ii)より $P(-1)=-7$ であるから，$4a-3=-7$　　$\therefore\ a=-1$

よって，求める余りは

$$ax^2+bx+c=-(x-1)^2+2x-1=-x^2+4x-2 \quad \cdots\cdots〔答〕$$

類題 13－1

解答は p. 233

(1)　整式 x^n を x^2-3x+2 で割った余りを求めよ。

(2)　整式 $P(x)$ を $(x+2)^3$ で割ると $4x^2+3x+5$ 余り，$x-1$ で割ると 3 余るとき，$P(x)$ を $(x+2)^2(x-1)$ で割った余りを求めよ。

例題 13 − 2（高次方程式）

次の高次方程式を解け。

(1)　$x^3-x^2+2x+4=0$　　(2)　$x^4-2x^2-3x-2=0$

(3)　$2x^3-3x^2-x+1=0$　　(4)　$x^4+x^2+1=0$

解 説　3次以上の方程式を高次方程式という。高次方程式は2次以下の因数にまで因数分解して解く。したがって，因数分解の力が要求される。因数定理で簡単な1次の因数を見つける場合が多いが，簡単な1次の因数をもたない場合もあるから注意しよう。また，因数分解はほとんどの場合，係数を見ながら暗算で行う。組立除法は知らなくてもよいが知っておいて損はない。

解 答　(1)　$x^3-x^2+2x+4=0$ より

$(x+1)(x^2-2x+4)=0$　⬅ **因数分解は暗算で！**

$\therefore\ x=-1,\ 1\pm\sqrt{3}\,i$　……〔答〕

x^3-x^2+2x+4

$+x^2$

$=(x+1)(x^2\ \boxed{-2}\,x+4)$

$-2x^2$

(2)　$x^4-2x^2-3x-2=0$ より

$(x+1)(x^3-x^2-x-2)=0$　⬅ **因数分解は組立除法でもよい**

$(x+1)(x-2)(x^2+x+1)=0$

$\therefore\ x=-1,\ 2,\ \dfrac{-1\pm\sqrt{3}\,i}{2}$

……〔答〕

-1	1	0	-2	-3	-2
+)		-1	1	1	2
	1	-1	-1	-2	0

商（1, −1, −1, −2）　余り（0）

(3)　$2x^3-3x^2-x+1=0$ より

$(2x-1)(x^2-x-1)=0$

$\therefore\ x=\dfrac{1}{2},\ \dfrac{1\pm\sqrt{5}}{2}$　……〔答〕

(4)　$x^4+x^2+1=0$ より

$(x^2+1)^2-x^2=0$

$\therefore\ \{(x^2+1)+x\}\{(x^2+1)-x\}=0$　⬅ $\boldsymbol{A^2-B^2=(A+B)(A-B)}$

$(x^2+x+1)(x^2-x+1)=0$

$\therefore\ x=\dfrac{-1\pm\sqrt{3}\,i}{2},\ \dfrac{1\pm\sqrt{3}\,i}{2}$　……〔答〕

類題 13 − 2

解答は p. 234

次の高次方程式を解け。

(1)　$x^3-x^2-4x-2=0$　　(2)　$x^4-13x-42=0$

(3)　$2x^3-x^2+x+1=0$　　(4)　$x^4-3x^2+1=0$

例題 13 − 3（3次方程式）

実係数の3次方程式 $x^3+ax^2+bx-15=0$ の1つの解が $1+2i$ であるとき，a，b の値およびこの方程式の実数解を求めよ。

解説　3次方程式は高次方程式の中で特によく出てくるのでもう少し練習しておこう。3次方程式についても次の解と係数の関係が成り立つ。

［公式］（3次方程式の解と係数の関係）

(1)　3次方程式 $ax^3+bx^2+cx+d=0$ の解を α，β，γ とするとき

$$\alpha+\beta+\gamma=-\frac{b}{a},\ \ \alpha\beta+\beta\gamma+\gamma\alpha=\frac{c}{a},\ \ \alpha\beta\gamma=-\frac{d}{a}$$

(2)　$\alpha+\beta+\gamma=p$，$\alpha\beta+\beta\gamma+\gamma\alpha=q$，$\alpha\beta\gamma=r$ であるとき

α，β，γ は $x^3-px^2+qx-r=0$ の解である。

解答　実数係数の方程式で $1+2i$ が解であることから $1-2i$ も解である。そこで，与えられた3次方程式の解を $1+2i$，$1-2i$，p とおく。

3次方程式の解と係数の関係より

$$\begin{cases}(1+2i)+(1-2i)+p=-a & \cdots\cdots①\\(1+2i)(1-2i)+(1+2i)p+(1-2i)p=b & \cdots\cdots②\\(1+2i)(1-2i)p=15 & \cdots\cdots③\end{cases}$$

③より，$(1-4i^2)p=15$　　∴　$5p=15$　　∴　$p=3$

①より，$2+3=-a$　　∴　$a=-5$

②より，$(1-4i^2)+2p=b$　　∴　$5+6=b$　　∴　$b=11$

以上より，$a=-5$，$b=11$，方程式の実数解は $x=3$　……〔答〕

［研究］　実係数3次方程式 $ax^3+bx^2+cx+d=0$ が虚数解 α をもつとすると

$$a\alpha^3+b\alpha^2+c\alpha+d=0$$

両辺の共役複素数（第14章参照）を考えると

$$\overline{a\alpha^3+b\alpha^2+c\alpha+d}=0$$

ここで，a，b，c，d は実数であるから

$$a(\overline{\alpha})^3+b(\overline{\alpha})^2+c\overline{\alpha}+d=0$$

よって，虚数解 α の共役複素数 $\overline{\alpha}$ も解である。

類題 13 − 3　解答は p. 234

実係数の3次方程式 $x^3+ax^2+bx+10=0$ の1つの解が $2+i$ であるとき，a，b の値およびこの方程式の実数解を求めよ。

例題 13 − 4（1の原始3乗根）

ω を1の原始3乗根とするとき，次の値を求めよ。

(1) $\dfrac{\omega^2}{1+\omega}-\dfrac{\omega}{1+\omega^2}$　　(2) $\omega^{2n}+\omega^n+1$（ただし，n は自然数）

解説　3乗してはじめて1になる数を**1の原始3乗根**という。

$x^3=1$ とすると，$x^3-1=0$　　$\therefore\ (x-1)(x^2+x+1)=0$

$\therefore\ x=1,\ \dfrac{-1\pm\sqrt{3}i}{2}$　　よって，$\dfrac{-1\pm\sqrt{3}i}{2}$ が1の原始3乗根である。

したがって，1の原始3乗根の1つを ω で表すと，ω は次の関係を満たす。

$$\omega^3=1 \text{ かつ } \omega^2+\omega+1=0$$

解答　(1) $\dfrac{\omega^2}{1+\omega}-\dfrac{\omega}{1+\omega^2}=\dfrac{\omega^2(1+\omega^2)-\omega(1+\omega)}{(1+\omega)(1+\omega^2)}$

$$=\frac{\omega^2+\omega^4-\omega-\omega^2}{1+\omega+\omega^2+\omega^3}$$

$$=\frac{\omega^4-\omega}{(1+\omega+\omega^2)+\omega^3}=\frac{\omega-\omega}{0+1}=0$$ ……〔答〕

(2) n を3で割った余りで分類して調べる。

(i) $n=3k$ のとき

$$\omega^{2n}+\omega^n+1=\omega^{6k}+\omega^{3k}+1$$
$$=(\omega^3)^{2k}+(\omega^3)^k+1=1+1+1=3$$

(ii) $n=3k+1$ のとき

$$\omega^{2n}+\omega^n+1=\omega^{6k+2}+\omega^{3k+1}+1$$
$$=(\omega^3)^{2k}\omega^2+(\omega^3)^k\omega+1=\omega^2+\omega+1=0$$

(iii) $n=3k+2$ のとき

$$\omega^{2n}+\omega^n+1=\omega^{6k+4}+\omega^{3k+2}+1$$
$$=(\omega^3)^{2k+1}\omega+(\omega^3)^k\omega^2+1=\omega+\omega^2+1=0$$

以上より

$$\omega^{2n}+\omega^n+1=\begin{cases}3 & (n \text{ が3の倍数のとき})\\ 0 & (n \text{ が3の倍数でないとき})\end{cases}$$ ……〔答〕

類題 13 − 4

解答は p. 234

x^n を次の2次式で割ったときの余りを求めよ。

(1) x^2+1　　(2) x^2+x+1

第14章

複素数平面

要　項

14. 1　複素数平面

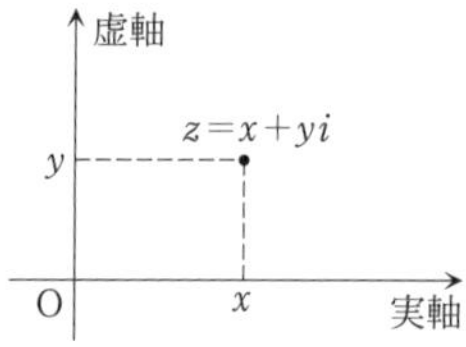

実数を数直線で表したように，複素数を**複素数平面**で表す。すなわち，複素数 $z=x+yi$ を座標 $(x,\ y)$ にとって表す。複素数平面では x 軸を**実軸**，y 軸を**虚軸**とよぶ。$\sqrt{x^2+y^2}$ を z の**絶対値**といい，$|z|$ と表す。

（注） 複素数平面を短く**複素平面**ともいう。

14. 2　極形式

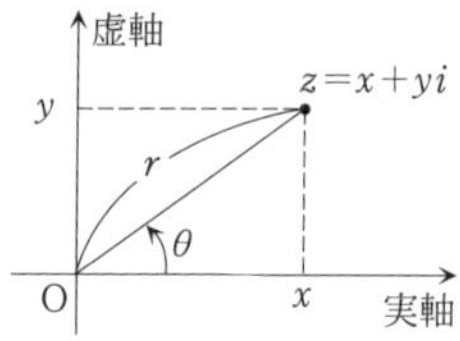

複素数 $z=x+yi$ に対して，図の θ を複素数 z の**偏角**といい，$\arg z$ と表す。r は z の絶対値である。

$x=r\cos\theta,\ y=r\sin\theta$ より

$$z=r(\cos\theta+i\sin\theta)$$

となる。これを z の**極形式**とよぶ。

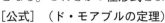

［公式］（ド・モアブルの定理）

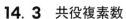

$$(\cos\theta+i\sin\theta)^n=\cos n\theta+i\sin n\theta \quad \text{（ただし，}n\text{ は整数）}$$

14. 3　共役複素数

複素数 $z=x+yi$ に対して，$x-yi$ を z の**共役複素数**といい，$\overline{z}$ と表す。

［公式］ 複素数 α，β に対して

①　$\overline{\alpha+\beta}=\overline{\alpha}+\overline{\beta}$　　②　$\overline{\alpha-\beta}=\overline{\alpha}-\overline{\beta}$

③　$\overline{\alpha\cdot\beta}=\overline{\alpha}\cdot\overline{\beta}$　　④　$\overline{\left(\dfrac{\alpha}{\beta}\right)}=\dfrac{\overline{\alpha}}{\overline{\beta}}$

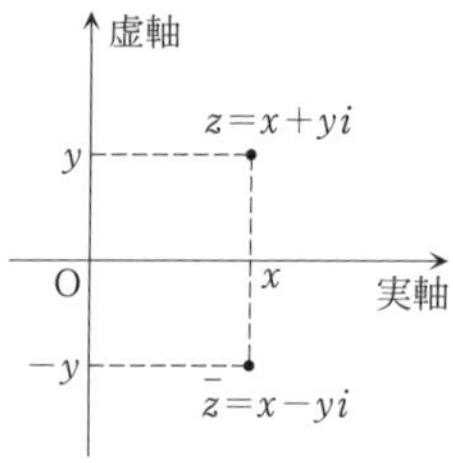

［公式］ $z\cdot\overline{z}=|z|^2$　**⬅これは非常に重要！**

［公式］ 明らかに，次が成り立つ。

①　z が実数　$\Longleftrightarrow$　$\overline{z}=z$

②　z が純虚数　$\Longleftrightarrow$　$\overline{z}=-z$ $(z\neq 0)$

（注） **純虚数**とは $z=yi$ の形の虚数のこと。

14. 4 複素数と平面ベクトル

$A(x_1,\ y_1)$，$B(x_2,\ y_2)$ のとき

$$\overrightarrow{AB}=(x_2-x_1,\ y_2-y_1)$$

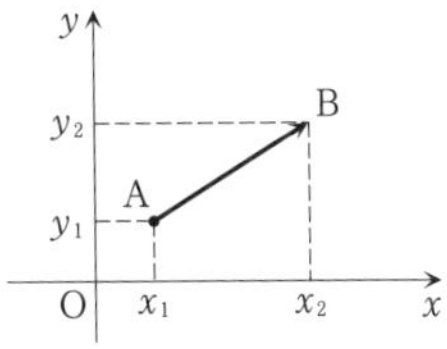

一方，$\alpha=x_1+y_1 i$，$\beta=x_2+y_2 i$ のとき

$$\beta-\alpha=(x_2-x_1)+(y_2-y_1)i$$

すなわち，2点A，Bを表す複素数をα，βとするとき，次の対応が成り立つ。

$$\overrightarrow{AB} \iff \beta-\alpha$$

したがって，平面ベクトルで表された内容は複素数へ，複素数で表された内容は平面ベクトルへと**翻訳**できる。

【翻訳例（その1）】 $A(\alpha)$，$B(\beta)$，$C(\gamma)$，$D(\delta)$，$P(z)$ とする。

① $\overrightarrow{AB}=\overrightarrow{CD} \iff \beta-\alpha=\delta-\gamma$

② $\overrightarrow{OP}=\dfrac{n\overrightarrow{OA}+m\overrightarrow{OB}}{m+n} \iff z=\dfrac{n\alpha+m\beta}{m+n}$

③ $\overrightarrow{AC}=k\overrightarrow{AB} \iff \gamma-\alpha=k(\beta-\alpha)$

④ $|\overrightarrow{OP}-\overrightarrow{OA}|=r \iff |z-\alpha|=r$

14. 5 複素数の拡大と回転

まず，次の公式が成り立つ。

［公式］ $z_1=r_1(\cos\theta_1+i\sin\theta_1)$，$z_2=r_2(\cos\theta_2+i\sin\theta_2)$ のとき

① $z_1\cdot z_2=r_1r_2\{\cos(\theta_1+\theta_2)+i\sin(\theta_1+\theta_2)\}$

すなわち，$|z_1\cdot z_2|=|z_1|\cdot|z_2|$，$\arg(z_1\cdot z_2)=\arg z_1+\arg z_2$

② $\dfrac{z_1}{z_2}=\dfrac{r_1}{r_2}\{\cos(\theta_1-\theta_2)+i\sin(\theta_1-\theta_2)\}$

すなわち，$\left|\dfrac{z_1}{z_2}\right|=\dfrac{|z_1|}{|z_2|}$，$\arg\left(\dfrac{z_1}{z_2}\right)=\arg z_1-\arg z_2$

上の公式より次のことが分かる。

$$\text{複素数}\alpha\text{をかける} \iff \begin{cases}|\alpha|\text{倍}\\ \arg\alpha\ \text{回転}\end{cases}$$

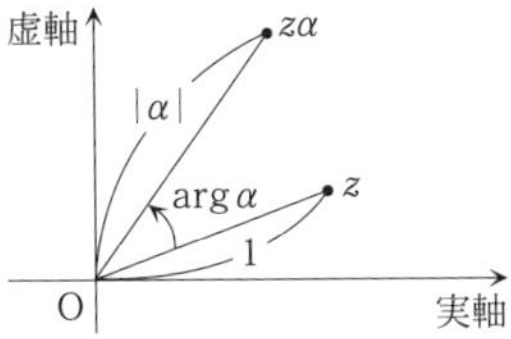

次の翻訳は大切である。

【翻訳例（その2）】

$$\overrightarrow{AC}\text{は}\overrightarrow{AB}\text{を}\begin{cases}r\text{倍}\\ \theta\text{回転}\end{cases}\text{したもの}$$

$$\iff \gamma-\alpha=(\beta-\alpha)\times r(\cos\theta+i\sin\theta)$$

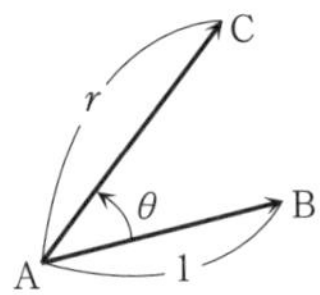

例題 14 － 1（極形式）

複素数 $z_1=1+i$, $z_2=1-\sqrt{3}\,i$, $z_3=-3+3i$ について，$\dfrac{z_1z_2}{z_3}$ の絶対値および偏角を求めよ。

解 説　複素数の極形式について，次の公式が成り立つ。

［公式］　$z_1=r_1(\cos\theta_1+i\sin\theta_1)$，$z_2=r_2(\cos\theta_2+i\sin\theta_2)$ のとき

① $z_1\cdot z_2=r_1r_2\{\cos(\theta_1+\theta_2)+i\sin(\theta_1+\theta_2)\}$

すなわち，$|z_1\cdot z_2|=|z_1|\cdot|z_2|$，$\arg(z_1\cdot z_2)=\arg z_1+\arg z_2$

② $\dfrac{z_1}{z_2}=\dfrac{r_1}{r_2}\{\cos(\theta_1-\theta_2)+i\sin(\theta_1-\theta_2)\}$

すなわち，$\left|\dfrac{z_1}{z_2}\right|=\dfrac{|z_1|}{|z_2|}$，$\arg\left(\dfrac{z_1}{z_2}\right)=\arg z_1-\arg z_2$

解 答　各複素数 z_1，z_2，z_3 を極形式で表すと次のようになる。

$$z_1=1+i=\sqrt{2}\left(\cos\frac{\pi}{4}+i\sin\frac{\pi}{4}\right),\quad z_2=1-\sqrt{3}\,i=2\left(\cos\frac{5\pi}{3}+i\sin\frac{5\pi}{3}\right)$$

$$z_3=-3+3i=3\sqrt{2}\left(\cos\frac{3\pi}{4}+i\sin\frac{3\pi}{4}\right)$$

よって

$$z_1z_2=\sqrt{2}\cdot2\left\{\cos\left(\frac{\pi}{4}+\frac{5\pi}{3}\right)+i\sin\left(\frac{\pi}{4}+\frac{5\pi}{3}\right)\right\}$$

$$=2\sqrt{2}\left(\cos\frac{23\pi}{12}+i\sin\frac{23\pi}{12}\right)$$

であり

$$\frac{z_1z_2}{z_3}=\frac{2\sqrt{2}}{3\sqrt{2}}\left\{\cos\left(\frac{23\pi}{12}-\frac{3\pi}{4}\right)+i\sin\left(\frac{23\pi}{12}-\frac{3\pi}{4}\right)\right\}$$

$$=\frac{2}{3}\left(\cos\frac{7\pi}{6}+i\sin\frac{7\pi}{6}\right)$$

したがって，$\dfrac{z_1z_2}{z_3}$ について，絶対値は $\dfrac{2}{3}$，偏角は $\dfrac{7\pi}{6}$　……〔答〕

類題 14 － 1　解答は p. 235

(1)　$z_1=1-\sqrt{3}\,i$，$z_2=\sqrt{3}+i$ とするとき，積 z_1z_2 の絶対値と偏角を求めよ。

(2)　$z_1=1+\sqrt{3}\,i$，$z_2=1+i$ とするとき，商 $\dfrac{z_1}{z_2}$ の絶対値と偏角を求めよ。

例題 14 − 2（ド・モアブルの定理）

(1) $\left(\dfrac{1+i}{\sqrt{3}+i}\right)^{12}$ を計算せよ。

(2) $(\sqrt{3}+i)^n$ が実数となる最小の自然数 n およびその実数を求めよ。

解説 次のド・モアブルの定理は複素数の計算で頻繁に用いる。

[公式]（ド・モアブルの定理）

$$(\cos\theta+i\sin\theta)^n=\cos n\theta+i\sin n\theta \quad \text{（ただし，}n\text{ は整数）}$$

解答 (1) $1+i=\sqrt{2}\left(\cos\dfrac{\pi}{4}+i\sin\dfrac{\pi}{4}\right)$，$\sqrt{3}+i=2\left(\cos\dfrac{\pi}{6}+i\sin\dfrac{\pi}{6}\right)$ より

$$\frac{1+i}{\sqrt{3}+i}=\frac{\sqrt{2}}{2}\left\{\cos\left(\frac{\pi}{4}-\frac{\pi}{6}\right)+i\sin\left(\frac{\pi}{4}-\frac{\pi}{6}\right)\right\}=\frac{1}{\sqrt{2}}\left(\cos\frac{\pi}{12}+i\sin\frac{\pi}{12}\right)$$

よって

$$\left(\frac{1+i}{\sqrt{3}+i}\right)^{12}=\left(\frac{1}{\sqrt{2}}\right)^{12}\left(\cos\frac{\pi}{12}+i\sin\frac{\pi}{12}\right)^{12}$$

$$=\left(\frac{1}{2}\right)^{6}(\cos\pi+i\sin\pi)=-\frac{1}{64} \quad \cdots\cdots〔答〕$$

(2) $\sqrt{3}+i=2\left(\cos\dfrac{\pi}{6}+i\sin\dfrac{\pi}{6}\right)$ であるから

$$(\sqrt{3}+i)^n=2^n\left(\cos\frac{\pi}{6}+i\sin\frac{\pi}{6}\right)^n=2^n\left(\cos\frac{n\pi}{6}+i\sin\frac{n\pi}{6}\right)$$

よって，これが実数となるための条件は

$$\sin\frac{n\pi}{6}=0 \qquad \therefore \quad \frac{n\pi}{6}=k\pi \quad (k=1,\ 2,\ 3,\ \cdots)$$

すなわち，$n=6k$　$(k=1,\ 2,\ 3,\ \cdots)$

したがって，$(\sqrt{3}+i)^n$ が実数となる最小の自然数は

$n=6$　……〔答〕

このとき，$(\sqrt{3}+i)^6=2^6(\cos\pi+i\sin\pi)=-64$　……〔答〕

類題 14 − 2 解答は p. 235

(1) $\left(\dfrac{\sqrt{3}+i}{1+\sqrt{3}\,i}\right)^{9}$ を計算せよ。

(2) $(\sqrt{3}-i)^n$ が純虚数（実部が 0 の虚数）となる最小の自然数 n およびその純虚数を求めよ。

例題 14 − 3（方程式 $z^n=\alpha$）

方程式 $z^3=-8$ を解け。また，その解を複素数平面上に図示せよ。

解説　方程式 $z^n=\alpha$ においても，ド・モアブルの定理は有用である。

解答　求める解を極形式で

$$z=r(\cos\theta+i\sin\theta)\quad ただし，r>0,\ 0\leqq\theta<2\pi$$

と表す。

ド・モアブルの定理より

$$z^3=r^3(\cos\theta+i\sin\theta)^3$$

$$=r^3(\cos 3\theta+i\sin 3\theta)$$ ⬅ **絶対値は r^3，偏角は 3θ**

一方

$$-8=8(\cos\pi+i\sin\pi)$$ ⬅ **絶対値は 8，偏角は π**

よって，$z^3=-8$ とすると

$$\begin{cases} r^3=8 & \cdots\cdots① \\ 3\theta=\pi+2n\pi\ (n\ は整数) & \cdots\cdots② \end{cases}$$

⬅ **絶対値が等しい**　⬅ **偏角が「等しい」！**

①より，$r=2$　（∵　$r>0$）

②より，$\theta=\dfrac{\pi}{3}+\dfrac{2n\pi}{3}$

$$=\frac{\pi}{3},\ \pi,\ \frac{5\pi}{3}\quad (∵\ 0\leqq\theta<2\pi)$$

よって，求める解は

$$\left.\begin{aligned} z=&2\left(\cos\frac{\pi}{3}+i\sin\frac{\pi}{3}\right), \\ &2(\cos\pi+i\sin\pi), \\ &2\left(\cos\frac{5\pi}{3}+i\sin\frac{5\pi}{3}\right) \end{aligned}\right\}$$

$$=1+\sqrt{3}i,\ -2,\ 1-\sqrt{3}i\quad \cdots\cdots〔答〕$$

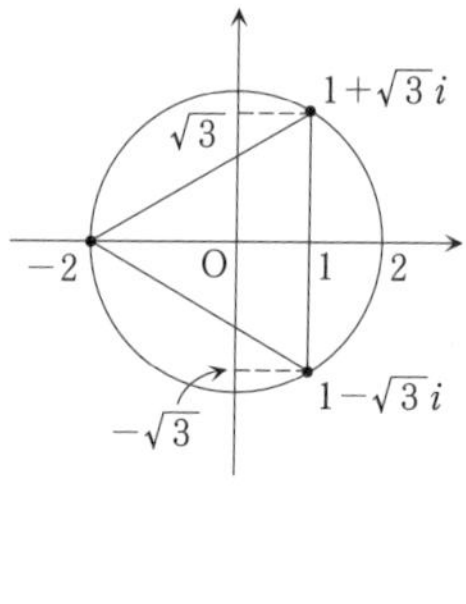

これら3つの解を複素数平面上に図示すると右のようになる。

類題 14 − 3　解答は p. 235

方程式 $z^4=-\dfrac{1}{2}-\dfrac{\sqrt{3}}{2}i$ を解け。また，その解を複素数平面上に図示せよ。

例題 14 − 4（共役複素数）

z を複素数とするとき，$|z|=1$ ならば $\dfrac{z}{1+z^2}$ は実数であることを証明せよ。ただし，$z \fallingdotseq \pm i$ とする。

解説 複素数 $z=x+yi$ に対して，$x-yi$ を z の**共役複素数**といい，$\bar{z}$ と表す。まず，次の基本性質が成り立つ。

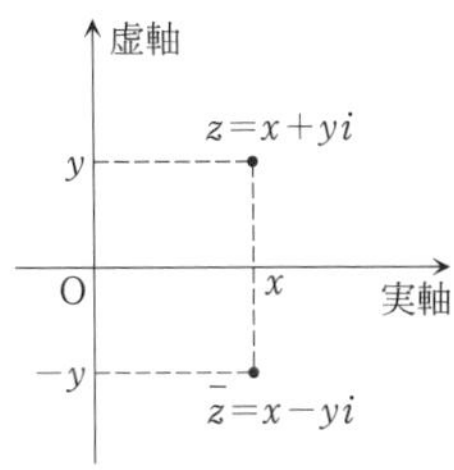

［公式］ 複素数 α, β に対して

① $\overline{\alpha+\beta}=\bar{\alpha}+\bar{\beta}$ ② $\overline{\alpha-\beta}=\bar{\alpha}-\bar{\beta}$

③ $\overline{\alpha\cdot\beta}=\bar{\alpha}\cdot\bar{\beta}$ ④ $\overline{\left(\dfrac{\alpha}{\beta}\right)}=\dfrac{\bar{\alpha}}{\bar{\beta}}$

さらに，次の重要公式が成り立つ。

［公式］ $z\cdot\bar{z}=|z|^2$

明らかに次が成り立つ。

［公式］

① z が実数 $\Longleftrightarrow$ $\bar{z}=z$

② z が純虚数 $\Longleftrightarrow$ $\bar{z}=-z$ （ただし，$z \fallingdotseq 0$）

（注） **純虚数**とは $z=yi$ の形の虚数のこと。

解答 $|z|=1$ より，$|z|^2=1$ $\quad\therefore\quad z\bar{z}=1$ ……①

$$\overline{\left(\frac{z}{1+z^2}\right)}=\frac{\bar{z}}{1+(\bar{z})^2}$$

$$=\frac{\dfrac{1}{z}}{1+\left(\dfrac{1}{z}\right)^2}\quad\left(\because\ \text{①より，}\bar{z}=\frac{1}{z}\right)$$

$$=\frac{z}{z^2+1}\quad\text{（分子・分母に }z^2\text{ をかけた。）}$$

$\therefore\ \overline{\left(\dfrac{z}{1+z^2}\right)}=\dfrac{z}{1+z^2}$ すなわち，$\dfrac{z}{1+z^2}$ は実数である。

類題 14 − 4

解答は p. 236

$\dfrac{z+1}{z^2}$ が実数値で，かつ $|z|=1$ となる複素数 z をすべて求めよ。

例題 14 − 5（複素数と図形①）

座標平面上に図のような長方形 OABC がある。O(0. 0), A($\sqrt{3}$, 1) であるとき，点 B, C の座標を求めよ。

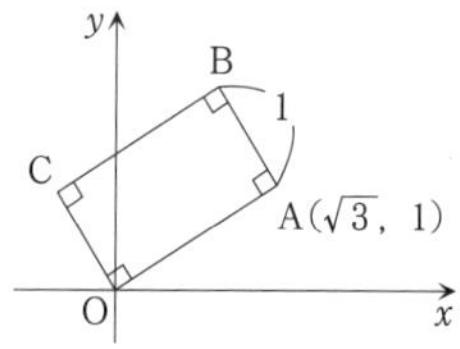

解説　2 点 A, B を表す複素数を α, β とするとき，次の対応が成り立つ。

$$\overrightarrow{AB} \iff \beta-\alpha$$

したがって，平面ベクトルで表された内容は複素数へ，複素数で表された内容は平面ベクトルへと**翻訳**できる。特に，次の翻訳は大切である。

$\overrightarrow{AC}$ は $\overrightarrow{AB}$ を r 倍し，θ だけ回転したもの

$\iff$　$\gamma-\alpha=(\beta-\alpha)\times r(\cos\theta+i\sin\theta)$

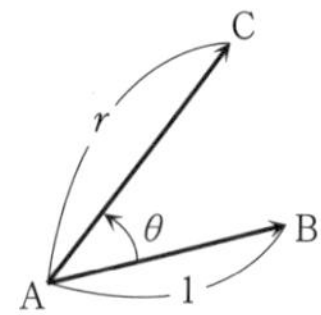

解答　複素数平面で考える。

A, B, C を表す複素数をそれぞれ α, β, γ とする。

このとき，$\alpha=\sqrt{3}+i$ である。

$\overrightarrow{OC}$ は $\overrightarrow{OA}$ を $\frac{1}{2}$ 倍し，$\frac{\pi}{2}$ だけ回転したもの

であるから

$$\gamma=\alpha\times\frac{1}{2}\left(\cos\frac{\pi}{2}+i\sin\frac{\pi}{2}\right)$$

$$=(\sqrt{3}+i)\times\frac{1}{2}i=-\frac{1}{2}+\frac{\sqrt{3}}{2}i$$

また，$\overrightarrow{OB}=\overrightarrow{OA}+\overrightarrow{OC}$ であるから

$$\beta=\alpha+\gamma$$

$$=(\sqrt{3}+i)+\left(-\frac{1}{2}+\frac{\sqrt{3}}{2}i\right)=\left(\sqrt{3}-\frac{1}{2}\right)+\left(1+\frac{\sqrt{3}}{2}\right)i$$

以上より，座標平面における点 B, C の座標は

$$\mathrm{B}\left(\sqrt{3}-\frac{1}{2},\ 1+\frac{\sqrt{3}}{2}\right),\ \mathrm{C}\left(-\frac{1}{2},\ \frac{\sqrt{3}}{2}\right)$$　……〔答〕

類題 14 − 5

解答は p. 236

複素数平面において，点 $3-i$ を点 $1+2i$ のまわりに $\frac{\pi}{3}$ だけ回転した点を求めよ。

例題 14 − 6（複素数と図形②）

(1)　α, β は 0 と異なる複素数で，$\beta^2-2\alpha\beta+4\alpha^2=0$ を満たすとする。このとき，3 点 O(0)，A(α)，B(β) を頂点とする三角形はどのような形か。

(2)　$\alpha=i$, $\beta=-3i$, $\gamma=\sqrt{3}-2i$ を表す複素数平面上の点をそれぞれ A, B, C とするとき，∠ABC の大きさを求めよ。

解説　今度は例題14−5とは反対に，与えられた複素数の関係式をベクトルの言葉に翻訳して，その図形的な内容を読み取ってみよう。

解答　(1)　$\beta^2-2\alpha\beta+4\alpha^2=0$ より，$\left(\dfrac{\beta}{\alpha}\right)^2-2\dfrac{\beta}{\alpha}+4=0$

$$\therefore\quad \frac{\beta}{\alpha}=1\pm\sqrt{3}\,i=2\left\{\cos\left(\pm\frac{\pi}{3}\right)+i\sin\left(\pm\frac{\pi}{3}\right)\right\}$$

すなわち，$\beta=\alpha\times2\left\{\cos\left(\pm\dfrac{\pi}{3}\right)+i\sin\left(\pm\dfrac{\pi}{3}\right)\right\}$

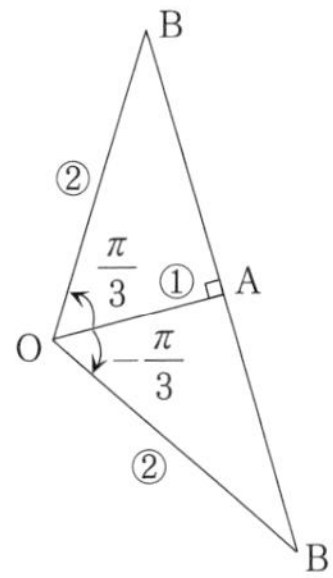

よって，$\overrightarrow{OB}$ は $\overrightarrow{OA}$ を 2 倍し，$\pm\dfrac{\pi}{3}$ 回転したもの。

したがって，△OAB は

$\angle AOB=\dfrac{\pi}{3}$，$\angle OAB=\dfrac{\pi}{2}$ の直角三角形　……〔**答**〕

(2)　$\gamma-\beta=\sqrt{3}+i$, $\alpha-\beta=4i$ より

$$\frac{\gamma-\beta}{\alpha-\beta}=\frac{\sqrt{3}+i}{4i}=\frac{1}{2}\left(\frac{1}{2}-\frac{\sqrt{3}}{2}i\right)=\frac{1}{2}\left\{\cos\left(-\frac{\pi}{3}\right)+i\sin\left(-\frac{\pi}{3}\right)\right\}$$

$$\therefore\quad \gamma-\beta=(\alpha-\beta)\times\frac{1}{2}\left\{\cos\left(-\frac{\pi}{3}\right)+i\sin\left(-\frac{\pi}{3}\right)\right\}$$

よって　$\overrightarrow{BC}$ は $\overrightarrow{BA}$ を $\dfrac{1}{2}$ 倍し，$-\dfrac{\pi}{3}$ だけ回転したもの。

したがって，$\angle ABC=\dfrac{\pi}{3}$　……〔**答**〕

類題 14 − 6

解答は p. 236

(1)　異なる 3 つの複素数 α, β, γ が $(-2+\sqrt{3})\beta+2\gamma-\sqrt{3}\,\alpha=i(\alpha-\beta)$ を満たすとき，A(α)，B(β)，C(γ) を頂点とする三角形はどのような形か。

(2)　3 つの異なる複素数 α, β, γ が $\alpha^2+\beta^2+\gamma^2-\alpha\beta-\beta\gamma-\gamma\alpha=0$ を満たすとき，A(α)，B(β)，C(γ) を頂点とする三角形はどのような形か。

例題 14 − 7（複素数と図形③）

複素数平面において，複素数 z が $z\bar{z}+iz-i\bar{z}=0$ を満たして動くとき，z はどのような図形を描くか。

解説　複素数平面における円の方程式について考えてみる。
中心が $\mathrm{A}(\alpha)$，半径が r である円上の任意の点を $\mathrm{P}(z)$ とすると

$$|\overrightarrow{\mathrm{AP}}|=r \qquad \therefore \quad |z-\alpha|=r$$

このように，図形の方程式を複素数でも表現することができる。ただし，円以外の図形については複素数による表現はあまりきれいな式にならない。

解答　いくつかの解法が考えられる。

（解法１）　$z\bar{z}+iz-i\bar{z}=0$ より

$(z-i)\bar{z}+iz=0$　⬅ **$\bar{z}$ で整理する**

$\therefore \quad (z-i)(\bar{z}+i)+i^2=0$

$(z-i)\overline{(z-i)}-1=0$　⬅ **$z-i$ に $\overline{(z-i)}$ がかかる形にする**

$\therefore \quad |z-i|^2-1=0$　⬅ **$\alpha\bar{\alpha}=|\alpha|^2$**

$\therefore \quad |z-i|=1$

すなわち，点 i を中心とする半径１の円を描く。……〔答〕

（解法２）　$z=x+yi$ とおくと，$z\bar{z}+iz-i\bar{z}=0$ より

$(x+yi)(x-yi)+i(x+yi)-i(x-yi)=0$

$\therefore \quad x^2+y^2-2y=0$　⬅ **普通の図形の方程式になる！**

$x^2+(y-1)^2=1$

これは座標平面において

点 (0, 1) を中心とする半径１の円を描く。

したがって，複素数平面において

点 i を中心とする半径１の円を描く。……〔答〕

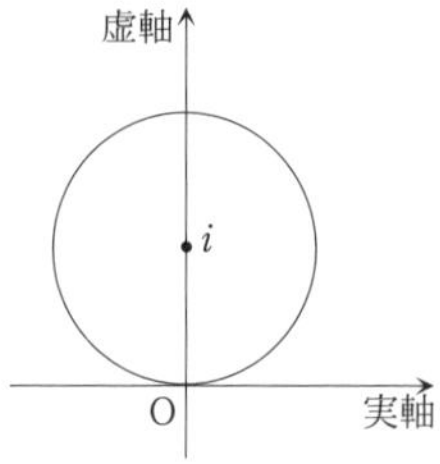

類題 14 − 7

解答は p. 237

(1)　複素数平面において，複素数 z が $|2z-3|=|z+3i|$ を満たして動くとき，z はどのような図形を描くか。

(2)　複素数平面において，複素数 z が $(2-i)z+(2+i)\bar{z}+3=0$ を満たして動くとき，z は直線を描くことを示せ。

(3)　複素数平面において，$z+\dfrac{2}{z}$ が実数となるとき，点 z はどのような図形を描くか。

集中ゼミ 4　必要条件・十分条件

命題 $p \to q$（p ならば q）において

　p を，q であるための，**十分条件**

　q を，p であるための，**必要条件**

という。

（注）　条件 p，q を満たすもの全体をそれぞれ P，Q とする。

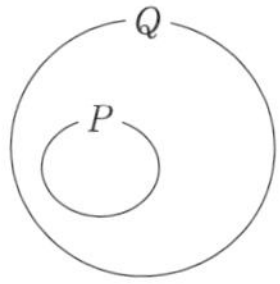

命題 $p \to q$ が成り立つ。$\Longleftrightarrow$　$P \subset Q$

［例題］　次の空欄には下記の①～④のいずれが入るか。

(1)　$xy=1$ は，$x=y=1$ であるための（　　　）。

(2)　$x+y>0$ かつ $xy>0$ は，$x>0$ かつ $y>0$ であるための（　　　）。

(3)　$x+y>2$ かつ $xy>1$ は，$x>1$ かつ $y>1$ であるための（　　　）。

(4)　$x^2+y^2<1$ は，$|x|<1$ かつ $|y|<1$ であるための（　　　）。

　①　必要条件であるが，十分条件ではない

　②　十分条件であるが，必要条件ではない

　③　必要十分条件である

　④　必要条件でも十分条件でもない

（解）　右向き矢印→，左向き矢印←の○×チェックをすればよい。

(1)　$xy=1 \underset{\bigcirc}{\overset{\times}{\rightleftarrows}} x=y=1$　　よって，①

(2)　$x+y>0$ かつ $xy>0 \underset{\bigcirc}{\overset{\bigcirc}{\rightleftarrows}} x>0$ かつ $y>0$

　よって，③

(3)　$x+y>2$ かつ $xy>1 \underset{\bigcirc}{\overset{\times}{\rightleftarrows}} x>1$ かつ $y>1$

　よって，①

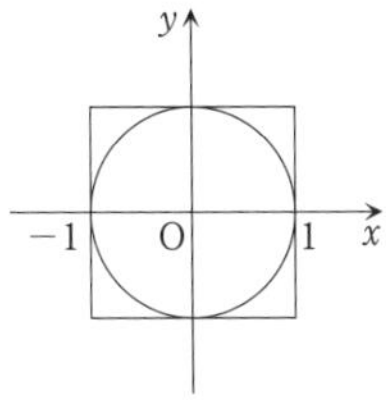

(4)　$x^2+y^2<1 \underset{\times}{\overset{\bigcirc}{\rightleftarrows}} |x|<1$ かつ $|y|<1$

　よって，②

練習問題　解答は p. 280

次の空欄には上記の①～④のいずれが入るか。

(1)　$x=2$ は，$x^2=2x$ であるための（　　　）。

(2)　$x>0$ は，$x \fallingdotseq 1$ であるための（　　　）。

(3)　面積が等しいことは，合同であるための（　　　）。

総合演習③　ベクトル・複素数

解答は p. 262〜266

●ベクトル

1　正六角形 ABCDEF において，$\overrightarrow{AB}=\vec{a}$，$\overrightarrow{AF}=\vec{b}$ とし，辺 CD の中点を P，辺 DE の中点を Q とする。以下の問いに答えよ。

(1)　$\overrightarrow{AP}$，$\overrightarrow{AQ}$ を $\vec{a}$，$\vec{b}$ で表せ。

(2)　線分 CQ と線分 FP の交点を R とするとき，$\overrightarrow{AR}$ を $\vec{a}$，$\vec{b}$ で表せ。

(3)　線分 AR と対角線 CF の交点を S とするとき，CS：SF を求めよ。

2　空間ベクトル $\boldsymbol{m}=(1,\ -3,\ 1)$ と $\boldsymbol{n}=(3,\ 2,\ -2)$ について，以下の問いに答えよ。

(1)　$\boldsymbol{m}$ と $\boldsymbol{n}$ のなす角 θ の余弦 $\cos\theta$ の値を求めよ。

(2)　$\boldsymbol{m}$ と $\boldsymbol{n}$ を隣り合う 2 辺とする平行四辺形の面積を求めよ。

(3)　点 A(1, 4, 0) を通り，$\boldsymbol{m}$ と $\boldsymbol{n}$ に平行な平面の方程式を求めよ。

3　四面体 OABC において，線分 AB の中点を P，線分 CP を 1：2 の比に内分する点を Q，線分 OQ を 1：2 の比に内分する点を R とする。また，3 点 O，B，C を通る平面と直線 AR の交点を S，直線 OS と直線 BC の交点を T とする。

(1)　$\overrightarrow{OA}=\vec{a}$，$\overrightarrow{OB}=\vec{b}$，$\overrightarrow{OC}=\vec{c}$ とするとき，$\overrightarrow{OS}$ を $\vec{a}$，$\vec{b}$，$\vec{c}$ を用いて表せ。

(2)　四面体 OABC の体積 V_1 と，四面体 PQST の体積 V_2 の比 V_1：V_2 を求めよ。

4　空間の 4 点 O(0, 0, 0)，A(1, 2, −1)，B(1, 2, 1)，C(1, 1, 1) を考える。2 点 O，A を通る直線を l，3 点 O，A，B を通る平面を π とするとき，以下の問いに答えよ。

(1)　点 B から直線 l へ下ろした垂線の足を P とする。

$$\boldsymbol{e}_1=\frac{\overrightarrow{OA}}{|\overrightarrow{OA}|}\ \text{および}\ \boldsymbol{e}_2=\frac{\overrightarrow{PB}}{|\overrightarrow{PB}|}$$

をそれぞれ求めよ。

(2)　点 C から平面 π へ下ろした垂線の足を Q とする。

$$\overrightarrow{OQ}=\alpha\boldsymbol{e}_1+\beta\boldsymbol{e}_2$$

が成り立つ実数 α と β を求めよ。また，点 Q の座標を求めよ。

●複素数

5 方程式 $x^3-1=0$ の解を α, β, γ とするとき

$$\frac{1}{\alpha^n\beta^n}+\frac{1}{\beta^n\gamma^n}+\frac{1}{\gamma^n\alpha^n}$$

の値を求めよ。ただし，n は自然数とする。

6 a を実数，z を 0 でない複素数とする。

(1) $z+1-\dfrac{a}{z}=0$ を満たす z を求めよ。

(2) $\bar{z}+1-\dfrac{a}{z}=0$ を満たす z が存在するような a の範囲を求めよ。

(3) $z(\bar{z})^2+\bar{z}-\dfrac{a}{z}=0$ を満たす z が存在するような a の範囲を求めよ。

7 複素数 z に関する方程式

$$z^4+(1-a^2)|z|^4-a^2\bar{z}^4=0 \quad \cdots\cdots(*)$$

について，以下の問いに答えよ。ただし，a は ±1 以外の実数とする。

(1) 恒等式 $|z|^2=z\bar{z}$ が成り立つことを示せ。

(2) 方程式（$*$）の解を $z=x+iy$（x, y は実数）と表すとき，x と y が満たす関係式を求めよ。

(3) 方程式（$*$）の $z=0$ 以外の解のうち，任意の 2 つの解を z_1, z_2 とするとき，$\arg(z_2)-\arg(z_1)$ がとり得る値を $-\pi\leqq\arg(z_2)-\arg(z_1)<\pi$ の範囲ですべて求めよ。

(4) $\dfrac{z_2}{z_1}$ は実数または純虚数となることを示せ。

8 以下の問いに答えよ。ただし，u, v, w は複素数である。

(1) 方程式 $|u+2|=2|u-1|$ を満たす u が描く図形を複素平面上に図示せよ。

(2) 方程式 $|u|=2$ を満たす u を $v=u+\dfrac{1}{4u}$ により変数変換する。このとき，v が描く図形を複素平面上に図示せよ。

(3) 方程式 $|u+2|=2|u-1|$ を満たす u を $w=i\cdot\dfrac{4u^2-16u+17}{4u-8}$ により変数変換する。このとき，w が描く図形を複素平面上に図示せよ。

第15章

空間図形の方程式

要　項

15. 1　直線の方程式

点 $A(x_0,\ y_0,\ z_0)$ を通り，$\vec{l}=(a,\ b,\ c)$ に平行な直線を l とする。直線 l 上の任意の点を $P(x,\ y,\ z)$ とすると

$$\overrightarrow{OP}=\overrightarrow{OA}+t\vec{l} \qquad \therefore \begin{pmatrix} x \\ y \\ z \end{pmatrix}=\begin{pmatrix} x_0 \\ y_0 \\ z_0 \end{pmatrix}+t\begin{pmatrix} a \\ b \\ c \end{pmatrix}$$

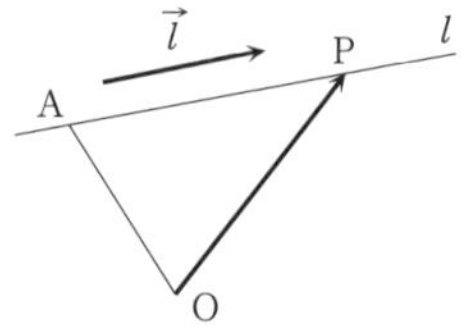

この式から t を消去すると

$$\frac{x-x_0}{a}=\frac{y-y_0}{b}=\frac{z-z_0}{c}$$ （ただし，分母が 0 のときは分子も 0 と約束）

$\vec{l}=(a,\ b,\ c)$ を直線 l の**方向ベクトル**という。

15. 2　平面の方程式

点 $A(x_0,\ y_0,\ z_0)$ を通り，$\vec{n}=(a,\ b,\ c)$ に垂直な平面を π とする。平面 π 上の任意の点を $P(x,\ y,\ z)$ とすると

$$\vec{n}\cdot\overrightarrow{AP}=0$$

$$\therefore \quad a(x-x_0)+b(y-y_0)+c(z-z_0)=0$$

$$\therefore \quad ax+by+cz+d=0$$

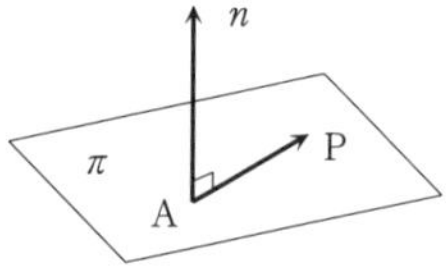

$\vec{n}=(a,\ b,\ c)$ を平面 π の**法線ベクトル**という。

［公式］（点と平面の距離の公式）

点 $(x_1,\ y_1,\ z_1)$ と平面 $ax+by+cz+d=0$ との距離は次で与えられる。

$$\frac{|ax_1+by_1+cz_1+d|}{\sqrt{a^2+b^2+c^2}}$$

15. 3　球面の方程式

中心が点 $A(x_0,\ y_0,\ z_0)$，半径 r の球面の方程式は

$$(x-x_0)^2+(y-y_0)^2+(z-z_0)^2=r^2$$

例題 15 − 1（直線の方程式）

次の直線の方程式を求めよ。

(1) 点 A(1, −2, 3) を通り，$\vec{l}=(2,\ -1,\ 3)$ に平行な直線 l

(2) 点 B(0, 1, −1) を通り，$\vec{m}=(1,\ 0,\ -2)$ に平行な直線 m

(3) 点 C(−2, 3, 1) を通り，$\vec{n}=(0,\ 1,\ 0)$ に平行な直線 n

解説 空間における直線の方程式は次のようにいろいろな形で表される。
点 $A(x_0,\ y_0,\ z_0)$ を通り，$\vec{l}=(a,\ b,\ c)$ を方向ベクトルとする直線 l 上の任意の点を $P(x,\ y,\ z)$ とするとき

① $\overrightarrow{OP}=\overrightarrow{OA}+t\vec{l}$

② $\begin{pmatrix} x \\ y \\ z \end{pmatrix}=\begin{pmatrix} x_0 \\ y_0 \\ z_0 \end{pmatrix}+t\begin{pmatrix} a \\ b \\ c \end{pmatrix}$ あるいは $\begin{cases} x=x_0+at \\ y=y_0+bt \\ z=z_0+ct \end{cases}$

③ $\dfrac{x-x_0}{a}=\dfrac{y-y_0}{b}=\dfrac{z-z_0}{c}$ （ただし，分母が 0 のとき分子も 0 と約束）

解答 まず，直線のベクトル方程式を確認する。

(1) 直線 l 上の任意の点を $P(x,\ y,\ z)$ とすると

$\overrightarrow{OP}=\overrightarrow{OA}+t\vec{l}$ ∴ $(x,\ y,\ z)=(1,\ -2,\ 3)+t(2,\ -1,\ 3)$

∴ $\dfrac{x-1}{2}=\dfrac{y+2}{-1}=\dfrac{z-3}{3}$ ……〔答〕

(2) 直線 m 上の任意の点を $Q(x,\ y,\ z)$ とすると

$\overrightarrow{OQ}=\overrightarrow{OB}+t\vec{m}$ ∴ $(x,\ y,\ z)=(0,\ 1,\ -1)+t(1,\ 0,\ -2)$

∴ $x=\dfrac{z+1}{-2}$，$y=1$ ……〔答〕

(3) 直線 n 上の任意の点を $R(x,\ y,\ z)$ とすると

$\overrightarrow{OR}=\overrightarrow{OC}+t\vec{n}$ ∴ $(x,\ y,\ z)=(-2,\ 3,\ 1)+t(0,\ 1,\ 0)$

∴ $x=-2$，$z=1$ ……〔答〕

類題 15 − 1

解答は p. 237

次の直線の方程式を求めよ。

(1) 点 A(1, 2, −3) を通り，$\vec{l}=(3,\ -2,\ 4)$ に平行な直線 l

(2) 2 点 A(2, 3, 1)，B(0, 3, 3) を通る直線 m

例題 15－2（平面の方程式）

次の平面の方程式を求めよ。

(1)　点 A(0, 1, −3) を通り，$\vec{n}=(1,\ 2,\ -1)$ に垂直な平面 α

(2)　3点 A(−2, 1, 0)，B(1, 2, 0)，C(2, 3, 1) を通る平面 β

解説　点 $A(x_0,\ y_0,\ z_0)$ を通り，$\vec{n}=(a,\ b,\ c)$ に垂直な平面を π とする。平面 π 上の任意の点を $P(x,\ y,\ z)$ とすると，$\vec{n}\cdot\overrightarrow{AP}=0$

$\therefore\ \ a(x-x_0)+b(y-y_0)+c(z-z_0)=0$

簡単な形に整理すれば，$ax+by+cz+d=0$

$\vec{n}=(a,\ b,\ c)$ を平面 π の**法線ベクトル**という。

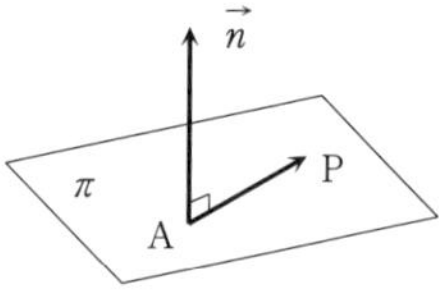

解答　(1)　平面 α の方程式は

$1\cdot(x-0)+2\cdot(y-1)+(-1)\cdot(z+3)=0$

$\therefore\ \ x+2y-z-5=0$　……〔答〕

(2)　平面 β の方程式を $ax+by+cz+d=0$ とおく。

ただし，これが平面を表すことから，$(a,\ b,\ c)\neq(0,\ 0,\ 0)$

点 A(−2, 1, 0) を通るから，$-2a+b+d=0$　……①

点 B(1, 2, 0) を通るから，$a+2b+d=0$　……②

点 C(2, 3, 1) を通るから，$2a+3b+c+d=0$　……③

①〜③より，$b=-3a,\ c=2a,\ d=5a$

よって，平面 β の方程式は，$ax-3ay+2az+5a=0$

ここで，$(a,\ b,\ c)=(a,\ -3a,\ 2a)\neq(0,\ 0,\ 0)$ より，$a\neq0$

$\therefore\ \ x-3y+2z+5=0$　……〔答〕

別解　ベクトルの“外積”（ワンポイント解説参照）を利用してもよい。

法線ベクトルは　$\vec{n}=\overrightarrow{AB}\times\overrightarrow{AC}=\begin{pmatrix}3\\1\\0\end{pmatrix}\times\begin{pmatrix}4\\2\\1\end{pmatrix}=\begin{pmatrix}1\\-3\\2\end{pmatrix}$

よって，平面 β の方程式は　$1\cdot(x+2)+(-3)\cdot(y-1)+2\cdot(z-0)=0$

$\therefore\ \ x-3y+2z+5=0$　……〔答〕

類題 15－2

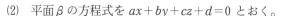

解答は p. 237

次の平面の方程式を求めよ。

(1)　点 A(1, 2, 3) を通り，$\vec{n}=(3,\ 2,\ 4)$ に垂直な平面 α

(2)　3点 A(1, 2, 0)，B(3, 0, 4)，C(0, 1, 1) を通る平面 β

例題 15 − 3（直線と平面）

直線 $x-1=y=\dfrac{z+1}{2}$ と平面 $x+y+z-4=0$ との交点 P の座標を求めよ。

解説 空間における直線，平面をその方程式を利用して考察する。直線の方程式は媒介変数表示に戻して使うことに注意しよう。

$$\frac{x-x_0}{a}=\frac{y-y_0}{b}=\frac{z-z_0}{c}=t \text{ とおくと}$$

$$x=x_0+at,\ y=y_0+bt,\ z=z_0+ct$$

解答 $x-1=y=\dfrac{z+1}{2}=t$ とおくと　$x=1+t,\ y=t,\ z=-1+2t$

これを平面の方程式 $x+y+z-4=0$ に代入すると

$$(1+t)+t+(-1+2t)-4=0 \quad \therefore\ 4t-4=0 \quad \therefore\ t=1$$

よって，$x=2,\ y=1,\ z=1$

すなわち，求める座標は，P(2, 1, 1)　……〔答〕

類題 15 − 3

解答は p. 238

直線 $x-1=\dfrac{y+1}{4}=\dfrac{z+2}{-1}$ と平面 $2x+2y+z-7=0$ との交点 P の座標を求めよ。

■ワンポイント解説　空間ベクトルの外積

2 つの空間ベクトル $\vec{a}$, $\vec{b}$ の外積 $\vec{a}\times\vec{b}$ とは次のようにして計算される空間ベクトルであり，しばしば便利な概念である。

$$\vec{a}=\begin{pmatrix}a_1\\a_2\\a_3\end{pmatrix},\ \vec{b}=\begin{pmatrix}b_1\\b_2\\b_3\end{pmatrix}$$

に対して

$$\vec{a}\times\vec{b}=\begin{pmatrix}a_2b_3-b_2a_3\\a_3b_1-b_3a_1\\a_1b_2-b_1a_2\end{pmatrix}$$

⬅ 規則性は単純

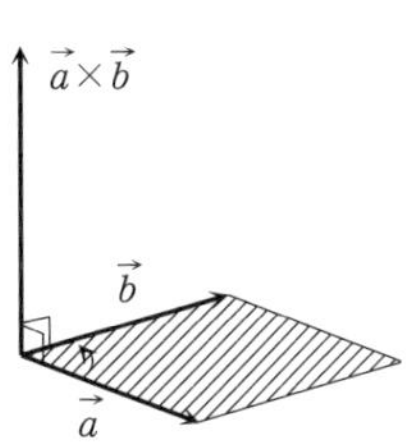

その図形的内容は，図のように右ねじの進む向きで，大きさは $\vec{a}$, $\vec{b}$ でつくられる平行四辺形の面積に等しい。

例題 15 − 4（直線と直線）

次の2つの直線 l, m は交わることを示し，そのなす角を求めよ。

$$l : x+5=\frac{y-3}{-2}=\frac{z-3}{2},\quad m : \frac{x}{3}=\frac{y-3}{4}=\frac{z-2}{-5}$$

解説　直線と直線の関係を調べる。直線の方程式はやはり媒介変数表示に戻して活用する。

解答　まず2つの直線 l, m が交わることを示す。

$l : x+5=\dfrac{y-3}{-2}=\dfrac{z-3}{2}=t$ とおくと

$$x=-5+t,\ y=3-2t,\ z=3+2t$$

すなわち，直線 l 上の点は $P(-5+t,\ 3-2t,\ 3+2t)$ とおける。

$m : \dfrac{x}{3}=\dfrac{y-3}{4}=\dfrac{z-2}{-5}=s$ とおくと

$$x=3s,\ y=3+4s,\ z=2-5s$$

すなわち，直線 m 上の点は $Q(3s,\ 3+4s,\ 2-5s)$ とおける。

そこで，$P=Q$ とすると

$$-5+t=3s,\ 3-2t=3+4s,\ 3+2t=2-5s$$

$t=2$, $s=-1$ がこれを満たす。すなわち，l, m は点 $(-3,\ -1,\ 7)$ で交わる。

次に，2直線 l, m のなす角を求める。

直線 l, m の方向ベクトルはそれぞれ

$$\vec{l}=(1,\ -2,\ 2),\ \vec{m}=(3,\ 4,\ -5)$$

そこで，$\vec{l}$ と $\vec{m}$ のなす角を θ $(0^\circ \leqq \theta \leqq 180^\circ)$ とすると

$$\cos\theta=\frac{\vec{l}\cdot\vec{m}}{|\vec{l}||\vec{m}|}=\frac{3-8-10}{3\cdot5\sqrt{2}}=\frac{-15}{15\sqrt{2}}=-\frac{1}{\sqrt{2}}$$

$\therefore\ \theta=135^\circ$

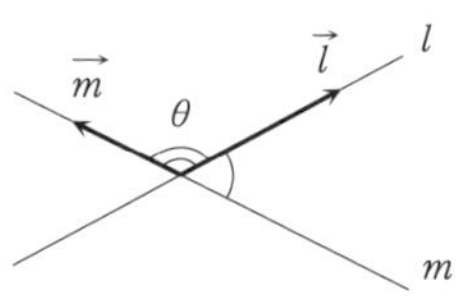

よって，求める2直線のなす角は

$180^\circ-\theta=45^\circ$　……〔答〕

類題 15 − 4　解答は p. 238

次の2つの直線 l, m は交わることを示し，そのなす角を求めよ。

$$l : \frac{x+1}{2}=y-1=\frac{z-1}{2},\quad m : x=1,\ y+1=z$$

例題 15 － 5（平面と平面）

次の 2 つの平面 α, β のなす角および交線の方程式を求めよ。

$\alpha : 2x-y+z=0, \quad \beta : x+y+2z-1=0$

解説 平面と平面の関係を調べる。2 つの平面のなす角はそれぞれの法線ベクトルのなす角を求めれば分かる。

解答 平面 α, β の法線ベクトルはそれぞれ

$\vec{\alpha}=(2,\ -1,\ 1)$, $\vec{\beta}=(1,\ 1,\ 2)$

そこで，$\vec{\alpha}$ と $\vec{\beta}$ のなす角を θ ($0^\circ \leqq \theta \leqq 180^\circ$) とすると

$$\cos\theta=\frac{\vec{\alpha}\cdot\vec{\beta}}{|\vec{\alpha}||\vec{\beta}|}=\frac{2-1+2}{\sqrt{6}\sqrt{6}}=\frac{3}{6}=\frac{1}{2}$$

$\therefore \quad \theta=60^\circ$

よって，求める 2 平面のなす角は

$\theta=60^\circ$ ……〔答〕

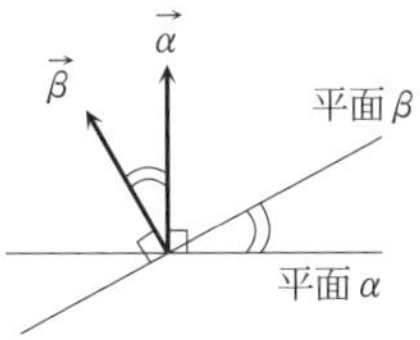

次に交線の方程式を求める。

$\alpha : 2x-y+z=0$ ……①

$\beta : x+y+2z-1=0$ ……②

とおく。

①＋② より，$3x+3z-1=0 \qquad \therefore \quad z=-x+\dfrac{1}{3}$

②×2－① より，$3y+3z-2=0 \qquad \therefore \quad z=-y+\dfrac{2}{3}$

よって，求める交線の方程式は

$$-x+\frac{1}{3}=-y+\frac{2}{3}=z \quad \text{……〔答〕}$$

（注） 一般に直線の方程式はいろいろな形に書き換えられる。無理にきれいな形にしようとしなくてよい。

類題 15 － 5

解答は p. 238

次の 2 つの平面 α, β のなす角および交線の方程式を求めよ。

$\alpha : x-2y-2z-5=0, \quad \beta : x-z-6=0$

例題 15 － 6（直線・平面・球面）

次のような球面 S と平面 π がある。

球面 $S：x^2+y^2+z^2-10x-10z+25=0$

平面 $\pi：2x-2y+z-6=0$

このとき，球面 S と平面 π が交わってできる円の中心と半径を求めよ。

解説 直線・平面・球面の関係を調べる。球面と平面が交わってできる円を図を描いて考えると問題解決の方針が明確になる。

解答 $S：x^2+y^2+z^2-10x-10z+25=0$ より

$$(x-5)^2+y^2+(z-5)^2=25$$

であるから

球面 S の中心は $\mathrm{A}(5,\ 0,\ 5)$，半径は $R=5$

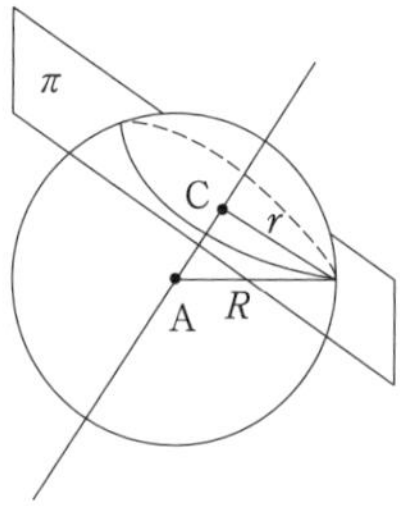

よって

球面 S の中心を通り，平面 π に垂直な直線の方程式は

$$\frac{x-5}{2}=\frac{y}{-2}=z-5$$

この直線と平面 π との交点が求める円の中心である。

そこで，$\dfrac{x-5}{2}=\dfrac{y}{-2}=z-5=t$ とおくと

$$x=5+2t,\ y=-2t,\ z=5+t$$

これを $\pi：2x-2y+z-6=0$ に代入すると

$$2(5+2t)-2(-2t)+(5+t)-6=0$$

$\therefore\ 9t+9=0\qquad\therefore\ t=-1$

よって，求める円の中心は $\mathrm{C}(3,\ 2,\ 4)$ ……〔答〕

したがって，求める円の半径を r とすると，$r^2+\mathrm{AC}^2=R^2$ より

$$r^2+(3-5)^2+(2-0)^2+(4-5)^2=5^2$$

$\therefore\ r^2=16\qquad\therefore\ r=4$ ……〔答〕

類題 15 － 6 解答は p. 238

次のような球面 S と平面 π がある。

球面 $S：x^2+y^2+z^2-2x+2y-4z-10=0$

平面 $\pi：2x-3y+6z-31=0$

このとき，球面 S と平面 π が交わってできる円の中心と半径を求めよ。

例題 15 − 7（交線を含む平面）

直線 $\dfrac{x-1}{2}=\dfrac{y}{3}=\dfrac{z+2}{-6}$ を含み，点 (0, 0, 1) を通る平面の方程式を求めよ。

解説 簡単な場合として，平面図形における“交点を通る図形の方程式”を考えてみよう。具体的に説明するために，次の簡単な問題を考えてみる。

問題 直線 $2x+y-1=0$ と直線 $x+y+1=0$ の交点を通り，かつ原点を通る直線の方程式を求めよ。

（解） 方程式 $2x+y-1+k(x+y+1)=0$ によって表される直線は，定数 k の値によらず，題意の 2 直線の交点を通る。

そこで，直線 $2x+y-1+k(x+y+1)=0$ がさらに原点を通るとすれば $k=1$ と求まるから，求める直線の方程式は

$2x+y-1+(x+y+1)=0$ すなわち，$3x+2y=0$ （終わり）

これと全く同様の考え方で，定数 k の値によらず 2 つの平面の“交線を含む平面の方程式”というものを考えることができる。

解答 まず，直線 $\dfrac{x-1}{2}=\dfrac{y}{3}=\dfrac{z+2}{-6}$ を 2 つの平面の交線と解釈しよう。

$\dfrac{x-1}{2}=\dfrac{y}{3}$ より，$3x-3=2y$ ∴ $3x-2y-3=0$ ……①

$\dfrac{y}{3}=\dfrac{z+2}{-6}$ より，$-2y=z+2$ ∴ $2y+z+2=0$ ……②

すなわち，題意の直線は平面①と平面②の交線と考えることができる。

ところで，方程式

$3x-2y-3+k(2y+z+2)=0$ ……(＊)

によって表される平面は，定数 k の値によらず，平面①と平面②の交線，すなわち題意の直線を含むことが分かる。

平面（＊）が点 (0, 0, 1) を通るとすると，$-3+3k=0$ ∴ $k=1$

このとき（＊）は次のようになる。

$3x-2y-3+(2y+z+2)=0$ ∴ $3x+z-1=0$ ……〔答〕

類題 15 − 7 解答は p. 239

直線 $x+1=\dfrac{y-3}{3}=z-1$ を含み，平面 $2x-2y+z+4=0$ に垂直な平面の方程式を求めよ。

第16章

いろいろな曲線

要　項

16. 1　2次曲線

放物線　定点 F と定直線 l からの距離が等しい点の軌跡。

［横型］

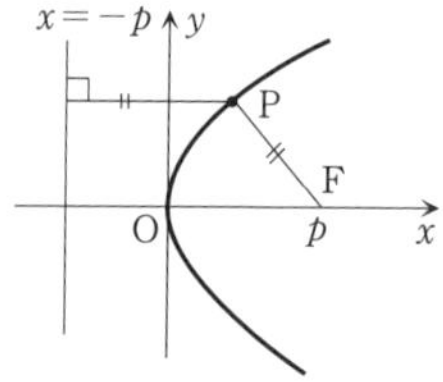

①　標準形：$y^2=4px$

②　焦点：$\mathrm{F}(p,\ 0)$　　準線：$x=-p$

③　接線：$y_1\cdot y=2p(x+x_1)$，$(x_1,\ y_1)$ は接点

［縦型］

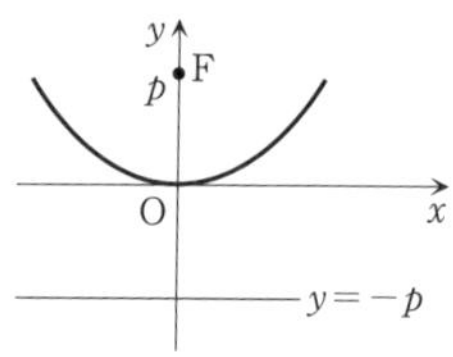

①　標準形：$x^2=4py$

②　焦点：$\mathrm{F}(0,\ p)$　　準線：$y=-p$

③　接線：$x_1\cdot x=2p(y+y_1)$，$(x_1,\ y_1)$ は接点

楕円　2 定点 F，F′ からの距離の和が一定である点の軌跡。

［横型］

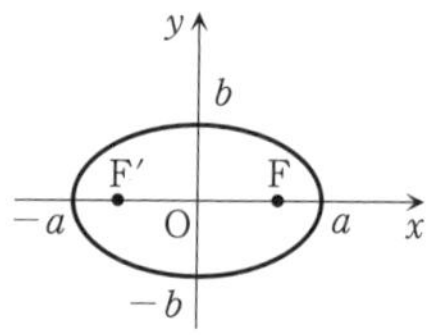

①　標準形：$\dfrac{x^2}{a^2}+\dfrac{y^2}{b^2}=1$　$(a>b>0)$

②　焦点：$\mathrm{F}(\sqrt{a^2-b^2},\ 0)$，$\mathrm{F}'(-\sqrt{a^2-b^2},\ 0)$

③　接線：$\dfrac{x_1\cdot x}{a^2}+\dfrac{y_1\cdot y}{b^2}=1$，$(x_1,\ y_1)$ は接点

［縦型］

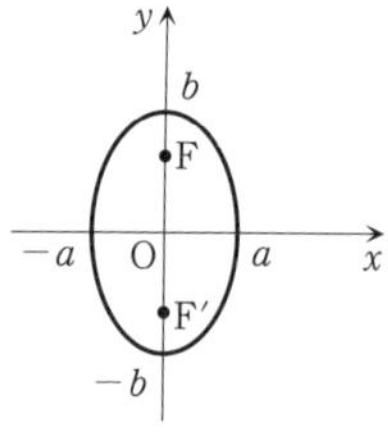

①　標準形：$\dfrac{x^2}{a^2}+\dfrac{y^2}{b^2}=1$　$(b>a>0)$

②　焦点：$\mathrm{F}(0,\ \sqrt{b^2-a^2})$，$\mathrm{F}'(0,\ -\sqrt{b^2-a^2})$

③　接線：$\dfrac{x_1\cdot x}{a^2}+\dfrac{y_1\cdot y}{b^2}=1$，$(x_1,\ y_1)$ は接点

楕円の媒介変数表示

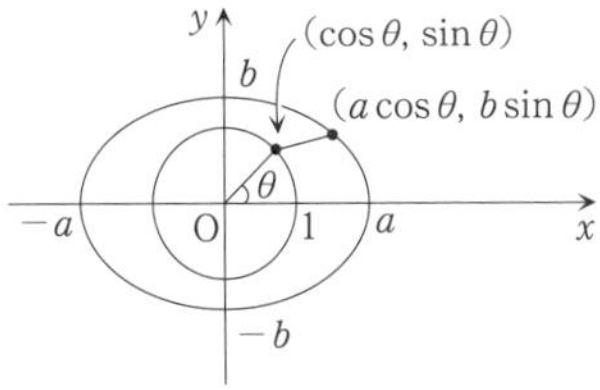

楕円 $\dfrac{x^2}{a^2}+\dfrac{y^2}{b^2}=1$ 上の点は

$$x=a\cos\theta,\ y=b\sin\theta$$

と媒介変数表示することができる。

θ の図形的意味について注意！（図参照）

双曲線　2 定点 F，F′ からの距離の差が一定である点の軌跡。

[横型]

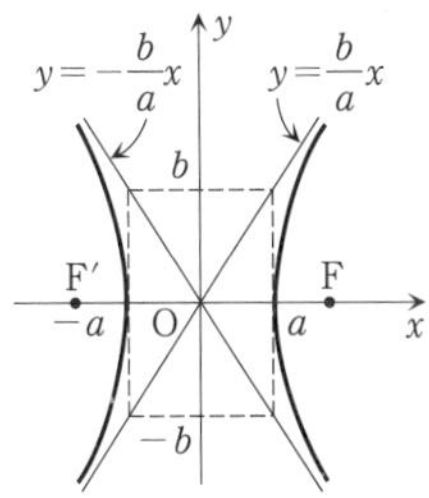

① 標準形：$\dfrac{x^2}{a^2}-\dfrac{y^2}{b^2}=1$

② 焦点：$F(\sqrt{a^2+b^2},\ 0)$，$F'(-\sqrt{a^2+b^2},\ 0)$

漸近線：$y=\pm\dfrac{b}{a}x$

③ 接線：$\dfrac{x_1\cdot x}{a^2}-\dfrac{y_1\cdot y}{b^2}=1$，$(x_1,\ y_1)$ は接点

[縦型]

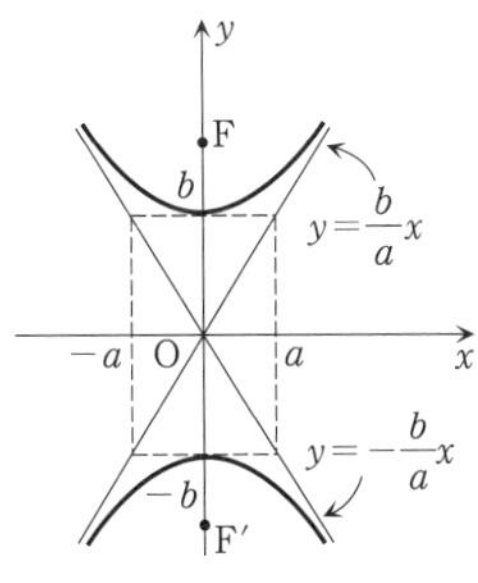

① 標準形：$\dfrac{x^2}{a^2}-\dfrac{y^2}{b^2}=-1$

② 焦点：$F(0,\ \sqrt{a^2+b^2})$，$F'(0,\ -\sqrt{a^2+b^2})$

漸近線：$y=\pm\dfrac{b}{a}x$

③ 接線：$\dfrac{x_1\cdot x}{a^2}-\dfrac{y_1\cdot y}{b^2}=-1$，$(x_1,\ y_1)$ は接点

16. 2　2 次曲線の極座標と極方程式

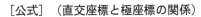

極座標　直交座標 $(x,\ y)$ に対して，次で定まる座標 $(r,\ \theta)$ を**極座標**という。

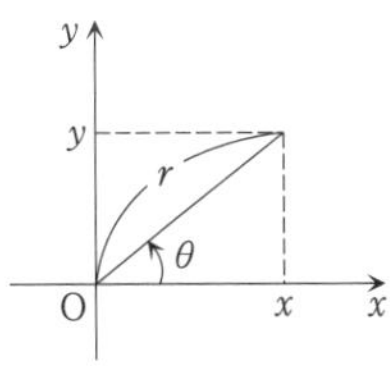

$$x=r\cos\theta,\ y=r\sin\theta$$

（注） 原点 (0，0) に対してのみ θ は定まらない。

［公式］（直交座標と極座標の関係）

$$x=r\cos\theta,\ y=r\sin\theta,\ x^2+y^2=r^2$$

極方程式　極座標によって表した図形の方程式を**極方程式**という。

例題 16 － 1 （放物線）

次の放物線の焦点の座標および準線の方程式を求めよ。

$$y^2+4y-2x+6=0$$

解説　2次曲線では，まず基本事項をまとめておくことが大切である。放物線の基本事項は次の通り。

放物線　定点Fと定直線lからの距離が等しい点の軌跡。

［横型］

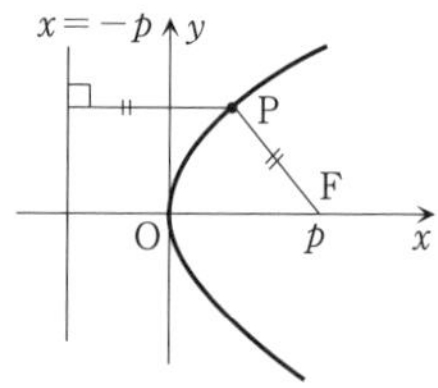

① 標準形：$y^2=4px$

② 焦点：$F(p,\ 0)$　　準線：$x=-p$

③ 接線：$y_1\cdot y=2p(x+x_1)$，$(x_1,\ y_1)$ は接点

［縦型］

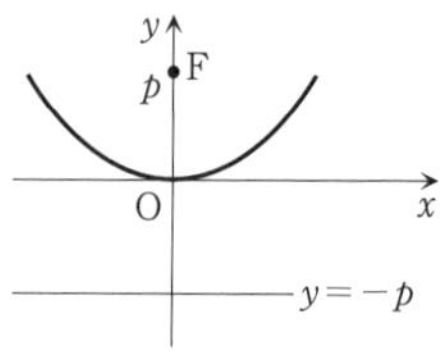

① 標準形：$x^2=4py$

② 焦点：$F(0,\ p)$　　準線：$y=-p$

③ 接線：$x_1\cdot x=2p(y+y_1)$，$(x_1,\ y_1)$ は接点

横型と縦型の微妙に異なる部分に注意すること。
焦点や準線などは，まず“定位置”で確認する。

解答　$y^2+4y-2x+6=0$ より

$(y+2)^2=2(x-1)$　……①

これは横型の放物線

$y^2=2x$　……②

を，x軸方向に1，y軸方向に-2だけ平行移動したものである。

ところで，②は　$y^2=4\cdot\dfrac{1}{2}x$　と表すことができるから

②は，焦点の座標が$\left(\dfrac{1}{2},\ 0\right)$，準線の方程式が$x=-\dfrac{1}{2}$

これをx軸方向に1，y軸方向に-2だけ平行移動することにより

①は，焦点の座標が$\left(\dfrac{3}{2},\ -2\right)$，準線の方程式が$x=\dfrac{1}{2}$　……〔答〕

類題 16 － 1

解答は p. 239

次の放物線の焦点の座標および準線の方程式を求めよ。

$$x^2-2x-2y+5=0$$

例題 16 － 2（楕円）

次の楕円の焦点の座標を求めよ。

$$x^2+4y^2+4x-24y+36=0$$

解説 楕円の基本事項（楕円の媒介変数表示は除く）は次の通り。

楕円　2 定点 F，F′ からの距離の和が一定である点の軌跡。

［横型］

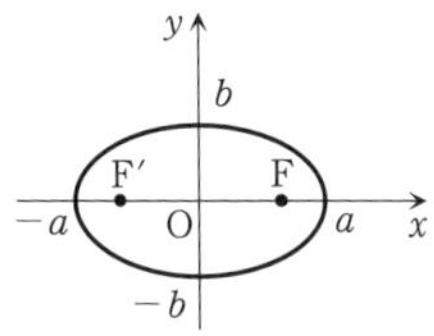

① 標準形：$\dfrac{x^2}{a^2}+\dfrac{y^2}{b^2}=1$　$(a>b>0)$

② 焦点：　$F(\sqrt{a^2-b^2},\ 0)$，$F'(-\sqrt{a^2-b^2},\ 0)$

③ 接線：　$\dfrac{x_1\cdot x}{a^2}+\dfrac{y_1\cdot y}{b^2}=1$，$(x_1,\ y_1)$ は接点

［縦型］

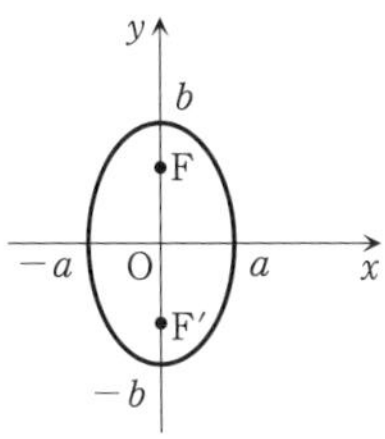

① 標準形：$\dfrac{x^2}{a^2}+\dfrac{y^2}{b^2}=1$　$(b>a>0)$

② 焦点：$F(0,\ \sqrt{b^2-a^2})$，$F'(0,\ -\sqrt{b^2-a^2})$

③ 接線：$\dfrac{x_1\cdot x}{a^2}+\dfrac{y_1\cdot y}{b^2}=1$，$(x_1,\ y_1)$ は接点

楕円は 2 次曲線の中で最も易しいものである。

解答 $x^2+4y^2+4x-24y+36=0$ より

$$(x+2)^2+4(y-3)^2=4$$

$$\therefore\quad \frac{(x+2)^2}{4}+(y-3)^2=1 \quad \cdots\cdots①$$

これは楕円

$$\frac{x^2}{4}+y^2=1 \quad \cdots\cdots②$$

を，x 軸方向に -2，y 軸方向に 3 だけ平行移動したものである。

②の焦点の座標は，$(\sqrt{3},\ 0)$，$(-\sqrt{3},\ 0)$

これを x 軸方向に -2，y 軸方向に 3 だけ平行移動することにより

①の焦点の座標は，$(\sqrt{3}-2,\ 3)$，$(-\sqrt{3}-2,\ 3)$　……〔答〕

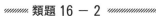

類題 16 － 2　解答は p. 239

次の楕円の焦点の座標を求めよ。

$$4x^2+3y^2+16x-24y+16=0$$

例題 16 － 3（双曲線）

次の双曲線の焦点の座標および漸近線の方程式を求めよ。

$$4x^2-y^2-16x-2y+11=0$$

解説　双曲線の基本事項は次の通り。

双曲線　2 定点 F，F′ からの距離の差が一定である点の軌跡。

［横型］

① 標準形：$\dfrac{x^2}{a^2}-\dfrac{y^2}{b^2}=1$

② 焦点：$F(\sqrt{a^2+b^2},\ 0)$，$F'(-\sqrt{a^2+b^2},\ 0)$

漸近線：$y=\pm\dfrac{b}{a}x$

③ 接線：$\dfrac{x_1\cdot x}{a^2}-\dfrac{y_1\cdot y}{b^2}=1$，$(x_1,\ y_1)$ は接点

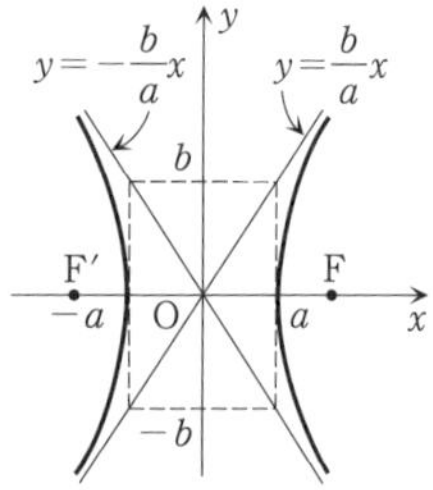

［縦型］

① 標準形：$\dfrac{x^2}{a^2}-\dfrac{y^2}{b^2}=-1$

② 焦点：$F(0,\ \sqrt{a^2+b^2})$，$F'(0,\ -\sqrt{a^2+b^2})$

漸近線：$y=\pm\dfrac{b}{a}x$

③ 接線：$\dfrac{x_1\cdot x}{a^2}-\dfrac{y_1\cdot y}{b^2}=-1$，$(x_1,\ y_1)$ は接点

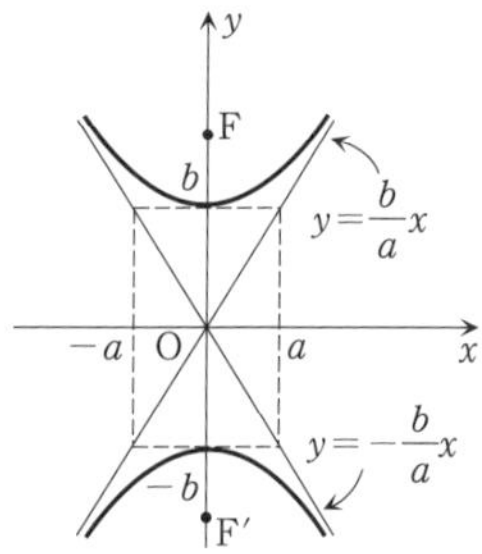

解答　$4(x-2)^2-(y+1)^2=4$ より，　$(x-2)^2-\dfrac{(y+1)^2}{4}=1$　……①

これは横型の双曲線：$x^2-\dfrac{y^2}{4}=1$　……②

を，x 軸方向に 2，y 軸方向に -1 だけ平行移動したものである。

②は，焦点の座標が $(\sqrt{5},\ 0)$，$(-\sqrt{5},\ 0)$，漸近線が $y=\pm 2x$ であるから

これを x 軸方向に 2，y 軸方向に -1 だけ平行移動することにより

①は，焦点の座標が，$(\sqrt{5}+2,\ -1)$，$(-\sqrt{5}+2,\ -1)$　……〔答〕

漸近線の方程式が，$y=2x-5$，$y=-2x+3$　……〔答〕

類題 16 － 3

解答は p. 239

次の双曲線の焦点の座標および漸近線の方程式を求めよ。

$$4x^2-9y^2-8x-18y+31=0$$

例題 16 − 4（極座標と極方程式）

次の極方程式を直交座標を用いて表せ。

(1)　$r^2(1+3\cos^2\theta)=4$　(2)　$1+r^2\cos 2\theta=0$　(3)　$r=\sin\theta+\sqrt{3}\cos\theta$

解説　直交座標 $(x,\ y)$ に対して　$x=r\cos\theta,\ y=r\sin\theta$ で定まる座標 $(r,\ \theta)$ を**極座標**という。

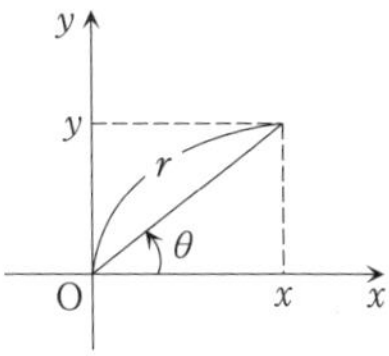

(注)　原点 $(0,\ 0)$ に対してのみ θ は定まらない。

直交座標と極座標の関係は次で与えられる。

［公式］（直交座標と極座標の関係）

$x=r\cos\theta,\ y=r\sin\theta,\ x^2+y^2=r^2$

(注)　極座標では $r<0$ の場合も考える。たとえば，

$r=-2,\ \theta=\dfrac{4\pi}{3}$ のとき，$x=-2\cos\dfrac{4\pi}{3}=1,\ y=-2\sin\dfrac{4\pi}{3}=\sqrt{3}$

であり，これは，$r=2,\ \theta=\dfrac{\pi}{3}$ のときと同じ点を表す。

解答　(1)　$r^2(1+3\cos^2\theta)=4$ より

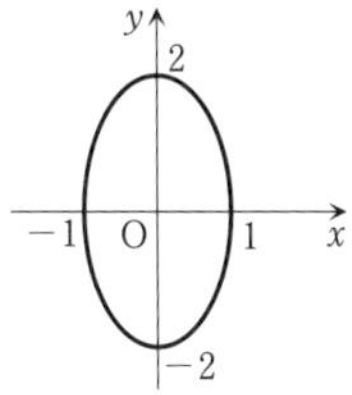

$r^2+3(r\cos\theta)^2=4$

$\therefore\quad (x^2+y^2)+3x^2=4\qquad \therefore\quad x^2+\dfrac{y^2}{4}=1$　……〔答〕

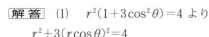

これは縦型の楕円であり，その概形は右のようになる。

(2)　$1+r^2\cos 2\theta=0$ より，$r^2(\cos^2\theta-\sin^2\theta)=-1$

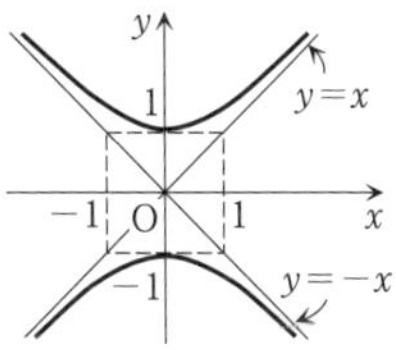

$(r\cos\theta)^2-(r\sin\theta)^2=-1$

$\therefore\quad x^2-y^2=-1$　……〔答〕

これは縦型の双曲線であり，その概形は右のようになる。

(3)　$r=\sin\theta+\sqrt{3}\cos\theta$ の両辺に r をかけると

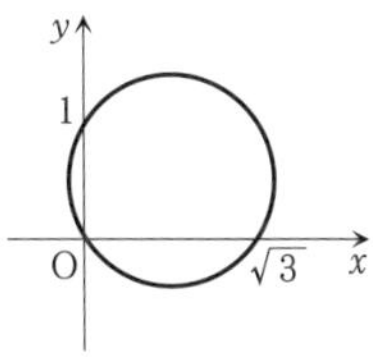

$r^2=r\sin\theta+\sqrt{3}\,r\cos\theta\qquad \therefore\quad x^2+y^2=y+\sqrt{3}x$

$\therefore\quad \left(x-\dfrac{\sqrt{3}}{2}\right)^2+\left(y-\dfrac{1}{2}\right)^2=1$　……〔答〕

これは点 $\left(\dfrac{\sqrt{3}}{2},\ \dfrac{1}{2}\right)$ を中心とする半径が 1 の円である。

類題 16 − 4

解答は p. 240

次の極方程式を直交座標を用いて表せ。

(1)　$r\cos\left(\theta+\dfrac{\pi}{3}\right)=2$　(2)　$r=2\sin\theta$　(3)　$r(1+2\cos\theta)=3$

例題 16 − 5（極方程式の応用）

放物線 $y^2=8x$ と点 F(2, 0) を通る直線が 2 点 P, Q で交わるとき，$\dfrac{1}{\mathrm{FP}}+\dfrac{1}{\mathrm{FQ}}$ の値は一定であることを証明せよ。

解説　極座標と極方程式を 2 次曲線に応用してみよう。ここで，極座標の極は必ずしも原点とは限らないことに注意しよう。

解答　点 F(2, 0) を極とする極座標を考える。すなわち，点 (x, y) に対して，図のように極座標 (r, θ) を定める。

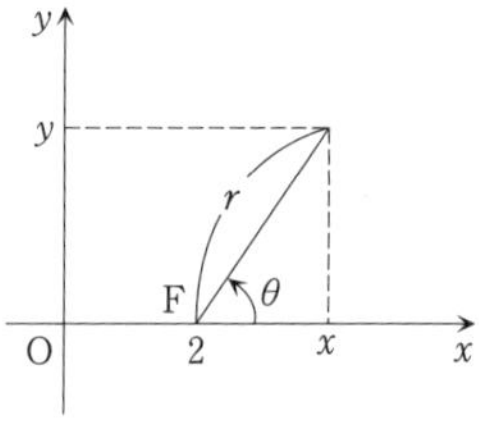

このとき，$x=2+r\cos\theta$, $y=r\sin\theta$

これを $y^2=8x$ に代入すると

$$(r\sin\theta)^2=8(2+r\cos\theta)$$

$$\therefore\quad r^2(1-\cos^2\theta)=16+8r\cos\theta$$

$$\therefore\quad (1-\cos^2\theta)r^2-8\cos\theta\cdot r-16=0$$

$$\therefore\quad \{(1+\cos\theta)r+4\}\{(1-\cos\theta)r-4\}=0$$

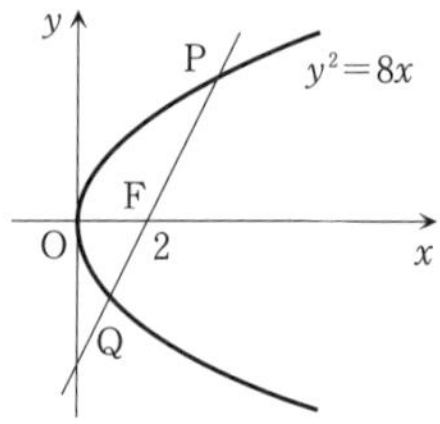

ここで，$(1+\cos\theta)r+4>0$ であることに注意すると

$$(1-\cos\theta)r-4=0 \qquad \therefore\quad r=\frac{4}{1-\cos\theta}$$

これが与えられた放物線の極方程式である。

さて，点 P, Q の点 F(2, 0) を極とする極座標をそれぞれ，(r_1, θ_1)，(r_2, θ_2) とすると，点 P, Q ともに与えられた放物線上の点であるから

$$r_1=\frac{4}{1-\cos\theta_1},\ r_2=\frac{4}{1-\cos\theta_2},\ \text{ただし}\quad \theta_2=\theta_1+\pi$$

よって

$$\frac{1}{\mathrm{FP}}+\frac{1}{\mathrm{FQ}}=\frac{1}{r_1}+\frac{1}{r_2}=\frac{1-\cos\theta_1}{4}+\frac{1-\cos\theta_2}{4}$$

$$=\frac{2-\cos\theta_1-\cos(\theta_1+\pi)}{4}=\frac{1}{2}\quad（一定）$$

類題 16 − 5　解答は p. 240

楕円 $\dfrac{x^2}{4}+\dfrac{y^2}{3}=1$ と点 F(1, 0) を通る直線との交点を P, Q とするとき，$\dfrac{1}{\mathrm{FP}}+\dfrac{1}{\mathrm{FQ}}$ の値は一定であることを証明せよ。

例題 16 − 6（円の媒介変数表示）

点 P$(x,\ y)$ が円 $(x-2)^2+(y-3)^2=1$ の周上を 1 周するとき，点 Q$(2x+y,\ -x+2y)$ はどのような図形を描くか。

解説 円 $x^2+y^2=r^2$ 上の点 P$(x,\ y)$ は

$$x=r\cos\theta,\ y=r\sin\theta$$

と媒介変数表示することができる。

より一般に

円 $(x-a)^2+(y-b)^2=r^2$ 上の点 P$(x,\ y)$ は

$$x=a+r\cos\theta,\ y=b+r\sin\theta$$

と媒介変数表示することができる。

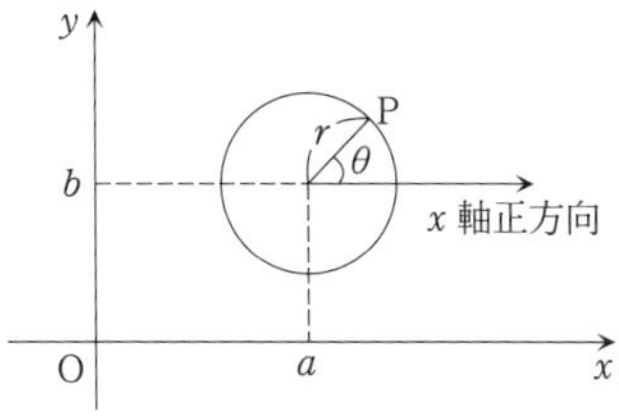

解答 点 P$(x,\ y)$ は円 $(x-2)^2+(y-3)^2=1$ の周上を 1 周するから

$$x=2+\cos\theta,\ y=3+\sin\theta \quad (0\leqq\theta\leqq 2\pi)$$

と表すことができる。

よって，Q$(X,\ Y)$ とおくと

$$X=2x+y=2(2+\cos\theta)+(3+\sin\theta)=7+2\cos\theta+\sin\theta$$

$$Y=-x+2y=-(2+\cos\theta)+2(3+\sin\theta)=4+2\sin\theta-\cos\theta$$

ここで

$$\begin{cases} 2\cos\theta+\sin\theta=\sqrt{5}\left(\cos\theta\cdot\dfrac{2}{\sqrt{5}}+\sin\theta\cdot\dfrac{1}{\sqrt{5}}\right) \\ 2\sin\theta-\cos\theta=\sqrt{5}\left(\sin\theta\cdot\dfrac{2}{\sqrt{5}}-\cos\theta\cdot\dfrac{1}{\sqrt{5}}\right) \end{cases}$$

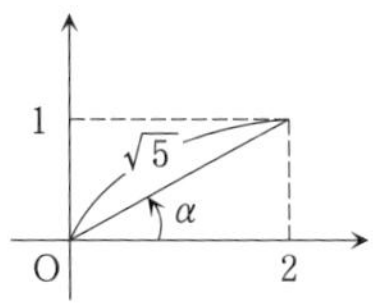

であるから，図のような α をとると

$$\begin{cases} 2\cos\theta+\sin\theta=\sqrt{5}(\cos\theta\cos\alpha+\sin\theta\sin\alpha) \\ \qquad\qquad\qquad =\sqrt{5}\cos(\theta-\alpha) \\ 2\sin\theta-\cos\theta=\sqrt{5}(\sin\theta\cos\alpha-\cos\theta\sin\alpha) \\ \qquad\qquad\qquad =\sqrt{5}\sin(\theta-\alpha) \end{cases}$$

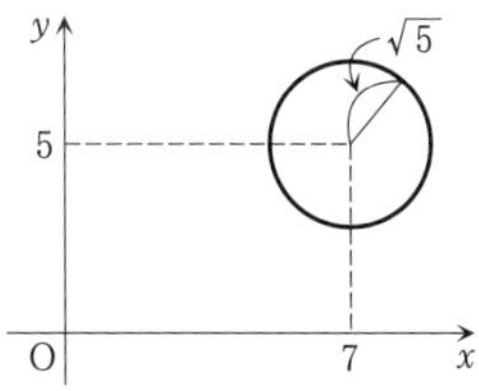

よって

$$X=7+\sqrt{5}\cos(\theta-\alpha),\ Y=4+\sqrt{5}\sin(\theta-\alpha)$$

であり，点 Q は円 $(x-7)^2+(y-4)^2=5$ の周上を 1 周する。 ……〔答〕

類題 16 − 6 解答は p. 240

点 P$(x,\ y)$ が円の $x^2+y^2=1$ の第 1 象限にある部分を動くとき，点 Q$(3x^2+2\sqrt{3}xy+y^2,\ \sqrt{3}x^2+2xy+3\sqrt{3}y^2)$ はどのような図形を描くか。

第17章

行　　列

要　項

17. 1 行列

行列　mn 個の数（実数または複素数）$a_{ij}(i=1,\ \cdots,\ m\ ;\ j=1,\ \cdots,\ n)$ を

$$\begin{pmatrix} a_{11} & a_{12} & \cdots & a_{1n} \\ a_{21} & a_{22} & \cdots & a_{2n} \\ \vdots & \vdots & \ddots & \vdots \\ a_{m1} & a_{m2} & \cdots & a_{mn} \end{pmatrix} \quad \text{(注)} \begin{bmatrix} a_{11} & a_{12} & \cdots & a_{1n} \\ a_{21} & a_{22} & \cdots & a_{2n} \\ \vdots & \vdots & \ddots & \vdots \\ a_{m1} & a_{m2} & \cdots & a_{mn} \end{bmatrix} \text{とも表す。}$$

のように配列したものを **$m\times n$ 行列**といい，数 a_{ij} をこの行列の **$(i,\ j)$ 成分**という。横の並びを**行（行ベクトル）**といい，縦の並びを**列（列ベクトル）**という。上の行列を簡単に $A=(a_{ij})$ とも表す。

基本的な行列

① すべての成分が 0 の行列を**零行列**といい，O で表す。

② $n\times n$ 行列を n 次**正方行列**といい，右下がり対角線上の成分 a_{11}，a_{22}，$\cdots$，a_{nn} を**対角成分**という。

③ 正方行列で対角成分以外はすべて 0 である行列を**対角行列**という。

④ 対角行列で対角成分がすべて 1 であるものを**単位行列**といい，E で表す。

行列の転置と対称行列

$m\times n$ 行列 $\begin{pmatrix} a_{11} & a_{12} & \cdots & a_{1n} \\ a_{21} & a_{22} & \cdots & a_{2n} \\ \vdots & \vdots & \ddots & \vdots \\ a_{m1} & a_{m2} & \cdots & a_{mn} \end{pmatrix}$ に対して，“行” と “列” を入れ替えた

$n\times m$ 行列 $\begin{pmatrix} a_{11} & a_{21} & \cdots & a_{m1} \\ a_{12} & a_{22} & \cdots & a_{m2} \\ \vdots & \vdots & \ddots & \vdots \\ a_{1n} & a_{2n} & \cdots & a_{mn} \end{pmatrix}$ をもとの $m\times n$ 行列の**転置行列**といい，

行列 A の転置行列を ${}^tA$ （または A^T）で表す。

正方行列 A が $A={}^tA$ を満たすとき，A を**対称行列**という。

行列の演算

① $m\times n$ 行列 $A=(a_{ij})$，$B=(b_{ij})$ に対して，**和・差・スカラー倍**が定義される。

② $l\times m$ 行列 $A=(a_{ij})$ と $m\times n$ 行列 $B=(b_{ij})$ に対して，**積**が定義される。（例題参照）

逆行列と正則行列

n 次正方行列 A に対して，$AX=XA=E$ を満たす n 次正方行列 X が存在するとき，X を A の**逆行列**といい，A^{-1} で表す。

正方行列 A が逆行列 A^{-1} をもつとき，A を**正則行列**という。

17.2 重要公式

［公式］ **（ケーリー・ハミルトンの定理（2次の場合））**

2次正方行列 $A=\begin{pmatrix} a & b \\ c & d \end{pmatrix}$ に対して，次が成り立つ。

$$A^2-(a+d)A+(ad-bc)E=O$$

【参考】 一般の n 次正方行列ではもっと複雑な内容となる。

［公式］ **（逆行列の公式（2次の場合））**

2次正方行列 $A=\begin{pmatrix} a & b \\ c & d \end{pmatrix}$ に対して

$|A|=ad-bc\neq 0$ のとき，A の逆行列 A^{-1} が存在して

$$A^{-1}=\frac{1}{|A|}\begin{pmatrix} d & -b \\ -c & a \end{pmatrix}$$

【参考】 一般の n 次正方行列ではもっと複雑な内容となる。

17.3 固有値・固有ベクトルと行列の対角化

正方行列 A に対して

$$A\boldsymbol{x}=\lambda\boldsymbol{x}\ (\boldsymbol{x}\neq\boldsymbol{0})$$

を満たすベクトル $\boldsymbol{x}$ とスカラー λ が存在するとき，λ を A の**固有値**，$\boldsymbol{x}$ を固有値 λ に対する A の**固有ベクトル**という。

正方行列 A に対して，$P^{-1}AP$ が対角行列となる P が存在するとき，A は P で**対角化可能**であるという。固有値・固有ベクトルは行列の対角化に応用される。

例題 17 − 1（行列の演算）

すべての 2 次正方行列 X に対し $AX=XA$ を満たす行列 A を求めよ。

解説 行列の積は次のように計算される。

$A=\begin{pmatrix} a & b \\ c & d \end{pmatrix}$, $B=\begin{pmatrix} p & q \\ r & s \end{pmatrix}$, $C=\begin{pmatrix} x \\ y \end{pmatrix}$ とするとき

$$AB=\begin{pmatrix} a & b \\ c & d \end{pmatrix}\begin{pmatrix} p & q \\ r & s \end{pmatrix}=\begin{pmatrix} ap+br & aq+bs \\ cp+dr & cq+ds \end{pmatrix}$$

$$AC=\begin{pmatrix} a & b \\ c & d \end{pmatrix}\begin{pmatrix} x \\ y \end{pmatrix}=\begin{pmatrix} ax+by \\ cx+dy \end{pmatrix}$$

こう書くと難しく見えるが実際に計算してみると簡単である。

（注） 行列の積では $AB=BA$ が成立するとは限らない!!

解答 $A=\begin{pmatrix} a & b \\ c & d \end{pmatrix}$ とおく。

$X=\begin{pmatrix} x & y \\ z & w \end{pmatrix}$ とするとき

$$AX=\begin{pmatrix} a & b \\ c & d \end{pmatrix}\begin{pmatrix} x & y \\ z & w \end{pmatrix}=\begin{pmatrix} ax+bz & ay+bw \\ cx+dz & cy+dw \end{pmatrix}$$

$$XA=\begin{pmatrix} x & y \\ z & w \end{pmatrix}\begin{pmatrix} a & b \\ c & d \end{pmatrix}=\begin{pmatrix} ax+cy & bx+dy \\ az+cw & bz+dw \end{pmatrix}$$

よって，$AX=XA$ となるための条件は

$$\begin{cases} ax+bz=ax+cy \\ ay+bw=bx+dy \\ cx+dz=az+cw \\ cy+dw=bz+dw \end{cases} \quad \therefore \quad \begin{cases} cy-bz=0 \\ bx+(d-a)y-bw=0 \\ cx+(d-a)z-cw=0 \end{cases}$$

これが任意の x, y, z, w に対して成り立つための条件は

$d=a$, $b=c=0$

したがって，求める行列 A は

$$A=\begin{pmatrix} a & 0 \\ 0 & a \end{pmatrix}=aE \quad (a \text{ は任意}) \quad \cdots\cdots〔答〕$$

類題 17 − 1 解答は p. 241

$A^2=A$ を満たす $A=\begin{pmatrix} a & b \\ 0 & d \end{pmatrix}$ の形の 2 次正方行列をすべて求めよ。

例題 17 − 2（ケーリー・ハミルトンの定理）

2次正方行列 $A=\begin{pmatrix} a & b \\ c & d \end{pmatrix}$ が $A^2-4A+3E=O$ を満たすとき，$a+d$ および $ad-bc$ の値を求めよ。ただし，a，b，c，d は実数とする。

解説 簡単な計算により次の公式が成り立つことが分かる。

［公式］ ケーリー・ハミルトンの定理（2次の場合）

2次正方行列 $A=\begin{pmatrix} a & b \\ c & d \end{pmatrix}$ に対して，次が成り立つ。

$$A^2-(a+d)A+(ad-bc)E=O$$

【参考】 一般の n 次正方行列ではもっと複雑な内容となる。

解答 ケーリー・ハミルトンの定理より

$$A^2-(a+d)A+(ad-bc)E=O \quad \cdots\cdots ①$$

条件より，$A^2-4A+3E=O$ ……②

①より，$A^2=(a+d)A-(ad-bc)E$

これを②に代入すると

$$(a+d)A-(ad-bc)E-4A+3E=O$$ ⬅ **次数下げ!!**

$\therefore\ (a+d-4)A=(ad-bc-3)E$ ⬅ **$pA=qE$ の形**

（i） $a+d=4$ のとき

$(ad-bc-3)E=O$ となるから，$ad-bc=3$

（ii） $a+d\fallingdotseq 4$ のとき

$A=\dfrac{ad-bc-3}{a+d-4}E$ となるから，$A=kE$ とおいて②に代入すると

$(kE)^2-4(kE)+3E=O \qquad \therefore\ (k^2-4k+3)E=O$

$\therefore\ k^2-4k+3=0 \qquad (k-1)(k-3)=0 \qquad \therefore\ k=1,\ 3$

よって，$A=\begin{pmatrix} 1 & 0 \\ 0 & 1 \end{pmatrix}$，$\begin{pmatrix} 3 & 0 \\ 0 & 3 \end{pmatrix}$ であるから

$(a+d,\ ad-bc)=(2,\ 1),\ (6,\ 9)$

以上より $(a+d,\ ad-bc)=(4,\ 3),\ (2,\ 1),\ (6,\ 9)$ ……〔答〕

類題 17 − 2 解答は p. 241

2次正方行列 $A=\begin{pmatrix} a & b \\ c & d \end{pmatrix}$ が $A^2=-E$ を満たすとき，$a+d$ および $ad-bc$ の値を求めよ。ただし，a，b，c，d は実数とする。

例題 17 − 3（逆行列）

2 次正方行列 $A=\begin{pmatrix} a & b \\ c & d \end{pmatrix}$ がある自然数 n に対して $A^n=O$ を満たすとき，$A^2=O$ であることを証明せよ。

解説　n 次正方行列 A に対して，$AX=XA=E$ を満たす n 次正方行列 X が存在するとき，X を A の**逆行列**といい，A^{-1} で表す。正方行列 A が逆行列 A^{-1} をもつとき，A を**正則行列**という。逆行列は次の公式によって求めることができる。

［公式］　逆行列の公式（2 次の場合）

2 次正方行列 $A=\begin{pmatrix} a & b \\ c & d \end{pmatrix}$ に対して

$|A|=ad-bc\neq 0$ のとき，A の逆行列 A^{-1} が存在して

$$A^{-1}=\frac{1}{|A|}\begin{pmatrix} d & -b \\ -c & a \end{pmatrix}$$

【参考】　一般の n 次正方行列ではもっと複雑な内容となる。

解答　（i）　$n=1$，2 のとき

明らかに，$A^2=O$

（ii）　$n\geqq 3$ のとき

A の逆行列 A^{-1} が存在したとすると

$A^n=O$ の両辺に A^{-1} を n 回かけて，$E=(A^{-1})^nA^n=O$ となり矛盾する。

よって，A の逆行列 A^{-1} は存在せず　$|A|=ad-bc=0$

そこで，ケーリー・ハミルトンの定理より

$$A^2-(a+d)A=O \qquad \therefore \quad A^2=(a+d)A$$

$A^n=O$ より，$A^2\cdot A^{n-2}=O$ 　　$\therefore$ 　$(a+d)A\cdot A^{n-2}=O$

$\therefore$ 　$(a+d)A^{n-1}=O$

以下同様にして，$(a+d)^{n-1}A=O$

よって，$a+d=0$　または　$A=O$

いずれの場合も，$A^2=O$

類題 17 − 3

解答は p. 241

2 次正方行列 A が $A^2-A+E=O$ を満たすとき，A は逆行列をもつことを証明せよ。

例題 17 − 4（行列の n 乗①）

行列 $A=\begin{pmatrix}4 & 2\\1 & 3\end{pmatrix}$，$P=\begin{pmatrix}-1 & 2\\1 & 1\end{pmatrix}$ について次の問いに答えよ。

(1) $A\begin{pmatrix}-1\\1\end{pmatrix}$，$A\begin{pmatrix}2\\1\end{pmatrix}$ を求めよ。　(2) $P^{-1}AP$ を計算し，A^n を求めよ。

解説 正方行列 A に対して，$P^{-1}AP$ が対角行列となる P が存在するとき，A は P で**対角化可能**であるという。行列の対角化を利用して行列の n 乗 A^n を求めることができる。なお，対角化に用いる行列 P は固有ベクトルを並べてつくったものであり，対角化された行列は対角成分に固有値が並ぶ。これについては線形代数で詳しく学習する。

解答 (1) $A\begin{pmatrix}-1\\1\end{pmatrix}=\begin{pmatrix}4 & 2\\1 & 3\end{pmatrix}\begin{pmatrix}-1\\1\end{pmatrix}=\begin{pmatrix}-2\\2\end{pmatrix}=2\begin{pmatrix}-1\\1\end{pmatrix}$ ……〔答〕

$A\begin{pmatrix}2\\1\end{pmatrix}=\begin{pmatrix}4 & 2\\1 & 3\end{pmatrix}\begin{pmatrix}2\\1\end{pmatrix}=\begin{pmatrix}10\\5\end{pmatrix}=5\begin{pmatrix}2\\1\end{pmatrix}$ ……〔答〕

(2) $P=\begin{pmatrix}-1 & 2\\1 & 1\end{pmatrix}$ より，$P^{-1}=\dfrac{1}{-3}\begin{pmatrix}1 & -2\\-1 & -1\end{pmatrix}=\dfrac{1}{3}\begin{pmatrix}-1 & 2\\1 & 1\end{pmatrix}$ ⬅ **逆行列の公式**

よって，$P^{-1}AP=\dfrac{1}{3}\begin{pmatrix}-1 & 2\\1 & 1\end{pmatrix}\begin{pmatrix}4 & 2\\1 & 3\end{pmatrix}\begin{pmatrix}-1 & 2\\1 & 1\end{pmatrix}$

$=\dfrac{1}{3}\begin{pmatrix}6 & 0\\0 & 15\end{pmatrix}=\begin{pmatrix}2 & 0\\0 & 5\end{pmatrix}$ ……〔答〕

$P^{-1}AP=\begin{pmatrix}2 & 0\\0 & 5\end{pmatrix}$ より，$(P^{-1}AP)^n=\begin{pmatrix}2 & 0\\0 & 5\end{pmatrix}^n$　$\therefore$　$P^{-1}A^nP=\begin{pmatrix}2^n & 0\\0 & 5^n\end{pmatrix}$

よって

$A^n=P\begin{pmatrix}2^n & 0\\0 & 5^n\end{pmatrix}P^{-1}=\begin{pmatrix}-1 & 2\\1 & 1\end{pmatrix}\begin{pmatrix}2^n & 0\\0 & 5^n\end{pmatrix}\dfrac{1}{3}\begin{pmatrix}-1 & 2\\1 & 1\end{pmatrix}$

$=\dfrac{1}{3}\begin{pmatrix}-2^n & 2\cdot5^n\\2^n & 5^n\end{pmatrix}\begin{pmatrix}-1 & 2\\1 & 1\end{pmatrix}=\dfrac{1}{3}\begin{pmatrix}2^n+2\cdot5^n & -2^{n+1}+2\cdot5^n\\-2^n+5^n & 2^{n+1}+5^n\end{pmatrix}$ ……〔答〕

類題 17 − 4 解答は p. 242

行列 $A=\begin{pmatrix}2 & 1\\3 & 4\end{pmatrix}$，$P=\begin{pmatrix}1 & 1\\3 & -1\end{pmatrix}$ について次の問いに答えよ。

(1) $A\begin{pmatrix}1\\3\end{pmatrix}$，$A\begin{pmatrix}1\\-1\end{pmatrix}$ を求めよ。　(2) $P^{-1}AP$ を計算し，A^n を求めよ。

■ワンポイント解説　固有値・固有ベクトル

正方行列 A に対して $A\boldsymbol{x}=\lambda\boldsymbol{x}$ （$\boldsymbol{x}\neq\boldsymbol{0}$）を満たすベクトル $\boldsymbol{x}$ とスカラー λ が存在するとき，λ を A の**固有値**，$\boldsymbol{x}$ を固有値 λ に対する A の**固有ベクトル**という。

固有値の求め方：

$A\boldsymbol{x}=\lambda\boldsymbol{x}$ より，$(A-\lambda E)\boldsymbol{x}=\boldsymbol{0}$　……①

ここで $\boldsymbol{x}\neq\boldsymbol{0}$ であることから，$A-\lambda E$ は逆行列をもたない。

なぜならば，逆行列 $(A-\lambda E)^{-1}$ が存在したとすると，①の両辺に左側から $(A-\lambda E)^{-1}$ をかけることにより $\boldsymbol{x}=\boldsymbol{0}$ となるからである。

よって，$(A-\lambda E)^{-1}$ が存在しないことから，行列式：$|A-\lambda E|=0$

すなわち，固有値 λ は $|A-tE|=0$ の解である。

固有ベクトルの求め方：

固有値 λ に対する固有ベクトル $\boldsymbol{x}$ は同次連立１次方程式

$$(A-\lambda E)\boldsymbol{x}=\boldsymbol{0}$$

を解けば求まる。

（例）　例題17－４で考えた行列 $A=\begin{pmatrix}4&2\\1&3\end{pmatrix}$ の固有値・固有ベクトルを求めてみよう。

$$|A-tE|=\begin{vmatrix}4-t&2\\1&3-t\end{vmatrix}=(4-t)(3-t)-2=t^2-7t+10=(t-2)(t-5)$$

よって，固有値は $\lambda=2,\ 5$

（ｉ）$\lambda=2$ に対する固有ベクトル

$(A-2E)\boldsymbol{x}=\boldsymbol{0}$ より，$\begin{pmatrix}2&2\\1&1\end{pmatrix}\begin{pmatrix}x\\y\end{pmatrix}=\begin{pmatrix}0\\0\end{pmatrix}$　　$\therefore\ x+y=0$

よって，固有ベクトルは $\begin{pmatrix}x\\y\end{pmatrix}=\begin{pmatrix}-a\\a\end{pmatrix}=a\begin{pmatrix}-1\\1\end{pmatrix}$ （ただし，$a\neq0$）

（ii）$\lambda=5$ に対する固有ベクトル

$(A-5E)\boldsymbol{x}=\boldsymbol{0}$ より，$\begin{pmatrix}-1&2\\1&-2\end{pmatrix}\begin{pmatrix}x\\y\end{pmatrix}=\begin{pmatrix}0\\0\end{pmatrix}$　　$\therefore\ x-2y=0$

よって，固有ベクトルは $\begin{pmatrix}x\\y\end{pmatrix}=\begin{pmatrix}2b\\b\end{pmatrix}=b\begin{pmatrix}2\\1\end{pmatrix}$ （ただし，$b\neq0$）

こうして得られた固有ベクトルを使って，対角化の行列 P を求めることができる。

例題 17－5（行列の n 乗②）

行列 $A=\begin{pmatrix} 3 & -2 \\ 1 & 0 \end{pmatrix}$ について次の問いに答えよ。

(1) x^n を x^2-3x+2 で割った余りを求めよ。　　(2) A^n を求めよ。

解説 行列 A の n 乗 A^n をケーリー・ハミルトンの定理を用いて求めることができる。このとき，整式の割り算も活用すことに注意しよう。したがって，整式の割り算を復習しておくことも大切である(第13章を参照)。

解答 (1) x^n を x^2-3x+2 で割った商を $g(x)$，余りを $px+q$ とすると

$$x^n=(x^2-3x+2)g(x)+px+q$$ ⬅ **除法の原理**

$$\therefore \quad x^n=(x-1)(x-2)g(x)+px+q$$

$x=1$ を代入すると，$p+q=1$ ……①

$x=2$ を代入すると，$2p+q=2^n$ ……②

②－① より，$p=2^n-1$

①×2－② より，$q=-2^n+2$

よって，求める余りは，$(2^n-1)x+(-2^n+2)$ ……〔答〕

(2) (1)の結果より

$$x^n=(x^2-3x+2)g(x)+(2^n-1)x+(-2^n+2)$$

これから次の等式が成り立つことが分かる。

$$A^n=(A^2-3A+2E)g(A)+(2^n-1)A+(-2^n+2)E$$

ところで，ケーリー・ハミルトンの定理より

$$A^2-3A+2E=O$$

であるから

$$\begin{aligned} A^n&=(2^n-1)A+(-2^n+2)E \\ &=(2^n-1)\begin{pmatrix} 3 & -2 \\ 1 & 0 \end{pmatrix}+(-2^n+2)\begin{pmatrix} 1 & 0 \\ 0 & 1 \end{pmatrix} \\ &=\begin{pmatrix} 2^{n+1}-1 & -2^{n+1}+2 \\ 2^n-1 & -2^n+2 \end{pmatrix} \end{aligned}$$ ……〔答〕

類題 17－5

解答は p. 242

行列 $A=\begin{pmatrix} 0 & 1 \\ -1 & 2 \end{pmatrix}$ について次の問いに答えよ。

(1) x^n を x^2-2x+1 で割った余りを求めよ。　　(2) A^n を求めよ。

例題 17 − 6（行列の n 乗③）

行列 $A=\begin{pmatrix}1 & -1\\ 1 & 3\end{pmatrix}$ について次の問いに答えよ。

(1)　$A=kE+N,\ N^2=O$ を満たす $k,\ N$ を求めよ。　(2)　A^n を求めよ。

解説　A^n の計算にはいろいろな方法がある。ここでは二項定理（第19章を参照）を利用した計算を練習しよう。

解答　(1)　$A=kE+N$ より，$N=A-kE=\begin{pmatrix}1-k & -1\\ 1 & 3-k\end{pmatrix}$

$$\therefore\quad N^2=\begin{pmatrix}1-k & -1\\ 1 & 3-k\end{pmatrix}\begin{pmatrix}1-k & -1\\ 1 & 3-k\end{pmatrix}$$

$$=\begin{pmatrix}(1-k)^2-1 & -(1-k)-(3-k)\\ (1-k)+(3-k) & -1+(3-k)^2\end{pmatrix}=\begin{pmatrix}k(k-2) & 2(k-2)\\ -2(k-2) & (k-2)(k-4)\end{pmatrix}$$

よって，$N^2=O$ とすると，$k=2,\ N=\begin{pmatrix}-1 & -1\\ 1 & 1\end{pmatrix}$　……〔答〕

(2)　二項定理を使うと

$$A^n=(2E+N)^n=\sum_{k=0}^{n}{}_n\mathrm{C}_k(2E)^{n-k}N^k\quad(\because\quad 2E\cdot N=N\cdot 2E)$$

$$=(2E)^n+{}_n\mathrm{C}_1(2E)^{n-1}N+{}_n\mathrm{C}_2(2E)^{n-2}N^2+\cdots+N^n$$

$$=(2E)^n+{}_n\mathrm{C}_1(2E)^{n-1}N\quad(\because\quad N^2=O)$$

$$=2^nE+n\cdot 2^{n-1}N$$

$$=2^n\begin{pmatrix}1 & 0\\ 0 & 1\end{pmatrix}+n\cdot 2^{n-1}\begin{pmatrix}-1 & -1\\ 1 & 1\end{pmatrix}$$

$$=\begin{pmatrix}2^n & 0\\ 0 & 2^n\end{pmatrix}+\begin{pmatrix}-n\cdot 2^{n-1} & -n\cdot 2^{n-1}\\ n\cdot 2^{n-1} & n\cdot 2^{n-1}\end{pmatrix}$$

$$=\begin{pmatrix}(2-n)\cdot 2^{n-1} & -n\cdot 2^{n-1}\\ n\cdot 2^{n-1} & (2+n)\cdot 2^{n-1}\end{pmatrix}$$　……〔答〕

類題 17 − 6

解答は p. 242

行列 $A=\begin{pmatrix}1 & -3\\ 2 & 6\end{pmatrix}$ について次の問いに答えよ。

(1)　$3P+4Q=A,\ P+Q=E$ を満たす $P,\ Q$ を求めよ。

(2)　$P^2,\ Q^2,\ PQ$ および QP を計算せよ。

(3)　A^n を求めよ。

例題 17 − 7（行列の n 乗④）

次の行列 A について，A^2, A^3, … を調べることにより A^n を求めよ。

(1) $A=\begin{pmatrix} 2 & 1 \\ 0 & 2 \end{pmatrix}$　　(2) $A=\begin{pmatrix} 0 & -1 \\ 1 & 0 \end{pmatrix}$

解説　最後にもう少しいろいろな A^n の求め方を練習しておこう。

解答　(1) A^2, A^3, … を計算してみると次を得る。

$$A^2=\begin{pmatrix} 4 & 4 \\ 0 & 4 \end{pmatrix},\ A^3=\begin{pmatrix} 8 & 12 \\ 0 & 8 \end{pmatrix},\ A^4=\begin{pmatrix} 16 & 32 \\ 0 & 16 \end{pmatrix},\ A^5=\begin{pmatrix} 32 & 80 \\ 0 & 32 \end{pmatrix}$$

そこで，$A^n=\begin{pmatrix} 2^n & n\cdot 2^{n-1} \\ 0 & 2^n \end{pmatrix}$ ……（＊）と予想する。

この予想が正しいことを数学的帰納法で証明する。

（Ⅰ）$n=1$ のとき

明らかに（＊）は成り立つ。

（Ⅱ）$n=k$ のとき（＊）が成り立つとすると

$n=k+1$ のとき

$$A^{k+1}=A^k\cdot A=\begin{pmatrix} 2^k & k\cdot 2^{k-1} \\ 0 & 2^k \end{pmatrix}\begin{pmatrix} 2 & 1 \\ 0 & 2 \end{pmatrix}=\begin{pmatrix} 2^{k+1} & (k+1)\cdot 2^k \\ 0 & 2^{k+1} \end{pmatrix}$$

すなわち，$n=k$ で成り立つなら，$n=k+1$ でも成り立つ。

（Ⅰ），（Ⅱ）より，すべての自然数 n に対して（＊）は成り立つ。

以上より，$A^n=\begin{pmatrix} 2^n & n\cdot 2^{n-1} \\ 0 & 2^n \end{pmatrix}$ ……〔答〕

(2) A^2, A^3, A^4, … を計算してみると次を得る。

$$A^2=\begin{pmatrix} -1 & 0 \\ 0 & -1 \end{pmatrix},\ A^3=\begin{pmatrix} 0 & 1 \\ -1 & 0 \end{pmatrix},\ A^4=\begin{pmatrix} 1 & 0 \\ 0 & 1 \end{pmatrix}=E$$

よって

$$A^{2m}=\begin{pmatrix} (-1)^m & 0 \\ 0 & (-1)^m \end{pmatrix},\ A^{2m-1}=\begin{pmatrix} 0 & (-1)^m \\ (-1)^{m-1} & 0 \end{pmatrix}$$ ……〔答〕

類題 17 − 7

解答は p. 243

次の行列 A について，A^2, A^3, … を調べることにより A^n を求めよ。

(1) $A=\begin{pmatrix} 0 & 2 \\ 1 & 0 \end{pmatrix}$　　(2) $A=\begin{pmatrix} 0 & 1 \\ -1 & -1 \end{pmatrix}$

第18章

1 次 変 換

要　項

18. 1　1次変換

座標平面から座標平面への **1次変換**とは次のように行列によって表される変換 $f:(x,\ y)\to(x',\ y')$ のことである。

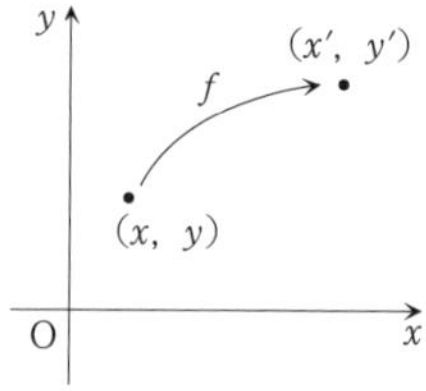

$$\begin{pmatrix} x' \\ y' \end{pmatrix}=A\begin{pmatrix} x \\ y \end{pmatrix} \quad \text{あるいは} \quad \begin{pmatrix} x' \\ y' \end{pmatrix}=\begin{pmatrix} a & b \\ c & d \end{pmatrix}\begin{pmatrix} x \\ y \end{pmatrix}$$

明らかに1次変換は次の**線形性**を満たす。

① $f(\vec{a}+\vec{b})=f(\vec{a})+f(\vec{b})$　　② $f(k\vec{a})=kf(\vec{a})$

(注)　①，②を1つにまとめて次のように書くこともある。

$$f(k\vec{a}+l\vec{b})=kf(\vec{a})+lf(\vec{b})$$

18. 2　1次変換の例

$$A\begin{pmatrix} p \\ r \end{pmatrix}=\begin{pmatrix} p' \\ r' \end{pmatrix} \text{ かつ } A\begin{pmatrix} q \\ s \end{pmatrix}=\begin{pmatrix} q' \\ s' \end{pmatrix} \text{ ならば，} A\begin{pmatrix} p & q \\ r & s \end{pmatrix}=\begin{pmatrix} p' & r' \\ r' & s' \end{pmatrix}$$

であることに注意すると，次の1次変換を表す行列はただちに分かる。

回転

$$A\begin{pmatrix} 1 \\ 0 \end{pmatrix}=\begin{pmatrix} \cos\theta \\ \sin\theta \end{pmatrix},\ A\begin{pmatrix} 0 \\ 1 \end{pmatrix}=\begin{pmatrix} -\sin\theta \\ \cos\theta \end{pmatrix} \text{ より，} A=\begin{pmatrix} \cos\theta & -\sin\theta \\ \sin\theta & \cos\theta \end{pmatrix}$$

x 軸に関する対称移動

$$A\begin{pmatrix} 1 \\ 0 \end{pmatrix}=\begin{pmatrix} 1 \\ 0 \end{pmatrix},\ A\begin{pmatrix} 0 \\ 1 \end{pmatrix}=\begin{pmatrix} 0 \\ -1 \end{pmatrix} \text{ より，} A=\begin{pmatrix} 1 & 0 \\ 0 & -1 \end{pmatrix}$$

y 軸に関する対称移動

$$A\begin{pmatrix} 1 \\ 0 \end{pmatrix}=\begin{pmatrix} -1 \\ 0 \end{pmatrix},\ A\begin{pmatrix} 0 \\ 1 \end{pmatrix}=\begin{pmatrix} 0 \\ 1 \end{pmatrix} \text{ より，} A=\begin{pmatrix} -1 & 0 \\ 0 & 1 \end{pmatrix}$$

原点に関する対称移動

$$A\begin{pmatrix} 1 \\ 0 \end{pmatrix}=\begin{pmatrix} -1 \\ 0 \end{pmatrix},\ A\begin{pmatrix} 0 \\ 1 \end{pmatrix}=\begin{pmatrix} 0 \\ -1 \end{pmatrix} \text{ より，} A=\begin{pmatrix} -1 & 0 \\ 0 & -1 \end{pmatrix}$$

例題 18 − 1（1次変換）

平面上の2点 $(1,\ 1)$，$(1,\ -1)$ が1次変換 f によって，それぞれ点 $(1,\ 4)$，$(3,\ -2)$ に移された。このとき，以下の問いに答えよ。

(1) f を表す行列を求めよ。

(2) 点 $(-1,\ 2)$ は f によってどのような点に移されるか。

解説 座標平面から座標平面への変換 $f:(x,\ y)\to(x',\ y')$ が行列を用いて

$$\begin{pmatrix} x' \\ y' \end{pmatrix}=A\begin{pmatrix} x \\ y \end{pmatrix} \qquad \text{ただし，} A=\begin{pmatrix} a & b \\ c & d \end{pmatrix}$$

で与えられるとき，変換 f を**1次変換**という。

1次変換 f は次の**線形性**という性質を満たす。

① $f(\vec{a}+\vec{b})=f(\vec{a})+f(\vec{b})$　　② $f(k\vec{a})=kf(\vec{a})$

解答 (1) 1次変換 f を表す行列を A とすると，2点 $(1,\ 1)$，$(1,\ -1)$ が1次変換 f によって，それぞれ点 $(1,\ 4)$，$(3,\ -2)$ に移ることから

$$A\begin{pmatrix} 1 \\ 1 \end{pmatrix}=\begin{pmatrix} 1 \\ 4 \end{pmatrix},\ A\begin{pmatrix} 1 \\ -1 \end{pmatrix}=\begin{pmatrix} 3 \\ -2 \end{pmatrix} \qquad \therefore\ A\begin{pmatrix} 1 & 1 \\ 1 & -1 \end{pmatrix}=\begin{pmatrix} 1 & 3 \\ 4 & -2 \end{pmatrix}$$

ここで

$$\begin{pmatrix} 1 & 1 \\ 1 & -1 \end{pmatrix}^{-1}=\frac{1}{-2}\begin{pmatrix} -1 & -1 \\ -1 & 1 \end{pmatrix}=\frac{1}{2}\begin{pmatrix} 1 & 1 \\ 1 & -1 \end{pmatrix}$$

であるから

$$A=\begin{pmatrix} 1 & 3 \\ 4 & -2 \end{pmatrix}\begin{pmatrix} 1 & 1 \\ 1 & -1 \end{pmatrix}^{-1}=\begin{pmatrix} 1 & 3 \\ 4 & -2 \end{pmatrix}\frac{1}{2}\begin{pmatrix} 1 & 1 \\ 1 & -1 \end{pmatrix}$$

$$=\frac{1}{2}\begin{pmatrix} 4 & -2 \\ 2 & 6 \end{pmatrix}=\begin{pmatrix} 2 & -1 \\ 1 & 3 \end{pmatrix} \quad \cdots\cdots〔答〕$$

(2) $A\begin{pmatrix} -1 \\ 2 \end{pmatrix}=\begin{pmatrix} 2 & -1 \\ 1 & 3 \end{pmatrix}\begin{pmatrix} -1 \\ 2 \end{pmatrix}=\begin{pmatrix} -4 \\ 5 \end{pmatrix}$ より

点 $(-1,\ 2)$ は f により点 $(-4,\ 5)$ に移る。 ……〔答〕

類題 18 − 1

解答は p. 243

平面上の2点 $(2,\ 1)$，$(1,\ 2)$ が1次変換 f によって，それぞれ点 $(3,\ 1)$，$(1,\ 3)$ に移された。このとき，以下の問いに答えよ。

(1) f を表す行列を求めよ。

(2) 点 $(5,\ 4)$ は f によってどのような点に移されるか。

例題 18 － 2（回転と対称変換）

(1)　原点を中心とする 30° 回転によって点 (2, −4) はどのような点に移るか。

(2)　直線 $y=2x$ に関する対称変換によって点 (1, 1) はどのような点に移るか。

解 説　原点を中心とする回転や原点を通る直線に関する対称移動は 1 次変換である。1 次変換を表す行列を求めるには，適当な点の移動の様子をチェックしてみるとよい。たとえば，原点を中心とする θ 回転を表す 1 次変換を f とし，f を表す行列を A とする。2 点 (1, 0), (0, 1) は 1 次変換 f によって，それぞれ点 $(\cos\theta,\ \sin\theta)$, $(-\sin\theta,\ \cos\theta)$ に移るから

$$A\begin{pmatrix}1\\0\end{pmatrix}=\begin{pmatrix}\cos\theta\\\sin\theta\end{pmatrix},\quad A\begin{pmatrix}0\\1\end{pmatrix}=\begin{pmatrix}-\sin\theta\\\cos\theta\end{pmatrix}$$

$$\therefore\quad A=A\begin{pmatrix}1&0\\0&1\end{pmatrix}=\begin{pmatrix}\cos\theta&-\sin\theta\\\sin\theta&\cos\theta\end{pmatrix}$$

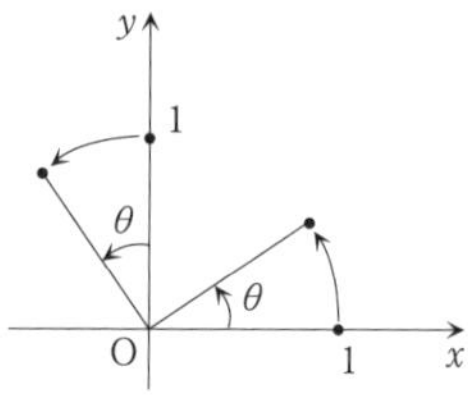

解 答　(1)　$\begin{pmatrix}\cos30^\circ&-\sin30^\circ\\\sin30^\circ&\cos30^\circ\end{pmatrix}\begin{pmatrix}2\\-4\end{pmatrix}$

$$=\frac{1}{2}\begin{pmatrix}\sqrt{3}&-1\\1&\sqrt{3}\end{pmatrix}\begin{pmatrix}2\\-4\end{pmatrix}=\begin{pmatrix}\sqrt{3}+2\\1-2\sqrt{3}\end{pmatrix}$$

よって，点 $(\sqrt{3}+2,\ 1-2\sqrt{3})$ に移る。……〔答〕

(2)　直線 $y=2x$ に関する対称変換 f を表す行列を A とする。

2 点 (1, 2), (2, −1) はそれぞれ点 (1, 2), (−2, 1) に移るから

$$A\begin{pmatrix}1\\2\end{pmatrix}=\begin{pmatrix}1\\2\end{pmatrix},\quad A\begin{pmatrix}2\\-1\end{pmatrix}=\begin{pmatrix}-2\\1\end{pmatrix}\qquad\therefore\quad A\begin{pmatrix}1&2\\2&-1\end{pmatrix}=\begin{pmatrix}1&-2\\2&1\end{pmatrix}$$

$$\therefore\quad A=\begin{pmatrix}1&-2\\2&1\end{pmatrix}\begin{pmatrix}1&2\\2&-1\end{pmatrix}^{-1}=\begin{pmatrix}1&-2\\2&1\end{pmatrix}\frac{1}{5}\begin{pmatrix}1&2\\2&-1\end{pmatrix}=\frac{1}{5}\begin{pmatrix}-3&4\\4&3\end{pmatrix}$$

これより，$A\begin{pmatrix}1\\1\end{pmatrix}=\frac{1}{5}\begin{pmatrix}-3&4\\4&3\end{pmatrix}\begin{pmatrix}1\\1\end{pmatrix}=\frac{1}{5}\begin{pmatrix}1\\7\end{pmatrix}$

よって，点 $\left(\frac{1}{5},\ \frac{7}{5}\right)$ に移る。……〔答〕

類題 18 － 2　解答は p. 243

(1)　正三角形 OPQ において，P(1, 2) であるとき点 Q を求めよ。

(2)　直線 $y=mx$ に関する対称変換を表す行列を求めよ。

例題 18 − 3（1次変換と曲線①）

行列 $A=\begin{pmatrix} 1 & -2 \\ -3 & 6 \end{pmatrix}$ で表される1次変換 f によって，次の図形はどのような図形に移されるか。

(1)　直線 $4x-y-1=0$　　(2)　直線 $x-2y+3=0$　　(3)　放物線 $y=x^2$

解説　1次変換によって，平面上の曲線はどのような図形に移されるだろうか。いくつかの具体例を調べてみよう。

解答　(1)　直線 $4x-y-1=0$ 上の任意の点を $(t,\ 4t-1)$ とおく。

$$\begin{pmatrix} x' \\ y' \end{pmatrix}=A\begin{pmatrix} t \\ 4t-1 \end{pmatrix}=\begin{pmatrix} 1 & -2 \\ -3 & 6 \end{pmatrix}\begin{pmatrix} t \\ 4t-1 \end{pmatrix}=\begin{pmatrix} -7t+2 \\ 21t-6 \end{pmatrix}$$

よって，$y'=-3x'$（$x'=-7t+2$ は任意の実数値をとり得る。）

したがって，求める図形は，直線 $y=-3x$　……〔答〕

(2)　直線 $x-2y+3=0$ 上の任意の点を $(2t-3,\ t)$ とおく。

$$\begin{pmatrix} x' \\ y' \end{pmatrix}=A\begin{pmatrix} 2t-3 \\ t \end{pmatrix}=\begin{pmatrix} 1 & -2 \\ -3 & 6 \end{pmatrix}\begin{pmatrix} 2t-3 \\ t \end{pmatrix}=\begin{pmatrix} -3 \\ 9 \end{pmatrix}$$

よって，$(x',\ y')=(-3,\ 9)$

したがって，求める図形は，1点 $(-3,\ 9)$　……〔答〕

(3)　放物線 $y=x^2$ 上の任意の点を $(t,\ t^2)$ とおく。

$$\begin{pmatrix} x' \\ y' \end{pmatrix}=A\begin{pmatrix} t \\ t^2 \end{pmatrix}=\begin{pmatrix} 1 & -2 \\ -3 & 6 \end{pmatrix}\begin{pmatrix} t \\ t^2 \end{pmatrix}=\begin{pmatrix} -2t^2+t \\ 6t^2-3t \end{pmatrix}$$

よって，$y'=-3x'$

ただし

$$x'=-2t^2+t=-2\left(t-\frac{1}{4}\right)^2+\frac{1}{8}\leqq\frac{1}{8}$$

であることに注意すると，求める図形は

半直線 $y=-3x$ $\left(x\leqq\dfrac{1}{8}\right)$　……〔答〕

類題 18 − 3

解答は p. 244

行列 $A=\begin{pmatrix} -2 & 3 \\ 4 & -6 \end{pmatrix}$ で表される1次変換 f によって，次の図形はどのような図形に移されるか。

(1)　直線 $3x-4y-1=0$　　(2)　直線 $2x-3y+4=0$　　(3)　円 $x^2+y^2=1$

例題 18 − 4（1次変換と曲線②）

次の曲線 $x^2+xy+y^2=6$ を原点のまわりに $45°$ 回転して得られる曲線の方程式を求め，その曲線の概形を図示せよ。

解説　1次変換を利用することにより，曲線を自由に回転させてその形状を調べることができる。本問の計算の仕方と例題 18 − 3 の計算の仕方の違いに注意して，2つの方法を自由に使いこなせるようにしよう。

解答　曲線 $x^2+xy+y^2=6$ 上の点 $(x,\ y)$ を原点のまわりに $45°$ 回転した点を $(X,\ Y)$ とすると

$$\begin{pmatrix} X \\ Y \end{pmatrix}=\begin{pmatrix} \cos 45° & -\sin 45° \\ \sin 45° & \cos 45° \end{pmatrix}\begin{pmatrix} x \\ y \end{pmatrix}$$

$$\therefore\quad \begin{pmatrix} x \\ y \end{pmatrix}=\begin{pmatrix} \cos(-45°) & -\sin(-45°) \\ \sin(-45°) & \cos(-45°) \end{pmatrix}\begin{pmatrix} X \\ Y \end{pmatrix}=\frac{1}{\sqrt{2}}\begin{pmatrix} 1 & 1 \\ -1 & 1 \end{pmatrix}\begin{pmatrix} X \\ Y \end{pmatrix}$$

よって，$x=\dfrac{X+Y}{\sqrt{2}}$，$y=\dfrac{-X+Y}{\sqrt{2}}$

これを $x^2+xy+y^2=6$ に代入すると

$$\left(\frac{X+Y}{\sqrt{2}}\right)^2+\frac{X+Y}{\sqrt{2}}\cdot\frac{-X+Y}{\sqrt{2}}+\left(\frac{-X+Y}{\sqrt{2}}\right)^2=6$$

$$\therefore\quad (X+Y)^2+(X+Y)(-X+Y)+(-X+Y)^2=12$$

$$X^2+2XY+Y^2+Y^2-X^2+X^2-2XY+Y^2=12$$

$$X^2+3Y^2=12$$

$$\therefore\quad \frac{X^2}{12}+\frac{Y^2}{4}=1$$

よって，曲線 $x^2+xy+y^2=6$ を原点のまわりに $45°$ 回転して得られる曲線は

楕円 $\dfrac{x^2}{12}+\dfrac{y^2}{4}=1$

であり，その概形は図のようになる。

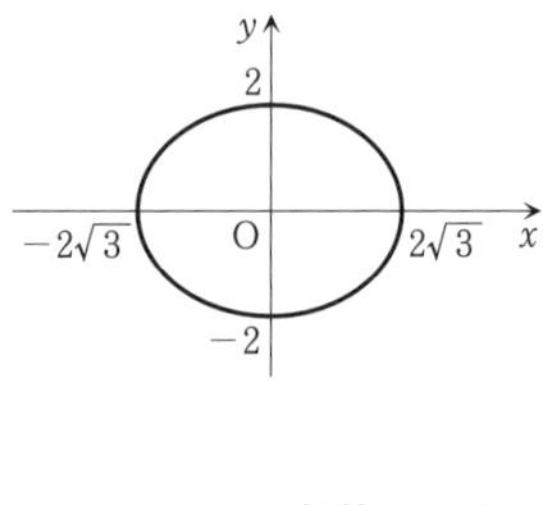

類題 18 − 4

解答は p. 244

次の曲線を原点のまわりに（　　）に示した角だけ回転して得られる曲線の方程式を求め，その曲線の概形を図示せよ。

(1)　$3x^2-2\sqrt{3}xy+y^2-2x-2\sqrt{3}y=0$　$(30°)$

(2)　$5x^2-22xy+5y^2=48$　$(45°)$

例題 18 − 5（不動直線）

行列 $A=\begin{pmatrix}6&1\\5&2\end{pmatrix}$ で表される1次変換 f によって，自分自身に移される直線をすべて求めよ。

解説 与えられた1次変換によって動かない直線（不動直線）を求めることは重要な問題である。

解答 求める直線が y 軸に平行かどうかで場合分けして調べる。

（i） 求める直線が y 軸に平行な場合；

求める直線を $x=k$ とおく。

直線 $x=k$ 上の任意の点を $(k,\ t)$ とすると

$$\begin{pmatrix}x'\\y'\end{pmatrix}=A\begin{pmatrix}k\\t\end{pmatrix}=\begin{pmatrix}6&1\\5&2\end{pmatrix}\begin{pmatrix}k\\t\end{pmatrix}=\begin{pmatrix}6k+t\\5k+2t\end{pmatrix}$$

よって，$x'=6k+t$ は一定ではないから，直線 $x=k$ は不適。

（ii） 求める直線が y 軸に平行でない場合；

求める直線を $y=ax+b$ とおく。

直線 $y=ax+b$ 上の任意の点を $(t,\ at+b)$ とすると

$$\begin{pmatrix}x'\\y'\end{pmatrix}=A\begin{pmatrix}t\\at+b\end{pmatrix}=\begin{pmatrix}6&1\\5&2\end{pmatrix}\begin{pmatrix}t\\at+b\end{pmatrix}=\begin{pmatrix}(6+a)t+b\\(5+2a)t+2b\end{pmatrix}$$

そこで，点 $((6+a)t+b,\ (5+2a)t+2b)$ がまた直線 $y=ax+b$ 上の点であるとすると

$$(5+2a)t+2b=a\{(6+a)t+b\}+b$$

$$\therefore\quad (a^2+4a-5)t+(ab-b)=0$$

$$(a-1)(a+5)t+(a-1)b=0$$

これがすべての t について成り立つための条件は

$[a=-5$ かつ $b=0]$　または　$[a=1$　(b は任意)$]$

以上より，求める直線は

$y=-5x$　および　$y=x+b$　（b は任意）　……〔答〕

（注） $x'=(6+a)t+b$ より確かに像は直線全体である。

類題 18 − 5

解答は p. 245

行列 $A=\begin{pmatrix}2&1\\6&1\end{pmatrix}$ で表される1次変換 f によって，自分自身に移される直線をすべて求めよ。

総合演習④　図形の方程式・行列と1次変換

解答は p. 266〜270

●図形の方程式

1　次の2直線がある。

$$l : \frac{x-3}{2}=\frac{y-1}{-1}=\frac{z-5}{1}, \quad m : \frac{x-2}{1}=\frac{y+1}{2}=\frac{z+1}{3}$$

(1)　2直線 l, m は同一平面上にないことを示せ。

(2)　l, m の両方に垂直に交わる直線の方程式を求めよ。

2　xyz 空間において，3点 A(1, 3, 1), B(2, 4, 3), C(3, −3, −1) を通る平面を α とする。

(1) 平面 α の方程式を求めよ。

(2) 点 P(1, 1, 1) からの距離が5であり，平面 α に平行な平面の方程式を求めよ。

(3)　(2)で求めた平面に接し，点Pを中心とする球面を S とする。平面 α と球面 S が交わってできる円の中心の座標と半径を求めよ。

3　xyz 空間に，4点 P(−1, 1, 1), Q(−1, 2, 2), R(0, 2, 0), S(1, −1, −1) がある。このとき，次の問いに答えよ。

(1)　ベクトル $\overrightarrow{\mathrm{PQ}}$, $\overrightarrow{\mathrm{PR}}$ のなす角を求めよ。

(2)　3点P, Q, Rを通る平面の方程式を求めよ。

(3)　点Sから，3点P, Q, Rを通る平面に下ろした垂線の足を点Hとする。ベクトル $\overrightarrow{\mathrm{SH}}$ を求めよ。

(4)　三角錐PQRSの体積を求めよ。

4　平面極座標系 (r, θ) において

$$r=\frac{1}{1+\varepsilon\cos\theta} \quad (\text{ただし，} \varepsilon \text{ は0または正の定数})$$

と表される曲線がある。以下の問いに答えよ。

(1)　この曲線の式をデカルト直交座標系 (x, y) で表せ。

(2)　定数 ε が以下の値のときの曲線の名称を答えよ。

(a)　$\varepsilon=0$　　(b)　$0<\varepsilon<1$　　(c)　$\varepsilon=1$　　(d)　$\varepsilon>1$

●行列と１次変換

5　$A=\begin{pmatrix} a & b \\ c & d \end{pmatrix}$，$A^2=O$ とする。

(1)　$a+d=0$，$ad-bc=0$ となることを示せ。

(2)　$A \fallingdotseq O$ のとき，$X^2=A$ を満たす行列 X は存在しないことを示せ。

6　n を自然数とし，$A=\begin{pmatrix} 2 & 1 \\ 1 & 2 \end{pmatrix}$，$A^n=\begin{pmatrix} a_n & b_n \\ c_n & d_n \end{pmatrix}$ とする。

(1)　a_{n+1}，b_{n+1} をそれぞれ a_n，b_n で表せ。　　(2)　A^n を求めよ。

7　$A=\begin{pmatrix} 4 & 1 \\ -1 & 2 \end{pmatrix}$ とするとき

(1)　$(A-kE)^2=O$ を満たす実数 k を求めよ。　　(2)　A^n を求めよ。

8　行列 A，B を $A=\begin{pmatrix} a-b & -b \\ b & a+b \end{pmatrix}$，$B=\begin{pmatrix} -b & -b \\ b & b \end{pmatrix}$ によって定める。ただし，a，b は定数で $b \fallingdotseq 0$ とする。行列 A および B で表される１次変換をそれぞれ f，g とする。また，点 P(1，2) の g による像を Q とし，点 P を通り，方向ベクトルが $\overrightarrow{\mathrm{OQ}}$ である直線を l とする。ただし，O は原点を表す。

(1)　点 Q の g による像を求めよ。

(2)　点 P の f による像 R が直線 l 上にあれば，$a=1$ であることを示せ。

(3)　$a=1$ のとき，直線 l 上のすべての点は f により l 上に移ることを示せ。

9　O を原点とする座標平面において，２次正方行列 A の表す１次変換を f とする。点 (1，0) を P とし，Q$=f$(P)，R$=f$(Q) とおくとき $\overrightarrow{\mathrm{OP}}+\overrightarrow{\mathrm{OQ}}+\overrightarrow{\mathrm{OR}}=\vec{0}$ であるとする。

(1)　f(R)$=$P であることを証明せよ。

(2)　$A^2+A+E=O$ であることを証明せよ。

(3)　PQ の長さが $\sqrt{5}$ であり △PQR の面積が $\dfrac{3}{2}$ であるとき，行列 A をすべて求めよ。

第19章

場合の数

要　項

19. 1　集合

集合と要素　ある条件を満たすものの集まりを考えたとき，その集まりを**集合**という。集合に属する各々をその集合の**要素**または**元**という。a が集合 A の要素であることを $a \in A$ と表す。a が集合 A の要素でないときは $a \notin A$ と表す。

集合の包含関係　集合 A の要素がすべて集合 B に属するとき，A は B に含まれるといい，$A \subset B$ と表す。$A=B$ とは，$A \subset B$ かつ $B \subset A$ のことである。

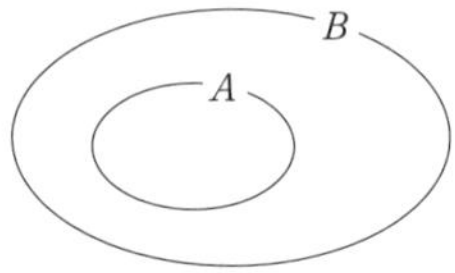

和集合と共通部分　2つの集合 A と B に対して，和集合 $A \cup B$ と共通部分 $A \cap B$ を次のように定める。
$A \cup B$：2つの集合 A と B の少なくとも一方に属する要素の全体
$A \cap B$：2つの集合 A と B のどちらにも属する要素の全体

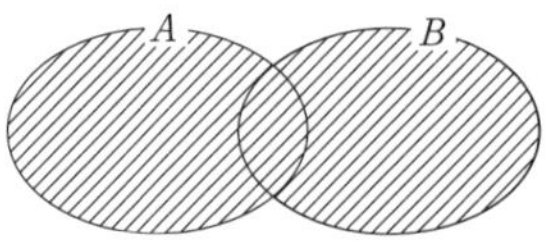

$A \cup B$

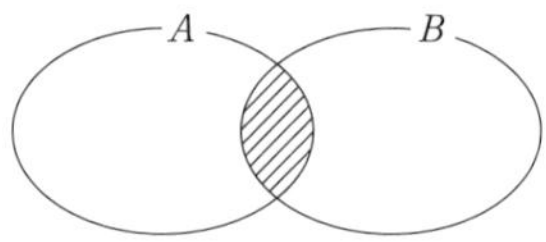

$A \cap B$

空集合　「要素を1つももたない集合」を**空集合**といい，ϕ と表す。
補集合　ある全体集合 U の部分集合 A に対して，U の要素の中で A に属さない要素の全体を A の**補集合**といい，$\overline{A}$ と表す。
次の公式も図を考えてみれば明らかである。

[公式]　$\overline{A \cup B}=\overline{A} \cap \overline{B}$，$\overline{A \cap B}=\overline{A} \cup \overline{B}$

19. 2 集合の要素の個数

集合 A の要素の個数を $n(A)$ で表す。要素の個数に関して次が成り立つ。

［公式］ $n(A\cup B)=n(A)+n(B)-n(A\cap B)$

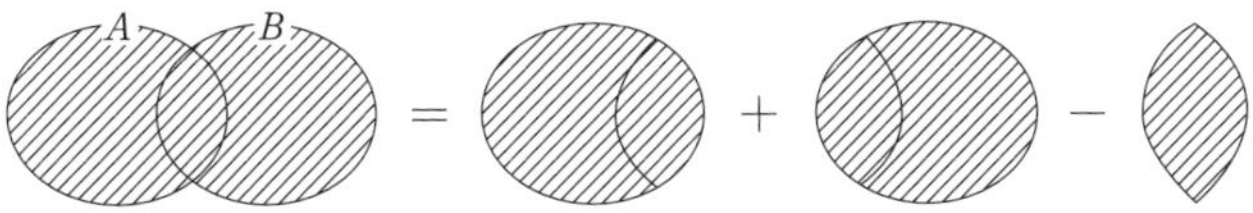

［公式］ $n(A\cup B\cup C)=n(A)+n(B)+n(C)$
$-n(A\cap B)-n(B\cap C)-n(C\cap A)$
$+n(A\cap B\cap C)$

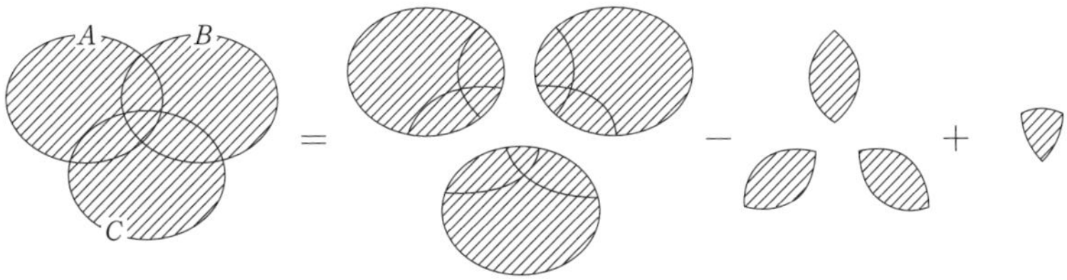

19. 3 順列

異なる n 個のものから r 個選んで並べる方法の総数を ${}_n\mathrm{P}_r$ と表す。

$$
\begin{aligned}
{}_n\mathrm{P}_r &= n(n-1)(n-2)\cdots(n-r+1)\\
&= \frac{n(n-1)(n-2)\cdots(n-r+1)\cdot(n-r)\cdots 3\cdot 2\cdot 1}{(n-r)\cdots 3\cdot 2\cdot 1}\\
&= \frac{n!}{(n-r)!}
\end{aligned}
$$

［公式］ （同じものを含む順列）

n 個のうち，同じものがそれぞれ p 個，q 個，r 個，… あるとき，この n 個を並べる方法の総数は次の式で与えられる。

$$\frac{n!}{p!q!r!\cdots}$$

（例） A，A，A，B，B，C，D の 7 個のものを 1 列に並べる方法は

$$
\begin{aligned}
\frac{7!}{3!2!} &= \frac{7\cdot 6\cdot 5\cdot 4}{2\cdot 1}\\
&= 7\cdot 6\cdot 5\cdot 2 = 420 \text{（通り）}
\end{aligned}
$$
□

19. 4　組合せ

異なる n 個のものから r 個選ぶ方法の総数を ${}_nC_r$ と表す。

$${}_nP_r = {}_nC_r \cdot r! \text{ より，} {}_nC_r = \frac{{}_nP_r}{r!}$$

すなわち

$${}_nC_r = \frac{n(n-1)(n-2)\cdots(n-r+1)}{r!}$$

$$= \frac{n(n-1)(n-2)\cdots(n-r+1)\cdot(n-r)\cdots3\cdot2\cdot1}{r!\cdot(n-r)\cdots3\cdot2\cdot1} = \frac{n!}{r!(n-r)!}$$

［公式］　${}_nC_r = {}_nC_{n-r}$　　　（例）　${}_7C_5 = {}_7C_2 = 21$

［公式］　${}_nC_r = {}_{n-1}C_{r-1} + {}_{n-1}C_r$

解 説　n 人から r 人を選ぶ方法は ${}_nC_r$ 通り。

特定の A 君を含む場合が ${}_{n-1}C_{r-1}$ 通りで，A 君を含まない場合が ${}_{n-1}C_r$ 通りある。よって，${}_nC_r = {}_{n-1}C_{r-1} + {}_{n-1}C_r$ が成り立つ。

19. 5　二項定理

次に示す二項定理は極めて応用範囲の広い重要公式である。

［公式］（二項定理）

$$(a+b)^n = \sum_{k=0}^{n} {}_nC_k a^{n-k} b^k$$

$$= a^n + {}_nC_1 a^{n-1} b + {}_nC_2 a^{n-2} b^2 + \cdots + b^n$$

解 説　$a^{n-k}b^k$ の係数は少し考えてみれば分かる。展開式に $a^{n-k}b^k$ の項が何個現れるかは，1 番目の括弧から n 番目の括弧のうち，k 個の括弧から b を選ぶ選び方の数 ${}_nC_k$ だけ考えられる。つまり，$a^{n-k}b^k$ の係数は ${}_nC_k$ である。あるいは，k 個の b と $n-k$ 個の a の並べ方の数だけ，すなわち，同じものを含む順列で，$\dfrac{n!}{k!(n-k)!}$ 個だけ $a^{n-k}b^k$ の項が現れると考えてもよい。

$\left(\text{注：}\dfrac{n!}{k!(n-k)!} = {}_nC_k \text{ である。}\right)$

二項定理の理屈が理解できれば，次の多項定理が成り立つことも理解できる。

［公式］（多項定理）

たとえば，$(a+b+c)^n$ の展開式において，$a^p b^q c^r$ の係数は次で与えられる。

$$\frac{n!}{p!q!r!}$$

例題 19 － 1（場合の数）

⑴　A，B，C の 3 文字を並べる方法は何通りあるか。樹形図を利用して求めよ。

⑵　A，A，B，C の 4 文字を 1 列に並べる方法は何通りあるか。樹形図を利用して求めよ。

解説　樹形図は場合の数の計算において最も重要なものである。実際，場合の数の計算は樹形図を念頭に置いて計算していくのである。

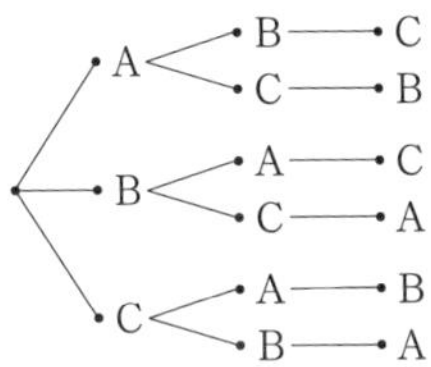

解答　⑴　樹形図を描くと右図のようになり

6 通りである。 ……〔答〕

（注）　右図の樹形図は均等な枝分かれをしているため，次のような計算によって枝分かれの本数を計算できる。

$3\times2\times1=6$（通り）

通常これを $3!=6$ と書き表す。

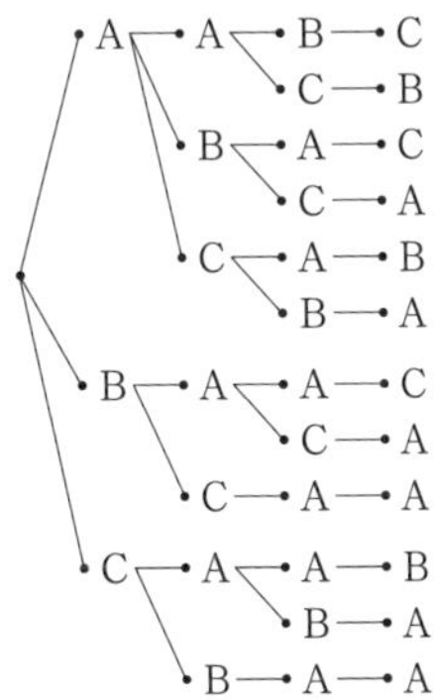

⑵　樹形図を描くと右図のようになり

12 通りである。 ……〔答〕

（注）　のちに“同じものを含む順列”の計算で学ぶように，通常これを

$$\frac{4!}{2!}=12\text{（通り）}$$

と計算する。

【参考】　確率を苦手とする人が非常に多いので少し注意しておこう。重要なことは，このような計算を自分の言葉で完全に説明できるようになることである。確率が苦手になる原因は単純明快である。すなわち，根本的に意味を理解していないことが苦手の原因である。意味も分からないまま単に上の(注)に書いたようにさらりと計算していたのでは確率が得意になるなど当然期待することはできない。1つ1つきちんと意味を理解しながら計算していくならば，確率は得意になるのである。

類題 19 － 1

解答は p. 246

100 円硬貨，50 円硬貨，10 円硬貨を用いて 300 円を支払う方法は何通りあるか。ただし，用いない硬貨があってもよい。

例題 19 － 2（順列）

0，1，2，3，4，5 の 6 つの数字を用いて 3 桁の整数をつくる。次の問いに答えよ。ただし，同じ数字を 2 回以上使うことはできない。

(1)　3 桁の整数は全部で何通りできるか。

(2)　そのうち 5 の倍数は何通りできるか。

解説　場合の数の計算式を立てるときには，「何が何通り」の「何が」のところをきちんと把握していることが絶対に必要である。確率が苦手な人は何となく「何通り」と式を掛け算でつないでいくのであるが，こんなことをいくら練習しても確率ができるようにはならない。

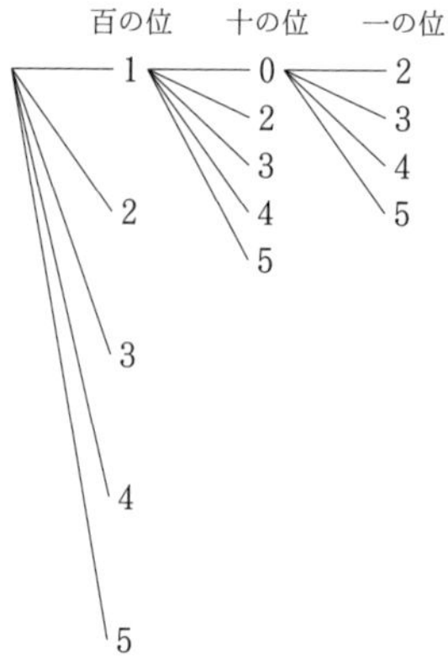

解答　(1)　百の位に 0 を使えないことに注意。

樹形図の概略を描くと右図のようになり

$5\times5\times4=100$（通り）　……〔答〕

すなわち

・百の位が 5 通り（0 が使えないから）

その各々の場合に対して

・十の位が 5 通り（5 つの数字が残っている）

また，その各々の場合に対して

・一の位が 4 通り

以上より，$5\times5\times4=100$（通り）

(2)　一の位が 0 か 5 であれば 5 の倍数である。

樹形図の概略を描くと右図のようになる。

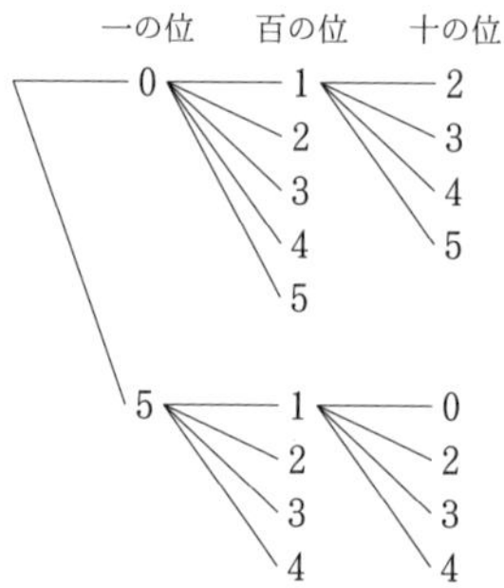

（i）　一の位に 0 を使った場合

$5\times4=20$（通り）

（ii）　一の位に 5 を使った場合

$4\times4=16$（通り）

よって，求める場合の数は

$20+16=36$（通り）　……〔答〕

類題 19 － 2　解答は p. 246

0，1，2，3，4，5 の 6 つの数字を用いて 3 桁の整数をつくる。次の問いに答えよ。ただし，同じ数字を 2 回以上使うことはできない。

(1)　偶数は何通りできるか。　　(2)　4 の倍数は何通りできるか。

(3)　3 の倍数は何通りできるか。

例題 19 － 3（同じものを含む順列）

A，A，A，B，C の 5 文字を 1 列に並べる方法は何通りあるか。

解説 同じものを含む順列の計算を理解することは確率が得意になるための重要なステップの 1 つである。

樹形図を描いてみれば分かるように，対応する樹形図は不均等な枝分かれを引き起こし，掛け算による単純な 1 つの計算式では計算できないように見える。

たとえば，1 番目にどの文字を置くかは A，B，C の 3 通り考えられるが，樹形図の枝分かれが不均等であるため，3×… と計算を続けることはできない。

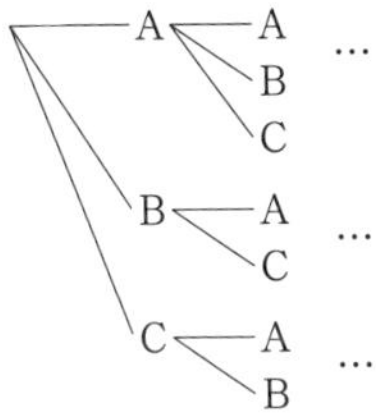

解答 A，A，A，B，C の 5 文字を 1 列に並べる方法を x（通り）とする。

A_1，A_2，A_3，B，C の 5 文字を並べる方法は

5!（通り）

これと x との関係について考えてみる。

3 つの A を区別した方は，A，A，A，B，C の 5 文字を 1 列に並べた 1 つの並べ方に対して 3!（通り）の並べ方が対応する。

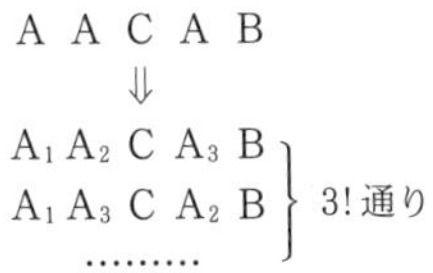

したがって，A_1，A_2，A_3，B，C の 5 文字を並べる問題の樹形図は，A，A，A，B，C の 5 文字を並べる樹形図をさらに引き続き枝分かれさせたものとして理解できる。

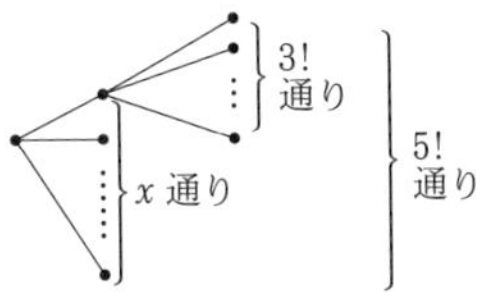

こうして，$x\times 3!=5!$ の関係が成り立つ。

$$\therefore\quad x=\frac{5!}{3!}=5\cdot 4=20\text{（通り）}$$ ……〔答〕

（注）“同じものを含む順列”の計算式の意味が理解できたならば，以後

$\dfrac{5!}{3!}=5\cdot 4=20$（通り） と単純に計算を進めてかまわない。

類題 19 － 3

解答は p. 246

A，A，B，C，D，E の 6 文字を 1 列に並べる。

(1) 並べ方は全部で何通りあるか。

(2) B，C，D については，C は B よりも右，D は C よりも右にあるような並べ方は何通りあるか。

例題 19 － 4（円順列）

赤玉 1 個，白玉 2 個，青玉 3 個を円に並べる方法は何通りあるか。

解説　円順列も同じものを含む順列と同様，単純な計算式が書けないように見える。なぜならば，円に並べられた 6 つの場所の各々には固有の区別がないからである。

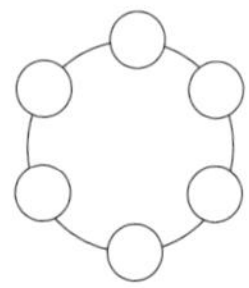

もしこれが 1 列に並べられた 6 つの場所であれば，左から順に 1 番目の場所，2 番目の場所，… というように，場所そのものに固有の区別がある。したがって，1 番目が 6 通り，2 番目が 5 通り，… というように計算が可能となる。

円順列の場合，場所そのものに固有の区別がないために，計算を開始することができない。もし，場所そのものに固有の区別があると誤解して計算すると，“別物と思っていた並べ方”が，くるりと回転してみると実は“同じ並べ方”だったということも起こる（図参照）。

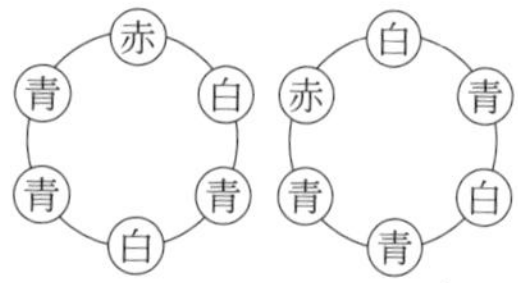

円順列の計算では，場所そのものに固有の区別を作り出すことが課題となる。あるいは同じことであるが，回転を防ぐことが課題となる。そして，この課題は“いけにえ”を出すことで解決される。

解答　赤玉 1 個をとってきて場所を固定する。すると，残った 5 つの場所には図のように，①②③④⑤と場所そのものに固有の区別が生じる。①から⑤までの場所に“1 列に”

　白玉 2 個，青玉 3 個

を並べればよい。

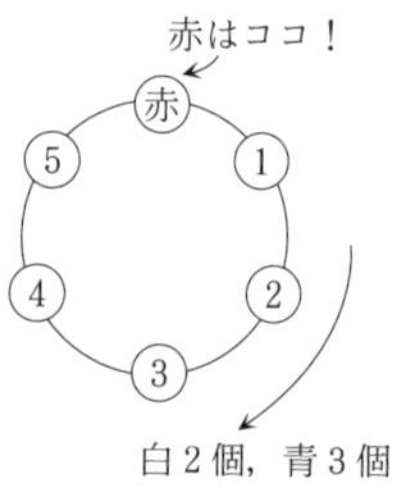

よって，求める場合の数は

$$\frac{5!}{2!\cdot 3!}=10\ (\text{通り})\quad\cdots\cdots〔答〕$$

類題 19 － 4

解答は p. 246

(1)　赤玉 1 個，白玉 1 個，青玉 4 個を円に並べる方法は何通りあるか。

(2)　赤玉 2 個，白玉 2 個，青玉 2 個を円に並べる方法は何通りあるか。

例題 19 − 5（組分けの問題）

6人を次のように分ける方法は何通りあるか。

(1) 1人，2人，3人に分ける。

(2) 2人のA組，2人のB組，2人のC組に分ける。

(3) 2人ずつ3組に分ける。

解説 組分けの問題も場合の数をよく理解するための重要な問題である。考え方はもうすでに学習済みである。

解答 (1) 1人，2人，3人に分ける；

$$\underset{\text{1人組に1人}}{{}_6C_1} \times \underset{\text{2人組に2人}}{{}_5C_2} \times \underset{\text{残りは3人組に}}{{}_3C_3} = 6\times10\times1 = 60\text{（通り）}$$ ……〔答〕

(2) 2人のA組，2人のB組，2人のC組に分ける；

$$\underset{\text{2人A組に2人}}{{}_6C_2} \times \underset{\text{2人B組に2人}}{{}_4C_2} \times \underset{\text{残りは2人C組に}}{{}_2C_2} = 15\times6\times1 = 90\text{（通り）}$$ ……〔答〕

(3) 2人ずつ3組に分ける；

この場合，(2)のように計算を行うことはできない。なぜならば「何が何通り」の「何が」が定まらないからである。

さて，2人ずつ3組に分ける方法をx（通り）とし，このx（通り）のうちの各々にA，B，Cのクラス名を付けるとすれば，3!（通り）のクラス名の付け方がある。

一方，2人のA組，2人のB組，2人のC組に分ける方法が

$${}_6C_2\times{}_4C_2\times{}_2C_2\text{（通り）}$$

であったから，次の関係が成り立つ。

$$x\times3! = {}_6C_2\times{}_4C_2\times{}_2C_2$$

$$\therefore\quad x = \frac{{}_6C_2\times{}_4C_2\times{}_2C_2}{3!}$$

$$= \frac{90}{6} = 15\text{（通り）}$$ ……〔答〕

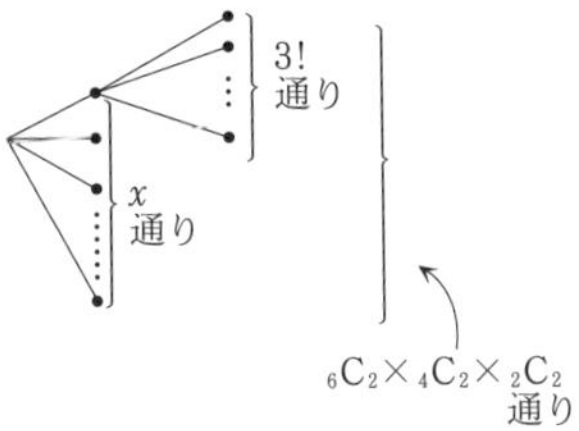

(注) 樹形図は右のようになっている。

類題 19 − 5

解答は p. 247

9人を次のように分ける方法は何通りあるか。

(1) 2人，3人，4人に分ける。　(2) 3人ずつ3組に分ける。

(3) 2人，2人，5人に分ける。

例題 19 − 6（分配の問題）

異なる6つの球を3人に配るとき，配り方は何通りあるか。次の各々の場合について答えよ。

(1)　1球ももらえない人がいてもよい。

(2)　全員少なくとも1球はもらえる。

解説　分配の問題も場合の数をよく理解するための重要な問題である。考え方はやはりもうすでに学習済みである。

解答　異なる6つの球①②③④⑤⑥を3人A，B，Cに配る。

(1)　1球ももらえない人がいてもよい。

球①から球⑥までを順に配っていけばよいから

$3\times3\times\cdots\times3=3^6=729$（通り）　……〔答〕

(2)　全員少なくとも1球はもらえる。

(1)で考えた場合から，“1人だけに配った場合”，“2人だけに配った場合”を引けばよいから

$3^6-3-{}_3C_2\times(2^6-2)$

$=729-3-3\times62=540$（通り）　……〔答〕

（注）　樹形図を見て“2人だけに配る”方法の計算をよく理解しよう。

3人のうちのどの2人に配るのかで

${}_3C_2$（通り）。

その2人に球①から球⑥までを配る配り方は，1人にだけ配ってしまう場合を差し引いて

$2^6-2=62$（通り）。

したがって，“2人だけに配る”方法は

${}_3C_2\times(2^6-2)=3\times62=186$（通り）。

樹形図を使えるようになること!!

“2人だけに配る”

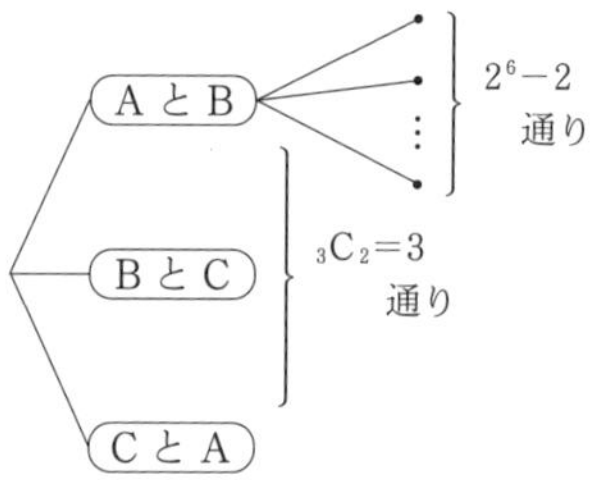

類題 19 − 6　解答は p. 247

同じ6つの球を3人に配るとき，配り方は何通りあるか。次の各々の場合について答えよ。

(1)　1球ももらえない人がいてもよい。

(2)　全員少なくとも1球はもらえる。

例題 19 − 7（場合の数と漸化式）

全部で n 段ある階段を上る上り方は何通りあるか。ただし，上り方は1段または1段飛ばしの2通りが選択できるとする。

解説 場合の数や確率の問題で，漸化式を応用する問題がある。この場合，漸化式を立てることおよび漸化式が解けることが必要である。

解答 求める場合の数を a_n（通り）とする。

明らかに，$a_1=1$，$a_2=2$ である。

次に，n 段目に到着するには，次の2つの場合がある。

（i） $n-1$ 段目に到着して，次に1段上がって n 段目に到着する。

（ii） $n-2$ 段目に到着して，次に1段とばしで n 段目に到着する。

よって，$a_n=a_{n-1}+a_{n-2}$

したがって，問題は次の3項間漸化式の問題に帰着された。 ⬅ 第3章参照

$$a_1=1,\ a_2=2,\ a_{n+2}-a_{n+1}-a_n=0$$

$t^2-t-1=0$ を解くと，$t=\dfrac{1\pm\sqrt{5}}{2}$ これを α，β とおく（$\alpha<\beta$）。

このとき漸化式は次のように変形できる。

$$a_{n+2}-\alpha a_{n+1}=\beta(a_{n+1}-\alpha a_n) \quad \cdots\cdots①$$

$$a_{n+2}-\beta a_{n+1}=\alpha(a_{n+1}-\beta a_n) \quad \cdots\cdots②$$

①より，$a_{n+1}-\alpha a_n=(a_2-\alpha a_1)\beta^{n-1}=(2-\alpha)\beta^{n-1}$ ……①′

②より，$a_{n+1}-\beta a_n=(a_2-\beta a_1)\alpha^{n-1}=(2-\beta)\alpha^{n-1}$ ……②′

①′−②′ より

$$(\beta-\alpha)a_n=(2-\alpha)\beta^{n-1}-(2-\beta)\alpha^{n-1}$$

よって

$$a_n=\frac{1}{\sqrt{5}}\left\{\left(\frac{3+\sqrt{5}}{2}\right)\left(\frac{1+\sqrt{5}}{2}\right)^{n-1}-\left(\frac{3-\sqrt{5}}{2}\right)\left(\frac{1-\sqrt{5}}{2}\right)^{n-1}\right\} \quad \cdots\cdots〔答〕$$

類題 19 − 7 解答は p. 247

n 枚の同じコインを1列に並べる。各コインは表，裏のどちらを上にして置くか2通りの置き方がある。裏のコインを2枚以上続けて並べることが許されないとき，n 枚のコインの並べ方は全部で何通りあるか。たとえば，1枚のときは表，裏の2通り，2枚のときは表表，表裏，裏表の3通りである（裏裏は条件を満たさない）。

例題 19 − 8（二項定理）

(1)　$\left(x^2+\dfrac{2}{x}\right)^6$ の展開式における x^3 の係数および定数項を求めよ。

(2)　等式 ${}_n\mathrm{C}_0+{}_n\mathrm{C}_1+{}_n\mathrm{C}_2+\cdots+{}_n\mathrm{C}_n=2^n$ を証明せよ。

解説　二項定理は広い応用をもつ重要公式である。

［公式］（二項定理）

$$(a+b)^n=\sum_{k=0}^{n}{}_n\mathrm{C}_k a^{n-k}b^k$$
$$=a^n+{}_n\mathrm{C}_1a^{n-1}b+{}_n\mathrm{C}_2a^{n-2}b^2+\cdots+b^n$$

【参考】　大学の微分積分で習う n 次導関数に関する“ライプニッツの公式”は二項定理とそっくりなので見た瞬間に覚えてしまう。

［公式］（ライプニッツの公式）

$$(f\cdot g)^{(n)}=\sum_{k=0}^{n}{}_n\mathrm{C}_k f^{(n-k)}g^{(k)}$$
$$=f^{(n)}g+{}_n\mathrm{C}_1f^{(n-1)}g'+{}_n\mathrm{C}_2f^{(n-2)}g''+\cdots+fg^{(n)}$$

解答　(1)　二項定理より，一般項は

$${}_6\mathrm{C}_k(x^2)^{6-k}\left(\frac{2}{x}\right)^k={}_6\mathrm{C}_kx^{12-2k}\cdot\frac{2^k}{x^k}={}_6\mathrm{C}_k\cdot2^kx^{12-3k}$$

$12-3k=3$ とすると $k=3$ であるから，x^3 の項は

$${}_6\mathrm{C}_3\cdot2^3x^3=20\cdot8x^3=160x^3$$

よって，x^3 の係数は，160　……〔答〕

また，$12-3k=0$ とすると $k=4$ であるから，定数項は

$${}_6\mathrm{C}_4\cdot2^4=15\cdot16=240$$　……〔答〕

(2)　二項定理より

$$(1+x)^n={}_n\mathrm{C}_0+{}_n\mathrm{C}_1x+{}_n\mathrm{C}_2x^2+\cdots+{}_n\mathrm{C}_nx^n$$

$x=1$ を代入すると

$$2^n={}_n\mathrm{C}_0+{}_n\mathrm{C}_1+{}_n\mathrm{C}_2+\cdots+{}_n\mathrm{C}_n$$

類題 19 − 8　解答は p. 248

(1)　$\left(2x^4-\dfrac{1}{x}\right)^{10}$ の展開式における x^5 の係数および定数項を求めよ。

(2) 次の等式を証明せよ。

(a)　${}_n\mathrm{C}_0-{}_n\mathrm{C}_1+{}_n\mathrm{C}_2-\cdots+(-1)^n\,{}_n\mathrm{C}_n=0$

(b)　${}_n\mathrm{C}_1+2\,{}_n\mathrm{C}_2+3\,{}_n\mathrm{C}_3+\cdots+n\,{}_n\mathrm{C}_n=n\cdot2^{n-1}$

集中ゼミ 5　背　理　法

数学における重要な証明法に**背理法**がある。背理法とは，ある命題を証明するために，その命題が成り立たないと仮定して矛盾を導き，よって元の命題は成り立つと結論する論法である。

［例題］ $\sqrt{2}$ は無理数であることを証明せよ。

（証明） $\sqrt{2}$ は無理数でない，すなわち有理数であると仮定する。
このとき，$\sqrt{2}$ は次のように表すことができる。

$$\sqrt{2}=\frac{p}{q}\quad（ただし，p,\ q\ は互いに素である自然数）$$

（**注**：“互いに素”とは１以外に正の公約数をもたないことをいう。）

$$\therefore\quad 2=\frac{p^2}{q^2}\qquad\therefore\quad p^2=2q^2\quad\cdots\cdots①$$

①より，p^2 は偶数である。したがって p も偶数である。
そこで，$p=2k$ とおけて，これを①に代入すると

$$(2k)^2=2q^2\qquad\therefore\quad q^2=2k^2$$

よって，q^2 は偶数である。したがって q も偶数である。
以上より，p，q はともに偶数となり，p，q が互いに素であることに矛盾する。このような矛盾が生じたのは，$\sqrt{2}$ が無理数でないと仮定したからである。すなわち，$\sqrt{2}$ は無理数である。 □

命題 $p\to q$ に対して，基本的な用語を確認しておく。

逆　：$q\to p$

裏　：$\overline{p}\to\overline{q}$　（p でないならば，q でない。）

対偶：$\overline{q}\to\overline{p}$　（q でないならば，p でない。）

このうち特に注意しておきたいのは対偶である。対偶 $\overline{q}\to\overline{p}$ の真偽は元の命題 $p\to q$ の真偽と一致する。したがって，命題 $p\to q$ を証明する代わりにその対偶 $\overline{q}\to\overline{p}$ を証明してもよい。

練習問題 **解答は p. 280**

次の命題を証明せよ。

(1) $a(a-b+c)<0$ かつ $c(a+b-c)<0$ ならば，a と c は異符号である。

(2) a^2 が無理数ならば，a は無理数である。

(3) x，y は実数とする。$x^2>y$ かつ $x>y^2$ ならば，$x\fallingdotseq y$ である。

第20章

確　　　率

要　項

20. 1　確率

確率の定義　事象 A の起こる確率 $P(A)$ を次の式で定める。

$$P(A)=\frac{\text{事象 } A \text{ の起こる場合の数}}{\text{起こりうるすべての場合の数}}$$

ただし，全事象のどの根元事象も同様に確からしいものとする。

解説　上の確率の定義において「根元事象が同様に確からしい」という条件について注意すること。確率の計算においては，現実の場合の数そのものを計算するわけではない。根元事象が同様に確からしい“モデル”**（標本空間）**を考えて，それに対して場合の数を計算する。この確率の定義については，十分理解していない人が非常に多いので，ここでやや詳しめに解説しておこう。

たとえば，区別ができない2枚のコインを投げたとする。

このとき，起こり得るすべての場合の数は，現実には

2枚とも表，表と裏，2枚とも裏

の3通りであるが，誰でも知っているように，2枚とも表の確率は4分の1であって，3分の1ではない。いったい何をどう間違えたのだろうか？

正しい確率が求まらなかった理由は，3通りの根元事象が同様に確からしくはなかったからである。

根元事象が同様に確からしいモデルをつくるために，ここでは，区別できない2枚のコインに，たとえば1，2とでも印をつけて，区別できるように細工しておく。すると，起こり得るすべての場合の数は

（コイン1，コイン2）：(表，表)，(表，裏)，(裏，表)，(裏，裏)

の4通りとなり，2枚とも表の確率は4分の1と正しい確率が求まる。

確率の計算においては，根元事象が同様に確からしいモデルをつくるために，しばしば，同じもの，つまり区別ができないものに，何か細工を施して，区別ができるようにし，根元事象を均等化するという「下ごしらえ」をする。これが，よく耳にする「同じものでも区別して考える。」ということの意味である。

したがって，同じものでも区別して考えないこともある。「確率だから同じものでも区別する」だの，「神様には同じものでも区別がつく」だのといったことを言わないように。

20. 2　確率の基本性質

確率は次の性質を満たす。ただし，ϕ は空集合，U は全事象を表す。

(i)　$0 \leqq P(A) \leqq 1$　　特に，$P(\phi)=0$，$P(U)=1$

(ii)　2つの事象 A，B について次の関係が成り立つ。

$$P(A \cup B)=P(A)+P(B)-P(A \cap B)$$

特に，2つの事象 A と B が互いに排反（$A \cap B=\phi$）ならば

$$P(A \cup B)=P(A)+P(B)$$

（注）　$P(A)$ を計算する際，余事象の確率 $P(\overline{A})$ の方が簡単に求まるなら

$$P(A)=1-P(\overline{A})$$

によって $P(A)$ を求めるのがよい。

20. 3　条件付確率と乗法定理

条件付確率　事象 A が起こったもとで事象 B が起こる確率を $P_A(B)$ で表す。

乗法定理　$P(A \cap B)=P(A) \cdot P_A(B)$

20. 4　事象の独立

$P_A(B)=P(B)$ が成り立つとき，2つの事象 A と B は互いに**独立**であるという。A と B が独立でないとき，A と B は互いに**従属**であるという。

[公式]　（独立試行の確率）　2つの事象 A と B が独立ならば

$$P(A \cap B)=P(A) \cdot P(B)$$

（証明）　$P_A(B)=P(B)$ と乗法定理より

$$P(A \cap B)=P(A) \cdot P_A(B)=P(A) \cdot P(B) \qquad \square$$

（注）　$P(A \cap B)=P(A) \cdot P(B)$ を独立の定義にしてもよい。

20. 5　確率変数の期待値

確率変数　ある試行の結果によってその値が定まり，各値に対してその値をとる確率が定まっているような変数を**確率変数**という。たとえば，サイコロの出た目など。

期待値　確率変数 X のとりうる値が a_1，a_2，…，a_n であるとき，X の**期待値** $E(X)$ を次のように定める。

$$\begin{aligned} E(X) &= \sum_{k=1}^{n} a_k \cdot P(X=a_k) \\ &= a_1 \cdot P(X=a_1)+a_2 \cdot P(X=a_2)+\cdots+a_n \cdot P(X=a_n) \end{aligned}$$

例題 20 − 1（確率の定義）

実力が互角の2人の将棋指しAとBが100万円の賞金を懸けて5番勝負（先に3勝した方が優勝）を行った。Aが2勝，Bが1勝したところで，ある事情によりこの5番勝負を中止しなければならなくなった。賞金の100万円をどのように分けるのが妥当であるか。ただし，勝負に引き分けはないものと仮定する。

解説　**確率の定義**　事象 A の起こる確率 を次の式で定める。

$$P(A)=\frac{\text{事象 }A\text{ の起こる場合の数}}{\text{起こりうるすべての場合の数}}$$

ただし，全事象のどの根元事象も同様に確からしいものとする。

解答　もしこの5番勝負が中止されることなく継続したとすれば，AとBが優勝する確率はそれぞれいくらになるかを計算する。その確率に比例して賞金を分けるのが妥当であろう。

すでに3試合が終了している。4試合目，5試合目の勝者，および優勝者を表に整理すると右のようになる。

	4試合目	5試合目	優勝者
①	A	(A)	A
②	A	(B)	A
③	B	A	A
④	B	B	B

4試合目にAが勝った場合も，5試合目も勝負したとして，根元事象が同様に確からしい4通りからなる“モデル”をつくる。この表より

Aが優勝する確率は $\frac{3}{4}$，　Bが優勝する確率は $\frac{1}{4}$

よって，賞金の100万円は次のように分けるのが妥当である。

Aが $100\times\frac{3}{4}=75$（万円），Bが $100\times\frac{1}{4}=25$（万円）　……〔答〕

（注）上の表を右のように整理すると3つの根元事象は同様に確からしくない。したがって，確率を間違って計算してしまう。

	4試合目	5試合目	優勝者
①	A	—	A
②	B	A	A
③	B	B	B

類題 20 − 1　解答は p. 248

赤，白，青の玉が2個ずつある。それら6個から2個を選んでAの箱に入れ，残り4個から2個を選んでBの箱に入れる。A，Bどちらの箱の2個も異なる色である確率を求めよ。

例題 20 − 2（確率の基本性質）

1つのサイコロを4回投げるとき，1の目も6の目も両方とも出る確率を求めよ。

解説 確率は次の性質を満たす。ただし，ϕ は空集合，U は全事象を表す。

(i) $0 \leqq P(A) \leqq 1$ 特に，$P(\phi)=0$，$P(U)=1$

(ii) 2つの事象 A，B について次の関係が成り立つ。

$$P(A \cup B)=P(A)+P(B)-P(A \cap B)$$

特に，2つの事象 A と B が互いに排反（$A \cap B=\phi$）ならば

$$P(A \cup B)=P(A)+P(B)$$

(注) $P(A)$ を計算する際，余事象の確率 $P(\overline{A})$ の方が簡単に求まるなら

$$P(A)=1-P(\overline{A})$$

によって $P(A)$ を求めるのがよい。

解答 1つのサイコロを4回投げるとき

1の目が出るという事象を A

6の目が出るという事象を B

とする。

求めたい確率は，$P(A \cap B)$ である。

余事象 $\overline{A \cap B}=\overline{A} \cup \overline{B}$ の確率を計算してみよう。 ⬅ **$A \cap B$ は考えにくい。**

$$P(\overline{A} \cup \overline{B})=P(\overline{A})+P(\overline{B})-P(\overline{A} \cap \overline{B})$$

であり

$$P(\overline{A})=\frac{5^4}{6^4},\ P(\overline{B})=\frac{5^4}{6^4},\ P(\overline{A} \cap \overline{B})=\frac{4^4}{6^4}$$

であるから

$$P(\overline{A} \cup \overline{B})=\frac{5^4}{6^4}+\frac{5^4}{6^4}-\frac{4^4}{6^4}=\frac{497}{648}$$

よって，求める確率は

$$P(A \cap B)=1-P(\overline{A \cap B})=1-\frac{497}{648}=\frac{151}{648}$$ ……〔答〕

類題 20 − 2 解答は p. 248

1つのサイコロを3回投げ，出た目の積を X とする。このとき，次の確率をそれぞれ求めよ。

(1) X は偶数　　(2) X は6の倍数

例題 20 － 3（事象の独立）

1つのサイコロを投げて，偶数の目が出るという事象をA，3以下の目が出るという事象をB，1または6の目が出るという事象をCとする。

(1)　AとBは独立であるか。　　(2)　AとCは独立であるか。

解説　条件付確率と事象の独立について確認しておこう。
事象Aが起こったもとで事象Bが起こる確率（**条件付確率**）を$P_A(B)$で表す。このとき，次の公式（**乗法定理**）が成り立つ。

$$P(A\cap B)=P(A)\cdot P_A(B)$$

また，$P_A(B)=P(B)$が成り立つとき，2つの事象AとBは互いに**独立**であるという。AとBが独立でないとき，AとBは互いに**従属**であるという。
明らかに，AとBが独立であることは次が成り立つことと同値である。

$$P(A\cap B)=P(A)\cdot P(B)$$

解答　3つの事象A，B，Cは

A：偶数の目が出るという事象

B：3以下の目が出るという事象

C：1または6の目が出るという事象

(1)　$P(A)=\frac{1}{2}$，$P(B)=\frac{1}{2}$

$P(A\cap B)$とは3以下の偶数，すなわち2の目が出る確率のことであるから

$$P(A\cap B)=\frac{1}{6}$$

よって，$P(A\cap B)\neq P(A)\cdot P(B)$であるから

AとBは独立ではない。……〔答〕

(2)　$P(A)=\frac{1}{2}$，$P(C)=\frac{1}{3}$

$P(A\cap C)$とは6の目が出る確率のことであるから

$$P(A\cap C)=\frac{1}{6}$$

よって，$P(A\cap C)=P(A)\cdot P(C)$であるから

AとCは独立である。……〔答〕

類題 20 － 3　解答は p. 249

硬貨をn回（$n\geqq 2$）投げて，表も裏も出るという事象をA，表が1回以下という事象をBとする。事象AとBが独立となるnはいくらか。

例題 20 − 4（独立試行の確率）

赤玉1個と白玉2個と青玉3個が入った袋から1個の玉を取り出し，色を調べてから元に戻すことを5回行う。このとき，赤玉が1回，白玉が2回，青玉が2回出る確率を求めよ。

解説 2つの事象 A と B が独立ならば次が成り立つ。

$$P(A\cap B)=P(A)\cdot P(B)$$

独立試行の確率はこの性質を使って計算することが多い。

解答 同じ色の玉でも区別をつけて考える。

袋から取り出す試行は毎回毎回独立である。

さて，赤玉，白玉，青玉が出る確率はそれぞれ，$\frac{1}{6}$，$\frac{1}{3}$，$\frac{1}{2}$ である。

そこで，赤が1回，白が2回，青が2回となる状況を表に整理してみる。

回	1	2	3	4	5	確率
	赤	白	白	青	青	$\frac{1}{6}\left(\frac{1}{3}\right)^2\left(\frac{1}{2}\right)^2$
	白	赤	青	青	白	$\frac{1}{6}\left(\frac{1}{3}\right)^2\left(\frac{1}{2}\right)^2$
			………			

この表の行数，すなわち起こり方の総数は「1個の赤，2個の白，2個の青の並べ方の総数」に等しいから，“同じものを含む順列”により

$$\frac{5!}{2!\cdot 2!}\ (\text{通り})$$

よって，求める確率は

$$\frac{5!}{2!\cdot 2!}\times\frac{1}{6}\left(\frac{1}{3}\right)^2\left(\frac{1}{2}\right)^2=30\times\frac{1}{6}\left(\frac{1}{3}\right)^2\left(\frac{1}{2}\right)^2=\frac{5}{36}$$ ……〔答〕

類題 20 − 4

解答は p. 249

図のような正六角形 ABCDEF がある。A をスタートして，コインを投げて頂点から頂点へ時計回りに移動するゲームを考える。表が出たら2つ進み，裏が出たら1つ進むとする。ちょうど A に止まったら「あがり」とし，「あがる」までゲームを続けるものとする。このとき次の確率を求めよ。

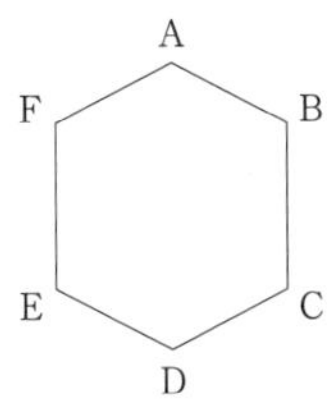

(1) ちょうど1周であがる確率　　(2) ちょうど2周であがる確率

例題 20 − 5（条件付確率）

ある日の朝，A 君は友人の B 君にメールを送った。次の日の朝，メールをチェックしたが B 君からの返事はなかった。B 君は毎日夜の 10 時ごろにメールをチェックしてただちに返信メールを送る習慣である。ただし，返信メールを送る確率は 90% であるが，10% の確率でメールのチェックを忘れる。A 君がメールを送った日の夜 B 君がメールのチェックを忘れた確率は約何%か。小数第 1 位を四捨五入して答えよ。

解説　事象 A が起こったもとで事象 B が起こる確率（**条件付確率**）を $P_A(B)$ で表す。このとき，次の公式（**乗法定理**）が成り立つ。

$$P(A\cap B)=P(A)\cdot P_A(B)$$

条件付確率は重要でかつ面白いところであるからしっかりと学習しよう。

解答　2 つの事象 E, F を次のように定める。

事象 E：B 君からの返信がない。

事象 F：B 君がメールのチェックを忘れる。

このとき，求める確率は，条件付確率 $P_E(F)$ である。

乗法定理より　$P(E\cap F)=P(E)\cdot P_E(F)$　であるから

$$P_E(F)=\frac{P(E\cap F)}{P(E)}$$

ここで

$$P(E\cap F)=P(F\cap E)=P(F)\cdot P_F(E)=\frac{1}{10}\cdot 1=\frac{1}{10}$$

$$P(E)=P(F\cap E)+P(\overline{F}\cap E)=\frac{1}{10}+\frac{9}{10}\cdot\frac{1}{10}=\frac{19}{100}$$

であるから　$P_E(F)=\dfrac{P(E\cap F)}{P(E)}=\dfrac{\frac{1}{10}}{\frac{19}{100}}=\dfrac{10}{19}=0.526\cdots$

よって，B 君がメールのチェックを忘れた確率は，約 53%　……〔答〕

類題 20 − 5　解答は p. 249

ジョーカーを除いたトランプ 52 枚の中から 1 枚のカードを抜き出し，表を見ないで箱にしまった。そして，残りのカードをよくきってから 3 枚抜き出したところ，3 枚ともダイヤであった。このとき，箱の中のカードがダイヤである確率を求めよ。

例題 20 − 6（漸化式と確率①）

1の目が出ているサイコロがある。このサイコロを等確率でいずれかの横の面の側に倒す。この操作を n 回繰り返したとき，1か6の目が出ている確率を求めよ。ただし，サイコロの反対側の面の目の和はいつも7である。

解説 確率の問題を考える上で漸化式の知識は必須である。具体例で考え方をしっかりと習得しよう。当然漸化式の解法は前提とする。

解答 求める確率を p_n とする。

はじめ1の目が出ていることから1回目の操作では1の目も6の目も出ない。

よって，$p_1=0$

$n+1$ 回目に1か6の目が出るのは，n 回目の操作で1の目も6の目も出ずに，次の操作で1か6の目が出る場合であるから

$$p_{n+1}=(1-p_n)\times\frac{1}{2}$$ ⬅1の目でも6の目でもない状態から1か6の目

$$\therefore\quad p_{n+1}=-\frac{1}{2}p_n+\frac{1}{2}\quad\cdots\cdots①$$

$$\alpha=-\frac{1}{2}\alpha+\frac{1}{2}\quad\cdots\cdots②$$ とおく。

①−② より　$p_{n+1}-\alpha=-\frac{1}{2}(p_n-\alpha)$

$$\therefore\quad p_n-\alpha=(p_1-\alpha)\left(-\frac{1}{2}\right)^{n-1}$$

$p_1=0$　また，②より $\alpha=\frac{1}{3}$ であるから

$$p_n-\frac{1}{3}=-\frac{1}{3}\left(-\frac{1}{2}\right)^{n-1}\qquad\therefore\quad p_n=\frac{1}{3}\left\{1-\left(-\frac{1}{2}\right)^{n-1}\right\}$$ ……〔答〕

類題 20 − 6 解答は p. 250

一直線上に先生と生徒たちが並んでいる。先頭にいる先生が右手か左手をあげると，その後ろに並ぶ生徒たちは自分のすぐ前の人があげた手を見て，$\frac{2}{3}$ の確率で同じ方の手を上げ，$\frac{1}{3}$ の確率で反対の方の手を上げる。このとき，n 番目の生徒が先生と同じ方の手をあげる確率を求めよ。

例題 20 － 7（漸化式と確率②）

1枚の硬貨を繰り返し投げて，表が2回続けて出たら終了するものとする。n 回投げて終了する確率を求めよ。

解説　確率の問題に登場する漸化式は，2項間漸化式の他に3項間漸化式や連立漸化式など様々な形がある。いろいろな形について練習しておこう。

解答　求める確率を p_n とする。次は明らかである。

$$p_1=0,\ p_2=\left(\frac{1}{2}\right)^2=\frac{1}{4}$$

さて，$n+2$ 回投げて終了する場合として，次が考えられる。

（i）　1回目に裏が出て，その後 $n+1$ 回投げて終了する

（ii）　1回目に表が出て，2回目に裏が出て，その後 n 回投げて終了する

よって，次の3項間漸化式が成り立つ。

$$p_{n+2}=\frac{1}{2}\times p_{n+1}+\frac{1}{2}\times\frac{1}{2}\times p_n \qquad \therefore\ \ p_{n+2}-\frac{1}{2}p_{n+1}-\frac{1}{4}p_n=0$$

$t^2-\dfrac{1}{2}t-\dfrac{1}{4}=0$ とすると，$4t^2-2t-1=0$　　$\therefore\ \ t=\dfrac{1\pm\sqrt{5}}{4}$

そこで，$\alpha=\dfrac{1-\sqrt{5}}{4}$，$\beta=\dfrac{1+\sqrt{5}}{4}$ とおくと，漸化式は次のように変形できる。

$$\begin{cases} p_{n+2}-\alpha p_{n+1}=\beta(p_{n+1}-\alpha p_n) & \cdots\cdots① \\ p_{n+2}-\beta p_{n+1}=\alpha(p_{n+1}-\beta p_n) & \cdots\cdots② \end{cases}$$

①より，$p_{n+1}-\alpha p_n=(p_2-\alpha p_1)\beta^{n-1}=\dfrac{1}{4}\beta^{n-1}$　……①′

②より，$p_{n+1}-\beta p_n=(p_2-\beta p_1)\alpha^{n-1}=\dfrac{1}{4}\alpha^{n-1}$　……②′

①′－②′ より，$(\beta-\alpha)p_n=\dfrac{1}{4}(\beta^{n-1}-\alpha^{n-1})$

$$\therefore\ \ p_n=\frac{1}{4(\beta-\alpha)}(\beta^{n-1}-\alpha^{n-1})$$

$$=\frac{1}{2\sqrt{5}}\left\{\left(\frac{1+\sqrt{5}}{4}\right)^{n-1}-\left(\frac{1-\sqrt{5}}{4}\right)^{n-1}\right\} \quad \cdots\cdots〔答〕$$

類題 20 － 7　解答は p. 250

サイコロを n 回投げるとき，1の目が偶数回出る確率を求めよ。

例題 20 − 8（無限等比級数と確率）

A，B の 2 人が，A，B の順で交互にサイコロを振り，直前の人が出した目と同じ目を出すと勝ちとする。A，B が勝つ確率をそれぞれ求めよ。

解説 確率の問題で無限等比級数もしばしば活躍する。なお，無限等比級数の公式は次の通りである。

［公式］ 無限等比級数

$$\sum_{n=0}^{\infty} a \cdot r^{n-1} = a + ar + ar^2 + \cdots + ar^{n-1} + \cdots$$

について

（i） $a=0$ のとき，r の値に関係なく収束して，和は 0

（ii） $a \neq 0$ のとき，$-1<r<1$ のときに限り収束して，和は $\dfrac{a}{1-r}$

解答 B が勝つ確率を求める。

直前の人と同じ目を出すことを○，異なる目を出すことを×で表すと，B が勝つのは次のような場合である。

A	B	A	B	A	B	A	B	A	B	………
−	○									
−	×	×	○							
−	×	×	×	×	○					
………										

よって，B が勝つ確率は

$$\frac{1}{6} + \left(\frac{5}{6}\right)^2 \cdot \frac{1}{6} + \left(\frac{5}{6}\right)^4 \cdot \frac{1}{6} + \cdots$$

$$= \sum_{n=0}^{\infty} \frac{1}{6}\left(\frac{5}{6}\right)^{2n} = \sum_{n=0}^{\infty} \frac{1}{6}\left(\frac{25}{36}\right)^{n} = \frac{\frac{1}{6}}{1-\frac{25}{36}} = \frac{6}{11}$$

したがって，A が勝つ確率は，$1-\dfrac{6}{11}=\dfrac{5}{11}$

以上より，A が勝つ確率は $\dfrac{5}{11}$，B が勝つ確率は $\dfrac{6}{11}$ ……〔答〕

類題 20 − 8 解答は p. 250

A，B，C の 3 人がこの順にサイコロを振って，最初に 1 の目を出した人を勝ちとする。A，B，C が勝つ確率をそれぞれ求めよ。

例題 20 − 9（期待値）

1個のサイコロを1回投げて，3以下の目が出たら100円，4または5の目が出たら400円，6の目が出たら1000円を受け取るゲームがある。ゲームの参加料が400円だという。この参加料400円を高いと考えるか安いと考えるか。

解説　期待値の問題は単に和の計算である。確率変数 X のとり得る値が a_1, a_2, …, a_n であるとき，X の**期待値（平均値）**$E(X)$ を次のように定める。

$$E(X)=a_1\cdot P(X=a_1)+a_2\cdot P(X=a_2)+\cdots+a_n\cdot P(X=a_n)$$

解答　ゲームに参加したとして受け取る金額を X 円とする。
X のとり得る値は，$X=100$, 400, 1000 である。
そこで，受け取る金額 X の期待値（期待金額）を計算すると

$$E(X)=100\times\frac{3}{6}+400\times\frac{2}{6}+1000\times\frac{1}{6}=\frac{300+800+1000}{6}=350$$

よって，（数学の問題用の答えとしては）参加料400円は高い。　……〔答〕

（注）　期待値に関連して次のようなバカげたことがしばしば平然と語られる。すなわち，「宝くじの賞金の期待値は宝くじの額面よりずっと低いのだから，宝くじを買うなど損である。」と。上にあげた例でさえ，実際には，参加料400円は高いとは言い切れない。仮に，このゲームの担当者がゲームを準備するのに要した労働分を計算に入れて，つまり労働に見合う報酬を考えて参加料を400円とし，一方，ゲーム参加者が“400円の所持金を1000円に増やす確率”を手に入れる対価として期待値との差額50円を妥当だと判断したのであれば，この参加料400円は高いとは言えない。

一般に，宝くじという商品の本質的部分は大金を手にする“確率”である。確率を売っているのである。期待値は原料費である。「“確率という商品”とお金を交換している」のであり，些末な影響を無視すればその交換は等価交換である。つまり，損も得もないのである。

類題 20 − 9　解答は p. 251

(1)　4人で1回だけジャンケンをする。このジャンケンにおける勝者の人数の期待値を求めよ。

(2)　1個のサイコロを，1の目が出るまで振り続けるとき，振る回数の期待値を求めよ。

集中ゼミ 6 整数の余りによる分類

整数を扱うときに，整数をある整数で割った余りで分類して調べることがよくある。これも具体例で説明しておこう。

［例題］ 整数 x, y, z が $x^2+y^2=z^2$ を満たすとき，x, y のうち少なくとも一方は 3 で割り切れることを示せ。

（解） まず一般に，平方数 n^2 を 3 で割るとどのような余りが出てくるのか，n を 3 で割った余りで分類して調べてみる。

（i） $n=3k$ のとき　**⬅n を 3 で割った余りが 0 のとき**

$n^2=(3k)^2=9k^2$　　よって，n^2 を 3 で割った余りは 0

（ii） $n=3k+1$ のとき　**⬅n を 3 で割った余りが 1 のとき**

$n^2=(3k+1)^2=9k^2+6k+1$

$=3(3k^2+2k)+1$　　よって，n^2 を 3 で割った余りは 1

（iii） $n=3k+2$ のとき　**⬅n を 3 で割った余りが 2 のとき**

$n^2=(3k+2)^2=9k^2+12k+4$

$=3(3k^2+4k+1)+1$　　よって，n^2 を 3 で割った余りは 1

以上より，平方数 n^2 を 3 で割った余りは次のようになる。

$\begin{cases} n \text{ が 3 の倍数のときは余りは } 0 \\ n \text{ が 3 の倍数でないときは余りは } 1 \end{cases}$

さて，もし x, y がともに 3 の倍数でないとすると，上で調べた結果から

$x^2=3p+1$, $y^2=3q+1$ （p, q は整数）

と表すことができるが，すると

$z^2=x^2+y^2=3(p+q)+2$

となり，平方数が 3 で割って 2 余ることになり，上で調べたことに反する。
よって，x, y のうち少なくとも一方は 3 で割り切れる。

（注） 本問題では（ii），（iii）を次のように 1 つにまとめてもよい。

$n=3k\pm1$ のとき

$n^2=(3k\pm1)^2=9k^2\pm6k+1$

$=3(3k^2\pm2k)+1$　　よって，n^2 を 3 で割った余りは 1

練習問題　解答は p. 281

n を 100 以下の自然数とする。n^2+n+1 が 3 で割り切れるような n は全部で何個あるか。

第21章 確率分布

要　項

21. 1　確率変数と確率分布

ある試行の結果によってその値が定まり，各値に対してその値をとる確率が定まっているような変量 X を**確率変数**という。確率変数がとびとびの値をとるとき**離散型確率変数**といい，連続的な値をとるとき**連続型確率変数**という。

（i）　離散型確率変数の場合

X	a_1　a_2　$\cdots$　a_n	計
P	p_1　p_2　$\cdots$　p_n	1

確率変数 X のとりうる値とその値をとる確率との対応関係を，X の**確率分布**または単に**分布**といい，確率変数 X はこの分布に**従う**という。

（ii）　連続型確率変数の場合

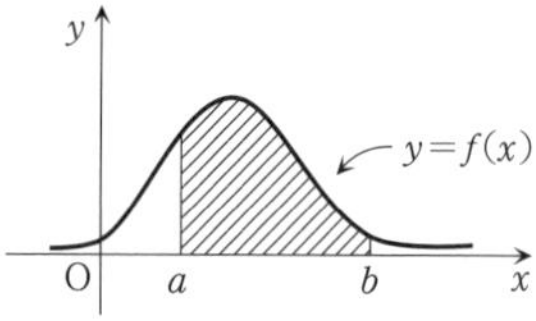

$$P(a \leqq X \leqq b)=\int_a^b f(x)\,dx$$

を満たす関数 $f(x)$ を X の**確率密度関数**という。

21. 2　確率変数の平均（期待値）・分散・標準偏差

（i）　離散型確率変数の場合

確率変数 X のとりうる値が a_1，a_2，$\cdots$，a_n とするとき

平均：$E(X)=\sum_{k=1}^{n} a_k \cdot P(X=a_k)$

分散：$V(X)=\sum_{k=1}^{n} (a_k-m)^2 \cdot P(X=a_k)$　ただし，$m=E(X)$

標準偏差：$\sigma_X=\sqrt{V(X)}$

（ii）　連続型確率変数の場合

平均：$E(X)=\int_{-\infty}^{\infty} x \cdot f(x)\,dx$

分散：$V(X)=\int_{-\infty}^{\infty} (x-m)^2 \cdot f(x)\,dx$　ただし，$m=E(X)$

標準偏差：$\sigma_X=\sqrt{V(X)}$

[公式]　$V(X)=E(X^2)-\{E(X)\}^2$

[公式]　確率変数 X について次の公式が成り立つ。

①　$E(aX+b)=aE(X)+b$　　　②　$V(aX+b)=a^2V(X)$

21. 3　二項分布と正規分布

二項分布　離散型確率変数 X が次の確率分布に従うとき，この分布を**二項分布**といい，$B(n,\ p)$ で表す。

$$P(X=k)={}_n\mathrm{C}_k\,p^k(1-p)^{n-k}\quad (0<p<1,\ k=0,\ 1,\ 2,\ \cdots,\ n)$$

[定理]　**(二項分布の平均と分散)**

確率変数 X が二項分布 $B(n,\ p)$ に従うとき

$$E(X)=np,\qquad V(X)=np(1-p)$$

正規分布　連続型確率変数 X の確率密度関数が

$$f(x)=\frac{1}{\sqrt{2\pi}\,\sigma}e^{-\frac{(x-m)^2}{2\sigma^2}}$$

$$=\frac{1}{\sqrt{2\pi}\,\sigma}\exp\left(-\frac{(x-m)^2}{2\sigma^2}\right)$$

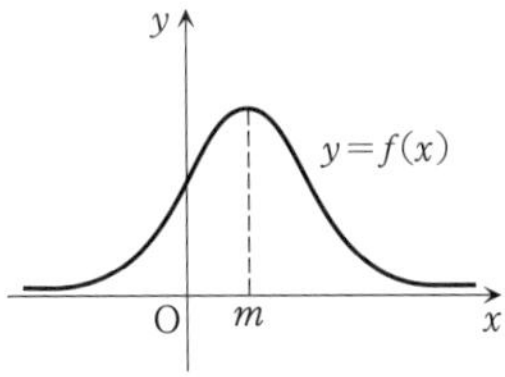

であるとき，この分布を**正規分布**といい，$N(m,\ \sigma^2)$ で表す。

(注)　**正規分布**は確率分布の王様である。その数学的根拠は**中心極限定理**（これについては第22章を参照）である。

[定理]　**(正規分布の平均と分散)**

確率変数 X が正規分布 $N(m,\ \sigma^2)$ に従うとき

$$E(X)=m,\ V(X)=\sigma^2$$

標準正規分布　平均0，標準偏差1の正規分布 $N(0,\ 1)$ を**標準正規分布**という。標準正規分布 $N(0,\ 1)$ に従う確率変数 Z に対して，$P(0\leqq Z\leqq u)$ の値を u の値ごとにまとめた表を**正規分布表**という。

[定理]　**(正規分布の標準化)**

確率変数 X が正規分布 $N(m,\ \sigma^2)$ に従うとき，$Z=\dfrac{X-m}{\sigma}$ とおくと Z は標準正規分布 $N(0,\ 1)$ に従う。

[定理]　**(ラプラスの定理，二項分布の正規近似)**

二項分布 $B(n,\ p)$ に従う確率変数 X は，n が十分大きいとき，近似的に，正規分布 $N(np,\ np(1-p))$ に従う。

21. 4　多変量の確率分布

（i）　離散型確率変数の場合

2つの離散型確率変数 X，Y について，X，Y のとりうる値が，それぞれ，a_1，a_2，…，a_m；b_1，b_2，…，b_n であるとする。

同時確率分布　とりうる値の組（a_k，b_l）と確率 $P(X=a_k,\ Y=b_l)$ の対応を X，Y の**同時確率分布**または**結合確率分布**という。

周辺確率分布　X のとりうる値 a_k と確率 $P(X=a_k)$ の対応を X の**周辺確率分布**といい，Y のとりうる値 b_l と確率 $P(Y=b_l)$ の対応を Y の**周辺確率分布**という。

（注）　明らかに次が成り立つ。

$$P(X=a_k)=\sum_{l=1}^{n}P(X=a_k,\ Y=b_l)$$

$$P(Y=b_l)=\sum_{k=1}^{m}P(X=a_k,\ Y=b_l)$$

確率変数の独立　X，Y が次を満たすとき，互いに**独立**であるという。

$$P(X=a_k,\ Y=b_l)=P(X=a_k)\cdot P(Y=b_l)$$

（ii）　連続型確率変数の場合

同時確率密度関数　2つの連続型確率変数 X，Y について

$$P(a\leqq X\leqq b,\ c\leqq Y\leqq d)=\int_a^b\int_c^d f(x,\ y)\,dx\,dy$$

を満たす $f(x,\ y)$ を X，Y の**同時確率密度関数**または**結合確率密度関数**いう。

周辺確率密度関数　X，Y の同時確率密度関数が $f(x,\ y)$ であるとき，X の**周辺確率密度関数** $f_1(x)$，Y **の周辺確率密度関数** $f_2(y)$ を次のように定める。

$$f_1(x)=\int_{-\infty}^{\infty}f(x,\ y)\,dy$$

$$f_2(y)=\int_{-\infty}^{\infty}f(x,\ y)\,dx$$

確率変数の独立　X，Y が次を満たすとき，互いに**独立**であるという。

$$f(x,\ y)=f_1(x)\cdot f_2(y)$$

離散型・連続型いずれの場合も次の公式が成り立つ。

［公式］　$E(X+Y)=E(X)+E(Y)$

［公式］　確率変数 X，Y が互いに独立ならば

①　$E(X\cdot Y)=E(X)\cdot E(Y)$　　　②　$V(X+Y)=V(X)+V(Y)$

例題 21 − 1（確率変数の平均と分散）

1から8までの整数をそれぞれ1個ずつ記した8枚のカードから無作為に4枚取り出す。取り出された4枚のカードに記されている数のうち最小の数を X とする。次の問いに答えよ。

(1) 確率変数 X の確率分布を求めよ。

(2) 確率変数 X の平均 $E(X)$，分散 $V(X)$ を求めよ。

解説 離散型確率変数の平均（期待値）・分散は次のように定義される。

確率変数 X のとりうる値が a_1, a_2, …, a_n とするとき

平均：$E(X)=\sum_{k=1}^{n} a_k \cdot P(X=a_k)$

分散：$V(X)=\sum_{k=1}^{n} (a_k-m)^2 \cdot P(X=a_k)$　ただし，$m=E(X)$

解答 (1) X のとりうる値は，1，2，3，4，5の5つである。

$P(X=1)=\frac{1}{2}$, $P(X=2)=\frac{2}{7}$, $P(X=3)=\frac{1}{7}$,

$P(X=4)=\frac{2}{35}$, $P(X=5)=\frac{1}{70}$

より，確率分布は右のようになる。

X	1	2	3	4	5	計
P	$\frac{1}{2}$	$\frac{2}{7}$	$\frac{1}{7}$	$\frac{2}{35}$	$\frac{1}{70}$	1

(2) 確率分布より

$$E(X)=1\cdot\frac{1}{2}+2\cdot\frac{2}{7}+3\cdot\frac{1}{7}+4\cdot\frac{2}{35}+5\cdot\frac{1}{70}=\frac{126}{70}=\frac{9}{5}$$ ……〔答〕

また

$$E(X^2)=1^2\cdot\frac{1}{2}+2^2\cdot\frac{2}{7}+3^2\cdot\frac{1}{7}+4^2\cdot\frac{2}{35}+5^2\cdot\frac{1}{70}=\frac{294}{70}=\frac{21}{5}$$

であるから，公式 $V(X)=E(X^2)-\{E(X)\}^2$ に注意すると

$$V(X)=E(X^2)-\{E(X)\}^2=\frac{21}{5}-\left(\frac{9}{5}\right)^2=\frac{24}{25}$$ ……〔答〕

類題 21 − 1

解答は p. 251

赤玉2個と白玉3個が入った箱がある。この箱から1個ずつ玉を取り出す。ただし，取り出した玉は元に戻さない。赤玉が2個取り出された時点でこの試行を終了するものとするとき，試行回数 X について次の問いに答えよ。

(1) 確率変数 X の確率分布を求めよ。

(2) 確率変数 X の平均 $E(X)$，分散 $V(X)$ を求めよ。

例題 21 − 2（多変量の確率分布）

1つの面に1，2つの面に2，3つの面に3が書かれたサイコロがある。このサイコロを2回振って，1回目に出た目の数を十の位，2回目に出た目の数を一の位として2桁の数 X をつくる。平均 $E(X)$ および分散 $V(X)$ を求めよ。

解説　確率変数 X，Y があるとき，次の公式が成り立つ。

［公式］　$E(X+Y)=E(X)+E(Y)$

［公式］　確率変数 X，Y が互いに独立ならば

①　$E(X\cdot Y)=E(X)\cdot E(Y)$　　②　$V(X+Y)=V(X)+V(Y)$

解答　1回目に出た目の数を X_1，2回目に出た目の数を X_2 とする。
このとき，$X=10X_1+X_2$ である。

ここで

$$E(X_1)=E(X_2)=1\cdot\frac{1}{6}+2\cdot\frac{2}{6}+3\cdot\frac{3}{6}=\frac{1+4+9}{6}=\frac{14}{6}=\frac{7}{3}$$

$$V(X_1)=V(X_2)=\left(1^2\cdot\frac{1}{6}+2^2\cdot\frac{2}{6}+3^2\cdot\frac{3}{6}\right)-\left(\frac{7}{3}\right)^2$$

$$=\frac{1+8+27}{6}-\frac{49}{9}=6-\frac{49}{9}=\frac{5}{9}$$

であるから

$$E(X)=E(10X_1+X_2)$$

$$=10\cdot E(X_1)+E(X_2)$$

$$=10\cdot\frac{7}{3}+\frac{7}{3}=\frac{77}{3}$$ ……〔答〕

また

$$V(X)=V(10X_1+X_2)$$

$$=V(10X_1)+V(X_2)$$ ⬅ X_1，X_2 が互いに独立

$$=10^2\cdot V(X_1)+V(X_2)$$

$$=10^2\cdot\frac{5}{9}+\frac{5}{9}=\frac{505}{9}$$ ……〔答〕

類題 21 − 2

解答は p. 252

1，1，2，2，3，3，4，4 の8枚のカードを無作為に1列に並べるとき，同じ数字のカードが X 組隣り合っているとする。確率変数 X の期待値 $E(X)$ を求めよ。

例題 21 − 3（二項分布）

1 枚の硬貨を 10 回投げるとき，表が出る回数を X とする。

(1) 表が何回出ることが最も起こりやすいか。

(2) X の確率分布を求めて，それをグラフで示せ。

解説 離散型確率変数 X が次の確率分布に従うとき，この分布を**二項分布**といい，$B(n,\ p)$ で表す。

$P(X=k)={}_n\mathrm{C}_k p^k(1-p)^{n-k}\quad (0<p<1,\ k=0,\ 1,\ 2,\ \cdots,\ n)$

［定理］（二項分布の平均と分散）

確率変数 X が二項分布 $B(n,\ p)$ に従うとき

$$E(X)=np,\qquad V(X)=np(1-p)$$

解答 (1) X のとり得る値は，0，1，2，3，4，5，6，7，8，9，10

$$p_k=P(X=k)={}_{10}\mathrm{C}_k\left(\frac{1}{2}\right)^k\left(\frac{1}{2}\right)^{10-k}={}_{10}\mathrm{C}_k\left(\frac{1}{2}\right)^{10}$$

$$\therefore\quad \frac{p_{k+1}}{p_k}=\frac{{}_{10}\mathrm{C}_{k+1}}{{}_{10}\mathrm{C}_k}=\frac{10!}{(k+1)!\cdot(9-k)!}\cdot\frac{k!\cdot(10-k)!}{10!}=\frac{10-k}{k+1}$$

$$\therefore\quad p_{k+1}\geqq p_k \iff \frac{p_{k+1}}{p_k}\geqq 1 \iff \frac{10-k}{k+1}\geqq 1 \iff k\leqq\frac{9}{2}$$

$$\therefore\quad p_0<p_1<\cdots<p_4<p_5>p_6>\cdots>p_9>p_{10}$$

よって，求める回数は 5 回である ……〔**答**〕

(2) $p_k={}_{10}\mathrm{C}_k\left(\frac{1}{2}\right)^{10}$ により各値を小数第 2 位まで計算すると

$p_0=0.00,\ p_1=0.01,\ p_2=0.04,$
$p_3=0.12,\ p_4=0.21,\ p_5=0.25,$
$p_6=0.21,\ p_7=0.12,\ p_8=0.04,$
$p_9=0.01,\ p_{10}=0.00$

求めるグラフは右のようになる。

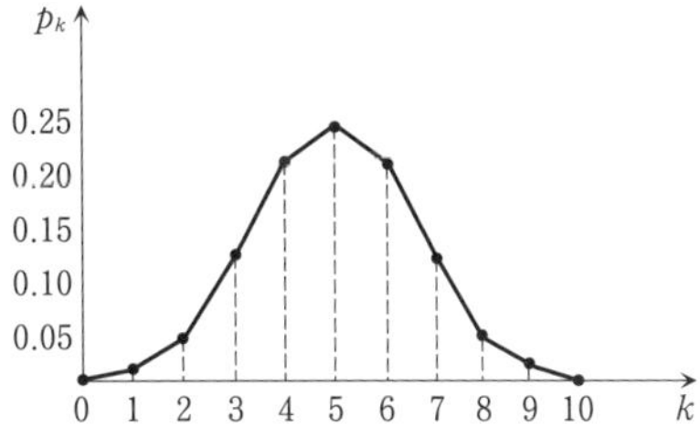

【参考】 平均，分散および標準偏差は

$$E(X)=10\cdot\frac{1}{2}=5,\quad V(X)=10\cdot\frac{1}{2}\cdot\frac{1}{2}=\frac{5}{2},\quad \sigma(X)=\sqrt{\frac{5}{2}}=\frac{\sqrt{10}}{2}$$

類題 21 − 3 解答は p. 252

確率変数 X は二項分布 $B(n,\ p)$ に従うとする。$E(X)=np$ を一定値 λ に保ちながら，$n\to\infty$ とするとき，分布の極限 $\lim_{n\to\infty}P(X=k)$ を求めよ。

例題 21 − 4（正規分布）

ある資格試験は 1000 点満点で，全受験者 2000 人の得点分布は，平均 450 点，標準偏差 75 点の正規分布をしていた。合格者は 320 人であった。

(1)　合格最低点は約何点と考えられるか。

(2)　600 点以上得点した者は約何人いると考えられるか。

ただし，必要であれば巻末の正規分布表を用いよ。

解 説　連続型確率変数 X の確率密度関数が

$$f(x)=\frac{1}{\sqrt{2\pi}\,\sigma}e^{-\frac{(x-m)^2}{2\sigma^2}}=\frac{1}{\sqrt{2\pi}\,\sigma}\exp\left(-\frac{(x-m)^2}{2\sigma^2}\right)$$

であるとき，この分布を**正規分布**といい，$N(m,\ \sigma^2)$ で表す。

［定理］（正規分布の標準化）

確率変数 X が正規分布 $N(m,\ \sigma^2)$ に従うとき，$Z=\dfrac{X-m}{\sigma}$ とおくと Z は標準正規分布 $N(0,\ 1)$ に従う。

解 答　受験者の得点を X とする。X は正規分布 $N(450,\ 75^2)$ に従うから $Z=\dfrac{X-450}{75}$ の変換を行えば，Z は標準正規分布 $N(0,\ 1)$ に従う。

(1)　$P(X\geqq X_0)=\dfrac{320}{2000}=0.16$　……①　を満たす X_0 を求めたい。

$Z_0=\dfrac{X_0-450}{75}$ とおけば，①は次のようになる。

$$P(Z\geqq Z_0)=0.16 \qquad \therefore\quad P(0\leqq Z\leqq Z_0)=0.5-0.16=0.34$$

巻末の正規分布表より，$Z_0\fallingdotseq 1.0$

よって，$X_0\fallingdotseq 525$　　すなわち，合格最低点は約 525 点　……〔答〕

(2)　$P(X\geqq 600)=P\left(Z\geqq\dfrac{600-450}{75}=2\right)=0.5-0.4772=0.0228$

$2000\times 0.0228=45.6$ より，600 点以上得点した人は約 46 人　……〔答〕

類題 21 − 4

解答は p. 252

ある高校の 3 年男子 500 人の身長は，平均 170 cm，標準偏差 5.6 cm の正規分布に従っているとする。必要であれば巻末の正規分布表を用いよ。

(1)　身長 180 cm の男子は高い方から数えて約何番目であるか。

(2)　高い方から数えて 100 番以内に入るには約何 cm あればよいか。

例題 21 − 5（二項分布の正規近似）

サイコロを 720 回振るとき，1 の目が出る回数が 120 回以上 140 回以下である確率は約何％であるか。必要であれば巻末の正規分布表を用いよ。

解説 右図は二項分布 $B(n,\ p)$ は n が大きくなるにつれて正規分布に近づいてくる様子を $p=\dfrac{1}{6}$ の場合を例として示したものである。

n が大きいときには近似的に正規分布と見なすことができる。

二項分布と正規分布の間には次の関係が成り立つ。

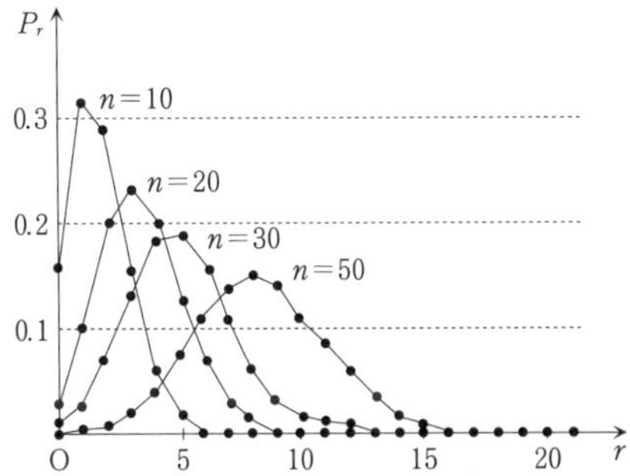

［定理］（ラプラスの定理，二項分布の正規近似）

二項分布 $B(n,\ p)$ に従う確率変数 X は n が十分大きいとき近似的に，正規分布 $N(np,\ np(1-p))$ に従う。

解答 1 の目が出る回数を X とすると，確率分布は

$$P(X=k)={}_{720}\mathrm{C}_k\left(\frac{1}{6}\right)^k\left(\frac{5}{6}\right)^{720-k}$$

であり，これは二項分布 $B\left(720,\ \dfrac{1}{6}\right)$ である。

$n=720$ は十分大きいと考えると

$$np=720\cdot\frac{1}{6}=120,\ \ np(1-p)=720\cdot\frac{1}{6}\cdot\frac{5}{6}=100=10^2$$

より，これは正規分布 $N(120,\ 10^2)$ で近似できる。

$Z=\dfrac{X-120}{10}$ とおくと，巻末の正規分布表より

$$P(120\leqq X\leqq 140)=P(0\leqq Z\leqq 2)=0.4772$$

よって，求める確率は約 48％ ……〔答〕

類題 21 − 5

解答は p. 252

ある国では，その国民の血液型の割合は，O 型 30％，A 型 35％，B 型 25％，AB 型 10％ であると言われている。この国民から無作為に 400 人を選ぶとき，AB 型の人が 37 人以上 49 人以下である確率は約何％であるか。

第22章

統　計

要　項

22. 1　母集団と標本

統計的調査には，調べたい対象全体（**母集団**）をすべて調べる**全数調査**と，対象全体から一部（**標本**または**サンプル**）を抜き出して調べ，その結果から全体の状況を推測する**標本調査**とがある。ところで，母集団全体を調べることは現実的には困難な場合が多く，標本調査が広く行われている。取り出された標本について調べた結果から母集団全体の様子を推測するのが**統計的推測**である。

母集団から標本を抜き出すことを標本の**抽出**といい，母集団，標本の要素の個数をそれぞれ**母集団の大きさ**，**標本の大きさ**という。また，母集団の各要素を等しい確率で抽出することを**無作為抽出**といい，無作為抽出によって選ばれた標本を**無作為標本**という。

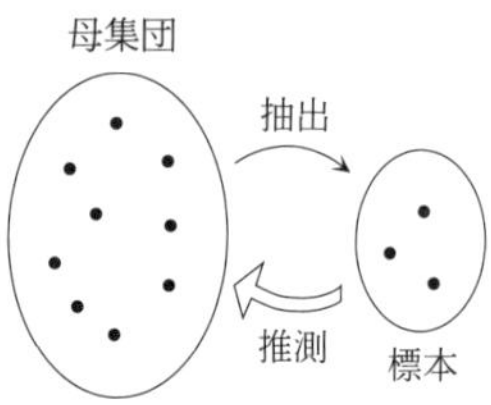

22. 2　標本平均とその分布

母集団から大きさ n の標本を無作為に抽出し，ある変量 x について，標本におけるその値を X_1，X_2，…，X_n とする。このとき

$$\overline{X}=\frac{X_1+X_2+\cdots+X_n}{n}$$

を**標本平均**という。標本平均 $\overline{X}$ は標本を抽出するという試行により値が定まる確率変数である。これに対して，母集団における変量 x の平均 m（**母平均**）および標準偏差 σ（**母標準偏差**）は母集団に対して定まっている定数である。

標本平均 $\overline{X}$ の分布について，以下の命題が成り立つ。

［定理］（標本平均の期待値と標準偏差）

母平均 m，母標準偏差 σ の母集団から大きさ n の無作為標本を抽出するとき，標本平均 $\overline{X}$ の期待値 $E(\overline{X})$ と標準偏差 $\sigma(\overline{X})=\sqrt{V(\overline{X})}$ は次を満たす。

$$E(\overline{X})=m,\qquad \sigma(\overline{X})=\frac{\sigma}{\sqrt{n}}$$

［定理］（中心極限定理）

母平均 m，母標準偏差 σ の母集団から大きさ n の無作為標本を抽出するとき，標本平均 $\overline{X}$ は，n が十分大きければ，近似的に，正規分布 $N\left(m,\ \dfrac{\sigma^2}{n}\right)$ に従う。

（注） 母集団が正規分布 $N(m,\ \sigma^2)$ に従うときは，標本の大きさ n に関係なく，標本平均 $\overline{X}$ は正規分布 $N\left(m,\ \dfrac{\sigma^2}{n}\right)$ に従う。

［定理］（大数の法則）

母平均 m の母集団から大きさ n の無作為標本を抽出するとき，標本平均 $\overline{X}$ は，n が大きくなるにしたがい，母平均 m に近づく。

22. 3 母平均の推定

母平均 m が未知の母集団から無作為抽出によって得られた標本の標本平均 $\overline{X}$ 用いて，母平均を推定することを考えたい。次の命題が成り立つ。

［定理］（母平均の推定）

標本の大きさ n が大きいとき，母平均 m は $\overline{X}$ から次のように推定できる。

$$P\left(\overline{X}-1.96\cdot\frac{\sigma}{\sqrt{n}}\leqq m\leqq\overline{X}+1.96\cdot\frac{\sigma}{\sqrt{n}}\right)\fallingdotseq 0.95$$

ただし，σ は母標準偏差である。

（証明） 標本の大きさ n が大きいとき，標本平均 $\overline{X}$ は近似的に正規分布 $N\left(m,\ \dfrac{\sigma^2}{n}\right)$ に従う。したがって，$Z=\dfrac{\overline{X}-m}{\sigma/\sqrt{n}}$ は標準正規分布 $N(0,\ 1)$ に従う。

正規分布表より，$P(-1.96\leqq Z\leqq 1.96)\fallingdotseq 0.95$ であるから

$$P\left(-1.96\leqq\frac{\overline{X}-m}{\sigma/\sqrt{n}}\leqq 1.96\right)\fallingdotseq 0.95$$

$$\therefore\quad P\left(\overline{X}-1.96\cdot\frac{\sigma}{\sqrt{n}}\leqq m\leqq\overline{X}+1.96\cdot\frac{\sigma}{\sqrt{n}}\right)\fallingdotseq 0.95$$

□

（注 1） 上の定理の内容を

母平均 m に対する**信頼度** 95% の**信頼区間**は

$$\overline{X}-1.96\cdot\frac{\sigma}{\sqrt{n}}\leqq m\leqq\overline{X}+1.96\cdot\frac{\sigma}{\sqrt{n}}$$

と表現する。約 95% の確率で母平均はこの範囲の値ということである。

（注 2）　信頼度 95% のときと同様に考えて，信頼度 99% の信頼区間は

$$\overline{X}-2.58\cdot\frac{\sigma}{\sqrt{n}}\leqq m\leqq\overline{X}+2.58\cdot\frac{\sigma}{\sqrt{n}}$$

（注 3）　上の定理で，未知である母標準偏差 σ を用いていることを奇異に思うかもしれない。これについては，同種の母集団では母平均が変化しても母標準偏差はあまり変化しないことが知られている。そのため，以前の調査で分かっている母標準偏差 σ があればその値を代用する。母標準偏差 σ があらかじめ知られていない場合は，母標準偏差 σ の代わりに，**標本標準偏差**　$s=\sqrt{\frac{1}{n}\sum_{k=1}^{n}(X_k-\overline{X})^2}$　を代用して推定することが多い。

すなわち，標本標準偏差を s として

$$\text{信頼度 95\% で，}\overline{X}-1.96\cdot\frac{s}{\sqrt{n}}\leqq m\leqq\overline{X}+1.96\cdot\frac{s}{\sqrt{n}}$$

と推定する(信頼度 99% の場合も同様)。

22.4　母比率の推定

母集団のある変量 x について考える場合，その平均値（母平均）の他に，比率（**母比率**）もまた重要な指標となる。たとえば，ある工場の製品について不良品の割合を調べる場合，母集団の中での不良品の割合（母比率）を，抽出した標本の中での不良品の割合（標本比率）から推定したい場合などがそうである。

母比率の推定について，次が成り立つ。

[定理]　(母比率の推定)

標本の大きさ n が大きいとき，標本比率 R から母比率 p は次のように推定できる。

$$\text{信頼度 95\% で，}R-1.96\sqrt{\frac{R(1-R)}{n}}\leqq p\leqq R+1.96\sqrt{\frac{R(1-R)}{n}}$$

$$\text{信頼度 99\% で，}R-2.58\sqrt{\frac{R(1-R)}{n}}\leqq p\leqq R+2.58\sqrt{\frac{R(1-R)}{n}}$$

22.5　仮説の検定

ある仮説について，次のような仮説の検査（検定）を行う。まず，設定した仮説のもとで，ある事象の確率を計算する。この確率が基準に定めた確率よりも小さいときは，初めに立てた仮説は正しくないとして，この仮説を捨てる。この検査を**仮説の検定**という。仮説が捨てられた（**棄却**された）とき，検定は**有意である**（検査した意味があったということ）といい，基準に定めた確率を**有意水準**または**危険率**という。

解 説 次のような具体例で考えてみよう。

実力が互角であると考えられているＡとＢの２人が５回対戦して５回ともＡが勝ったとする。このとき，「ＡとＢの実力は互角である」ということをどう判断すべきであろうか？　互角であればＡの５戦全勝はなさそうにも思えるし，そうかといって，互角であるが，たまたまＡが５戦全勝しただけとも考えられそうである。

そこで，「ＡとＢの実力は互角である」という仮説を立てたもとで，５回対戦してＡが５戦全勝する確率を計算すると

$$\left(\frac{1}{2}\right)^5=\frac{1}{32}=0.03125$$

となる。つまり，実力が互角だとしても，0.03125 の確率（3.125% の確率）でＡが５戦全勝することはあり得る。その確率は 3.125% と非常に小さなものであるが，０%ではないから，「ＡとＢの実力は互角ではない」と結論すると，実は間違った判断をすることになるかもしれない。

このままでは何の判断を下すこともできなので，次のような基準を設けてみよう。

「ＡとＢの実力が互角である」という仮定のもとで，確率が５%以下の珍しい事柄が起こったとき，実力が互角としても５%以下の確率でそのような事柄は起こり得るということを覚悟の上で，「ＡとＢの実力が互角である」という仮説を棄却すると約束しよう。すると，Ａが５戦全勝する確率は 3.125% であることから，「ＡとＢの実力が互角である」という仮説は有意水準（危険率）５%のもとでは棄却される。つまり，「ＡとＢは互角であるとは言えない」という判断が下される。

ところで，この危険率５%というのを誤った判断をする可能性として高いと考えた場合，危険率を１%として検定すればどういうことになるだろう。つまり，今度は確率が１%以下の事柄が起こったときに，「ＡとＢの実力が互角である」という仮説を棄却すると約束してみる。すると，Ａが５戦全勝する確率は 3.125% と１%よりも大きいから，「ＡとＢの実力が互角である」という仮説は棄却されない。この場合，「ＡとＢの実力が互角である」と積極的に主張しているわけではない。ただ「ＡとＢの実力が互角である」という仮説を棄却することはできないと言っているだけである。つまり，仮説について否定するような判断は下せず，そのまま保留される。

誤った判断を下すある程度の危険を覚悟しなければ何の判断も下せないわけであるが，どの程度の危険を覚悟するかが微妙なところである。

例題 22 − 1（母集団と標本）

ある高校の男子の垂直跳びの平均は59.7 cm，標準偏差は4.8 cm である。この高校の男子 64 人を無作為抽出で選ぶとき，この64人の垂直跳びの平均 $\overline{X}$ の期待値 $E(\overline{X})$ および標準偏差 $\sigma(\overline{X})$ を求めよ。また，100 人を無作為抽出で選んだ場合についてはどうか。

解説　母集団から大きさ n の標本を無作為に抽出し，ある変量 x について，標本におけるその値を X_1，X_2，…，X_n とする。このとき

$$\overline{X}=\frac{X_1+X_2+\cdots+X_n}{n}$$

を**標本平均**という。標本平均 $\overline{X}$ は標本を抽出するという試行により値が定まる確率変数である。これに対して，母集団における変量 x の平均 m（**母平均**）および標準偏差 σ（**母標準偏差**）は母集団に対して定まっている定数である。

［定理］（標本平均の期待値と標準偏差）

母平均 m，母標準偏差 σ の母集団から大きさ n の無作為標本を抽出するとき，標本平均 $\overline{X}$ の期待値 $E(\overline{X})$ と標準偏差 $\sigma(\overline{X})=\sqrt{V(\overline{X})}$ は次を満たす。

$$E(\overline{X})=m,\qquad \sigma(\overline{X})=\frac{\sigma}{\sqrt{n}}$$

（注）　標本 X_1，X_2，…，X_n は，この抽出が復元抽出であれば当然独立な確率変数であるが，非復元抽出であれば独立ではない。しかし，非復元抽出の場合でも，母集団が標本に比べて十分大きければ，その標本を近似的に復元抽出による標本とみなすことができる。そこで，非復元抽出の場合でも，標本 X_1，X_2，…，X_n は独立確率変数であると仮定する。

解答　母平均は $m=59.7$，母標準偏差は $\sigma=4.8$ であり，標本の大きさは $n=64$ であるから

$$E(\overline{X})=m=59.7,\ \ \sigma(\overline{X})=\frac{\sigma}{\sqrt{n}}=\frac{4.8}{\sqrt{64}}=\frac{4.8}{8}=0.6 \quad \cdots\cdots〔答〕$$

100 人を無作為抽出で選んだ場合については

$$E(\overline{X})=m=59.7,\ \ \sigma(\overline{X})=\frac{\sigma}{\sqrt{n}}=\frac{4.8}{\sqrt{100}}=\frac{4.8}{10}=0.48 \quad \cdots\cdots〔答〕$$

類題 22 − 1　解答は p. 253

母標準偏差が 0.6 の十分大きな母集団から無作為抽出により標本をつくる。その標本平均 $\overline{X}$ の標準偏差を 0.05 以下に抑えるためには，標本の大きさを最低でもいくらにしなければならないか。

例題 22 − 2（標本平均の分布）

母平均 50，母標準偏差 20 の母集団から，大きさ 100 の無作為標本を抽出するとき，その標本平均 $\overline{X}$ が 54 より大きい値をとる確率は約何％であるか。必要であれば巻末の正規分布表を用いよ。

解説 標本平均の分布について次の定理が成り立つ。これが正規分布が確率分布の王様と呼ばれる理由である。**中心極限定理**（central limit theorem）という名は，確率論の中心的役割を果たす極限定理という意味である。

[定理]（**中心極限定理**）

母平均 m，母標準偏差 σ の母集団から大きさ n の無作為標本を抽出するとき，標本平均 $\overline{X}$ は，n が十分大きければ，近似的に，正規分布 $N\left(m,\ \dfrac{\sigma^2}{n}\right)$ に従う。

（注 1） 母集団が正規分布 $N(m,\ \sigma^2)$ に従うときは，標本の大きさ n に関係なく，標本平均 $\overline{X}$ は正規分布 $N\left(m,\ \dfrac{\sigma^2}{n}\right)$ に従う。

（注 2） 中心極限定理を次のように表現することができる。

確率変数 $X_1,\ X_2,\ \cdots,\ X_n$ が互いに独立で，平均 m，分散 σ^2 の同じ分布に従うとき

$$\lim_{n\to\infty} P\left(a \leqq \frac{\overline{X}-m}{\sigma/\sqrt{n}} \leqq b\right) = \int_a^b \frac{1}{\sqrt{2\pi}} e^{-\frac{x^2}{2}} dx$$

解答 母平均 $m=50$，母標準偏差 $\sigma=20$，標本の大きさ $n=100$ であるから，標本平均 $\overline{X}$ は近似的に次の正規分布に従うとみなしてよい。

$$N\left(50,\ \frac{20^2}{100}\right) = N(50,\ 4) = N(50,\ 2^2)$$

そこで $Z=\dfrac{\overline{X}-50}{2}$ とおくと，Z は標準正規分布 $N(0,\ 1)$ に従うから

$$P(\overline{X}>54) = P(Z>2) = 0.5 - P(0 \leqq Z \leqq 2) = 0.5 - 0.4772 = 0.0228$$

よって，求める確率は約 2％ ……〔答〕

類題 22 − 2 解答は p. 253

16 歳の男子の身長は，平均 165 cm，標準偏差 6 cm の正規分布に従うという。無作為に選ばれた 16 歳の男子 36 人の平均身長が 162.5 cm と 167.5 cm の間に入る確率は約何％であるか。

例題 22 − 3（母平均の推定）

ある工場で生産された砂糖の袋のうち，100 袋を無作為に抽出して重さを量ったところ，平均 297.4 g であった。重さの母標準偏差を 7.5 g として，砂糖 1 袋の重さの平均を，信頼度 95% で推定せよ。

解 説　母平均 m が未知の母集団から無作為抽出によって得られた標本の標本平均 $\overline{X}$ を用いて，母平均を推定することを考えたい。次の命題が成り立つ。

［定理］（母平均の推定）

標本の大きさ n が大きいとき，母平均 m は $\overline{X}$ から次のように推定できる。

$$P\left(\overline{X}-1.96\cdot\frac{\sigma}{\sqrt{n}}\leqq m\leqq\overline{X}+1.96\cdot\frac{\sigma}{\sqrt{n}}\right)\fallingdotseq 0.95$$

ただし，σ は母標準偏差である。

（注 1）　上の定理の内容を，母平均に対する**信頼度** 95% の**信頼区間**は

$$\overline{X}-1.96\cdot\frac{\sigma}{\sqrt{n}}\leqq m\leqq\overline{X}+1.96\cdot\frac{\sigma}{\sqrt{n}}$$

と表現する。約 95% の確率で母平均はこの範囲の値ということである。

（注 2）　信頼度 95% のときと同様に考えて，**信頼度** 99% の**信頼区間**は

$$\overline{X}-2.58\cdot\frac{\sigma}{\sqrt{n}}\leqq m\leqq\overline{X}+2.58\cdot\frac{\sigma}{\sqrt{n}}$$

解 答　標本の大きさは $n=100$，標本平均は $\overline{X}=297.4$，母標準偏差は $\sigma=7.5$ であるから，母平均 m に対する信頼度 95% の信頼区間は

$$\overline{X}-1.96\cdot\frac{\sigma}{\sqrt{n}}\leqq m\leqq\overline{X}+1.96\cdot\frac{\sigma}{\sqrt{n}}$$

$$\therefore\quad 297.4-1.96\cdot\frac{7.5}{\sqrt{100}}\leqq m\leqq 297.4+1.96\cdot\frac{7.5}{\sqrt{100}}$$

$$\therefore\quad 295.9\leqq m\leqq 298.9$$

すなわち，信頼度 95% で，母平均 m は

295.9 g 以上 298.9 g 以下の範囲にある。　……〔答〕

（注）　本問では**母標準偏差** σ が既知としたが，σ の値が未知の場合は，標本の大きさ n が大きければ，σ の代わりに**標本標準偏差** s を代用してもよい。

類題 22 − 3　解答は p. 253

全国から無作為抽出した 2500 世帯について，年間の米の購入量を調査したところ，平均 105 kg，標準偏差 38 kg であった。全国の 1 世帯当たりの平均購入量を，信頼度 95% で推定せよ。

例題 22 － 4（母比率の推定）

ある工場の製品のうち無作為に抽出した 400 個について検査したところ，不良品が 18 個であった。全製品における不良品の割合は何％ぐらいか。信頼度 95％ で推定せよ。

解説 母集団のある変量 x について考える場合，その平均値（母平均）の他に，比率（**母比率**）もまた重要な指標となる。たとえば，ある工場の製品について不良品の割合を調べる場合，母集団の中での不良品の割合（母比率）を，抽出した標本の中での不良品の割合（標本比率）から推定したい場合などがそうである。

母比率の推定について，次が成り立つ。

[定理]（母比率の推定）

標本の大きさ n が大きいとき，標本比率 R から母比率 p は次のように推定できる。

信頼度 95％ で，$R-1.96\sqrt{\dfrac{R(1-R)}{n}} \leqq p \leqq R+1.96\sqrt{\dfrac{R(1-R)}{n}}$

信頼度 99％ で，$R-2.58\sqrt{\dfrac{R(1-R)}{n}} \leqq p \leqq R+2.58\sqrt{\dfrac{R(1-R)}{n}}$

（注） 母比率の推定に関する定理の厳密な証明は難しい。一般に統計における定理の厳密な証明は高度な数学的知識を必要とする場合が多い。

解答 標本の大きさは $n=400$，標本比率は $R=\dfrac{18}{400}=0.045$ であるから，母比率 p に対する信頼度 95％ の信頼区間は

$$R-1.96\sqrt{\frac{R(1-R)}{n}} \leqq p \leqq R+1.96\sqrt{\frac{R(1-R)}{n}}$$

$$\therefore \quad 0.045-1.96\sqrt{\frac{0.045(1-0.045)}{400}} \leqq p \leqq 0.045+1.96\sqrt{\frac{0.045(1-0.045)}{400}}$$

$$\therefore \quad 0.045-0.0196 \leqq p \leqq 0.045+0.0196$$

$$\therefore \quad 0.025 \leqq p \leqq 0.065$$

すなわち，全製品における不良品の割合は，信頼度 95％ で

2.5％ 以上 6.5％ 以下の範囲にある。 ……〔答〕

類題 22 － 4 解答は p. 253

ある地方の高校生の虫歯を調査したところ，200 人中 80 人に虫歯があった。この地方の高校生の虫歯の割合は何％ぐらいか。信頼度 95％ で推定せよ。

例題 22 − 5（検定）

ある種のめだかの黒色個体と白色個体とを交配させたところ，黒色個体ばかりを得た。この第 2 代の黒色個体どうしを交配させた結果，黒色個体 162 尾，白色個体 63 尾が生じた。このめだかの体色の遺伝が，メンデルの法則にしたがうとすれば，第 3 代の体色の分離比は 3：1 となるはずである。この実験結果がメンデルの法則に矛盾するか，しないかを危険率 5 ％で検定せよ。

解説　設定した仮説のもとで，ある事象の確率を計算する。この確率が基準に定めた確率よりも小さいときは，初めに立てた仮説は正しくないとして，この仮説を捨てる。この検査を**仮説の検定**という。基準に定めた確率を**有意水準**または**危険率**という。

解答　次のように仮説を立てる。

「この実験結果はメンデルの法則を満たす。」

そこで，この仮説を危険率 5 ％で検定してみよう。

全個体数 $n=162+63=225$ 中に黒色個体が X 尾生じるとすると，確率変数 X は二項分布 $B\left(225,\ \frac{3}{4}\right)$ に従う。

ここで，$n=225$ は十分大きいと考えれば，X は正規分布

$$N\left(225\cdot\frac{3}{4},\ 225\cdot\frac{3}{4}\cdot\frac{1}{4}\right)=N\left(\frac{675}{4},\ \left(\frac{15\sqrt{3}}{4}\right)^2\right)$$

に従うとみなしてよい。よって

$$P\left(\frac{675}{4}-1.96\cdot\frac{15\sqrt{3}}{4}\leqq X\leqq\frac{675}{4}+1.96\cdot\frac{15\sqrt{3}}{4}\right)\fallingdotseq 0.95$$

が成り立つから

$$P(156.02\leqq X\leqq 181.48)\fallingdotseq 0.95$$

よって，仮説の棄却域は $X\leqq 156$，$182\leqq X$ であり，上の仮説は棄却されない。すなわち，この実験結果はメンデルの法則に矛盾するとは言えない。……〔答〕

類題 22 − 5　解答は p. 253

あるサイコロを 900 回投げたら，1 の目が 180 回出た。このサイコロは正常なサイコロと言えるか。危険率 5 ％で検定せよ。

総合演習⑤　確率の集中特訓

解答は p. 270～278

1　サイコロを n 回（$n \geqq 2$）投げ，k 回目（$1 \leqq k \leqq n$）に出る目を X_k とする。

(1)　積 X_1X_2 が 18 以下である確率を求めよ。

(2)　積 $X_1X_2\cdots X_n$ が偶数である確率を求めよ。

(3)　積 $X_1X_2\cdots X_n$ が 4 の倍数である確率を求めよ。

(4)　積 $X_1X_2\cdots X_n$ を 3 で割ったときの余りが 1 である確率を求めよ。

2　図のように，正三角形を 9 つの部屋に辺で区切り，部屋 P，Q を定める。1 つの球が部屋 P を出発し，1 秒ごとに，そのままその部屋にとどまることなく，辺を共有する隣の部屋に等確率で移動する。球が n 秒後に部屋 Q にある確率を求めよ。

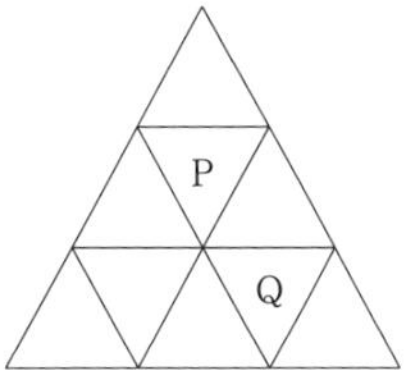

3　赤色，青色，黄色の箱を各 1 箱，赤色，青色，黄色の球を各 1 個用意して，各球を球と同じ色の箱に入れる。この状態からはじめて，次の操作を n 回（$n \geqq 1$）行う。

（操作）　3 つの箱から 2 つの箱を選び，その 2 つの箱の中の球を交換する。

(1)　赤色の球が赤色の箱に入っている確率を求めよ。

(2)　箱とその中の球の色が一致している箱の個数の期待値を求めよ。

(3)　赤色の球が赤色の箱に入っている事象と，青色の球が青色の箱に入っている事象は，互いに独立かどうか，理由を付けて答えよ。

4　円卓の周りに並べられた n 席の座席に m 人の人が座るとき，どの 2 人も隣り合わない確率を $P(n,\ m)$ とする。ただし，$2 \leqq m \leqq \dfrac{n}{2}$ とし，どの空席も同じ確率で選ぶものとする。

(1)　$P(n,\ 2)$ を n を用いて表せ。

(2)　$P(n,\ m)$ を n，m を用いて表せ。

(3)　$\displaystyle\lim_{m \to \infty} P(m^2,\ m)$ を求めよ。

5　AとBの2人が，1個のサイコロを次の手順により投げ合う。

- 最初（1回目）はAが投げる。
- 1，2，3の目が出たら，次の回も同じ人が投げる。
- 4，5の目が出たら，次の回は別の人が投げる。
- 6の目が出たら，投げた人を勝ちとし，それ以降は投げない。

(1)　n 回目にAがサイコロを投げる確率 a_n を求めよ。

(2)　ちょうど n 回目のサイコロ投げでAが勝つ確率 p_n を求めよ。

(3)　n 回以内のサイコロ投げでAが勝つ確率 q_n を求めよ。

6　表が出る確率が p，裏が出る確率が $1-p$ である1枚のコインがある。ただし，p は $0<p<1$ である定数とする。このコインを繰り返し投げる試行を考える。n を2以上の自然数とし，Q_n を n 回目に初めて2回続けて表が出る確率とする。以下の問いに答えよ。

(1)　Q_2，Q_3，Q_4 を p を用いて表せ。

(2)　1回目に表が出た場合と裏が出た場合に分けることによって，Q_{n+2} を Q_n，Q_{n+1} および p を用いて表せ。

(3)　$p=\dfrac{3}{7}$ のとき，一般項 Q_n を n を用いて表せ。

7　袋の中に白玉1個と黒玉2個が入っている。袋の中から玉を1個取り出して袋の中に戻すことを n（$n\geqq 2$）回繰り返す。このとき，白玉が出るのが2回以上続くことがない確率を p_n とする。次の問いに答えよ。

(1)　p_2 と p_3 を求めよ。

(2)　玉を n 回取り出して白玉が2回以上続くことがなく n 回目が黒玉である確率を a_n とし，玉を n 回取り出して白玉が2回以上続くことがなく n 回目が白玉である確率を b_n とする。a_{n+1}，b_{n+1} を a_n，b_n の式で表せ。

(3)　$n\geqq 3$ のとき，p_{n+1} を p_n，p_{n-1} の式で表せ。

(4)　不等式 $p_n>\left(\dfrac{8}{9}\right)^n$ が成り立つことを示せ。

8 点Pは座標平面上にあり，コインを投げるごとに，次の規則で移動する。
点Pが座標 $(l,\ m)$ にあるとき，コインを投げて，

・表が出れば $(l+m,\ m)$ に移動する。

・裏が出れば $(2l,\ 2m)$ に移動する。

点Pの最初の座標が $(4,\ 3)$ であるとして，以下の問いに答えよ。

(1) コインを2回投げるとき，点Pの座標が $(14,\ 6)$ となる確率を求めよ。

(2) コインを n 回投げて，すべて裏が出たとする。点Pの座標を求めよ。

(3) コインを n 回投げて，表がちょうど k 回出たとする。点Pの座標を求めよ。

(4) コインを n 回投げるとき，点Pの y 座標の期待値を求めよ。

9 A，Bの2種類のカードがある。Aを2枚，Bを3枚それぞれ積み重ね，3人の人が順番に1枚のカードを次のように持ち帰ることにする。A，B両方のカードが残っているときはAかBかを確率 $\frac{1}{2}$ で選んで1枚持ち帰る。また，どちらか一方のカードしか残っていないときはそれを1枚持ち帰る。このようにすると最後に2枚のカードが残る。これについて次の問いに答えよ。

(1) Aのカードが2枚残る確率を求めよ。

(2) Bのカードが2枚残る確率を求めよ。

(3) Bのカードが2枚残ったとき，1番目の人がBのカードを持ち帰った確率を求めよ。

10 袋の中に0から4までの数字のうち1つが書かれたカードが1枚ずつ合計5枚入っている。4つの数0，3，6，9をマジックナンバーと呼ぶことにする。次のようなルールをもつ，1人で行うゲームを考える。

［ルール］ 袋から無作為に1枚ずつカードを取り出していく。ただし，一度取り出したカードは袋に戻さないものとする。取り出したカードの数字の合計がマジックナンバーになったとき，その時点で負けとし，それ以降はカードを取り出さない。途中で負けとなることなく，すべてのカードを取り出せたとき，勝ちとする。

以下の問いに答えよ。

(1) 2枚のカードを取り出したところで負けとなる確率を求めよ。

(2) 3枚のカードを取り出したところで負けとなる確率を求めよ。

(3) このゲームで勝つ確率を求めよ。

11　大中小3枚のコインがある。サイコロを投げて次の規則でコインの表裏を反転させる試行を繰り返す。

・1または2の目が出たら，大コインを反転させる。

・3または4の目が出たら，中コインを反転させる。

・5または6の目が出たら，小コインを反転させる。

3枚とも表になっている状態から始めるとき，次の問いに答えよ。

(1)　サイコロを5回投げたとき，3枚とも裏である確率を求めよ。

(2)　サイコロを5回投げたとき，初めて3枚とも裏になる確率を求めよ。

(3)　コインが3枚とも裏になったところでサイコロ投げを終了することにする。最初の状態を除きコインが3枚とも表になることが一度もなく終了する確率を求めよ。

12　△ABCの頂点は反時計回りにA，B，Cの順に並んでいるとする。コインを投げて，点Aを出発した石が次の規則で動くとする。

・表が出たときは，反時計回りに隣の頂点に移る。

・裏が出たときは，動かない。

コインをn回投げたとき，石が点A，B，Cにある確率をそれぞれa_n，b_n，c_nとする。次の問いに答えよ。

(1)　a_1，b_1，c_1の値を求めよ。

(2)　a_{n+1}，b_{n+1}，c_{n+1}をa_n，b_n，c_nで表せ。またa_2，b_2，c_2およびa_3，b_3，c_3の値を求めよ。

(3)　a_n，b_n，c_nのうち2つの値が一致することを証明せよ。

(4)　(3)において一致する値をp_nとするとき，p_nをnで表せ。

13　1からnまでの番号が書かれたn個の箱があり，各々の箱には$2n$本のくじが入っている。番号がlの箱にはl本の当たりが入っているとする。この条件で次の(ⅰ)，(ⅱ)を試行する。

(ⅰ)　無作為に箱を1つ選ぶ。

(ⅱ)　(ⅰ)で選んだ箱を用いて，くじを1本引いては戻すことをm回繰り返す。

この試行でk回当たりくじを引く確率を$p_n(m,\ k)$とする。

(1)　$\lim_{n\to\infty} p_n(2,\ 0)$，$\lim_{n\to\infty} p_n(2,\ 1)$，$\lim_{n\to\infty} p_n(2,\ 2)$をそれぞれ求めよ。

(2)　$\lim_{n\to\infty} p_n(m,\ 1)$を$m$を用いて表せ。

■類題
■総合演習
■集中ゼミ・発展研究
の解答

類題の解答

第1章　数列の和

類題1－1

(1)　初項をa，公差をdとする。

$a_{10}=-14$ より，$a+9d=-14$　……①

$a_{30}=66$ より，　$a+29d=66$　……②

①，②を解くと，$a=-50$，$d=4$

よって

$$S_n=\frac{n}{2}\{2\cdot(-50)+(n-1)\cdot 4\}$$
$$=2n(n-26)>0$$

より，$n>26$

したがって，初項から第27項までの和が初めて正となる。

(2)　毎年の初めに貯金した10万円の元利合計は，10年後の年末には

1年目の初めに貯金した10万円は
100000×1.03^{10} 円

2年目の初めに貯金した10万円は
100000×1.03^{9} 円

………

9年目の初めに貯金した10万円は
100000×1.03^{2} 円

10年目の初めに貯金した10万円は
100000×1.03 円

となるから，10年後の年末には

$$100000\times(1.03^{10}+1.03^9+\cdots+1.03^2+1.03)$$
$$=100000\times(1.03+1.03^2+\cdots+1.03^9+1.03^{10})$$
$$=100000\times\frac{1.03\times(1.03^{10}-1)}{1.03-1}$$
$$=100000\times\frac{1.03\times(1.3439-1)}{0.03}$$
$$=100000\times\frac{103\times0.3439}{3}$$
$$=1180723.3\fallingdotseq 118 \text{ 万円}$$

類題1－2

(1)　$1\cdot n+2\cdot(n-1)+3\cdot(n-2)+\cdots+n\cdot1$

$$=\sum_{k=1}^{n}k\cdot(n-k+1)$$
$$=\sum_{k=1}^{n}\{(n+1)k-k^2\}=(n+1)\sum_{k=1}^{n}k-\sum_{k=1}^{n}k^2$$
$$=(n+1)\cdot\frac{1}{2}n(n+1)-\frac{1}{6}n(n+1)(2n+1)$$
$$=\frac{1}{6}n(n+1)\{3(n+1)-(2n+1)\}$$
$$=\frac{1}{6}n(n+1)(n+2)$$

(2)　求める和は

$$\frac{1}{2}\{(1+2+3+\cdots+n)^2-(1^2+2^2+3^2+\cdots+n^2)\}$$
$$=\frac{1}{2}\left\{\left(\sum_{k=1}^{n}k\right)^2-\sum_{k=1}^{n}k^2\right\}$$
$$=\frac{1}{2}\left\{\frac{1}{4}n^2(n+1)^2-\frac{1}{6}n(n+1)(2n+1)\right\}$$
$$=\frac{1}{2}\cdot\frac{1}{12}n(n+1)\{3n(n+1)-2(2n+1)\}$$
$$=\frac{1}{24}n(n+1)(3n^2-n-2)$$

類題1－3

(1)　$\displaystyle\sum_{k=1}^{n}\frac{1}{k^2+3k+2}$

$$=\sum_{k=1}^{n}\frac{1}{(k+1)(k+2)}$$
$$=\sum_{k=1}^{n}\frac{(k+2)-(k+1)}{(k+1)(k+2)}$$
$$=\sum_{k=1}^{n}\left(\frac{1}{k+1}-\frac{1}{k+2}\right)$$
$$=\frac{1}{2}-\frac{1}{n+2}$$
$$=\frac{n}{2(n+2)}$$

$$\begin{array}{rl} & \frac{1}{2}-\frac{1}{3}\\ & \frac{1}{3}-\frac{1}{4}\\ & \quad\vdots\\ +) & \frac{1}{n+1}-\frac{1}{n+2}\\ \hline & \frac{1}{2}-\frac{1}{n+2}\end{array}$$

(2)　$\displaystyle\sum_{k=1}^{n}\frac{1}{k^2+2k}$

$$=\sum_{k=1}^{n}\frac{1}{k(k+2)}$$
$$=\frac{1}{2}\sum_{k=1}^{n}\frac{(k+2)-k}{k(k+2)}$$
$$=\frac{1}{2}\sum_{k=1}^{n}\left(\frac{1}{k}-\frac{1}{k+2}\right)$$

$$\begin{array}{rl} & 1-\frac{1}{3}\\ & \frac{1}{2}-\frac{1}{4}\\ & \quad\vdots\\ & \frac{1}{n-1}-\frac{1}{n+1}\\ +) & \frac{1}{n}-\frac{1}{n+2}\\ \hline & 1+\frac{1}{2}-\frac{1}{n+1}-\frac{1}{n+2}\end{array}$$

$$=\frac{1}{2}\left(1+\frac{1}{2}-\frac{1}{n+1}-\frac{1}{n+2}\right)$$
$$=\frac{1}{2}\left(\frac{3}{2}-\frac{1}{n+1}-\frac{1}{n+2}\right)$$
$$=\frac{n(3n+5)}{4(n+1)(n+2)}$$

(3) $$\frac{5k+6}{k(k+1)(k+2)}=a\frac{1}{k(k+1)}+b\frac{1}{(k+1)(k+2)}$$

とすると　$5k+6=a(k+2)+bk$

$\therefore$　$5k+6=(a+b)k+2a$

これが k の恒等式とすると，$a=3$，$b=2$

よって

$$\sum_{k=1}^{n}\frac{5k+6}{k(k+1)(k+2)}$$
$$=\sum_{k=1}^{n}\left(3\frac{1}{k(k+1)}+2\frac{1}{(k+1)(k+2)}\right)$$
$$=3\sum_{k=1}^{n}\frac{1}{k(k+1)}+2\sum_{k=1}^{n}\frac{1}{(k+1)(k+2)}$$
$$=3\sum_{k=1}^{n}\left(\frac{1}{k}-\frac{1}{k+1}\right)+2\sum_{k=1}^{n}\left(\frac{1}{k+1}-\frac{1}{k+2}\right)$$
$$=3\left(1-\frac{1}{n+1}\right)+2\left(\frac{1}{2}-\frac{1}{n+2}\right)$$
$$=\frac{3n}{n+1}+\frac{n}{n+2}=\frac{n(4n+7)}{(n+1)(n+2)}$$

類題 1 － 4

(1)　求める和を S とおくと

$$S=\sum_{k=1}^{n}\frac{k}{2^k}=\sum_{k=1}^{n}k\left(\frac{1}{2}\right)^k$$
$$=1\cdot\frac{1}{2}+2\cdot\left(\frac{1}{2}\right)^2+3\cdot\left(\frac{1}{2}\right)^3+\cdots+n\cdot\left(\frac{1}{2}\right)^n$$

よって

$$S=1\cdot\frac{1}{2}+2\cdot\left(\frac{1}{2}\right)^2+\cdots+n\cdot\left(\frac{1}{2}\right)^n \quad\cdots\cdots①$$
$$\frac{1}{2}S=1\cdot\left(\frac{1}{2}\right)^2+\cdots+(n-1)\cdot\left(\frac{1}{2}\right)^n+n\cdot\left(\frac{1}{2}\right)^{n+1} \quad\cdots\cdots②$$

①－② より

$$\frac{1}{2}S=\frac{1}{2}+\left(\frac{1}{2}\right)^2+\cdots+\left(\frac{1}{2}\right)^n-n\cdot\left(\frac{1}{2}\right)^{n+1}$$
$$=\frac{\frac{1}{2}\left\{1-\left(\frac{1}{2}\right)^n\right\}}{1-\frac{1}{2}}-n\cdot\left(\frac{1}{2}\right)^{n+1}$$
$$=1-\left(\frac{1}{2}\right)^n-n\cdot\left(\frac{1}{2}\right)^{n+1}$$

$\therefore$　$S=2-\left(\frac{1}{2}\right)^{n-1}-n\cdot\left(\frac{1}{2}\right)^n$

(2)　求める和を S とおくと

$$S=\sum_{k=1}^{n}\frac{k^2}{2^k}=\sum_{k=1}^{n}k^2\left(\frac{1}{2}\right)^k$$
$$=1^2\cdot\frac{1}{2}+2^2\cdot\left(\frac{1}{2}\right)^2+\cdots+n^2\cdot\left(\frac{1}{2}\right)^n$$

よって

$$S=1^2\cdot\frac{1}{2}+2^2\cdot\left(\frac{1}{2}\right)^2+\cdots+n^2\cdot\left(\frac{1}{2}\right)^n \quad\cdots\cdots①$$
$$\frac{1}{2}S=1^2\cdot\left(\frac{1}{2}\right)^2+\cdots+(n-1)^2\cdot\left(\frac{1}{2}\right)^n+n^2\cdot\left(\frac{1}{2}\right)^{n+1} \quad\cdots\cdots②$$

①－② より

$$\frac{1}{2}S=\sum_{k=1}^{n}\{k^2-(k-1)^2\}\left(\frac{1}{2}\right)^k-n^2\cdot\left(\frac{1}{2}\right)^{n+1}$$
$$=\sum_{k=1}^{n}(2k-1)\left(\frac{1}{2}\right)^k-n^2\cdot\left(\frac{1}{2}\right)^{n+1}$$
$$=2\sum_{k=1}^{n}k\left(\frac{1}{2}\right)^k-\sum_{k=1}^{n}\left(\frac{1}{2}\right)^k-n^2\cdot\left(\frac{1}{2}\right)^{n+1}$$
$$=2\left\{2-\left(\frac{1}{2}\right)^{n-1}-n\cdot\left(\frac{1}{2}\right)^n\right\}-\frac{\frac{1}{2}\left\{1-\left(\frac{1}{2}\right)^n\right\}}{1-\frac{1}{2}}-n^2\cdot\left(\frac{1}{2}\right)^{n+1}$$
$$=4-\left(\frac{1}{2}\right)^{n-2}-n\cdot\left(\frac{1}{2}\right)^{n-1}-\left\{1-\left(\frac{1}{2}\right)^n\right\}-n^2\cdot\left(\frac{1}{2}\right)^{n+1}$$

よって

$$S=8-\left(\frac{1}{2}\right)^{n-3}-n\cdot\left(\frac{1}{2}\right)^{n-2}-2+\left(\frac{1}{2}\right)^{n-1}-n^2\cdot\left(\frac{1}{2}\right)^n$$
$$=6+(-8-4n+2-n^2)\left(\frac{1}{2}\right)^n$$
$$=6-(n^2+4n+6)\left(\frac{1}{2}\right)^n$$

類題1－5

(1)　与えられた数列を $\{a_n\}$ とし，その階差数列を $\{b_n\}$ とする。

$\{a_n\}$：5，11，21，35，53，……

$\{b_n\}$：　6，10，14，18，……

より　$b_n=6+(n-1)\cdot 4=4n+2$

であるから

$n\geqq 2$ のとき

$$a_n=a_1+\sum_{k=1}^{n-1}b_k$$

$$=5+\sum_{k=1}^{n-1}(4k+2)$$

$$=5+4\cdot\frac{1}{2}(n-1)n+2(n-1)$$

$=2n^2+3$（これは $n=1$ のときも成り立つ。）

以上より，$a_n=2n^2+3$

(2)　分母を並べてできる数列を $\{a_n\}$ とし，その階差数列を $\{b_n\}$ とする。

$\{a_n\}$：1，3，6，10，15，21，……

$\{b_n\}$：　2，3，4，　5，　6，……

より，$b_n=n+1$ であるから

$n\geqq 2$ のとき

$$a_n=a_1+\sum_{k=1}^{n-1}b_k=1+\sum_{k=1}^{n-1}(k+1)$$

$$=1+\frac{1}{2}(n-1)n+(n-1)$$

$=\dfrac{n^2+n}{2}$（これは $n=1$ のときも成り立つ。）

よって，$a_n=\dfrac{n^2+n}{2}$

したがって，与えられた数列の一般項は

$$\frac{1}{a_n}=\frac{2}{n^2+n}$$

類題1－6

$$k^4-(k-1)^4=4k^3-6k^2+4k-1$$

より

$$\sum_{k=1}^{n}\{k^4-(k-1)^4\}=\sum_{k=1}^{n}(4k^3-6k^2+4k-1)$$

よって

$$n^4-0^4=4\sum_{k=1}^{n}k^3-6\cdot\frac{1}{6}n(n+1)(2n+1)+4\cdot\frac{1}{2}n(n+1)-n$$

したがって

$$4\sum_{k=1}^{n}k^3$$

$$=n^4+n(n+1)(2n+1)-2n(n+1)+n$$

$$=n\{n^3+(n+1)(2n+1)-2(n+1)+1\}$$

$$=n(n^3+2n^2+n)=n^2(n+1)^2$$

$$\therefore\quad \sum_{k=1}^{n}k^3=\frac{1}{4}n^2(n+1)^2=\left\{\frac{1}{2}n(n+1)\right\}^2$$

第2章　無限級数

類題2－1

(1)　$$\lim_{n\to\infty}\frac{\sqrt{n+2}-\sqrt{n+1}}{\sqrt{n+1}-\sqrt{n}}$$

$$=\lim_{n\to\infty}\frac{\{(n+2)-(n+1)\}(\sqrt{n+1}+\sqrt{n})}{\{(n+1)-n\}(\sqrt{n+2}+\sqrt{n+1})}$$

$$=\lim_{n\to\infty}\frac{\sqrt{n+1}+\sqrt{n}}{\sqrt{n+2}+\sqrt{n+1}}$$

$$=\lim_{n\to\infty}\frac{\sqrt{1+\frac{1}{n}}+1}{\sqrt{1+\frac{2}{n}}+\sqrt{1+\frac{1}{n}}}=1$$

(2)　$$\lim_{n\to\infty}\left(1-\frac{1}{n}\right)^n=\lim_{n\to\infty}\left(\frac{n-1}{n}\right)^n$$

$$=\lim_{n\to\infty}\frac{1}{\left(\frac{n}{n-1}\right)^n}=\lim_{n\to\infty}\frac{1}{\left(1+\frac{1}{n-1}\right)^n}$$

$$=\lim_{n\to\infty}\frac{1}{\left(1+\frac{1}{n-1}\right)^{n-1}\left(1+\frac{1}{n-1}\right)}=\frac{1}{e}$$

類題2－2

(1)　二項定理より

$$(1+x)^n=1+{}_n\mathrm{C}_1x+{}_n\mathrm{C}_2x^2+\cdots+x^n$$

よって，$x>0$ ならば

$$(1+x)^n=1+{}_n\mathrm{C}_1x+{}_n\mathrm{C}_2x^2+\cdots+x^n>{}_n\mathrm{C}_3x^3$$

$x=1$ とすれば

$$2^n>{}_n\mathrm{C}_3=\frac{n(n-1)(n-2)}{6}$$

$$\therefore\quad 0<\frac{n^2}{2^n}<\frac{6n}{(n-1)(n-2)}$$

ここで，$\displaystyle\lim_{n\to\infty}\frac{6n}{(n-1)(n-2)}=0$ であるから

はさみうちの原理より，$\displaystyle\lim_{n\to\infty}\frac{n^2}{2^n}=0$

(2)　$N>a$ を満たす自然数 N をとって固定する。したがって，$0<\dfrac{a}{N}<1$

$$\frac{a^n}{n!}=\frac{a}{1}\cdot\frac{a}{2}\cdot\frac{a}{3}\cdots\frac{a}{n}$$

$$=\frac{a}{1}\cdot\frac{a}{2}\cdots\frac{a}{N}\cdot\frac{a}{N+1}\cdots\frac{a}{n}$$

$$<\frac{a}{1}\cdot\frac{a}{2}\cdots\frac{a}{N}\cdot\frac{a}{N}\cdots\frac{a}{N}$$

$$=\frac{a}{1}\cdot\frac{a}{2}\cdots\frac{a}{N}\cdot\left(\frac{a}{N}\right)^{n-N}$$

$$\therefore\quad 0<\frac{a^n}{n!}<\frac{a}{1}\cdot\frac{a}{2}\cdots\frac{a}{N}\cdot\left(\frac{a}{N}\right)^{n-N}$$

ここで，$\displaystyle\lim_{n\to\infty}\frac{a}{1}\cdot\frac{a}{2}\cdots\frac{a}{N}\cdot\left(\frac{a}{N}\right)^{n-N}=0$

であるから，はさみうちの原理より

$$\lim_{n\to\infty}\frac{a^n}{n!}=0$$

類題２－３

(1)　部分和：$\displaystyle S_n=\sum_{k=1}^{n}\frac{1}{k(k+1)(k+2)}$

$$=\frac{1}{2}\sum_{k=1}^{n}\left(\frac{1}{k(k+1)}-\frac{1}{(k+1)(k+2)}\right)$$

$$=\frac{1}{2}\left(\frac{1}{1\cdot2}-\frac{1}{(n+1)(n+2)}\right)$$

$$\to\frac{1}{2}\cdot\frac{1}{1\cdot2}=\frac{1}{4}\quad(n\to\infty)$$

よって，$\displaystyle\sum_{n=1}^{\infty}\frac{1}{n(n+1)(n+2)}=\frac{1}{4}$

(2)　部分和：$\displaystyle S_n=\sum_{k=1}^{n}\frac{1}{\sqrt{k+1}+\sqrt{k}}$

$$=\sum_{k=1}^{n}\frac{\sqrt{k+1}-\sqrt{k}}{(k+1)-k}$$

$$=\sum_{k=1}^{n}(\sqrt{k+1}-\sqrt{k})$$

$$=-1+\sqrt{n+1}\ \to\ \infty\quad(n\to\infty)$$

よって，$\displaystyle\sum_{n=1}^{\infty}\frac{1}{\sqrt{n+1}+\sqrt{n}}=\infty$

(注)　次のような**デタラメな答案**を書かないように!!

$$\sum_{n=1}^{\infty}\frac{1}{\sqrt{n+1}+\sqrt{n}}=\sum_{n=1}^{\infty}(\sqrt{n+1}-\sqrt{n})$$

$$=(\sqrt{2}-1)+(\sqrt{3}-\sqrt{2})+(\sqrt{4}-\sqrt{3})+\cdots$$

$=-1$　**⬅ウソをつくな!!**

無限和の計算を有限和の計算と同じようにできると考えたことが間違いの原因である。

(3)　部分和：$\displaystyle S_n=\sum_{k=1}^{n}\frac{k}{(k+1)!}$

$$=\sum_{k=1}^{n}\frac{(k+1)-1}{(k+1)!}=\sum_{k=1}^{n}\left(\frac{k+1}{(k+1)!}-\frac{1}{(k+1)!}\right)$$

$$=\sum_{k=1}^{n}\left(\frac{1}{k!}-\frac{1}{(k+1)!}\right)=1-\frac{1}{(n+1)!}$$

$$\to 1\quad(n\to\infty)$$

よって，$\displaystyle\sum_{n=1}^{\infty}\frac{n}{(n+1)!}=1$

類題２－４

(1)　公比は $\left(-\dfrac{1}{5}\right)\div\dfrac{3}{20}=-\dfrac{4}{3}$，$\left|-\dfrac{4}{3}\right|\geqq1$

であるから，無限等比級数は発散する。

(2)　初項は $\sqrt{5}-1$，

公比は $\dfrac{3-\sqrt{5}}{\sqrt{5}-1}=\dfrac{\sqrt{5}-1}{2}$，$\left|\dfrac{\sqrt{5}-1}{2}\right|<1$

であるから，無限等比級数は収束し，和は

$$\frac{\sqrt{5}-1}{1-\dfrac{\sqrt{5}-1}{2}}=\frac{2(\sqrt{5}-1)}{3-\sqrt{5}}$$

$$=\frac{2(\sqrt{5}-1)(3+\sqrt{5})}{(3-\sqrt{5})(3+\sqrt{5})}=\frac{2(2\sqrt{5}+2)}{9-5}$$

$$=\sqrt{5}+1$$

類題２－５

初項 x，公比 x^2+x+1 の無限等比級数。

(ｉ)　$x=0$ のとき

収束して，和は 0

(ⅱ)　$x\neq0$ のとき

収束するための条件は

$$-1<x^2+x+1<1$$

であるから

$$\begin{cases}-1<x^2+x+1 & \cdots\cdots① \\ x^2+x+1<1 & \cdots\cdots②\end{cases}$$

①より，$x^2+x+2>0$

$$\therefore\quad\left(x+\frac{1}{2}\right)^2+\frac{7}{4}>0$$

これは常に成り立つ。

②より，$x^2+x<0$　　$\therefore\quad -1<x<0$

このとき，和は

$$\frac{x}{1-(x^2+x+1)}=-\frac{1}{x+1}$$

以上より

収束するための条件は　$-1<x\leqq0$

$$\text{和は}\quad\begin{cases}0 & (x=0)\\ -\dfrac{1}{x+1} & (-1<x<0)\end{cases}$$

類題2－6

(1)　部分和を S_n とすると

$$S_{2m-1}=1-\frac{1}{3}+\frac{1}{3}-\cdots-\frac{1}{2m-1}+\frac{1}{2m-1}$$
$$=1\to 1\quad (m\to\infty)$$
$$S_{2m}=1-\frac{1}{3}+\frac{1}{3}-\cdots-\frac{1}{2m-1}+\frac{1}{2m-1}-\frac{1}{2m+1}$$
$$=1-\frac{1}{2m+1}\to 1\quad (m\to\infty)$$

よって，$\lim_{m\to\infty}S_{2m-1}=\lim_{m\to\infty}S_{2m}=1$

であり，$\lim_{n\to\infty}S_n=1$

したがって，無限級数は収束して，和は1である。

(2)　部分和を S_n とすると

$$S_{2m-1}=1-1+1-\cdots-1+1$$
$$=1\to 1\quad (m\to\infty)$$
$$S_{2m}=1-1+1-\cdots-1+1-1$$
$$=0\to 0\quad (m\to\infty)$$

よって　$\lim_{m\to\infty}S_{2m-1}\neq\lim_{m\to\infty}S_{2m}$

であり，部分和 S_n は収束しない。

すなわち，無限級数は発散する。

第3章　漸　化　式

類題3－1

(1)　初項が2，公差が -3 の等差数列であるから

$$a_n=2+(n-1)\cdot(-3)=-3n+5$$

(2)　初項が -5，公比が -5 の等比数列であるから

$$a_n=-5\cdot(-5)^{n-1}=(-5)^n$$

(3)　初項が1，

階差数列が $b_n=a_{n+1}-a_n=3^n$

の数列であるから

$n\geqq 2$ のとき

$$a_n=a_1+\sum_{k=1}^{n-1}b_k=1+\sum_{k=1}^{n-1}3^k$$
$$=1+\frac{3(3^{n-1}-1)}{3-1}=\frac{3^n-1}{2}$$

（これは $n=1$ のときも成り立つ。）

よって，$a_n=\dfrac{3^n-1}{2}$

類題3－2

(1)　$a_{n+1}=3a_n+2$　……①

$\alpha=3\alpha+2$　……②

①－② より　$a_{n+1}-\alpha=3(a_n-\alpha)$

よって　$a_n-\alpha=(a_1-\alpha)\cdot 3^{n-1}$

ここで，$a_1=1$，②より $\alpha=-1$ であるから

$a_n+1=(1+1)\cdot 3^{n-1}$　　∴　$a_n=2\cdot 3^{n-1}-1$

(2)　$a_{n+1}=\dfrac{1}{2}a_n+1$　……①

$\alpha=\dfrac{1}{2}\alpha+1$　……②

①－② より　$a_{n+1}-\alpha=\dfrac{1}{2}(a_n-\alpha)$

よって　$a_n-\alpha=(a_1-\alpha)\cdot\left(\dfrac{1}{2}\right)^{n-1}$

ここで，$a_1=1$，②より $\alpha=2$ であるから

$$a_n-2=(1-2)\cdot\left(\frac{1}{2}\right)^{n-1}$$

∴　$a_n=2-\left(\dfrac{1}{2}\right)^{n-1}$

類題3－3

(1)　明らかに数列 $\{a_n\}$ は正項数列であり

$$a_{n+1}=\frac{a_n}{3a_n+2}$$

より

$$\frac{1}{a_{n+1}}=\frac{3a_n+2}{a_n}$$
$$=3+\frac{2}{a_n}=2\frac{1}{a_n}+3$$

$b_n=\dfrac{1}{a_n}$ とおくと，$b_1=\dfrac{1}{a_1}=\dfrac{1}{1}=1$

$b_{n+1}=2b_n+3$　……①

$\alpha=2\alpha+3$　……②　$(\alpha=-3)$

①－② より　$b_{n+1}-\alpha=2(b_n-\alpha)$

∴　$b_n-\alpha=(b_1-\alpha)\cdot 2^{n-1}$

∴　$b_n+3=(1+3)\cdot 2^{n-1}$

∴　$b_n=2^{n+1}-3$

よって，$a_n=\dfrac{1}{b_n}=\dfrac{1}{2^{n+1}-3}$

(2)　$a_{n+1}=8{a_n}^4$ より

$$\log_2 a_{n+1}=\log_2(8{a_n}^4)=\log_2 8+\log_2({a_n}^4)$$
$$=3+4\log_2 a_n$$

$b_n=\log_2 a_n$ とおくと，$b_1=\log_2 a_1=\log_2 2=1$

また　$b_{n+1}=4b_n+3$　……①

$\alpha=4\alpha+3$　……②　$(\alpha=-1)$

①−② より　$b_{n+1}-\alpha=4(b_n-\alpha)$

∴　$b_n-\alpha=(b_1-\alpha)\cdot 4^{n-1}$

∴　$b_n+1=(1+1)\cdot 4^{n-1}=2^{2n-1}$

∴　$b_n=2^{2n-1}-1$

よって，$a_n=2^{b_n}=2^{2^{2n-1}-1}$

(3)　与式の両辺を $n(n+1)(n+2)$ で割ると

$$\frac{a_{n+1}}{(n+1)(n+2)}=\frac{a_n}{n(n+1)}+\frac{1}{n(n+1)(n+2)}$$

$b_n=\dfrac{a_n}{n(n+1)}$ とおくと，$b_1=\dfrac{1}{4}$ であり

$$b_{n+1}=b_n+\frac{1}{n(n+1)(n+2)}$$

よって，$n\geqq 2$ のとき

$$b_n=b_1+\sum_{k=1}^{n-1}\frac{1}{k(k+1)(k+2)}$$

$$=\frac{1}{4}+\frac{1}{2}\sum_{k=1}^{n-1}\left(\frac{1}{k(k+1)}-\frac{1}{(k+1)(k+2)}\right)$$

$$=\frac{1}{4}+\frac{1}{2}\left(\frac{1}{1\cdot 2}-\frac{1}{n(n+1)}\right)$$

$$=\frac{1}{2}-\frac{1}{2n(n+1)}$$

（これは $n=1$ のときも成立。）

したがって

$$a_n=b_n\cdot n(n+1)$$

$$=\left(\frac{1}{2}-\frac{1}{2n(n+1)}\right)n(n+1)$$

$$=\frac{1}{2}n(n+1)-\frac{1}{2}=\frac{n^2+n-1}{2}$$

類題 3 − 4

（解法 1）　与えられた漸化式より

$a_{n+2}=2a_{n+1}-(n+1)$　……①

$a_{n+1}=2a_n-n$　……②

①−② より　$a_{n+2}-a_{n+1}=2(a_{n+1}-a_n)-1$

したがって，階差数列 $b_n=a_{n+1}-a_n$ は次を満たす。

$b_{n+1}=2b_n-1$　　∴　$b_{n+1}-1=2(b_n-1)$

また

$b_1=a_2-a_1=(2a_1-1)-a_1=5-3=2$

であるから　$b_n-1=(b_1-1)\cdot 2^{n-1}=2^{n-1}$

∴　$b_n=2^{n-1}+1$

よって，階差数列が求まったから，a_n はただちに求めることができて

$a_n=2^{n-1}+n+1$

（解法 2）　与えられた漸化式を次のように変形したい。

$a_{n+1}+\{p(n+1)+q\}=2\{a_n+(pn+q)\}$

このとき，$a_{n+1}=2a_n+pn+(q-p)$ となるから，$p=-1$，$q=-1$ と選べばよい。

よって，与えられた漸化式は次のように変形できる。

$a_{n+1}-(n+1)-1=2(a_n-n-1)$

したがって

$a_n-n-1=(a_1-1-1)\cdot 2^{n-1}$

∴　$a_n=2^{n-1}+n+1$

(2)　$a_1=1$，$a_{n+1}=3a_n+2n-1$

与えられた漸化式を次のように変形したい。

$a_{n+1}+\{p(n+1)+q\}=3\{a_n+(pn+q)\}$

このとき，$a_{n+1}=3a_n+2pn+(2q-p)$ となるから，$p=1$，$q=0$ と選べばよい。

よって，与えられた漸化式は次のように変形できる。

$a_{n+1}+(n+1)=3(a_n+n)$

したがって

$a_n+n=(a_1+1)\cdot 3^{n-1}$

∴　$a_n=2\cdot 3^{n-1}-n$

類題 3 − 5

(1)　$t^2-6t+5=0$ とすると

$(t-1)(t-5)=0$　　∴　$t=1,\ 5$

よって，与えられた漸化式は次のように 2 通りに変形できる。

$a_{n+2}-1\cdot a_{n+1}=5\cdot(a_{n+1}-1\cdot a_n)$　……①

$a_{n+2}-5\cdot a_{n+1}=1\cdot(a_{n+1}-5\cdot a_n)$　……②

①より

$a_{n+1}-a_n=(a_2-a_1)\cdot 5^{n-1}$

$=2\cdot 5^{n-1}$　……①′

②より

$a_{n+1}-5a_n=(a_2-5a_1)\cdot 1^{n-1}$

$=-2$　……②′

①′−②′ より

$4a_n=2\cdot 5^{n-1}+2$　　∴　$a_n=\dfrac{5^{n-1}+1}{2}$

(2)　$t^2-4t+4=0$ とすると

$(t-2)^2=0$　　∴　$t=2$（重解）

よって，与えられた漸化式は次のように変形できる。

$a_{n+2}-2a_{n+1}=2(a_{n+1}-2a_n)$　……①

①より

$a_{n+1}-2a_n=(a_2-2a_1)\cdot 2^{n-1}=2^n$　……①′

①′を 2^{n+1} で割ると

$$\frac{a_{n+1}}{2^{n+1}}-\frac{a_n}{2^n}=\frac{1}{2}$$

よって　$\frac{a_n}{2^n}=\frac{a_1}{2}+(n-1)\cdot\frac{1}{2}=\frac{n}{2}$

∴　$a_n=n\cdot 2^{n-1}$

類題 3 − 6

$$a_{n+1}=4a_n-2b_n \quad \cdots\cdots①$$
$$b_{n+1}=a_n+b_n \quad \cdots\cdots②$$

①，②を組み合わせて

$$a_{n+1}+pb_{n+1}=q(a_n+pb_n)$$

の形に変形できればよい。

この式に①，②を代入すると

$$(4a_n-2b_n)+p(a_n+b_n)=q(a_n+pb_n)$$

∴　$(p-q+4)a_n+(p-pq-2)b_n=0$

そこで　$\begin{cases} p-q+4=0 \\ p-pq-2=0 \end{cases}$　を解くと

$$(p,\ q)=(-1,\ 3),\ (-2,\ 2)$$

よって，与式は次のように変形できる。

$$a_{n+1}-b_{n+1}=3(a_n-b_n) \quad \cdots\cdots③$$
$$a_{n+1}-2b_{n+1}=2(a_n-2b_n) \quad \cdots\cdots④$$

③より

$$a_n-b_n=(a_1-b_1)\cdot 3^{n-1}$$
$$=2\cdot 3^{n-1} \quad \cdots\cdots③'$$

④より

$$a_n-2b_n=(a_1-2b_1)\cdot 2^{n-1}$$
$$=3\cdot 2^{n-1} \quad \cdots\cdots④'$$

③′×2−④′ より，$a_n=4\cdot 3^{n-1}-3\cdot 2^{n-1}$

③′−④′ より，$b_n=2\cdot 3^{n-1}-3\cdot 2^{n-1}$

以上より

$$\begin{cases} a_n=4\cdot 3^{n-1}-3\cdot 2^{n-1} \\ b_n=2\cdot 3^{n-1}-3\cdot 2^{n-1} \end{cases}$$

[別解]　①より

$$b_n=\frac{4a_n-a_{n+1}}{2}$$

∴　$b_{n+1}=\frac{4a_{n+1}-a_{n+2}}{2}$

これらを②に代入すると

$$\frac{4a_{n+1}-a_{n+2}}{2}=a_n+\frac{4a_n-a_{n+1}}{2}$$

∴　$4a_{n+1}-a_{n+2}=2a_n+(4a_n-a_{n+1})$

∴　$a_{n+2}-5a_{n+1}+6a_n=0$

また，$a_1=1$，$a_2=4a_1-2b_1=6$

$t^2-5t+6=0$ とすると

$(t-2)(t-3)=0$　　∴　$t=2,\ 3$

よって，3項間漸化式は次のように変形できる。

$$a_{n+2}-2a_{n+1}=3(a_{n+1}-2a_n) \quad \cdots\cdots(\text{i})$$
$$a_{n+2}-3a_{n+1}=2(a_{n+1}-3a_n) \quad \cdots\cdots(\text{ii})$$

(i)より

$$a_{n+1}-2a_n=(a_2-2a_1)\cdot 3^{n-1}$$
$$=4\cdot 3^{n-1} \quad \cdots\cdots(\text{i})'$$

(ii)より

$$a_{n+1}-3a_n=(a_2-3a_1)\cdot 2^{n-1}$$
$$=3\cdot 2^{n-1} \quad \cdots\cdots(\text{ii})'$$

(i)′−(ii)′ より，$a_n=4\cdot 3^{n-1}-3\cdot 2^{n-1}$

よって

$$b_n=\frac{4a_n-a_{n+1}}{2}$$
$$=\frac{4(4\cdot 3^{n-1}-3\cdot 2^{n-1})-(4\cdot 3^n-3\cdot 2^n)}{2}$$
$$=\frac{4\cdot 3^{n-1}-6\cdot 2^{n-1}}{2}=2\cdot 3^{n-1}-3\cdot 2^{n-1}$$

類題 3 − 7

題意の n 個の円が平面を a_n 個の部分に分けるとする。

たとえば

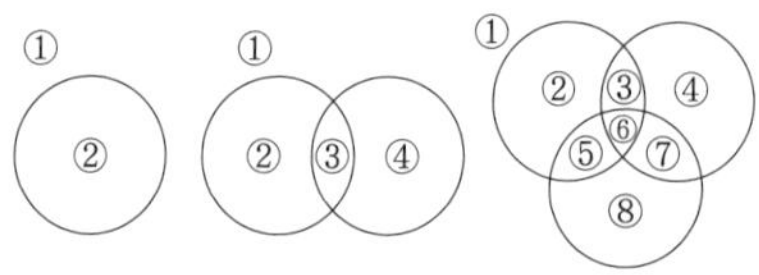

$a_1=2$　　$a_2=4$　　$a_3=8$

ここで，$a_2=4$，$a_3=8$ となった理由について少し考察してみよう。

すでに1個の円が描かれているところに新しく2個目の円を描くと，2個目の円は1個目の円によって2つの部分に切断されるが，その1つの部分が領域の個数を1つ増やすことになる。

よって　$a_2=a_1+2=2+2=4$

同様に，すでに2個の円が描かれているところに新しく3個目の円を描くと，3個目の円はすでに描かれている2個の円によって4つの部分に切断されるが，その1つの部分が領域の個数を1つ増やすことになる。

よって　$a_3=a_2+4=4+4=8$

さて一般に，すでに n 個の円が描かれているところに新しく $n+1$ 個目の円を描くと，$n+1$ 個目の円はすでに描かれている n 個の円によって $2n$ 個の部分に切断されるが，その1つの部分が領域の個数を1つ増やすことになる。
よって　$a_{n+1}=a_n+2n$
すなわち，階差数列が $b_n=a_{n+1}-a_n=2n$ の数列である。
したがって，$n \geqq 2$ のとき

$$a_n=a_1+\sum_{k=1}^{n-1} b_k=2+\sum_{k=1}^{n-1} 2k$$

$$=2+2\cdot\frac{1}{2}(n-1)n$$

$=n^2-n+2$　（これは $n=1$ のときも成立。）
すなわち，題意の n 個の円は平面を n^2-n+2 個の部分に分ける。

第4章　数学的帰納法

類題4－1

$$1^2+2^2+\cdots+n^2<\frac{1}{3}(n+1)^3 \quad \cdots\cdots(*)$$

とおく。
（Ⅰ）$n=1$ のとき

$$(\text{左辺})=1^2=1,\ (\text{右辺})=\frac{1}{3}\cdot 2^3=\frac{8}{3}$$

より，(左辺)＜(右辺)
よって，（＊）は成り立つ。
（Ⅱ）$n=k$ のとき（＊）が成り立つとする。
すなわち

$$1^2+2^2+\cdots+k^2<\frac{1}{3}(k+1)^3 \quad \cdots\cdots①$$

とする。
$n=k+1$ のとき（＊）について；
(右辺)－(左辺)

$$=\frac{1}{3}\{(k+1)+1\}^3-\{1^2+2^2+\cdots+k^2+(k+1)^2\}$$

$$=\frac{1}{3}(k+2)^3-\underline{(1^2+2^2+\cdots+k^2)}-(k+1)^2$$

$$>\frac{1}{3}(k+2)^3-\underline{\frac{1}{3}(k+1)^3}-(k+1)^2$$

（∵　①より）

$$=\frac{1}{3}\{(k+2)^3-(k+1)^3-3(k+1)^2\}$$

$$=\frac{1}{3}(3k+4)>0 \qquad \therefore\ (\text{右辺})>(\text{左辺})$$

よって，$n=k$ のとき（＊）が成り立てば，$n=k+1$ のときも（＊）は成り立つ。
（Ⅰ），（Ⅱ）より，すべての自然数 n に対して（＊）が成り立つ。

類題4－2

「$x^n-nx+n-1$ は $(x-1)^2$ で割り切れる。」
……（＊）　とおく。
（Ⅰ）$n=2$ のとき

$$x^n-nx+n-1=x^2-2x+1=(x-1)^2$$

よって，（＊）は成り立つ。
（Ⅱ）$n=k$ のとき（＊）が成り立つとする。
「$x^k-kx+k-1$ は $(x-1)^2$ で割り切れる。」
すなわち

$$\left.\begin{array}{r} x^k-kx+k-1=(x-1)^2f(x) \\ (f(x)\text{ は数式}) \end{array}\right\} \quad \cdots\cdots①$$

とする。
$n=k+1$ のとき（＊）について；

$$x^{k+1}-(k+1)x+k$$
$$=x(x^k-kx+k-1)+kx^2-(k-1)x-(k+1)x+k$$
$$=x(x^k-kx+k-1)+kx^2-2kx+k$$
$$=x\cdot(x-1)^2f(x)+kx^2-2kx+k$$

（∵　①より）

$$=x\cdot(x-1)^2f(x)+k(x-1)^2$$
$$=(x-1)^2\{x\cdot f(x)+k\}$$

これは $(x-1)^2$ で割り切れる。
よって，$n=k$ のとき（＊）が成り立てば，$n=k+1$ のときも（＊）は成り立つ。
（Ⅰ），（Ⅱ）より，2以上のすべての自然数 n に対して（＊）が成り立つ。

類題4－3

「$x^n+\frac{1}{x^n}$ は $t=x+\frac{1}{x}$ の n 次式である。」
……（＊）　とおく。
（Ⅰ）$n=1,\ 2$ のとき

$$x^1+\frac{1}{x^1}=x+\frac{1}{x}=t$$

これは t の1次式である。

$$x^2+\frac{1}{x^2}=\left(x+\frac{1}{x}\right)^2-2=t^2-2$$

これは t の2次式である。
よって，（＊）は成り立つ。
（Ⅱ）$n=k,\ k+1$ のとき成り立つとする。
すなわち
「$x^k+\frac{1}{x^k}$ は t の k 次式，$x^{k+1}+\frac{1}{x^{k+1}}$ は t の $k+1$ 次式である。」　……①
とする。

$$x^{k+2}+\frac{1}{x^{k+2}}$$
$$=\left(x+\frac{1}{x}\right)\left(x^{k+1}+\frac{1}{x^{k+1}}\right)-\left(x^k+\frac{1}{x^k}\right)$$
$$=t\left(x^{k+1}+\frac{1}{x^{k+1}}\right)-\left(x^k+\frac{1}{x^k}\right)$$

①より，これは t の $k+2$ 次式である。
よって，$n=k$，$k+1$ で（＊）が成り立てば，$n=k+2$ でも（＊）は成り立つ。
（Ⅰ），（Ⅱ）より，すべての自然数 n に対して（＊）は成り立つ。

類題 4 － 4

$$(a_1+a_2+\cdots+a_n)^2=a_1{}^3+a_2{}^3+\cdots+a_n{}^3 \quad \cdots\cdots(\text{A})$$ とおく。

(A)において $n=1$ とすると
$$a_1{}^2=a_1{}^3$$
$a_1>0$ であるから，$a_1=1$
(A)において $n=2$ とすると
$$(a_1+a_2)^2=a_1{}^3+a_2{}^3$$
$a_1=1$ より，$(1+a_2)^2=1+a_2{}^3$
$\therefore\ \ a_2{}^3-a_2{}^2-2a_2=0$
$\therefore\ \ a_2(a_2+1)(a_2-2)=0$
$a_2>0$ であるから，$a_2=2$
(A)において $n=3$ とすると
$$(a_1+a_2+a_3)^2=a_1{}^3+a_2{}^3+a_3{}^3$$
$a_1=1$，$a_2=2$ より，$(3+a_3)^2=9+a_3{}^3$
$\therefore\ \ a_3{}^3-a_3{}^2-6a_3=0$
$\therefore\ \ a_3(a_3+2)(a_3-3)=0$
$a_3>0$ であるから，$a_3=3$
そこで，$a_n=n$　……（＊）　と予想する。
この予想が正しいことを数学的帰納法で証明しよう。
（Ⅰ）　$n=1$ のとき
　明らかに（＊）は成り立つ。
（Ⅱ）　$n\leqq k$ のとき（＊）が成り立つとする。
すなわち，$a_1=1$, $a_2=2$, $\cdots$, $a_k=k$　……①
$n=k+1$ のとき（＊）について；
(A)において $n=k+1$ とすると
$$(a_1+\cdots+a_k+a_{k+1})^2=a_1{}^3+\cdots+a_k{}^3+a_{k+1}{}^3$$
①より
$$(1+\cdots+k+a_{k+1})^2=1^3+\cdots+k^3+a_{k+1}{}^3$$
$$\therefore\ \ \left(\frac{1}{2}k(k+1)+a_{k+1}\right)^2=\left\{\frac{1}{2}k(k+1)\right\}^2+a_{k+1}{}^3$$
$\therefore\ \ a_{k+1}{}^3-a_{k+1}{}^2-k(k+1)a_{k+1}=0$
$\therefore\ \ a_{k+1}(a_{k+1}+k)\{a_{k+1}-(k+1)\}=0$
$a_{k+1}>0$ より，$a_{k+1}=k+1$
よって，$n\leqq k$ のとき（＊）が成り立つならば，$n=k+1$ のときも（＊）は成り立つ。
（Ⅰ），（Ⅱ）より，すべての自然数 n に対して（＊）は成り立つ。
以上より
　$a_n=n$　**⬅もはや予想ではない!!**

第5章　三角関数

類題 5 － 1

(1)　与式より　$2(1-\sin^2\theta)-\sin\theta-1=0$
$\therefore\ \ 2\sin^2\theta+\sin\theta-1=0$
$\therefore\ \ (2\sin\theta-1)(\sin\theta+1)=0$
$\therefore\ \ \sin\theta=\dfrac{1}{2},\ -1$
よって
$$\theta=\frac{\pi}{6},\ \frac{5\pi}{6},\ \frac{3\pi}{2}$$

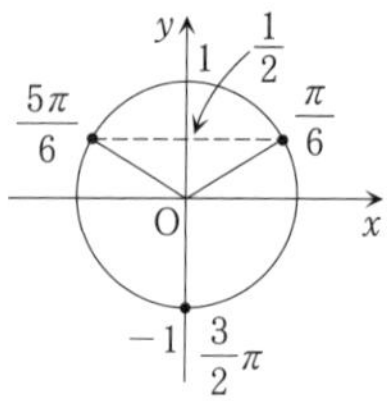

(2)　$2\sqrt{2}\sin\theta\cos\theta-2\sin\theta-\sqrt{2}\cos\theta+1\leqq 0$
より
$$(2\sin\theta-1)(\sqrt{2}\cos\theta-1)\leqq 0$$
よって
$$\begin{cases}2\sin\theta-1\geqq 0\\ \sqrt{2}\cos\theta-1\leqq 0\end{cases} \text{または} \begin{cases}2\sin\theta-1\leqq 0\\ \sqrt{2}\cos\theta-1\geqq 0\end{cases}$$
すなわち
$$\begin{cases}\sin\theta\geqq\dfrac{1}{2}\\ \cos\theta\leqq\dfrac{1}{\sqrt{2}}\end{cases} \text{または} \begin{cases}\sin\theta\leqq\dfrac{1}{2}\\ \cos\theta\geqq\dfrac{1}{\sqrt{2}}\end{cases}$$

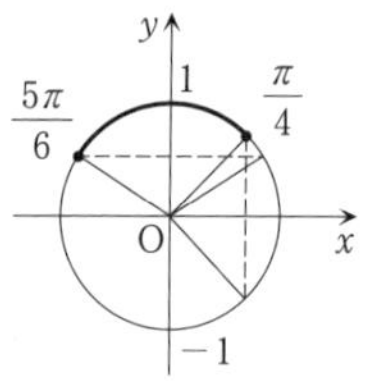

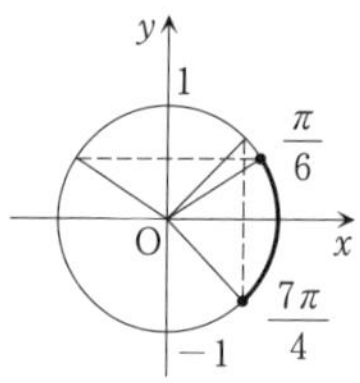

したがって
$$0\leqq\theta\leqq\frac{\pi}{6},\ \frac{\pi}{4}\leqq\theta\leqq\frac{5\pi}{6},\ \frac{7\pi}{4}\leqq\theta<2\pi$$

(3) $\sqrt{3}\tan\theta+1\geqq 0$

より

$$\tan\theta\geqq-\frac{1}{\sqrt{3}}$$

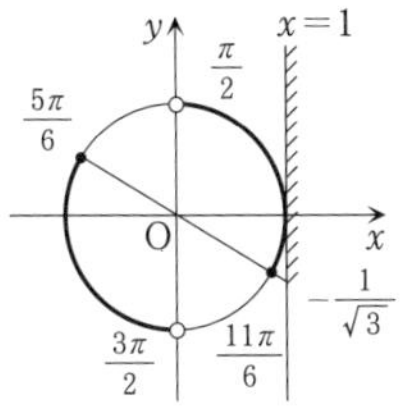

よって

$$0\leqq\theta<\frac{\pi}{2},$$

$$\frac{5\pi}{6}\leqq\theta<\frac{3\pi}{2},\quad \frac{11\pi}{6}\leqq\theta<2\pi$$

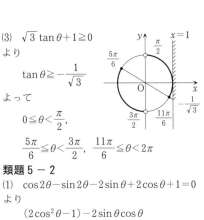

類題 5 − 2

(1) $\cos 2\theta-\sin 2\theta-2\sin\theta+2\cos\theta+1=0$

より

$$(2\cos^2\theta-1)-2\sin\theta\cos\theta-2\sin\theta+2\cos\theta+1=0$$

$\therefore$ $\cos^2\theta-\sin\theta\cos\theta-\sin\theta+\cos\theta=0$

$$(\cos\theta+1)(\cos\theta-\sin\theta)=0$$

よって

$\cos\theta=-1$ または $\cos\theta=\sin\theta$

したがって

$$\theta=\frac{\pi}{4},\ \pi,\ \frac{5\pi}{4}$$

(2) 与式より

$$2\sqrt{3}\sin\theta\cos\theta-(2\cos^2\theta-1)-\sqrt{3}\sin\theta+\cos\theta-1\geqq 0$$

$$2\sqrt{3}\sin\theta\cos\theta-2\cos^2\theta-\sqrt{3}\sin\theta+\cos\theta\geqq 0$$

$\therefore$ $(2\cos\theta-1)(\sqrt{3}\sin\theta-\cos\theta)\geqq 0$

よって

$$\begin{cases}\cos\theta\geqq\dfrac{1}{2}\\ \sin\theta\geqq\dfrac{1}{\sqrt{3}}\cos\theta\end{cases}$$

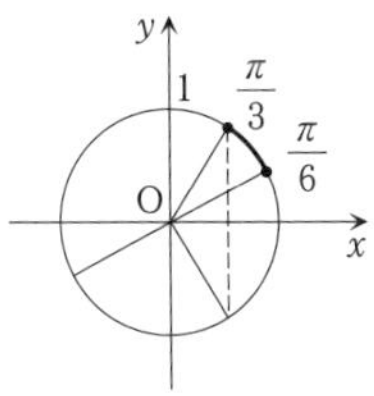

または

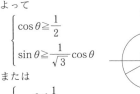

$$\begin{cases}\cos\theta\leqq\dfrac{1}{2}\\ \sin\theta\leqq\dfrac{1}{\sqrt{3}}\cos\theta\end{cases}$$

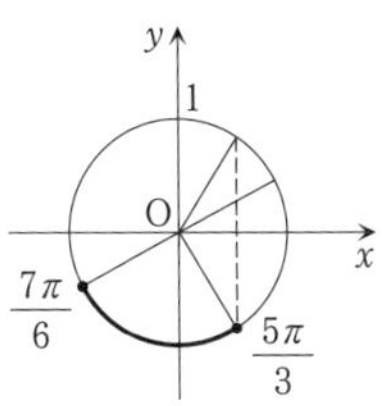

したがって

$$\frac{\pi}{6}\leqq\theta\leqq\frac{\pi}{3},$$

$$\frac{7\pi}{6}\leqq\theta\leqq\frac{5\pi}{3}$$

類題 5 − 3

(1) $\sin\theta-\cos\theta$

$$=\sqrt{2}\left(\sin\theta\cdot\frac{1}{\sqrt{2}}-\cos\theta\cdot\frac{1}{\sqrt{2}}\right)$$

$$=\sqrt{2}\left(\sin\theta\cos\frac{\pi}{4}-\cos\theta\sin\frac{\pi}{4}\right)$$

$$=\sqrt{2}\sin\left(\theta-\frac{\pi}{4}\right)$$

(2) $\sin\theta-\cos\theta$

$$=\sqrt{2}\left(\sin\theta\cdot\frac{1}{\sqrt{2}}-\cos\theta\cdot\frac{1}{\sqrt{2}}\right)$$

$$=\sqrt{2}\left(\cos\theta\cdot\left(-\frac{1}{\sqrt{2}}\right)+\sin\theta\cdot\frac{1}{\sqrt{2}}\right)$$

$$=\sqrt{2}\left(\cos\theta\cos\frac{3\pi}{4}+\sin\theta\sin\frac{3\pi}{4}\right)$$

$$=\sqrt{2}\cos\left(\theta-\frac{3\pi}{4}\right)$$

類題 5 − 4

$$f(\theta)=\sin^2\theta+2\sqrt{3}\sin\theta\cos\theta-\cos^2\theta$$

$$=\frac{1-\cos 2\theta}{2}+2\sqrt{3}\cdot\frac{\sin 2\theta}{2}-\frac{1+\cos 2\theta}{2}$$

$$=\sqrt{3}\sin 2\theta-\cos 2\theta$$

$$=2\sin\left(2\theta-\frac{\pi}{6}\right)$$

ここで，$0\leqq\theta\leqq\dfrac{\pi}{2}$ より　$0\leqq 2\theta\leqq\pi$

$$\therefore\quad -\frac{\pi}{6}\leqq 2\theta-\frac{\pi}{6}\leqq\frac{5\pi}{6}$$

$$\therefore\quad -\frac{1}{2}\leqq\sin\left(2\theta-\frac{\pi}{6}\right)\leqq 1$$

したがって

最大値は

$$2\cdot 1=2$$

最小値は

$$2\cdot\left(-\frac{1}{2}\right)=-1$$

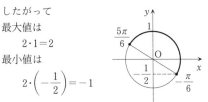

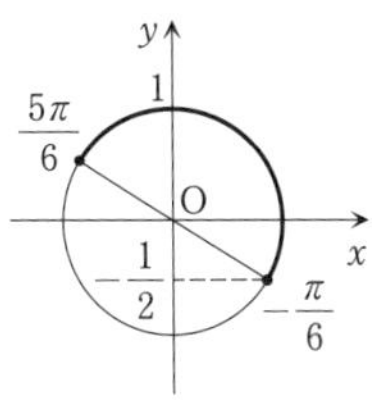

類題 5 − 5

$$l：y=\frac{\sqrt{3}}{2}x+1$$

$$m：y=-3\sqrt{3}x-2$$

が x 軸正方向となす角をそれぞれ

$\alpha,\ \beta$ $(0<\alpha<\beta<\pi)$

とすると

$$\tan\alpha=\frac{\sqrt{3}}{2}$$

$$\tan\beta=-3\sqrt{3}$$

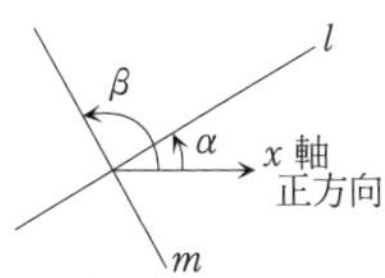

よって

$$\tan(\beta-\alpha)=\frac{\tan\beta-\tan\alpha}{1+\tan\beta\tan\alpha}$$

$$=\frac{(-3\sqrt{3})-\frac{\sqrt{3}}{2}}{1+(-3\sqrt{3})\cdot\frac{\sqrt{3}}{2}}=\frac{-\frac{7}{2}\sqrt{3}}{-\frac{7}{2}}$$

$=\sqrt{3}$

$0<\alpha<\beta<\pi$ より，$0<\beta-\alpha<\pi$ であるから

$$\beta-\alpha=\frac{\pi}{3}$$

よって，2直線のなす角は $\beta-\alpha=\dfrac{\pi}{3}$

類題 5－6

$$\cos C=\cos\{\pi-(A+B)\}$$
$$=-\cos(A+B)$$

より

$$(\text{左辺})=\cos A+\cos B-\cos C+1$$
$$=\cos A+\cos B+\cos(A+B)+1$$

ここで

$$\cos A+\cos B=2\cos\frac{A+B}{2}\cos\frac{A-B}{2}$$

$$\cos(A+B)+1=\cos\left(2\cdot\frac{A+B}{2}\right)+1$$
$$=\left(2\cos^2\frac{A+B}{2}-1\right)+1$$
$$=2\cos^2\frac{A+B}{2}$$

であるから

$$\cos A+\cos B+\cos(A+B)+1$$
$$=2\cos\frac{A+B}{2}\cos\frac{A-B}{2}+2\cos^2\frac{A+B}{2}$$
$$=2\cos\frac{A+B}{2}\left(\cos\frac{A-B}{2}+\cos\frac{A+B}{2}\right)$$
$$=2\cos\frac{A+B}{2}\left(\cos\frac{A+B}{2}+\cos\frac{A-B}{2}\right)$$
$$=2\cos\frac{A+B}{2}\cdot2\cos\frac{A}{2}\cos\frac{B}{2}$$
$$=4\cos\frac{A}{2}\cos\frac{B}{2}\cos\frac{A+B}{2}$$
$$=4\cos\frac{A}{2}\cos\frac{B}{2}\cos\frac{\pi-C}{2}$$
$$=4\cos\frac{A}{2}\cos\frac{B}{2}\cos\left(\frac{\pi}{2}-\frac{C}{2}\right)$$
$$=4\cos\frac{A}{2}\cos\frac{B}{2}\sin\frac{C}{2}=(\text{右辺})$$

第6章　指数関数・対数関数

類題 6－1

(1)　$3^{2x+1}+2\cdot3^x-1=0$ より

　$3\cdot(3^x)^2+2\cdot3^x-1=0$

∴　$(3\cdot3^x-1)(3^x+1)=0$

$3^x>0$ であるから，$3^x=\dfrac{1}{3}=3^{-1}$

よって，$x=-1$

(2)　$\left(\dfrac{1}{4}\right)^x+\dfrac{1}{2^x}-6>0$ より

$$\left\{\left(\frac{1}{2}\right)^x\right\}^2+\left(\frac{1}{2}\right)^x-6>0$$

∴　$\left\{\left(\dfrac{1}{2}\right)^x-2\right\}\left\{\left(\dfrac{1}{2}\right)^x+3\right\}>0$

∴　$\left(\dfrac{1}{2}\right)^x<-3,\ 2<\left(\dfrac{1}{2}\right)^x$

$\left(\dfrac{1}{2}\right)^x>0$ であるから，$2<\left(\dfrac{1}{2}\right)^x$

∴　$\left(\dfrac{1}{2}\right)^{-1}<\left(\dfrac{1}{2}\right)^x$

底：$\dfrac{1}{2}<1$ であるから　$x<-1$

類題 6－2

(1)　真数の条件より

　$2-x>0$ かつ $x+1>0$

∴　$-1<x<2$　……①

与式より

$$\frac{\log_2(2-x)}{\log_2\sqrt{2}}+\log_2(x+1)=1$$

∴　$2\log_2(2-x)+\log_2(x+1)=1$

　$\log_2(2-x)^2(x+1)=\log_2 2$

∴　$(2-x)^2(x+1)=2$

∴　$x^3-3x^2+2=0$

　$(x-1)(x^2-2x-2)=0$

∴　$x=1,\ 1\pm\sqrt{3}$　……②

①，②より，$x=1,\ 1-\sqrt{3}$

(2)　真数および底の条件より

　$x>0,\ x\neq1$　……①

与式より

$$\log_2 x-\frac{\log_2 16}{\log_2 x}=3$$

∴　$\log_2 x-\dfrac{4}{\log_2 x}=3$

$$(\log_2 x)^2-3\log_2 x-4=0$$
$$(\log_2 x+1)(\log_2 x-4)=0$$
$\therefore\quad \log_2 x=-1,\ 4$

$\therefore\quad x=2^{-1},\ 2^4$

$=\dfrac{1}{2},\ 16\quad$ ……②

①，②より，$x=\dfrac{1}{2},\ 16$

類題 6 − 3

(1) 真数の条件より

$x-2>0$ かつ $x+4>0$

$\therefore\quad x>2\quad$ ……①

与式より　$\log_{\frac{1}{3}}(x-2)^2>\log_{\frac{1}{3}}(x+4)$

底：$\dfrac{1}{3}<1$ であるから，$(x-2)^2<x+4$

$\therefore\quad x^2-5x<0\qquad x(x-5)<0$

$\therefore\quad 0<x<5\quad$ ……②

①，②より，$2<x<5$

(2) 真数の条件より，$x>0\quad$ ……①

与式より　$\left(\dfrac{\log_2 x}{\log_2 4}\right)^2\leqq\log_2 x+3$

$\therefore\quad \left(\dfrac{\log_2 x}{2}\right)^2\leqq\log_2 x+3$

$\therefore\quad (\log_2 x)^2\leqq 4\log_2 x+12$

$(\log_2 x)^2-4\log_2 x-12\leqq 0$

$(\log_2 x-6)(\log_2 x+2)\leqq 0$

$\therefore\quad -2\leqq\log_2 x\leqq 6$

$\therefore\quad \log_2\dfrac{1}{4}\leqq\log_2 x\leqq\log_2 64$

底：$2>1$ であるから，$\dfrac{1}{4}\leqq x\leqq 64\quad$ ……②

①，②より，$\dfrac{1}{4}\leqq x\leqq 64$

類題 6 − 4

真数および底の条件より

$x>0,\ x\neq 1,\ y>0,\ y\neq 1$

このとき，与式より

$$\log_x y<3\frac{1}{\log_x y}+2$$

両辺に $(\log_x y)^2>0$ をかけて分母を払うと

$(\log_x y)^3<3\log_x y+2(\log_x y)^2$

$\therefore\quad (\log_x y)(\log_x y+1)(\log_x y-3)<0$

$\therefore\quad \log_x y<-1,\ 0<\log_x y<3$

$\therefore\quad \log_x y<\log_x\dfrac{1}{x},\ \log_x 1<\log_x y<\log_x x^3$

よって

(i) $x>1$ のとき；

$y<\dfrac{1}{x},\ 1<y<x^3$

(ii) $x<1$ のとき；

$y>\dfrac{1}{x},\ 1>y>x^3$

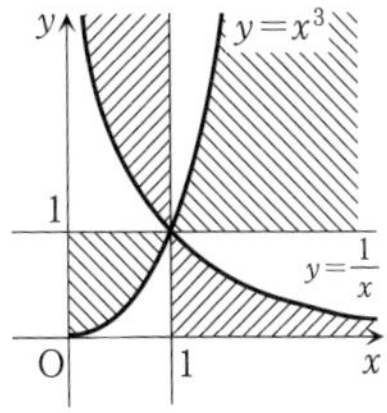

したがって

点 $(x,\ y)$ の存在範囲は図のようになる（境界は含まない）。

類題 6 − 5

$\left(\dfrac{1}{32}\right)^{100}$ を小数で表したとき，小数第 n 位に初めて 0 でない数字が現れるとすると

$$\frac{1}{10^n}\leqq\left(\frac{1}{32}\right)^{100}<\frac{1}{10^{n-1}}$$

$\therefore\quad \log_{10}\dfrac{1}{10^n}\leqq\log_{10}\left(\dfrac{1}{32}\right)^{100}<\log_{10}\dfrac{1}{10^{n-1}}$

$\log_{10}10^{-n}\leqq\log_{10}2^{-500}<\log_{10}10^{-(n-1)}$

$-n\leqq-500\log_{10}2<-(n-1)$

$n\geqq 500\log_{10}2>n-1$

$n\geqq 150.5>n-1\qquad\therefore\quad n=151$

よって，$\left(\dfrac{1}{32}\right)^{100}$ を小数で表したとき，

初めて 0 でない数字が現れるのは

小数第 151 位

次に，$\left(\dfrac{1}{32}\right)^{100}$ を小数で表したとき，

小数第 151 位の数字を b とおくと

$$b\times\frac{1}{10^{151}}\leqq\left(\frac{1}{32}\right)^{100}<(b+1)\times\frac{1}{10^{151}}$$

$\therefore\quad \log_{10}\left(b\times\dfrac{1}{10^{151}}\right)\leqq\log_{10}\left(\dfrac{1}{32}\right)^{100}$

$<\log_{10}\left\{(b+1)\times\dfrac{1}{10^{151}}\right\}$

$\log_{10}b+(-151)\leqq-150.5$

$<\log_{10}(b+1)+(-151)$

$\therefore\quad \log_{10}b\leqq 0.5<\log_{10}(b+1)$

ここで

$\log_{10}3=0.4771$

$\log_{10}4=2\log_{10}2=0.6020$

より，$b=3$

すなわち，$\left(\dfrac{1}{32}\right)^{100}$ を小数で表したとき

小数第 151 位の数字は 3

第7章　微分法の計算

類題7－1

(1) $\lim_{x\to 0}\frac{\tan x-\sin x}{x^3}$

$=\lim_{x\to 0}\frac{\sin x(1-\cos x)}{x^3\cos x}$

$=\lim_{x\to 0}\frac{\sin x(1-\cos^2 x)}{x^3\cos x(1+\cos x)}$

$=\lim_{x\to 0}\frac{\sin^3 x}{x^3\cos x(1+\cos x)}$

$=\lim_{x\to 0}\left(\frac{\sin x}{x}\right)^3\frac{1}{\cos x(1+\cos x)}$

$=1^3\cdot\frac{1}{1\cdot(1+1)}=\frac{1}{2}$

(2) $\lim_{\theta\to 0}\frac{\sin(\theta^\circ)}{\theta}=\lim_{\theta\to 0}\frac{\sin\left(\frac{\pi}{180}\theta\right)}{\theta}$

$=\lim_{\theta\to 0}\frac{\pi}{180}\frac{\sin\left(\frac{\pi}{180}\theta\right)}{\frac{\pi}{180}\theta}=\frac{\pi}{180}\cdot 1=\frac{\pi}{180}$

(3) $\lim_{x\to+\infty}x\log\left(1+\frac{1}{2x}\right)$

$=\lim_{x\to+\infty}\log\left(1+\frac{1}{2x}\right)^x$

$=\lim_{x\to+\infty}\log\left\{\left(1+\frac{1}{2x}\right)^{2x}\right\}^{\frac{1}{2}}=\log e^{\frac{1}{2}}=\frac{1}{2}$

(4) $\lim_{x\to 0}(1+ax)^{\frac{1}{x}}$

(i) $a=0$ のとき；

$\lim_{x\to 0}(1+ax)^{\frac{1}{x}}=\lim_{x\to 0}1^{\frac{1}{x}}=\lim_{x\to 0}1=1$

(ii) $a\neq 0$ のとき；

$\lim_{x\to 0}(1+ax)^{\frac{1}{x}}=\lim_{x\to 0}\{(1+ax)^{\frac{1}{ax}}\}^a=e^a$

(i)，(ii)より，$\lim_{x\to 0}(1+ax)^{\frac{1}{x}}=e^a$

類題7－2

(1) $f'(x)=\lim_{h\to 0}\frac{\cos(x+h)-\cos x}{h}$

$=\lim_{h\to 0}\frac{-2\sin\left(x+\frac{h}{2}\right)\sin\frac{h}{2}}{h}$

$=\lim_{h\to 0}\left\{-\sin\left(x+\frac{h}{2}\right)\right\}\frac{\sin\frac{h}{2}}{\frac{h}{2}}$

$=(-\sin x)\cdot 1=-\sin x$

(2) $f'(x)=\lim_{h\to 0}\frac{a^{x+h}-a^x}{h}$

$=\lim_{h\to 0}a^x\frac{a^h-1}{h}=\lim_{t\to 0}a^x\frac{t}{\log_a(1+t)}$

$=\lim_{t\to 0}a^x\frac{1}{\frac{1}{t}\log_a(1+t)}=\lim_{t\to 0}a^x\frac{1}{\log_a(1+t)^{\frac{1}{t}}}$

$=a^x\frac{1}{\log_a e}=a^x\log a$

類題7－3

$\left(\frac{f(x)}{g(x)}\right)'=\lim_{h\to 0}\frac{\frac{f(x+h)}{g(x+h)}-\frac{f(x)}{g(x)}}{h}$

$=\lim_{h\to 0}\frac{f(x+h)g(x)-f(x)g(x+h)}{h\cdot g(x+h)g(x)}$

$=\lim_{h\to 0}\frac{\left(\{f(x+h)-f(x)\}g(x)-f(x)\{g(x+h)-g(x)\}\right)}{h\cdot g(x+h)g(x)}$

$=\lim_{h\to 0}\frac{1}{g(x+h)g(x)}\left(\frac{f(x+h)-f(x)}{h}g(x)-f(x)\frac{g(x+h)-g(x)}{h}\right)$

$=\frac{1}{g(x)^2}(f'(x)g(x)-f(x)g'(x))$

$=\frac{f'(x)g(x)-f(x)g'(x)}{g(x)^2}$

類題7－4

(1) $(\sin\sqrt{x^2+1})'=\cos\sqrt{x^2+1}\times(\sqrt{x^2+1})'$

$=\cos\sqrt{x^2+1}\times\frac{x}{\sqrt{x^2+1}}=\frac{x\cos\sqrt{x^2+1}}{\sqrt{x^2+1}}$

(2) $\{x\tan(2x+1)\}'$

$=1\cdot\tan(2x+1)+x\cdot\frac{2}{\cos^2(2x+1)}$

$=\tan(2x+1)+\frac{2x}{\cos^2(2x+1)}$

(3) $\{\log(x+\sqrt{x^2+1})\}'$

$=\frac{1}{x+\sqrt{x^2+1}}\times(x+\sqrt{x^2+1})'$

$=\frac{1}{x+\sqrt{x^2+1}}\times\left(1+\frac{x}{\sqrt{x^2+1}}\right)$

$$=\frac{1}{x+\sqrt{x^2+1}}\times\frac{\sqrt{x^2+1}+x}{\sqrt{x^2+1}}=\frac{1}{\sqrt{x^2+1}}$$

(4) $\left(\dfrac{x}{\log x}\right)'=\dfrac{1\cdot\log x-x\cdot\dfrac{1}{x}}{(\log x)^2}=\dfrac{\log x-1}{(\log x)^2}$

類題 7 − 5

(1) $\dfrac{dy}{dx}=\dfrac{\dfrac{dy}{dt}}{\dfrac{dx}{dt}}=\dfrac{3\sin^2 t\cos t}{-3\cos^2 t\sin t}$

$$=-\frac{\sin t}{\cos t}=-\tan t$$

$$\frac{d^2y}{dx^2}=\frac{d}{dx}\left(\frac{dy}{dx}\right)=\frac{\dfrac{d}{dt}\left(\dfrac{dy}{dx}\right)}{\dfrac{dx}{dt}}$$

$$=\frac{\dfrac{d}{dt}(-\tan t)}{-3\cos^2 t\sin t}=\frac{-\dfrac{1}{\cos^2 t}}{-3\cos^2 t\sin t}$$

$$=\frac{1}{3\sin t\cos^4 t}$$

(2) $y=x^{\sin x}$ とおくと　$\log y=\log x^{\sin x}$

∴　$\log y=\sin x\cdot\log x$

両辺を x で微分すると

$$\frac{1}{y}\times y'=\cos x\cdot\log x+\sin x\cdot\frac{1}{x}$$

$$=\cos x\cdot\log x+\frac{\sin x}{x}$$

∴　$y'=x^{\sin x}\left(\cos x\cdot\log x+\dfrac{\sin x}{x}\right)$

$$=x^{\sin x}\cos x\cdot\log x+x^{\sin x-1}\sin x$$

類題 7 − 6

(1) $x^3+3xy+y^3=1$

両辺を x で微分すると

$$3x^2+3\left(1\cdot y+x\cdot\frac{dy}{dx}\right)+3y^2\cdot\frac{dy}{dx}=0$$

∴　$x^2+1\cdot y+x\cdot\dfrac{dy}{dx}+y^2\cdot\dfrac{dy}{dx}=0$

∴　$(x+y^2)\dfrac{dy}{dx}=-(x^2+y)$

∴　$\dfrac{dy}{dx}=-\dfrac{x^2+y}{x+y^2}$

(2) $y^2=x^2(1-x^2)=x^2-x^4$

両辺を x で微分すると

$$2y\cdot\frac{dy}{dx}=2x-4x^3$$

∴　$y\cdot\dfrac{dy}{dx}=x-2x^3$　　∴　$\dfrac{dy}{dx}=\dfrac{x-2x^3}{y}$

(3) $x=y^2+2y-1$

両辺を x で微分すると

$$1=(2y+2)\cdot\frac{dy}{dx}\qquad\therefore\quad\frac{dy}{dx}=\frac{1}{2y+2}$$

第8章　微分法の応用

類題 8 − 1

(1) $x^2+xy+y^2=7$ の両辺を x で微分すると

$$2x+y+xy'+2yy'=0$$

∴　$(x+2y)y'=-(2x+y)$

∴　$y'=-\dfrac{2x+y}{x+2y}$

よって

点 (2, 1) における接線の方程式は

$$y-1=-\frac{5}{4}(x-2)\qquad\therefore\quad y=-\frac{5}{4}x+\frac{7}{2}$$

(2) $f(x)=\dfrac{e^x}{x}$ とおくと

$$f'(x)=\frac{e^x\cdot x-e^x\cdot 1}{x^2}=\frac{(x-1)e^x}{x^2}$$

よって

点 $\left(t,\ \dfrac{e^t}{t}\right)$ における接線の方程式は

$$y-\frac{e^t}{t}=\frac{(t-1)e^t}{t^2}(x-t)$$

これが原点を通るとすると

$$0-\frac{e^t}{t}=\frac{(t-1)e^t}{t^2}(0-t)$$

∴　$-\dfrac{e^t}{t}=-\dfrac{(t-1)e^t}{t}$

∴　$1=t-1$　　∴　$t=2$

よって

原点を通る接線の方程式は

$$y=\frac{e^2}{4}x$$

類題 8 − 2

(1) $f(x)=xe^{-x}$ より

$$f'(x)=1\cdot e^{-x}+x\cdot(-e^{-x})$$
$$=(1-x)e^{-x}$$
$$f''(x)=(-1)\cdot e^{-x}+(1-x)\cdot(-e^{-x})$$
$$=(x-2)e^{-x}$$

また

$$\lim_{x\to+\infty} xe^{-x}=\lim_{x\to+\infty}\frac{x}{e^x}=0,\quad \lim_{x\to-\infty} xe^{-x}=-\infty$$

よって，増減・凹凸およびグラフは次のようになる。変曲点は $(2,\ 2e^{-2})$ である。

x	$\cdots$	1	$\cdots$	2	$\cdots$
$f'(x)$	$+$	0	$-$	$-$	$-$
$f''(x)$	$-$	$-$	$-$	0	$+$
$f(x)$	↗	$\frac{1}{e}$	↘	$\frac{2}{e^2}$	↘

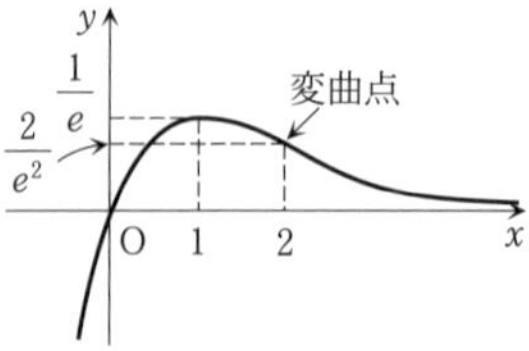

(2)　$f(x)=\dfrac{x}{\log x}$

定義域は $0<x<1,\ 1<x$

$$f'(x)=\frac{1\cdot\log x-x\cdot\frac{1}{x}}{(\log x)^2}=\frac{\log x-1}{(\log x)^2}$$

$f''(x)$

$$=\frac{\frac{1}{x}\cdot(\log x)^2-(\log x-1)\cdot 2(\log x)\frac{1}{x}}{(\log x)^4}$$

$$=\frac{\log x-(\log x-1)\cdot 2}{x(\log x)^3}=\frac{2-\log x}{x(\log x)^3}$$

また

$$\lim_{x\to+\infty}\frac{x}{\log x}=+\infty,\quad \lim_{x\to+0}\frac{x}{\log x}=0$$

$$\lim_{x\to1+0}\frac{x}{\log x}=+\infty,\quad \lim_{x\to1-0}\frac{x}{\log x}=-\infty$$

よって，増減・凹凸およびグラフは次のようになる。

変曲点は $\left(e^2,\ \dfrac{e^2}{2}\right)$，$x=1$ は漸近線。

x	0	$\cdots$	1	$\cdots$	e	$\cdots$	e^2	$\cdots$
$f'(x)$	×	$-$	×	$-$	0	$+$	$+$	$+$
$f''(x)$	×	$-$	×	$+$	$+$	$+$	0	$-$
$f(x)$	×	↘	×	↘	e	↗	$\frac{e^2}{2}$	↗

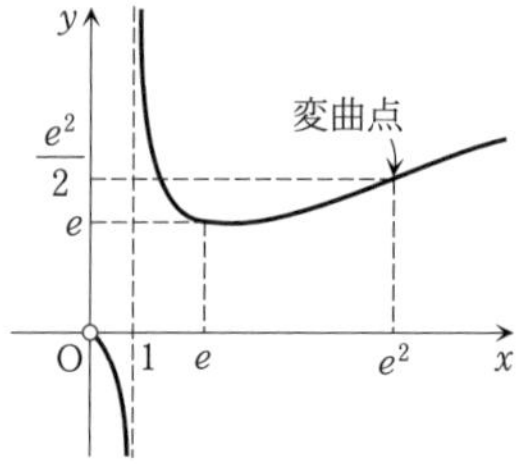

(3)　$f'(x)=\dfrac{2x\cdot(x-1)-x^2\cdot1}{(x-1)^2}$

$$=\frac{x^2-2x}{(x-1)^2}=\frac{x(x-2)}{(x-1)^2}$$

$$f''(x)=\frac{\left(\begin{array}{l}(2x-2)\cdot(x-1)^2\\ \qquad -(x^2-2x)\cdot 2(x-1)\end{array}\right)}{(x-1)^4}$$

$$=\frac{(2x-2)\cdot(x-1)-(x^2-2x)\cdot2}{(x-1)^3}$$

$$=\frac{2\{(x^2-2x+1)-(x^2-2x)\}}{(x-1)^3}$$

$$=\frac{2}{(x-1)^3}$$

また

$$f(x)=\frac{x^2}{x-1}=\frac{(x+1)(x-1)+1}{x-1}$$

$$=x+1+\frac{1}{x-1}\ \text{より}$$

$$\lim_{x\to\pm\infty}\{f(x)-(x+1)\}=\lim_{x\to\pm\infty}\frac{1}{x-1}=0$$

よって，漸近線は $x=1$ および $y=x+1$

x	$\cdots$	0	$\cdots$	1	$\cdots$	2	$\cdots$
$f'(x)$	$+$	0	$-$	×	$-$	0	$+$
$f''(x)$	$-$	$-$	$-$	×	$+$	$+$	$+$
$f(x)$	↗	0	↘	×	↘	4	↗

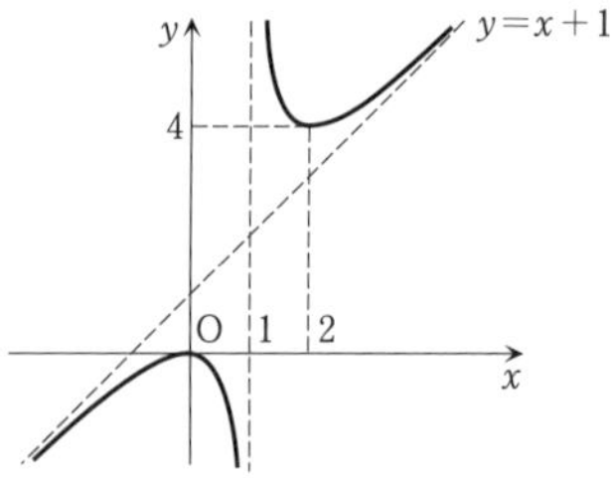

よって，増減・凹凸およびグラフは図のようになる。

類題 8 － 3

(1)　$f(x)=x\log x$ より

$$f'(x)=\log x+1$$

また

$$\lim_{x\to+\infty} x\log x=+\infty$$

$$\lim_{x\to+0} x\log x=\lim_{t\to-\infty} e^t t$$

$$=\lim_{u\to+\infty} e^{-u}(-u)$$

$$=\lim_{u\to+\infty}\left(-\frac{u}{e^u}\right)=0$$

（**注**：ロピタルの定理を使ってもよい。）

以上より，増減表は下のようになる。

x	0	$\cdots$	$\frac{1}{e}$	$\cdots$
$f'(x)$	╳	$-$	0	$+$
$f(x)$	╳	↘	$-\frac{1}{e}$	↗

したがって

最大値はなし，最小値は $-\dfrac{1}{e}$

(2)　$f(x)=2\sin x-x\cos x$ とおくと

$$f'(x)=2\cos x-(\cos x-x\sin x)$$
$$=\cos x+x\sin x$$

$f'(x)$ の正負がよく分からないから，さらに微分して調べる。

$\{f'(x)\}'=f''(x)$

$=-\sin x+(\sin x+x\cos x)$

$=x\cos x$

よって，$f'(x)$ の増減表は次のようになる。

x	0	$\cdots$	$\frac{\pi}{2}$	$\cdots$	π
$f''(x)$		$+$	0	$-$	
$f'(x)$	1	↗	$\frac{\pi}{2}$	↘	-1

そこで　$f'(\alpha)=0$ となる α（$0\leqq\alpha\leqq\pi$）をとると $f(x)$ の増減表は次のようになる。

x	0	$\cdots$	α	$\cdots$	π
$f'(x)$		$+$	0	$-$	
$f(x)$	0	↗		↘	π

したがって　$f(x)\geqq 0$

類題 8 － 4

(1)　$(a-1)e^x-x+1=0$

$\Longleftrightarrow a=(x-1)e^{-x}+1$

$f(x)=(x-1)e^{-x}+1$ とおくと

$f'(x)=1\cdot e^{-x}+(x-1)\cdot(-e^{-x})$

$\qquad=(-x+2)e^{-x}$

また

$$\lim_{x\to+\infty}\{(x-1)e^{-x}+1\}$$

$$=\lim_{x\to+\infty}\left(\frac{x-1}{e^x}+1\right)=1$$

$$\lim_{x\to-\infty}\{(x-1)e^{-x}+1\}=-\infty$$

よって，$f(x)$ の増減表およびグラフは次のようになる。

x	$\cdots$	2	$\cdots$
$f'(x)$	$+$	0	$-$
$f(x)$	↗	$\frac{1}{e^2}+1$	↘

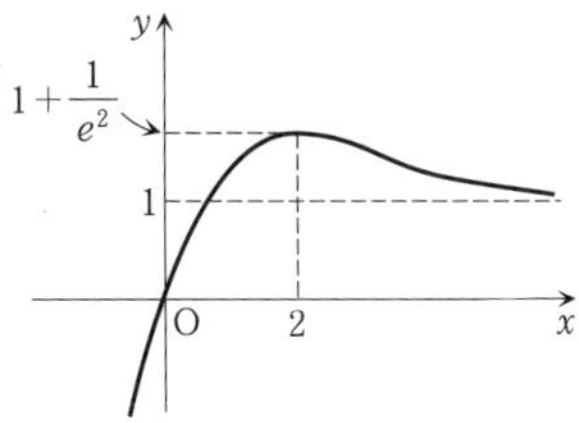

したがって，方程式の実数解の個数は

2つのグラフ

$y=(x-1)e^{-x}+1$，$y=a$（横棒）

の共有点の個数を考えて

$$\begin{cases} a\leqq 1 \text{ のとき，1個} \\ 1<a<1+\dfrac{1}{e^2} \text{ のとき，2個} \\ a=1+\dfrac{1}{e^2} \text{ のとき，1個} \\ 1+\dfrac{1}{e^2}<a \text{ のとき，0個} \end{cases}$$

(2)　$ax^3-x+a=0 \Longleftrightarrow a(x^3+1)=x$

$$\Longleftrightarrow a=\frac{x}{x^3+1}$$

（**注**：　明らかに $x\neq -1$）

$f(x)=\dfrac{x}{x^3+1}$ とおくと

$$f'(x)=\frac{1\cdot(x^3+1)-x\cdot 3x^2}{(x^3+1)^2}=\frac{1-2x^3}{(x^3+1)^2}$$

また $\lim_{x\to\pm\infty}\dfrac{x}{x^3+1}=0$, $\lim_{x\to-1\pm0}\dfrac{x}{x^3+1}=\mp\infty$

よって，$f(x)$ の増減表およびグラフは次のようになる。

x	$\cdots$	-1	$\cdots$	$\dfrac{1}{\sqrt[3]{2}}$	$\cdots$
$f'(x)$	$+$	╳	$+$	0	$-$
$f(x)$	↗	╳	↗	$\dfrac{\sqrt[3]{4}}{3}$	↘

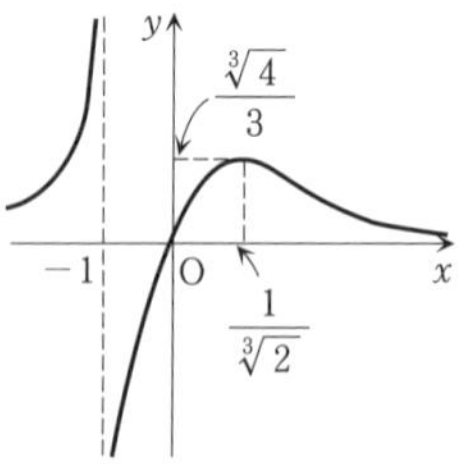

したがって，方程式の実数解の個数は
2つのグラフ

$$y=\frac{x}{x^3+1},\ y=a\ (\text{横棒})$$

の共有点の個数を考えて

$$\begin{cases} a\leqq 0\ \text{のとき，1個} \\ 0<a<\dfrac{\sqrt[3]{4}}{3}\ \text{のとき，3個} \\ a=\dfrac{\sqrt[3]{4}}{3}\ \text{のとき，2個} \\ \dfrac{\sqrt[3]{4}}{3}<a\ \text{のとき，1個} \end{cases}$$

類題 8－5

(1)　$f(x)=\cos x-1+\dfrac{x^2}{2}$ とおく。

このとき　$f'(x)=-\sin x+x$

$f'(x)$ の正負を判断するためにさらに微分してみると

$$\{f'(x)\}'=f''(x)=-\cos x+1\geqq 0$$

であるから，$f'(x)$ は
$x\geqq 0$ において単調増加である。
また，$f'(0)=0$ であることから
$x>0$ のとき，$f'(x)>0$
すなわち，$f(x)$ も単調増加である。
また，$f(0)=0$ であることから
$x>0$ のとき，$f(x)>0$

すなわち，$\cos x>1-\dfrac{x^2}{2}$

(2)　$0<a<b<1$ のとき

$$be^a>ae^b \iff \frac{e^a}{a}>\frac{e^b}{b}$$

そこで，$f(x)=\dfrac{e^x}{x}$ とおく。

$$f'(x)=\frac{e^x\cdot x-e^x\cdot 1}{x^2}=\frac{(x-1)e^x}{x^2}$$

よって，$0<x<1$ において $f'(x)<0$ であるから，$f(x)$ は単調減少である。
したがって，$0<a<b<1$ のとき

$$\frac{e^a}{a}>\frac{e^b}{b}\qquad \text{すなわち，}be^a>ae^b$$

類題 8－6

$f(t)=e^t$ とおくと，$f'(t)=e^t$

平均値の定理より　$\dfrac{e^{\tan x}-e^x}{\tan x-x}=e^c$

を満たす c が x と $\tan x$ の間に存在する。
ここで　$\lim_{x\to 0}x=0$ かつ $\lim_{x\to 0}\tan x=0$
であるから，はさみうちの原理より

$$\lim_{x\to 0}c=0$$

よって　$\lim_{x\to 0}\dfrac{e^{\tan x}-e^x}{\tan x-x}=\lim_{x\to 0}e^c=e^0=1$

第9章　積分法の計算

類題 9－1

(1)　$\displaystyle\int\sin^2 x\,dx=\int\frac{1-\cos 2x}{2}dx$

$=\dfrac{1}{2}x-\dfrac{1}{4}\sin 2x+C$

(2)　$\displaystyle\int\sin^3 x\,dx=\int(1-\cos^2 x)\sin x\,dx$

$=\displaystyle\int(\sin x-\cos^2 x\sin x)dx$

$=-\cos x+\dfrac{1}{3}\cos^3 x+C$

(3)　$\displaystyle\int\sin^4 x\,dx=\int(\sin^2 x)^2\,dx$

$=\displaystyle\int\left(\frac{1-\cos 2x}{2}\right)^2dx$

$=\displaystyle\int\frac{1}{4}(1-2\cos 2x+\cos^2 2x)\,dx$

$=\displaystyle\int\frac{1}{4}\left(1-2\cos 2x+\frac{1+\cos 4x}{2}\right)dx$

$=\int \frac{1}{4}\left(\frac{3}{2}-2\cos 2x+\frac{1}{2}\cos 4x\right)dx$

$=\frac{3}{8}x-\frac{1}{4}\sin 2x+\frac{1}{32}\sin 4x+C$

(4) $\int \frac{1}{\tan x}dx=\int \frac{\cos x}{\sin x}dx$

$=\log|\sin x|+C$

(5) $\int \frac{1+\sin x}{\cos^2 x}dx$

$=\int\left(\frac{1}{\cos^2 x}+\frac{\sin x}{\cos^2 x}\right)dx$

$=\tan x+\frac{1}{\cos x}+C$

(6) $\int \frac{(x-1)^2}{x^2+1}dx=\int \frac{x^2+1-2x}{x^2+1}dx$

$=\int\left(1-\frac{2x}{x^2+1}\right)dx$

$=x-\log(x^2+1)+C$

(7) $\int \cos 5x\sin 3x\,dx$

$=\int \frac{1}{2}(\sin 8x-\sin 2x)dx$

$=-\frac{1}{16}\cos 8x+\frac{1}{4}\cos 2x+C$

類題 9 － 2

(1) $\int \frac{1}{e^x-e^{-x}}dx=\int \frac{1}{(e^x)^2-1}e^x dx$

において $e^x=t$ とおくと，$e^x dx=dt$

よって

$\int \frac{1}{e^x-e^{-x}}dx=\int \frac{1}{(e^x)^2-1}e^x dx$

$=\int \frac{1}{t^2-1}dt=\int \frac{1}{2}\left(\frac{1}{t-1}-\frac{1}{t+1}\right)dt$

$=\frac{1}{2}(\log|t-1|-\log|t+1|)+C$

$=\frac{1}{2}\log\left|\frac{t-1}{t+1}\right|+C=\frac{1}{2}\log\left|\frac{e^x-1}{e^x+1}\right|+C$

(2) $\int \frac{\log x}{x(\log x+1)^2}dx$ において

$\log x=t$ とおくと，$\frac{1}{x}dx=dt$

よって

$\int \frac{\log x}{x(\log x+1)^2}dx=\int \frac{\log x}{(\log x+1)^2}\frac{1}{x}dx$

$=\int \frac{t}{(t+1)^2}dt=\int \frac{(t+1)-1}{(t+1)^2}dt$

$=\int\left(\frac{1}{t+1}-\frac{1}{(t+1)^2}\right)dt$

$=\log|t+1|+\frac{1}{t+1}+C$

$=\log|\log x+1|+\frac{1}{\log x+1}+C$

(3) $\int \frac{1}{\sqrt{x}+1}dx$ において

$\sqrt{x}=t$ とおくと，$\frac{1}{2\sqrt{x}}dx=dt$

よって

$\int \frac{1}{\sqrt{x}+1}dx=\int \frac{2\sqrt{x}}{\sqrt{x}+1}\frac{1}{2\sqrt{x}}dx$

$=\int \frac{2t}{t+1}dt=\int \frac{2(t+1)-2}{t+1}dt$

$=\int\left(2-\frac{2}{t+1}\right)dt=2t-2\log|t+1|+C$

$=2\sqrt{x}-2\log(\sqrt{x}+1)+C$

(4) $\int x^2\log x\,dx=\frac{x^3}{3}\cdot\log x-\int \frac{x^3}{3}\cdot\frac{1}{x}dx$

$=\frac{1}{3}x^3\log x-\frac{1}{9}x^3+C$

(5) $\int \log x\,dx=\int 1\cdot\log x\,dx$

$=x\cdot\log x-\int x\cdot\frac{1}{x}dx=x\log x-x+C$

(6) $\int \frac{x}{\cos^2 x}dx=\int x\cdot\frac{1}{\cos^2 x}dx$

$=x\cdot\tan x-\int 1\cdot\tan x\,dx$

$=x\tan x-\int \frac{\sin x}{\cos x}dx$

$=x\tan x+\log|\cos x|+C$

類題 9 － 3

(1) $\int e^{-x}\cos 2x\,dx$

$(e^{-x}\sin 2x)'=-e^{-x}\sin 2x+2e^{-x}\cos 2x$ ……①

$(e^{-x}\cos 2x)'=-e^{-x}\cos 2x-2e^{-x}\sin 2x$ ……②

右辺から $e^{-x}\sin 2x$ を消去するために

①×2−② とすると

$(2e^{-x}\sin 2x-e^{-x}\cos 2x)'=5e^{-x}\cos 2x$

よって

$\int e^{-x}\cos 2x dx$

$=\frac{1}{5}e^{-x}(2\sin 2x-\cos 2x)+C$

(2)　$\dfrac{x^2-2x+3}{(x+1)(x^2+1)}=a\dfrac{1}{x+1}+\dfrac{bx+c}{x^2+1}$

とおくと

$$x^2-2x+3=a(x^2+1)+(bx+c)(x+1)$$

$\therefore\quad x^2-2x+3$

$$=(a+b)x^2+(b+c)x+(a+c)$$

これが x の恒等式とすると

$$\begin{cases} a+b=1 \\ b+c=-2 \\ a+c=3 \end{cases}$$

これを解くと，$a=3$，$b=-2$，$c=0$

よって

$$\int\frac{x^2-2x+3}{(x+1)(x^2+1)}dx$$

$$=\int\left(3\cdot\frac{1}{x+1}-\frac{2x}{x^2+1}\right)dx$$

$$=3\log|x+1|-\log(x^2+1)+C$$

類題 9 － 4

(1)　$\displaystyle\int_{-\frac{\pi}{2}}^{\frac{\pi}{2}}\sin^2 x\cos x\,dx=2\int_0^{\frac{\pi}{2}}\sin^2 x\cos x\,dx$

$$=2\left[\frac{1}{3}\sin^3 x\right]_0^{\frac{\pi}{2}}=\frac{2}{3}$$

(2)　$\displaystyle\int_0^{\frac{\pi}{4}}\tan x\,dx=\int_0^{\frac{\pi}{4}}\frac{\sin x}{\cos x}dx$

$$=\Big[-\log|\cos x|\Big]_0^{\frac{\pi}{4}}$$

$$=-\left(\log\frac{1}{\sqrt{2}}-\log 1\right)=\frac{1}{2}\log 2$$

(3)　$\displaystyle\int_0^{\frac{\pi}{2}}\sin^3 x\,dx=\int_0^{\frac{\pi}{2}}(1-\cos^2 x)\sin x\,dx$

$$=\int_0^{\frac{\pi}{2}}(\sin x-\cos^2 x\sin x)\,dx$$

$$=\left[-\cos x+\frac{1}{3}\cos^3 x\right]_0^{\frac{\pi}{2}}$$

$$=-(0-1)+\frac{1}{3}(0-1)=\frac{2}{3}$$

(4)　$\displaystyle\int_0^{\frac{\pi}{2}}\cos 3x\sin x\,dx$

$$=\int_0^{\frac{\pi}{2}}\frac{1}{2}(\sin 4x-\sin 2x)\,dx$$

$$=\left[-\frac{1}{8}\cos 4x+\frac{1}{4}\cos 2x\right]_0^{\frac{\pi}{2}}$$

$$=-\frac{1}{8}(1-1)+\frac{1}{4}(-1-1)=-\frac{1}{2}$$

(5)　$\displaystyle\int_1^2\frac{1}{x(x^2+1)}dx=\int_1^2\frac{(x^2+1)-x^2}{x(x^2+1)}dx$

$$=\int_1^2\left(\frac{1}{x}-\frac{x}{x^2+1}\right)dx$$

$$=\left[\log|x|-\frac{1}{2}\log(x^2+1)\right]_1^2$$

$$=\log 2-\log 1-\frac{1}{2}(\log 5-\log 2)$$

$$=\frac{1}{2}(3\log 2-\log 5)=\frac{1}{2}\log\frac{8}{5}$$

(6)　$\displaystyle\int_1^e\frac{\log x}{x}dx=\left[\frac{1}{2}(\log x)^2\right]_1^e=\frac{1}{2}$

類題 9 － 5

(1)　$\displaystyle\int_0^1\frac{x}{\sqrt{x+1}}dx$

$\sqrt{x+1}=t$ とおくと，$x=t^2-1$，$dx=2t\,dt$

また，$x:0\to 1$ のとき $t:1\to\sqrt{2}$

よって

$$\int_0^1\frac{x}{\sqrt{x+1}}dx=\int_1^{\sqrt{2}}\frac{t^2-1}{t}\cdot 2t\,dt$$

$$=\int_1^{\sqrt{2}}2(t^2-1)\,dt=\left[2\left(\frac{t^3}{3}-t\right)\right]_1^{\sqrt{2}}$$

$$=2\left\{\left(\frac{2\sqrt{2}}{3}-\sqrt{2}\right)-\left(\frac{1}{3}-1\right)\right\}=\frac{4-2\sqrt{2}}{3}$$

(2)　$\displaystyle\int_0^1\frac{1}{e^x+1}dx$

$e^x=t$ とおくと，$e^x dx=dt$

また，$x:0\to 1$ のとき $t:1\to e$

よって

$$\int_0^1\frac{1}{e^x+1}dx=\int_0^1\frac{1}{(e^x+1)e^x}e^x dx$$

$$=\int_1^e\frac{1}{(t+1)t}dt=\int_1^e\left(\frac{1}{t}-\frac{1}{t+1}\right)dt$$

$$=\Big[\log|t|-\log|t+1|\Big]_1^e=\left[\log\left|\frac{t}{t+1}\right|\right]_1^e$$

$$=\log\frac{e}{e+1}-\log\frac{1}{2}=\log\frac{2e}{e+1}$$

(3)　$\displaystyle\int_0^1\frac{1}{x^2+1}dx$

$x=\tan\theta$ とおくと，$dx=\dfrac{1}{\cos^2\theta}d\theta$

また，$x:0\to 1$ のとき $\theta:0\to\dfrac{\pi}{4}$

よって

$$\int_0^1 \frac{1}{x^2+1}dx=\int_0^{\frac{\pi}{4}}\frac{1}{\tan^2\theta+1}\cdot\frac{1}{\cos^2\theta}d\theta$$

$$=\int_0^{\frac{\pi}{4}}d\theta=\frac{\pi}{4}$$

［別解］ 大学数学で学ぶ逆三角関数 $\tan^{-1}x$ を使うと

$$(\tan^{-1}x)'=\frac{1}{x^2+1}$$

であることから

$$\int_0^1 \frac{1}{x^2+1}dx=\Big[\tan^{-1}x\Big]_0^1=\frac{\pi}{4}$$

(4) $\displaystyle\int_0^{\frac{\pi}{2}} x\sin 2x\,dx$

$$=\left[x\cdot\left(-\frac{1}{2}\cos 2x\right)\right]_0^{\frac{\pi}{2}}$$

$$-\int_0^{\frac{\pi}{2}}1\cdot\left(-\frac{1}{2}\cos 2x\right)dx$$

$$=-\frac{\pi}{4}\cos\pi+\left[\frac{1}{4}\sin 2x\right]_0^{\frac{\pi}{2}}=\frac{\pi}{4}$$

(5) $\displaystyle\int_1^e x\log x\,dx$

$$=\left[\frac{x^2}{2}\cdot\log x\right]_1^e-\int_1^e\frac{x^2}{2}\cdot\frac{1}{x}dx$$

$$=\frac{e^2}{2}-\left[\frac{x^2}{4}\right]_1^e=\frac{e^2}{2}-\frac{e^2-1}{4}=\frac{e^2+1}{4}$$

(6) $\displaystyle\int_1^e\frac{\log x}{x^2}dx=\int_1^e\frac{1}{x^2}\log x\,dx$

$$=\left[\left(-\frac{1}{x}\right)\cdot\log x\right]_1^e-\int_1^e\left(-\frac{1}{x}\right)\cdot\frac{1}{x}dx$$

$$=-\frac{1}{e}-\left[\frac{1}{x}\right]_1^e=-\frac{1}{e}-\left(\frac{1}{e}-1\right)=\frac{e-2}{e}$$

類題 9 − 6

(1) $\displaystyle\int_0^2\sqrt{x^2-2x+1}\,dx=\int_0^2\sqrt{(x-1)^2}\,dx$

$$=\int_0^2|x-1|\,dx$$

$$=\int_0^1|x-1|\,dx+\int_1^2|x-1|\,dx$$

$$=-\int_0^1(x-1)dx+\int_1^2(x-1)dx$$

$$=-\left[\frac{x^2}{2}-x\right]_0^1+\left[\frac{x^2}{2}-x\right]_1^2$$

$$=-\left(\frac{1}{2}-1\right)+(2-2)-\left(\frac{1}{2}-1\right)=1$$

(2) $\displaystyle\int_0^\pi|2\sin x+\cos x|\,dx$

$=\displaystyle\int_0^\pi|\sqrt{5}\sin(x+\alpha)|\,dx$ （α は図の角）

$$=\int_0^\pi|\sqrt{5}\sin x|\,dx$$

$$=\int_0^\pi\sqrt{5}\sin x\,dx$$

$$=\Big[-\sqrt{5}\cos x\Big]_0^\pi=2\sqrt{5}$$

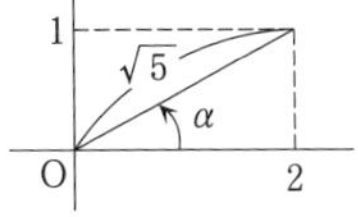

類題 9 − 7

(1) $\displaystyle I_n=\int_0^{\frac{\pi}{4}}\tan^n x\,dx$

$$=\int_0^{\frac{\pi}{4}}\tan^{n-2}x\cdot\tan^2x\,dx$$

$$=\int_0^{\frac{\pi}{4}}\tan^{n-2}x\cdot\left(\frac{1}{\cos^2x}-1\right)dx$$

$$=\int_0^{\frac{\pi}{4}}\left(\tan^{n-2}x\cdot\frac{1}{\cos^2x}-\tan^{n-2}x\right)dx$$

$$=\left[\frac{1}{n-1}\tan^{n-1}x\right]_0^{\frac{\pi}{4}}-I_{n-2}=\frac{1}{n-1}-I_{n-2}$$

(2) $\displaystyle I_0=\int_0^{\frac{\pi}{4}}\tan^0x\,dx=\int_0^{\frac{\pi}{4}}dx=\frac{\pi}{4},$

$$I_1=\int_0^{\frac{\pi}{4}}\tan x\,dx=\Big[-\log|\cos x|\Big]_0^{\frac{\pi}{4}}$$

$$=-\log\frac{1}{\sqrt{2}}=\frac{1}{2}\log 2$$

$\displaystyle I_n=\frac{1}{n-1}-I_{n-2}$ より

（ｉ） n が偶数（$n=2m$）のとき；

$$I_{2m}=\frac{1}{2m-1}-I_{2m-2}$$

$$=\frac{1}{2m-1}-\frac{1}{2m-3}+I_{2m-4}=\cdots$$

$$=\frac{1}{2m-1}-\frac{1}{2m-3}+\cdots+(-1)^{m-1}\frac{1}{1}+(-1)^mI_0$$

$$=\frac{1}{2m-1}-\frac{1}{2m-3}+\cdots+(-1)^{m-1}\frac{1}{1}+(-1)^m\frac{\pi}{4}$$

$$=(-1)^{m-1}\left\{1-\frac{1}{3}+\cdots+(-1)^{m-2}\frac{1}{2m-3}+(-1)^{m-1}\frac{1}{2m-1}-\frac{\pi}{4}\right\}$$

（ii） n が奇数 $(n=2m+1)$ のとき；

$$I_{2m+1}=\frac{1}{2m}-I_{2m-1}$$
$$=\frac{1}{2m}-\frac{1}{2m-2}+I_{2m-3}=\cdots$$
$$=\frac{1}{2m}-\frac{1}{2m-2}+\cdots+(-1)^{m-1}\frac{1}{2}+(-1)^m I_1$$
$$=\frac{1}{2m}-\frac{1}{2m-2}+\cdots+(-1)^{m-1}\frac{1}{2}+(-1)^m\frac{1}{2}\log 2$$
$$=(-1)^{m-1}\left\{\frac{1}{2}-\frac{1}{4}+\cdots+(-1)^{m-2}\frac{1}{2m-2}+(-1)^{m-1}\frac{1}{2m}-\frac{1}{2}\log 2\right\}$$
$$=\frac{(-1)^{m-1}}{2}\left\{1-\frac{1}{2}+\cdots+(-1)^{m-2}\frac{1}{m-1}+(-1)^{m-1}\frac{1}{m}-\log 2\right\}$$

【参考】

$$I_n=\int_0^{\frac{\pi}{4}}\tan^n x\,dx<\int_0^{\frac{\pi}{4}}\tan^n x\cdot\frac{1}{\cos^2 x}dx=\left[\frac{1}{n+1}\tan^{n+1}x\right]_0^{\frac{\pi}{4}}=\frac{1}{n+1}$$

より，$\lim_{n\to\infty}I_n=0$

よって

$$I_{2m}=(-1)^{m-1}\left\{1-\frac{1}{3}+\cdots+(-1)^{m-2}\frac{1}{2m-3}+(-1)^{m-1}\frac{1}{2m-1}-\frac{\pi}{4}\right\}$$

より

$$1-\frac{1}{3}+\cdots+(-1)^{m-1}\frac{1}{2m-1}+\cdots=\frac{\pi}{4}$$

また

$$I_{2m+1}=\frac{(-1)^{m-1}}{2}\left\{1-\frac{1}{2}+\cdots+(-1)^{m-2}\frac{1}{m-1}+(-1)^{m-1}\frac{1}{m}-\log 2\right\}$$

より

$$1-\frac{1}{2}+\cdots+(-1)^{m-1}\frac{1}{m}+\cdots=\log 2$$

第10章　積分法の応用

類題 10－1

(1)　$(x\log x-x+1)-\log x$

$=(x-1)\log x-(x-1)$

$=(x-1)(\log x-1)$

$1<x<e$ のとき　$(x-1)(\log x-1)<0$

だから　$x\log x-x+1<\log x$

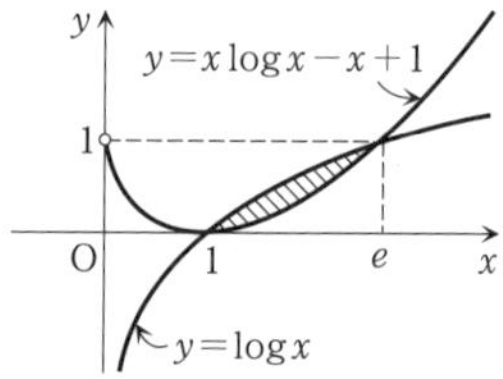

よって，求める面積は

$$S=\int_1^e\{\log x-(x\log x-x+1)\}dx$$
$$=\int_1^e\{(1-x)\log x+x-1\}dx$$
$$=\int_1^e(1-x)\log x\,dx+\int_1^e(x-1)dx$$
$$=\left[\left(x-\frac{x^2}{2}\right)\log x\right]_1^e-\int_1^e\left(x-\frac{x^2}{2}\right)\cdot\frac{1}{x}dx+\left[\frac{x^2}{2}-x\right]_1^e$$
$$=\left(e-\frac{e^2}{2}\right)-\left[x-\frac{x^2}{4}\right]_1^e+\left(\frac{e^2}{2}-e\right)-\left(\frac{1}{2}-1\right)$$
$$=\left(e-\frac{e^2}{2}\right)-\left(e-\frac{e^2}{4}\right)+\left(1-\frac{1}{4}\right)+\left(\frac{e^2}{2}-e\right)-\left(\frac{1}{2}-1\right)$$
$$=\frac{1}{4}e^2-e+\frac{5}{4}$$

(2)　$y^2=x^2(4-x^2)\geqq 0$ より，$4-x^2\geqq 0$

∴　$-2\leqq x\leqq 2$

また，$y^2=x^2(4-x^2)$ より

$$y=\pm\sqrt{x^2(4-x^2)}=\pm x\sqrt{4-x^2}$$

よって，求める面積は

$$S=4\int_0^2 x\sqrt{4-x^2}\,dx$$
$$=4\left[-\frac{1}{3}(4-x^2)^{\frac{3}{2}}\right]_0^2=\frac{32}{3}$$

類題 10 − 2

(1)　$x=\sin t$ より，$\dfrac{dx}{dt}=\cos t$

$y=\sin 2t$ より，$\dfrac{dy}{dt}=2\cos 2t$

よって，増減表および曲線の概形は次のようになる。

t	0	…	$\frac{\pi}{4}$	…	$\frac{\pi}{2}$	…	$\frac{3\pi}{4}$	…	π
$\frac{dx}{dt}$		$+$	$+$	$+$	0	$-$	$-$	$-$	
$\frac{dy}{dt}$		$+$	0	$-$	$-$	$-$	0	$+$	
x	0	↗	$\frac{\sqrt{2}}{2}$	↗	1	↘	$\frac{\sqrt{2}}{2}$	↘	0
y	0	↗	1	↘	0	↘	-1	↗	0

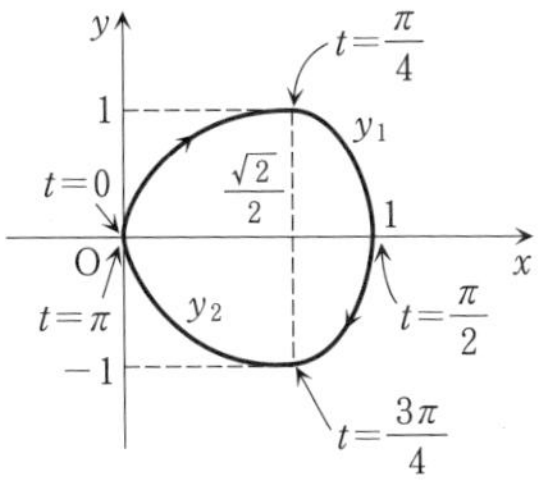

図のように y_1，y_2 を定めると
求める面積は

$$S=\int_0^1 y_1dx-\int_0^1 y_2dx$$

$$=\int_0^{\frac{\pi}{2}}\sin 2t\cdot\cos t\,dt-\int_\pi^{\frac{\pi}{2}}\sin 2t\cdot\cos t\,dt$$

$$=\int_0^{\frac{\pi}{2}}\sin 2t\cdot\cos t\,dt+\int_{\frac{\pi}{2}}^{\pi}\sin 2t\cdot\cos t\,dt$$

$$=\int_0^{\pi}\sin 2t\cdot\cos t\,dt=\int_0^{\pi}2\sin t\cos^2 t\,dt$$

$$=\left[-\frac{2}{3}\cos^3 t\right]_0^{\pi}=\frac{4}{3}$$

(2)　$x=\sin 2t$ より，$\dfrac{dx}{dt}=2\cos 2t$

$y=\sin 3t$ より，$\dfrac{dy}{dt}=3\cos 3t$

よって，増減表および曲線の概形は次のようになる。

t	0	…	$\frac{\pi}{6}$	…	$\frac{\pi}{4}$	…	$\frac{\pi}{3}$
$\frac{dx}{dt}$		$+$	$+$	$+$	0	$-$	
$\frac{dy}{dt}$		$+$	0	$-$	$-$	$-$	
x	0	↗	$\frac{\sqrt{3}}{2}$	↗	1	↘	$\frac{\sqrt{3}}{2}$
y	0	↗	1	↘	$\frac{\sqrt{2}}{2}$	↘	0

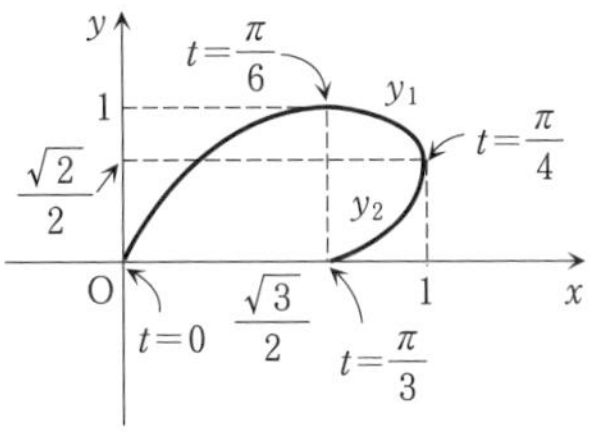

図のように y_1，y_2 を定めると
求める面積は

$$S=\int_0^1 y_1dx-\int_{\frac{\sqrt{3}}{2}}^1 y_2dx$$

$$=\int_0^{\frac{\pi}{4}}\sin 3t\cdot 2\cos 2t\,dt-\int_{\frac{\pi}{3}}^{\frac{\pi}{4}}\sin 3t\cdot 2\cos 2t\,dt$$

$$=\int_0^{\frac{\pi}{4}}\sin 3t\cdot 2\cos 2t\,dt+\int_{\frac{\pi}{4}}^{\frac{\pi}{3}}\sin 3t\cdot 2\cos 2t\,dt$$

$$=\int_0^{\frac{\pi}{3}}\sin 3t\cdot 2\cos 2t\,dt$$

$$=\int_0^{\frac{\pi}{3}}2\sin 3t\cos 2t\,dt$$

$$=\int_0^{\frac{\pi}{3}}2\cdot\frac{1}{2}(\sin 5t+\sin t)dt$$

$$=\int_0^{\frac{\pi}{3}}(\sin 5t+\sin t)dt$$

$$=\left[-\frac{1}{5}\cos 5t-\cos t\right]_0^{\frac{\pi}{3}}$$

$$=-\frac{1}{5}\left(\frac{1}{2}-1\right)-\left(\frac{1}{2}-1\right)=\frac{1}{10}+\frac{1}{2}=\frac{3}{5}$$

類題 10 − 3

x 軸に垂直な平面 $x=t$ で切った切り口の面積を $S(t)$ とおく。

そこで，放物線 $z=t^2+y^2$ と直線 $z=2y$ で囲まれた領域の面積を求める。

$t^2+y^2=2y$ とすると

$$y^2-2y+t^2=0 \qquad \therefore \quad y=1\pm\sqrt{1-t^2}$$

$\alpha=1-\sqrt{1-t^2}$，$\beta=1+\sqrt{1-t^2}$ とおくと

$$S(t)=\int_\alpha^\beta\{2y-(t^2+y^2)\}dy$$

$$=-\int_\alpha^\beta(y^2-2y+t^2)dy$$

$$=-\int_\alpha^\beta(y-\alpha)(y-\beta)dy=\frac{1}{6}(\beta-\alpha)^3$$

$$=\frac{1}{6}\{(1+\sqrt{1-t^2})-(1-\sqrt{1-t^2})\}^3$$

$$=\frac{1}{6}(2\sqrt{1-t^2})^3=\frac{4}{3}(\sqrt{1-t^2})^3$$

よって，求める体積は

$$V=\int_{-1}^1 S(t)dt=\int_{-1}^1\frac{4}{3}(\sqrt{1-t^2})^3dt$$

$$=\frac{8}{3}\int_0^1(\sqrt{1-t^2})^3dt$$

$t=\sin\theta$ とおくと，$dt=\cos\theta d\theta$

また，$t:0\to1$ のとき $\theta:0\to\dfrac{\pi}{2}$ より

$$V=\frac{8}{3}\int_0^1(\sqrt{1-t^2})^3dt$$

$$=\frac{8}{3}\int_0^{\frac{\pi}{2}}(\sqrt{1-\sin^2\theta})^3\cos\theta d\theta$$

$$=\frac{8}{3}\int_0^{\frac{\pi}{2}}(\cos\theta)^3\cos\theta d\theta$$

$$=\frac{8}{3}\int_0^{\frac{\pi}{2}}\cos^4\theta d\theta=\frac{8}{3}\int_0^{\frac{\pi}{2}}\left(\frac{1+\cos2\theta}{2}\right)^2d\theta$$

$$=\frac{2}{3}\int_0^{\frac{\pi}{2}}(1+2\cos2\theta+\cos^22\theta)d\theta$$

$$=\frac{2}{3}\int_0^{\frac{\pi}{2}}\left(1+2\cos2\theta+\frac{1+\cos4\theta}{2}\right)d\theta$$

$$=\frac{1}{3}\int_0^{\frac{\pi}{2}}(3+4\cos2\theta+\cos4\theta)d\theta$$

$$=\frac{1}{3}\left[3\theta+2\sin2\theta+\frac{1}{4}\sin4\theta\right]_0^{\frac{\pi}{2}}=\frac{\pi}{2}$$

類題 10 − 4

$$V_x=\pi\int_0^\pi y^2dx=\pi\int_0^\pi\sin^2x\,dx$$

$$=\pi\int_0^\pi\frac{1-\cos2x}{2}dx$$

$$=\frac{\pi}{2}\left[x-\frac{1}{2}\sin2x\right]_0^\pi$$

$$=\frac{1}{2}\pi^2$$

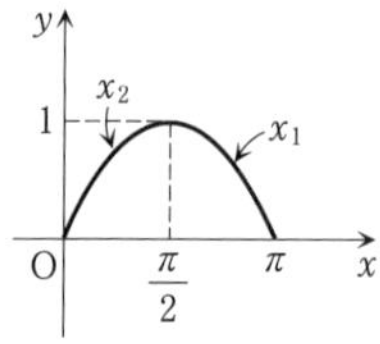

また

$$V_y=\pi\int_0^1{x_1}^2dy-\pi\int_0^1{x_2}^2dy$$

$$=\pi\int_\pi^{\frac{\pi}{2}}x^2\cos x\,dx-\pi\int_0^{\frac{\pi}{2}}x^2\cos x\,dx$$

$$=-\pi\int_{\frac{\pi}{2}}^\pi x^2\cos x\,dx-\pi\int_0^{\frac{\pi}{2}}x^2\cos x\,dx$$

$$=-\pi\int_0^\pi x^2\cos x\,dx$$

$$=-\pi\left(\Big[x^2\sin x\Big]_0^\pi-\int_0^\pi 2x\sin x\,dx\right)$$

$$=2\pi\int_0^\pi x\sin x\,dx$$

$$=2\pi\left(\Big[x(-\cos x)\Big]_0^\pi-\int_0^\pi(-\cos x)dx\right)$$

$$=2\pi\left(\pi+\int_0^\pi\cos x\,dx\right)$$

$$=2\pi\left(\pi+\Big[\sin x\Big]_0^\pi\right)$$

$$=2\pi^2$$

[V_y の別解]

バームクーヘン型の積分をすれば

$$V_y=\int_0^\pi 2\pi x\sin x\,dx$$

$$=\cdots=2\pi^2$$

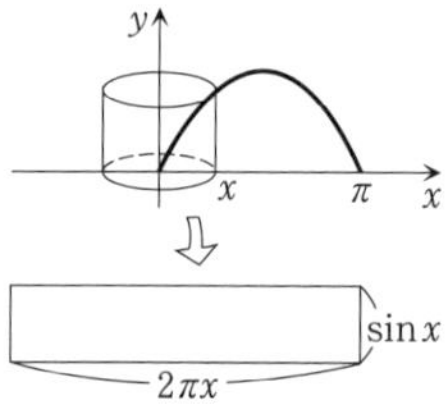

類題 10 − 5

(1) $\left(\dfrac{dx}{dt}\right)^2+\left(\dfrac{dy}{dt}\right)^2$

$=(-3\sin t-3\sin3t)^2+(3\cos t-3\cos3t)^2$

$=9+9-18(\cos3t\cos t-\sin3t\sin t)$

$=18(1-\cos4t)=36\sin^22t$

$$\therefore \quad \sqrt{\left(\frac{dx}{dt}\right)^2+\left(\frac{dy}{dt}\right)^2}$$

$$=\sqrt{(6\sin2t)^2}=|6\sin2t|$$

よって，求める曲線の長さは

$$L=\int_0^\pi|6\sin2t|dt$$

$$=\int_0^{\frac{\pi}{2}}|6\sin2t|dt+\int_{\frac{\pi}{2}}^\pi|6\sin2t|dt$$

$$=\int_0^{\frac{\pi}{2}} 6\sin 2t\,dt-\int_{\frac{\pi}{2}}^{\pi} 6\sin 2t\,dt$$

$$=\Big[-3\cos 2t\Big]_0^{\frac{\pi}{2}}-\Big[-3\cos 2t\Big]_{\frac{\pi}{2}}^{\pi}=12$$

(2) $\dfrac{dy}{dx}=\dfrac{-\sin x}{\cos x}=-\tan x$ より

$$1+\left(\frac{dy}{dx}\right)^2=1+\tan^2 x=\frac{1}{\cos^2 x}$$

$$\therefore\quad \sqrt{1+\left(\frac{dy}{dx}\right)^2}=\sqrt{\left(\frac{1}{\cos x}\right)^2}$$

$$=\left|\frac{1}{\cos x}\right|=\frac{1}{\cos x}\quad\left(\because\quad 0\leqq x\leqq\frac{\pi}{3}\right)$$

よって，求める曲線の長さは

$$L=\int_0^{\frac{\pi}{3}}\frac{1}{\cos x}dx=\int_0^{\frac{\pi}{3}}\frac{\cos x}{1-\sin^2 x}dx$$

$$=\int_0^{\frac{\pi}{3}}\frac{1}{2}\left(\frac{\cos x}{1+\sin x}+\frac{\cos x}{1-\sin x}\right)dx$$

$$=\left[\frac{1}{2}\{\log(1+\sin x)-\log(1-\sin x)\}\right]_0^{\frac{\pi}{3}}$$

$$=\left[\frac{1}{2}\log\frac{1+\sin x}{1-\sin x}\right]_0^{\frac{\pi}{3}}=\frac{1}{2}\log\frac{1+\frac{\sqrt{3}}{2}}{1-\frac{\sqrt{3}}{2}}$$

$$=\frac{1}{2}\log\frac{2+\sqrt{3}}{2-\sqrt{3}}=\frac{1}{2}\log\frac{(2+\sqrt{3})^2}{1}$$

$$=\log(2+\sqrt{3})$$

類題 10 － 6

$$\lim_{n\to\infty}\frac{1}{\sqrt{n}}\left(\frac{1}{\sqrt{n+2}}+\cdots+\frac{1}{\sqrt{n+2(n-1)}}\right)$$

$$=\lim_{n\to\infty}\frac{1}{\sqrt{n}}\sum_{k=1}^{n-1}\frac{1}{\sqrt{n+2k}}$$

$$=\lim_{n\to\infty}\frac{1}{n}\sum_{k=1}^{n-1}\frac{\sqrt{n}}{\sqrt{n+2k}}$$

$$=\lim_{n\to\infty}\frac{1}{n}\sum_{k=1}^{n-1}\frac{1}{\sqrt{1+2\frac{k}{n}}}=\int_0^1\frac{1}{\sqrt{1+2x}}dx$$

$$=\Big[\sqrt{1+2x}\Big]_0^1=\sqrt{3}-1$$

類題 10 － 7

図の斜線部分の面積に着目すると，次の不等式が成り立つことが分かる。

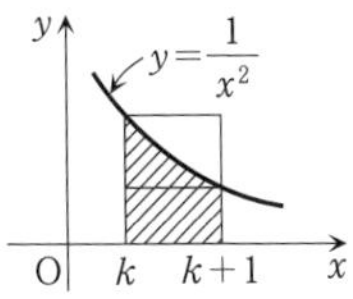

$$\frac{1}{(k+1)^2}<\int_k^{k+1}\frac{1}{x^2}dx<\frac{1}{k^2}$$

まず

$$\frac{1}{(k+1)^2}<\int_k^{k+1}\frac{1}{x^2}dx$$

より

$$\sum_{k=1}^{n-1}\frac{1}{(k+1)^2}<\sum_{k=1}^{n-1}\int_k^{k+1}\frac{1}{x^2}dx$$

よって

$$\frac{1}{2^2}+\frac{1}{3^2}+\cdots+\frac{1}{n^2}<\int_1^n\frac{1}{x^2}dx$$

$$=\left[-\frac{1}{x}\right]_1^n=1-\frac{1}{n}$$

両辺に 1 を加えると

$$1+\frac{1}{2^2}+\frac{1}{3^2}+\cdots+\frac{1}{n^2}<2-\frac{1}{n}$$

同様に

$$\int_k^{k+1}\frac{1}{x^2}dx<\frac{1}{k^2}$$

より

$$\sum_{k=1}^{n}\int_k^{k+1}\frac{1}{x^2}dx<\sum_{k=1}^{n}\frac{1}{k^2}$$

$$\therefore\quad\int_1^{n+1}\frac{1}{x^2}dx<1+\frac{1}{2^2}+\frac{1}{3^2}+\cdots+\frac{1}{n^2}$$

$$\therefore\quad\left[-\frac{1}{x}\right]_1^{n+1}<1+\frac{1}{2^2}+\frac{1}{3^2}+\cdots+\frac{1}{n^2}$$

$$\therefore\quad 1-\frac{1}{n+1}<1+\frac{1}{2^2}+\frac{1}{3^2}+\cdots+\frac{1}{n^2}$$

以上より

$$1-\frac{1}{n+1}<1+\frac{1}{2^2}+\frac{1}{3^2}+\cdots+\frac{1}{n^2}<2-\frac{1}{n}$$

類題 10 － 8

(1) $f(x)=1+\displaystyle\int_0^{\pi}f(t)\sin(x+t)\,dt$

$$=1+\int_0^{\pi}f(t)(\sin x\cos t+\cos x\sin t)\,dt$$

$$=1+\sin x\int_0^{\pi}f(t)\cos t\,dt$$

$$+\cos x\int_0^{\pi}f(t)\sin t\,dt$$

そこで

$$a=\int_0^{\pi}f(t)\cos t\,dt,\quad b=\int_0^{\pi}f(t)\sin t\,dt$$

とおくと　$f(x)=1+a\sin x+b\cos x$

よって

$$a=\int_0^{\pi}(1+a\sin t+b\cos t)\cos t\,dt$$

$$=\int_0^{\pi}(\cos t+a\sin t\cos t+b\cos^2 t)\,dt$$

$$=\int_0^{\pi}\left(\cos t+a\sin t\cos t+b\,\frac{1+\cos 2t}{2}\right)dt$$

$$=\left[\sin t+\frac{a}{2}\sin^2 t+\frac{b}{2}\left(t+\frac{1}{2}\sin 2t\right)\right]_0^{\pi}=\frac{b}{2}\pi$$

$\therefore\quad 2a-\pi b=0\quad \cdots\cdots$①

$$b=\int_0^{\pi}(1+a\sin t+b\cos t)\sin t\,dt$$

$$=\int_0^{\pi}(\sin t+a\sin^2 t+b\sin t\cos t)\,dt$$

$$=\int_0^{\pi}\left(\sin t+a\frac{1-\cos 2t}{2}+b\sin t\cos t\right)dt$$

$$=\left[-\cos t+\frac{a}{2}\left(t-\frac{1}{2}\sin 2t\right)+\frac{b}{2}\sin^2 t\right]_0^{\pi}$$

$$=2+\frac{a}{2}\pi$$

$\therefore\quad \pi a-2b+4=0\quad \cdots\cdots$②

①，②を解くと，$a=\dfrac{4\pi}{4-\pi^2}$，$b=\dfrac{8}{4-\pi^2}$

よって，$f(x)=1+\dfrac{4}{4-\pi^2}(\pi\sin x+2\cos x)$

(2)　$\displaystyle\int_0^{x^2} f(t)\,dt=\log x$

両辺を x で微分すると

$f(x^2)\cdot 2x=\dfrac{1}{x}\qquad \therefore\quad f(x^2)=\dfrac{1}{2x^2}$

すなわち，$f(x)=\dfrac{1}{2x}$

第11章　平面ベクトル

類題 11 － 1

(1)　$\vec{b}=\overrightarrow{AB}$，$\vec{c}=\overrightarrow{AC}$ とおく。

このとき，$\overrightarrow{AD}=\dfrac{1}{2}\vec{b}$，$\overrightarrow{AE}=\dfrac{2}{3}\vec{c}$

点 P は BE 上の点であるから　$\overrightarrow{BP}=t\overrightarrow{BE}$

$\therefore\quad \overrightarrow{AP}-\overrightarrow{AB}=t(\overrightarrow{AE}-\overrightarrow{AB})$

よって

$\overrightarrow{AP}$

$=(1-t)\overrightarrow{AB}+t\overrightarrow{AE}$

$=(1-t)\vec{b}+\dfrac{2t}{3}\vec{c}$

$\cdots\cdots$①

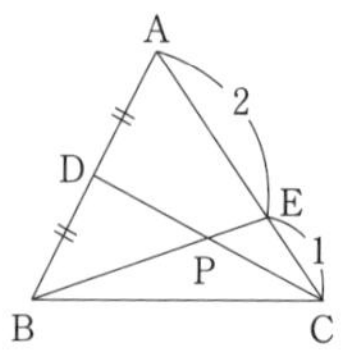

また，点 P は CD 上の点であるから

$\overrightarrow{CP}=s\overrightarrow{CD}$

$\therefore\quad \overrightarrow{AP}-\overrightarrow{AC}=s(\overrightarrow{AD}-\overrightarrow{AC})$

よって

$\overrightarrow{AP}=(1-s)\overrightarrow{AC}+s\overrightarrow{AD}$

$=\dfrac{s}{2}\vec{b}+(1-s)\vec{c}\quad\cdots\cdots$②

$\vec{b}$，$\vec{c}$ は1次独立であるから，①，②より

$1-t=\dfrac{s}{2}$ かつ $\dfrac{2t}{3}=1-s$

これを解くと，$t=\dfrac{3}{4}$，$s=\dfrac{1}{2}$

よって

$\overrightarrow{AP}=\dfrac{1}{4}\vec{b}+\dfrac{1}{2}\vec{c}=\dfrac{1}{4}\overrightarrow{AB}+\dfrac{1}{2}\overrightarrow{AC}$

(2)　$\overrightarrow{AP}=\dfrac{1}{4}\overrightarrow{AB}+\dfrac{1}{2}\overrightarrow{AC}$

$=\dfrac{\overrightarrow{AB}+2\overrightarrow{AC}}{4}$

$=\dfrac{3}{4}\cdot\dfrac{\overrightarrow{AB}+2\overrightarrow{AC}}{3}$

より

$\overrightarrow{AQ}=\dfrac{\overrightarrow{AB}+2\overrightarrow{AC}}{3}$

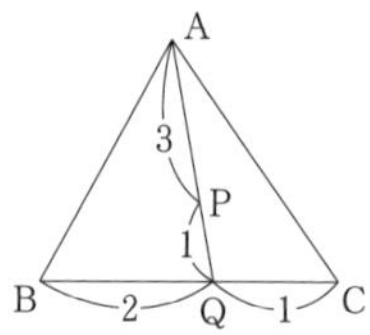

よって，BQ：QC＝2：1

［別解］　(1)と同様に2通りに表して $\overrightarrow{AQ}$ を求めてもよい。

点 Q は AP 上の点であるから

$\overrightarrow{AQ}=k\overrightarrow{AP}$

よって

$\overrightarrow{AQ}=\dfrac{k}{4}\vec{b}+\dfrac{k}{2}\vec{c}\quad\cdots\cdots$①

また，点 Q は BC 上の点であるから

$\overrightarrow{BQ}=l\overrightarrow{BC}$

$\therefore\quad \overrightarrow{AQ}-\overrightarrow{AB}=l(\overrightarrow{AC}-\overrightarrow{AB})$

よって

$\overrightarrow{AQ}=(1-l)\overrightarrow{AB}+l\overrightarrow{AC}$

$=(1-l)\vec{b}+l\vec{c}\quad\cdots\cdots$②

$\vec{b}$，$\vec{c}$ は1次独立であるから，①，②より

$\dfrac{k}{4}=1-l$ かつ $\dfrac{k}{2}=l$

これを解くと，$k=\dfrac{4}{3}$，$l=\dfrac{2}{3}$

$\therefore\quad \overrightarrow{AQ}=\dfrac{1}{3}\vec{b}+\dfrac{2}{3}\vec{c}=\dfrac{\overrightarrow{AB}+2\overrightarrow{AC}}{3}$

よって，BQ：QC＝2：1

類題 11－2

$|\vec{a}+\vec{b}|=2$ より，$|\vec{a}+\vec{b}|^2=4$

$\therefore\ (\vec{a}+\vec{b})\cdot(\vec{a}+\vec{b})=4$

$\therefore\ |\vec{a}|^2+2\vec{a}\cdot\vec{b}+|\vec{b}|^2=4$

$9+2\vec{a}\cdot\vec{b}+16=4 \qquad \therefore\ \vec{a}\cdot\vec{b}=-\dfrac{21}{2}$

よって

$|\vec{a}-\vec{b}|^2=|\vec{a}|^2-2\vec{a}\cdot\vec{b}+|\vec{b}|^2$

$=3^2-2\cdot\left(-\dfrac{21}{2}\right)+4^2=9+21+16=46$

$\therefore\ |\vec{a}-\vec{b}|=\sqrt{46}$

類題 11－3

$\vec{b}=\overrightarrow{AB},\ \vec{c}=\overrightarrow{AC}$ とおくと

$|\vec{b}|=2,\ |\vec{c}|=3,$

$\vec{b}\cdot\vec{c}=2\cdot3\cdot\cos60^\circ=3$

$\overrightarrow{AP}=s\overrightarrow{AB}+t\overrightarrow{AC}$

$=s\vec{b}+t\vec{c}$ とおく。

辺ABの中点をM,

辺ACの中点をN

とする。

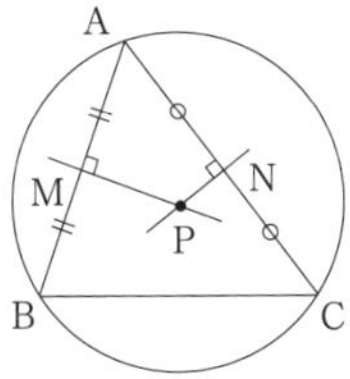

$\overrightarrow{MP}\perp\overrightarrow{AB}$ より，$\overrightarrow{MP}\cdot\overrightarrow{AB}=0$

$\therefore\ (\overrightarrow{AP}-\overrightarrow{AM})\cdot\overrightarrow{AB}=0$

$\left(s\vec{b}+t\vec{c}-\dfrac{1}{2}\vec{b}\right)\cdot\vec{b}=0$

$\therefore\ s|\vec{b}|^2+t\vec{c}\cdot\vec{b}-\dfrac{1}{2}|\vec{b}|^2=0$

$4s+3t-2=0$ ……①

同様に　$\overrightarrow{NP}\perp\overrightarrow{AC}$ より，$\overrightarrow{NP}\cdot\overrightarrow{AC}=0$

$\therefore\ (\overrightarrow{AP}-\overrightarrow{AN})\cdot\overrightarrow{AC}=0$

$\left(s\vec{b}+t\vec{c}-\dfrac{1}{2}\vec{c}\right)\cdot\vec{c}=0$

$\therefore\ s\vec{b}\cdot\vec{c}+t|\vec{c}|^2-\dfrac{1}{2}|\vec{c}|^2=0$

$3s+9t-\dfrac{9}{2}=0$

$\therefore\ 2s+6t-3=0$ ……②

①×2－② より，$6s-1=0 \qquad \therefore\ s=\dfrac{1}{6}$

②×2－① より，$9t-4=0 \qquad \therefore\ t=\dfrac{4}{9}$

よって　$\overrightarrow{AP}=\dfrac{1}{6}\overrightarrow{AB}+\dfrac{4}{9}\overrightarrow{AC}$

類題 11－4

(1)　$s+t=2$ より，$\dfrac{s}{2}+\dfrac{t}{2}=1$

$\overrightarrow{OP}=s\overrightarrow{OA}+t\overrightarrow{OB}$

$=\dfrac{s}{2}\cdot2\overrightarrow{OA}+\dfrac{t}{2}\cdot2\overrightarrow{OB}$

ここで

$\overrightarrow{OC}=2\overrightarrow{OA}$

$\overrightarrow{OD}=2\overrightarrow{OB}$

を満たす点C，Dをとると

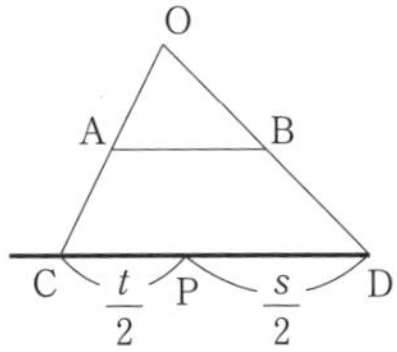

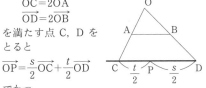

$\overrightarrow{OP}=\dfrac{s}{2}\overrightarrow{OC}+\dfrac{t}{2}\overrightarrow{OD}$

でかつ

$\dfrac{s}{2}+\dfrac{t}{2}=1,\ \dfrac{s}{2}\geqq0$

よって，点Pは半直線DCを描く。

(2)　$s+t=k$ とおく。

（i）　$k=0$ のとき；

$s+t=0,\ s\geqq0,\ t\geqq0$ より，$s=0,\ t=0$

よって，$\overrightarrow{OP}=\vec{0}$　　すなわち，P＝O

（ii）　$0<k\leqq1$ のとき；

$s+t=k$ より，$\dfrac{s}{k}+\dfrac{t}{k}=1$

ここで

$\overrightarrow{OC}=k\overrightarrow{OA}$

$\overrightarrow{OD}=k\overrightarrow{OB}$

を満たす点C，Dをとると

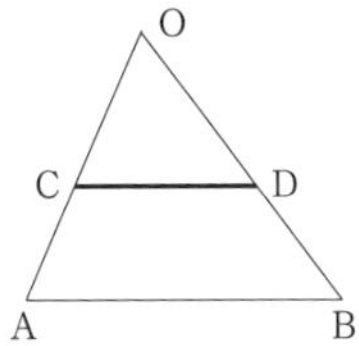

$\overrightarrow{OP}=\dfrac{s}{k}\overrightarrow{OC}+\dfrac{t}{k}\overrightarrow{OD}$

でかつ

$\dfrac{s}{k}+\dfrac{t}{k}=1,\ \dfrac{s}{k}\geqq0,\ \dfrac{t}{k}\geqq0$

よって，点Pは線分CDを描く。

（i），（ii）より

点Pは△OABの周および内部を描く。

類題 11－5

各点の位置ベクトルを次のように表す。

$A(\vec{a}),\ B(\vec{b}),\ C(\vec{c}),\ D(\vec{d}),\ P(\vec{p})$

$\overrightarrow{PA}\cdot\overrightarrow{PB}+\overrightarrow{PB}\cdot\overrightarrow{PC}+\overrightarrow{PC}\cdot\overrightarrow{PD}+\overrightarrow{PD}\cdot\overrightarrow{PA}=0$

より

$\overrightarrow{AP}\cdot\overrightarrow{BP}+\overrightarrow{BP}\cdot\overrightarrow{CP}+\overrightarrow{CP}\cdot\overrightarrow{DP}+\overrightarrow{DP}\cdot\overrightarrow{AP}=0$

$(\vec{p}-\vec{a})\cdot(\vec{p}-\vec{b})+(\vec{p}-\vec{b})\cdot(\vec{p}-\vec{c})$

$+(\vec{p}-\vec{c})\cdot(\vec{p}-\vec{d})+(\vec{p}-\vec{d})\cdot(\vec{p}-\vec{a})=0$

$\therefore\ 4|\vec{p}|^2-2(\vec{a}+\vec{b}+\vec{c}+\vec{d})\cdot\vec{p}$

$+\vec{a}\cdot\vec{b}+\vec{b}\cdot\vec{c}+\vec{c}\cdot\vec{d}+\vec{d}\cdot\vec{a}=0$

$4|\vec{p}|^2-2(\vec{a}+\vec{b}+\vec{c}+\vec{d})\cdot\vec{p}$

$+(\vec{a}+\vec{c})\cdot(\vec{b}+\vec{d})=0$

$\therefore\ |\vec{p}|^2-\dfrac{1}{2}(\vec{a}+\vec{b}+\vec{c}+\vec{d})\cdot\vec{p}+\dfrac{1}{4}(\vec{a}+\vec{c})\cdot(\vec{b}+\vec{d})=0$

$\therefore\ \left\{\vec{p}-\dfrac{1}{2}(\vec{a}+\vec{c})\right\}\cdot\left\{\vec{p}-\dfrac{1}{2}(\vec{b}+\vec{d})\right\}=0$

よって，位置ベクトルの基準点をOとし，辺ACの中点をM，辺BDの中点をNとすると

$(\overrightarrow{OP}-\overrightarrow{OM})\cdot(\overrightarrow{OP}-\overrightarrow{ON})=0$

したがって

(i)　M=Nのとき，すなわち四角形ABCDが平行四辺形のとき；

点Pは1点M(=N)を描く。

(ii)　M≠Nのとき，すなわち四角形ABCDが平行四辺形でないとき；

点PはM，Nを直径の両端とする円を描く。

[別解]　ただちに次のように変形してもよい。

$\overrightarrow{PA}\cdot\overrightarrow{PB}+\overrightarrow{PB}\cdot\overrightarrow{PC}+\overrightarrow{PC}\cdot\overrightarrow{PD}+\overrightarrow{PD}\cdot\overrightarrow{PA}=0$

より

$(\overrightarrow{PA}+\overrightarrow{PC})\cdot(\overrightarrow{PB}+\overrightarrow{PD})=0$

$\therefore\ \dfrac{\overrightarrow{PA}+\overrightarrow{PC}}{2}\cdot\dfrac{\overrightarrow{PB}+\overrightarrow{PD}}{2}=0$

$\therefore\ \overrightarrow{PM}\cdot\overrightarrow{PN}=0\qquad\therefore\ \overrightarrow{MP}\cdot\overrightarrow{NP}=0$

したがって

(i)　M=Nのとき，すなわち四角形ABCDが平行四辺形のとき；

点Pは1点M(=N)を描く。

(ii)　M≠Nのとき，すなわち四角形ABCDが平行四辺形でないとき；

点PはM，Nを直径の両端とする円を描く。

類題 11 － 6

(1)　l' の法線ベクトルは，$\vec{l}=(1,\ -\sqrt{3})$ と平行な $\overrightarrow{l'}=(1,\ -\sqrt{3})$ であるから

$1\cdot(x-1)+(-\sqrt{3})\cdot(y-\sqrt{3})=0$

$\therefore\ l' : x-\sqrt{3}\,y+2=0$

(2)　m' の法線ベクトルは，$\vec{m}=(1,\ \sqrt{3})$ と垂直な $\overrightarrow{m'}=(\sqrt{3},\ -1)$ であるから

$\sqrt{3}\cdot(x-\sqrt{3})+(-1)\cdot(y-2)=0$

$\therefore\ m' : \sqrt{3}\,x-y-1=0$

(3)　直線 l'，m' の法線ベクトルはそれぞれ

$\overrightarrow{l'}=(1,\ -\sqrt{3})$，$\overrightarrow{m'}=(\sqrt{3},\ -1)$

そこで

$\overrightarrow{l'}$ と $\overrightarrow{m'}$ のなす角を θ $(0^\circ\leqq\theta\leqq180^\circ)$ とすると

$\cos\theta=\dfrac{\overrightarrow{l'}\cdot\overrightarrow{m'}}{|\overrightarrow{l'}||\overrightarrow{m'}|}=\dfrac{\sqrt{3}}{2}\qquad\therefore\ \theta=30^\circ$

よって，求める2直線のなす角は，$\theta=30^\circ$

第12章　空間ベクトル

類題 12 － 1

(1)　点Pは平面DEC上の点であるから

$\overrightarrow{DP}=s\overrightarrow{DE}+t\overrightarrow{DC}$

$\therefore\ \overrightarrow{OP}=(1-s-t)\overrightarrow{OD}+s\overrightarrow{OE}+t\overrightarrow{OC}$

$=\dfrac{1}{2}(1-s-t)\vec{a}+\dfrac{2s}{3}\vec{b}+t\vec{c}$　……①

また，点Pは直線OG上の点であるから

$\overrightarrow{OP}=k\overrightarrow{OG}=\dfrac{k}{3}\vec{a}+\dfrac{k}{3}\vec{b}+\dfrac{k}{3}\vec{c}$　……②

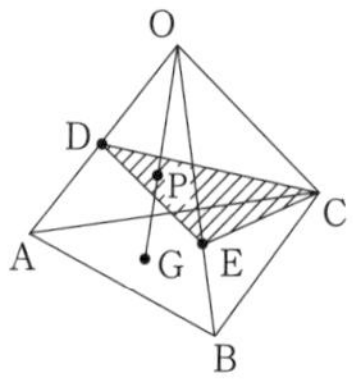

$\vec{a}$，$\vec{b}$，$\vec{c}$ は1次独立であるから，①，②より

$\dfrac{1}{2}(1-s-t)=\dfrac{k}{3}$，

$\dfrac{2s}{3}=\dfrac{k}{3}$，$t=\dfrac{k}{3}$

これを解くと

$k=\dfrac{2}{3}$，$s=\dfrac{1}{3}$，$t=\dfrac{2}{9}$

よって，$\overrightarrow{OP}=\dfrac{2}{9}\vec{a}+\dfrac{2}{9}\vec{b}+\dfrac{2}{9}\vec{c}$

(2)　$k=\dfrac{2}{3}$ より，$\overrightarrow{OP}=\dfrac{2}{3}\overrightarrow{OG}$

$\therefore$　OP：PG=2：1

類題 12 － 2

(1)　まず次が成り立つことが分かる。

$|\vec{a}|=|\vec{b}|=|\vec{c}|=1$，

$\vec{a}\cdot\vec{b}=\vec{b}\cdot\vec{c}=\vec{c}\cdot\vec{a}=0$

点Hは平面MBC上の点であるから

$\overrightarrow{MH}=s\overrightarrow{MB}+t\overrightarrow{MC}$

$\therefore\ \overrightarrow{OH}=(1-s-t)\overrightarrow{OM}+s\overrightarrow{OB}+t\overrightarrow{OC}$

$=\dfrac{1}{2}(1-s-t)\vec{a}+s\vec{b}+t\vec{c}$

ここで

OH⊥平面MBC

$\Longleftrightarrow\begin{cases}\overrightarrow{OH}\perp\overrightarrow{MB}\\ \text{かつ}\\ \overrightarrow{OH}\perp\overrightarrow{MC}\end{cases}$

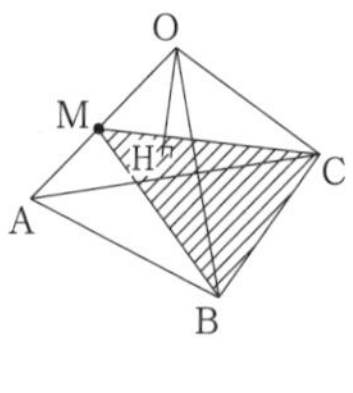

であることに注意する。

$\overrightarrow{OH}\perp\overrightarrow{MB}$ より，$\overrightarrow{OH}\cdot\overrightarrow{MB}=0$

$\therefore\quad \left\{\frac{1}{2}(1-s-t)\vec{a}+s\vec{b}+t\vec{c}\right\}\cdot\left(\vec{b}-\frac{1}{2}\vec{a}\right)=0$

$s-\frac{1}{4}(1-s-t)=0\quad\therefore\quad 5s+t=1\quad\cdots\cdots①$

$\overrightarrow{OH}\perp\overrightarrow{AC}$ より，$\overrightarrow{OH}\cdot\overrightarrow{AC}=0$

$\therefore\quad \left\{\frac{1}{2}(1-s-t)\vec{a}+s\vec{b}+t\vec{c}\right\}\cdot\left(\vec{c}-\frac{1}{2}\vec{a}\right)=0$

$t-\frac{1}{4}(1-s-t)=0\quad\therefore\quad s+5t=1\quad\cdots\cdots②$

①，②より，$s=t=\frac{1}{6}$

$\therefore\quad \overrightarrow{OH}=\frac{1}{3}\vec{a}+\frac{1}{6}\vec{b}+\frac{1}{6}\vec{c}$

(2)　$|\overrightarrow{OH}|=\frac{1}{6}|2\vec{a}+\vec{b}+\vec{c}|$

ここで

$|2\vec{a}+\vec{b}+\vec{c}|^2$

$=(2\vec{a}+\vec{b}+\vec{c})\cdot(2\vec{a}+\vec{b}+\vec{c})$

$=4|\vec{a}|^2+|\vec{b}|^2+|\vec{c}|^2+4\vec{a}\cdot\vec{b}+2\vec{b}\cdot\vec{c}+4\vec{c}\cdot\vec{a}$

$=4+1+1+0+0+0=6$

より

$|2\vec{a}+\vec{b}+\vec{c}|=\sqrt{6}$

よって　$|\overrightarrow{OH}|=\frac{1}{6}|2\vec{a}+\vec{b}+\vec{c}|=\frac{\sqrt{6}}{6}$

類題 12 － 3

(1)　$\overrightarrow{AB}=\vec{b}$，$\overrightarrow{AC}=\vec{c}$，$\overrightarrow{AD}=\vec{d}$ とおくと

$\overrightarrow{AE}=\frac{1}{3}\vec{d}$，$\overrightarrow{AF}=\frac{2}{3}\vec{d}$，

$\overrightarrow{AG}=\frac{2\vec{b}+\vec{c}}{3}$，$\overrightarrow{AH}=\frac{\vec{b}+2\vec{c}}{3}$

そこで，線分 AB，EG，FH，DC の中点をそれぞれ P，Q，R，S とすると

$\overrightarrow{AP}=\frac{1}{2}\vec{b}$

$\overrightarrow{AQ}=\frac{\overrightarrow{AE}+\overrightarrow{AG}}{2}=\frac{2\vec{b}+\vec{c}+\vec{d}}{6}$

$\overrightarrow{AR}=\frac{\overrightarrow{AF}+\overrightarrow{AH}}{2}=\frac{\vec{b}+2\vec{c}+2\vec{d}}{6}$

$\overrightarrow{AS}=\frac{\overrightarrow{AD}+\overrightarrow{AC}}{2}=\frac{\vec{d}+\vec{c}}{2}$

よって

$\overrightarrow{PQ}=\frac{2\vec{b}+\vec{c}+\vec{d}}{6}-\frac{1}{2}\vec{b}=\frac{-\vec{b}+\vec{c}+\vec{d}}{6}$

$\overrightarrow{PR}=\frac{\vec{b}+2\vec{c}+2\vec{d}}{6}-\frac{1}{2}\vec{b}$

$=\frac{-2\vec{b}+2\vec{c}+2\vec{d}}{6}=\frac{-\vec{b}+\vec{c}+\vec{d}}{3}$

$\overrightarrow{PS}=\frac{\vec{d}+\vec{c}}{2}-\frac{1}{2}\vec{b}=\frac{-\vec{b}+\vec{c}+\vec{d}}{2}$

したがって　$\overrightarrow{PR}=2\overrightarrow{PQ}$，$\overrightarrow{PS}=3\overrightarrow{PQ}$　であり 4 点 P，Q，R，S は同一直線上にある。

(2)　$\overrightarrow{OA}=\vec{a}$，$\overrightarrow{OB}=\vec{b}$，$\overrightarrow{OC}=\vec{c}$ とおく。

OA⊥BC より，$\overrightarrow{OA}\cdot\overrightarrow{BC}=0$

$\therefore\quad \vec{a}\cdot(\vec{c}-\vec{b})=0\qquad\therefore\quad \vec{a}\cdot\vec{c}=\vec{a}\cdot\vec{b}$

OB⊥CA より，$\overrightarrow{OB}\cdot\overrightarrow{CA}=0$

$\therefore\quad \vec{b}\cdot(\vec{a}-\vec{c})=0\qquad\therefore\quad \vec{b}\cdot\vec{a}=\vec{b}\cdot\vec{c}$

以上より

$\vec{a}\cdot\vec{b}=\vec{b}\cdot\vec{c}=\vec{c}\cdot\vec{a}\quad\cdots\cdots①$

よって

$\overrightarrow{OC}\cdot\overrightarrow{AB}=\vec{c}\cdot(\vec{b}-\vec{a})$

$=\vec{c}\cdot\vec{b}-\vec{c}\cdot\vec{a}=0$　（∵　①より）

すなわち，OC⊥AB

第13章　複素数と方程式

類題 13 － 1

(1)　x^n を x^2-3x+2 で割った商を $Q(x)$，余りを $ax+b$ とおくと

$x^n=(x^2-3x+2)Q(x)+ax+b$

$=(x-1)(x-2)Q(x)+ax+b$

$x=1$ を代入すると，$a+b=1\quad\cdots\cdots①$

$x=2$ を代入すると，$2a+b=2^n\quad\cdots\cdots②$

①，②より，$a=2^n-1$，$b=2-2^n$

よって，求める余りは $(2^n-1)x+2-2^n$

(2)　与えられた条件より

$$\begin{cases} P(x)=(x+2)^3Q_1(x)+4x^2+3x+5 & \cdots\cdots(\text{i}) \\ P(x)=(x-1)Q_2(x)+3 & \cdots\cdots(\text{ii}) \end{cases}$$

$P(x)$ を $(x+2)^2(x-1)$ で割った商を $Q(x)$，余りを ax^2+bx+c とおくと

$P(x)=(x+2)^2(x-1)Q(x)+ax^2+bx+c$

条件(i)より

$P(x)=(x+2)^3Q_1(x)+4(x+2)^2-13x-11$

$=(x+2)^2\{(x+2)Q_1(x)+4\}-13x-11$

であることから

$ax^2+bx+c=a(x+2)^2-13x-11$

よって

$P(x)=(x+2)^2(x-1)Q(x)$

$+a(x+2)^2-13x-11$

(ii)より $P(1)=3$ であるから

$$9a-24=3 \qquad \therefore\ a=3$$

よって，求める余りは

$$ax^2+bx+c=3(x+2)^2-13x-11$$
$$=3x^2-x+1$$

類題 13 − 2

(1) $x^3-x^2-4x-2=0$ より

$$(x+1)(x^2-2x-2)=0$$

$\therefore\ x=-1,\ 1\pm\sqrt{3}$

(2) $x^4-13x-42=0$ より

$$(x+2)(x^3-2x^2+4x-21)=0$$

$\therefore\ (x+2)(x-3)(x^2+x+7)=0$

$\therefore\ x=-2,\ 3,\ \dfrac{-1\pm3\sqrt{3}\,i}{2}$

(3) $2x^3-x^2+x+1=0$ より

$$(2x+1)(x^2-x+1)=0$$

$\therefore\ x=-\dfrac{1}{2},\ \dfrac{1\pm\sqrt{3}\,i}{2}$

(4) $x^4-3x^2+1=0$ より

$$(x^2-1)^2-x^2=0$$

$\therefore\ \{(x^2-1)+x\}\{(x^2-1)-x\}=0$

$$(x^2+x-1)(x^2-x-1)=0$$

$\therefore\ x=\dfrac{-1\pm\sqrt{5}}{2},\ \dfrac{1\pm\sqrt{5}}{2}$

類題 13 − 3

実数係数の方程式で $2+i$ が解であることから $2-i$ も解である。

そこで，与えられた3次方程式の解を

$$2+i,\ 2-i,\ p$$

とおく。

3次方程式の解と係数の関係より

$$\begin{cases}(2+i)+(2-i)+p=-a & \cdots\cdots①\\ (2+i)(2-i)+(2+i)p+(2-i)p=b & \cdots\cdots②\\ (2+i)(2-i)p=-10 & \cdots\cdots③\end{cases}$$

③より，$(4-i^2)p=-10$

$\therefore\ 5p=-10 \qquad \therefore\ p=-2$

①より，$4+(-2)=-a \qquad \therefore\ a=-2$

②より，$(4-i^2)+4p=b$

$\therefore\ 5+(-8)=b \qquad \therefore\ b=-3$

以上より

$$a=-2,\ b=-3,\ \text{実数解は } x=-2$$

類題 13 − 4

(1) x^n を x^2+1 で割ったときの商を $g(x)$，余りを $ax+b$ とすると

$$x^n=(x^2+1)g(x)+ax+b$$

$x=i$ を代入すると

$$i^n=(i^2+1)g(i)+ai+b=ai+b$$

(i) $n=2k$ のとき；

$$ai+b=i^n=i^{2k}=(i^2)^k=(-1)^k$$

$\therefore\ a=0,\ b=(-1)^k$

よって

$n=2\cdot2l=4l$ ならば

$a=0,\ b=1$ であるから，余りは 1

$n=2\cdot(2l+1)=4l+2$ ならば

$a=0,\ b=-1$ であるから，余りは -1

(ii) $n=2k+1$ のとき；

$$ai+b=i^n=i^{2k+1}=(i^2)^ki=(-1)^ki$$

$\therefore\ a=(-1)^k,\ b=0$

よって

$n=2\cdot2l+1=4l+1$ ならば

$a=1,\ b=0$ であるから，余りは x

$n=2\cdot(2l+1)+1=4l+3$ ならば

$a=-1,\ b=0$ であるから，余りは $-x$

以上を整理すると

x^n を x^2+1 で割ったときの余りは

$$\begin{cases}n=4l \text{ ならば, } 1\\ n=4l+1 \text{ ならば, } x\\ n=4l+2 \text{ ならば, } -1\\ n=4l+3 \text{ ならば, } -x\end{cases}$$

(2) x^n を x^2+x+1 で割ったときの商を $g(x)$，余りを $ax+b$ とすると

$$x^n=(x^2+x+1)g(x)+ax+b$$

$x=\omega$ を代入すると

$$\omega^n=(\omega^2+\omega+1)g(\omega)+a\omega+b=a\omega+b$$

(i) $n=3k$ のとき；

$$a\omega+b=\omega^n=\omega^{3k}=(\omega^3)^k=1^k=1$$

$\therefore\ a=0,\ b=1$　よって，余りは 1

(ii) $n=3k+1$ のとき；

$$a\omega+b=\omega^n=\omega^{3k+1}=(\omega^3)^k\omega=\omega$$

$\therefore\ a=1,\ b=0$

よって，余りは x

(iii) $n=3k+2$ とき；

$$a\omega+b=\omega^n=\omega^{3k+2}=(\omega^3)^k\omega^2$$
$$=\omega^2=-\omega-1$$

$\therefore\ a=-1,\ b=-1$

よって，余りは $-x-1$

以上を整理すると

x^n を x^2+x+1 で割ったときの余りは

$$\begin{cases}n=3k \text{ ならば, } 1\\ n=3k+1 \text{ ならば, } x\\ n=3k+2 \text{ ならば, } -x-1\end{cases}$$

第14章　複素数平面

類題 14 − 1

(1)　z_1，z_2 を極形式で表すと

$$z_1=1-\sqrt{3}\,i=2\left(\cos\frac{5\pi}{3}+i\sin\frac{5\pi}{3}\right)$$

$$z_2=\sqrt{3}+i=2\left(\cos\frac{\pi}{6}+i\sin\frac{\pi}{6}\right)$$

であるから

$$z_1z_2$$
$$=2\cdot2\left\{\cos\left(\frac{5\pi}{3}+\frac{\pi}{6}\right)+i\sin\left(\frac{5\pi}{3}+\frac{\pi}{6}\right)\right\}$$
$$=4\left(\cos\frac{11\pi}{6}+i\sin\frac{11\pi}{6}\right)$$

よって

絶対値は 4，偏角は $\dfrac{11\pi}{6}$

(2)　z_1，z_2 を極形式で表すと

$$z_1=1+\sqrt{3}\,i=2\left(\cos\frac{\pi}{3}+i\sin\frac{\pi}{3}\right)$$

$$z_2=1+i=\sqrt{2}\left(\cos\frac{\pi}{4}+i\sin\frac{\pi}{4}\right)$$

であるから

$$\frac{z_1}{z_2}=\frac{2}{\sqrt{2}}\left\{\cos\left(\frac{\pi}{3}-\frac{\pi}{4}\right)+i\sin\left(\frac{\pi}{3}-\frac{\pi}{4}\right)\right\}$$
$$=\sqrt{2}\left(\cos\frac{\pi}{12}+i\sin\frac{\pi}{12}\right)$$

よって

絶対値は $\sqrt{2}$，偏角は $\dfrac{\pi}{12}$

類題 14 − 2

(1)　極形式で表すことを考える。

$$\sqrt{3}+i=2\left(\cos\frac{\pi}{6}+i\sin\frac{\pi}{6}\right)$$

$$1+\sqrt{3}\,i=2\left(\cos\frac{\pi}{3}+i\sin\frac{\pi}{3}\right)$$

より

$$\frac{\sqrt{3}+i}{1+\sqrt{3}\,i}$$
$$=\frac{2}{2}\left\{\cos\left(\frac{\pi}{6}-\frac{\pi}{3}\right)+i\sin\left(\frac{\pi}{6}-\frac{\pi}{3}\right)\right\}$$
$$=\cos\left(-\frac{\pi}{6}\right)+i\sin\left(-\frac{\pi}{6}\right)$$

よって

$$\left(\frac{\sqrt{3}+i}{1+\sqrt{3}\,i}\right)^9$$
$$=\left\{\cos\left(-\frac{\pi}{6}\right)+i\sin\left(-\frac{\pi}{6}\right)\right\}^9$$
$$=\cos\left(-\frac{3\pi}{2}\right)+i\sin\left(-\frac{3\pi}{2}\right)$$
$$=\cos\frac{3\pi}{2}-i\sin\frac{3\pi}{2}=i$$

(2)　$\sqrt{3}-i=2\left\{\cos\left(-\dfrac{\pi}{6}\right)+i\sin\left(-\dfrac{\pi}{6}\right)\right\}$

であるから

$$(\sqrt{3}-i)^n$$
$$=2^n\left\{\cos\left(-\frac{\pi}{6}\right)+i\sin\left(-\frac{\pi}{6}\right)\right\}^n$$
$$=2^n\left\{\cos\left(-\frac{n\pi}{6}\right)+i\sin\left(-\frac{n\pi}{6}\right)\right\}$$
$$=2^n\left(\cos\frac{n\pi}{6}-i\sin\frac{n\pi}{6}\right)$$

これが純虚数となるための条件は

$$\cos\frac{n\pi}{6}=0$$

$$\therefore\quad \frac{n\pi}{6}=\frac{\pi}{2}+k\pi\ (k=0,\ 1,\ 2,\ \cdots)$$

すなわち

$$n=3+6k\ (k=0,\ 1,\ 2,\ \cdots)$$

したがって

$(\sqrt{3}-i)^n$ が純虚数となる最小の自然数は

$$n=3$$

このとき

$$(\sqrt{3}-i)^3=2^3\left(\cos\frac{\pi}{2}-i\sin\frac{\pi}{2}\right)=-8i$$

類題 14 − 3

求める解を極形式で

$$z=r(\cos\theta+i\sin\theta)$$

ただし，$r>0$，$0\leqq\theta<2\pi$

と表す。

ド・モアブルの定理より

$$z^4=r^4(\cos\theta+i\sin\theta)^4$$
$$=r^4(\cos4\theta+i\sin4\theta)$$

一方

$$-\frac{1}{2}-\frac{\sqrt{3}}{2}i=\cos\frac{4\pi}{3}+i\sin\frac{4\pi}{3}$$

よって，$z^4=-\dfrac{1}{2}-\dfrac{\sqrt{3}}{2}i$　とすると

$$\begin{cases} r^4=1 & \cdots\cdots① \\ 4\theta=\dfrac{4\pi}{3}+2n\pi\ (n\text{ は整数}) & \cdots\cdots② \end{cases}$$

①より，$r=1$　($\because$　$r>0$)

②より，$\theta=\dfrac{\pi}{3}+\dfrac{n\pi}{2}$

$=\dfrac{\pi}{3},\ \dfrac{5\pi}{6},\ \dfrac{4\pi}{3},\ \dfrac{11\pi}{6}$　($\because$　$0\leqq\theta<2\pi$)

よって，求める解は

$z=\cos\dfrac{\pi}{3}+i\sin\dfrac{\pi}{3}$,

$\cos\dfrac{5\pi}{6}+i\sin\dfrac{5\pi}{6}$,

$\cos\dfrac{4\pi}{3}+i\sin\dfrac{4\pi}{3}$,

$\cos\dfrac{11\pi}{6}+i\sin\dfrac{11\pi}{6}$

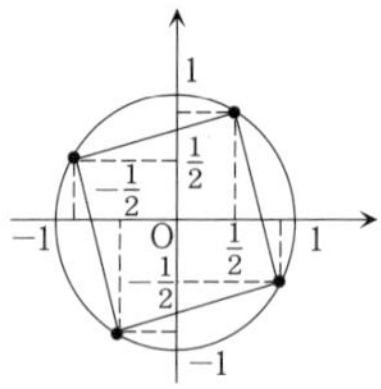

$=\dfrac{1+\sqrt{3}\,i}{2},\ \dfrac{-\sqrt{3}+i}{2},\ \dfrac{-1-\sqrt{3}\,i}{2},\ \dfrac{\sqrt{3}-i}{2}$

類題 14－4

$|z|=1$ より，$|z|^2=1$

$\therefore$　$z\bar{z}=1$　……①

$\dfrac{z+1}{z^2}$ が実数値であることから

$$\overline{\left(\frac{z+1}{z^2}\right)}=\frac{z+1}{z^2}\quad\cdots\cdots②$$

ここで

$$\overline{\left(\frac{z+1}{z^2}\right)}=\frac{\bar{z}+1}{(\bar{z})^2}$$

$$=\frac{\dfrac{1}{z}+1}{\left(\dfrac{1}{z}\right)^2}\quad\left(①\text{より，}\bar{z}=\frac{1}{z}\right)$$

$$=z+z^2$$

よって，②より

$z+z^2=\dfrac{z+1}{z^2}$　　$\therefore$　$z^3(z+1)=z+1$

$(z+1)(z^3-1)=0$

$(z+1)(z-1)(z^2+z+1)=0$

$\therefore$　$z=\pm1,\ \dfrac{-1\pm\sqrt{3}\,i}{2}$

類題 14－5

$\alpha=1+2i$，$\beta=3-i$ とし，求める複素数を γ とする。

$\mathrm{A}(\alpha)$，$\mathrm{B}(\beta)$，$\mathrm{C}(\gamma)$ とおくとき

$\overrightarrow{\mathrm{AC}}$ は

$\overrightarrow{\mathrm{AB}}$ を 1 倍し，$\dfrac{\pi}{3}$ だけ回転したもの

であるから

$$\gamma-\alpha=(\beta-\alpha)\times\left(\cos\frac{\pi}{3}+i\sin\frac{\pi}{3}\right)$$

よって

$$\gamma=\alpha+(\beta-\alpha)\times\left(\cos\frac{\pi}{3}+i\sin\frac{\pi}{3}\right)$$

$$=(1+2i)+(2-3i)\times\left(\frac{1}{2}+\frac{\sqrt{3}}{2}i\right)$$

$$=(1+2i)+1-\frac{3}{2}i+\sqrt{3}\,i-\frac{3\sqrt{3}}{2}i^2$$

$$=\left(2+\frac{3\sqrt{3}}{2}\right)+\left(\frac{1}{2}+\sqrt{3}\right)i$$

類題 14－6

(1)　$(-2+\sqrt{3})\beta+2\gamma-\sqrt{3}\,\alpha=i(\alpha-\beta)$

より

$2(\gamma-\beta)+\sqrt{3}\,(\beta-\alpha)=i(\alpha-\beta)$

$2(\gamma-\beta)-\sqrt{3}\,(\alpha-\beta)=i(\alpha-\beta)$

$2(\gamma-\beta)=(\sqrt{3}+i)(\alpha-\beta)$

$\therefore$　$\gamma-\beta=(\alpha-\beta)\times\left(\dfrac{\sqrt{3}}{2}+\dfrac{1}{2}i\right)$

$\gamma-\beta=(\alpha-\beta)\times\left(\cos\dfrac{\pi}{6}+i\sin\dfrac{\pi}{6}\right)$

よって，$\overrightarrow{\mathrm{BC}}$ は

$\overrightarrow{\mathrm{BA}}$ を 1 倍し，$\dfrac{\pi}{6}$ だけ回転したもの

である。

したがって，△ABC は

$\angle\mathrm{ABC}=\dfrac{\pi}{6}$，BA＝BC の二等辺三角形

(2)　$\alpha^2+\beta^2+\gamma^2-\alpha\beta-\beta\gamma-\gamma\alpha=0$

より

$(\gamma-\alpha)^2-(\gamma-\alpha)(\beta-\alpha)+(\beta-\alpha)^2=0$

$\therefore$　$\left(\dfrac{\gamma-\alpha}{\beta-\alpha}\right)^2-\dfrac{\gamma-\alpha}{\beta-\alpha}+1=0$

$\therefore$　$\dfrac{\gamma-\alpha}{\beta-\alpha}=\dfrac{1\pm\sqrt{3}\,i}{2}$

$=\cos\left(\pm\dfrac{\pi}{3}\right)+i\sin\left(\pm\dfrac{\pi}{3}\right)$

$\therefore$　$\gamma-\alpha=(\beta-\alpha)$

$\times\left\{\cos\left(\pm\dfrac{\pi}{3}\right)+i\sin\left(\pm\dfrac{\pi}{3}\right)\right\}$

よって，$\overrightarrow{\mathrm{AC}}$ は

$\overrightarrow{\mathrm{AB}}$ を1倍し，$\pm\dfrac{\pi}{3}$ だけ回転したもの

である。
したがって，△ABC は，正三角形。

類題 14 − 7

(1) $|2z-3|=|z+3i|$ より

$|2z-3|^2=|z+3i|^2$

∴ $(2z-3)(2\bar{z}-3)=(z+3i)(\bar{z}-3i)$

$4z\bar{z}-6\bar{z}-6z+9=z\bar{z}+3i\bar{z}-3iz+9$

∴ $3z\bar{z}-(6+3i)\bar{z}-(6-3i)z=0$

$z\bar{z}-(2+i)\bar{z}-(2-i)z=0$

∴ $\{z-(2+i)\}\bar{z}-(2-i)z=0$

$\{z-(2+i)\}\{\bar{z}-(2-i)\}-(2+i)(2-i)=0$

$\{z-(2+i)\}\overline{\{z-(2+i)\}}-(4-i^2)=0$

$|z-(2+i)|^2-5=0$

∴ $|z-(2+i)|=\sqrt{5}$

すなわち，点 $2+i$ を中心とする半径 $\sqrt{5}$ の円を描く。

［別解］ $z=x+yi$ とおくと

$|2z-3|^2=(2x-3)^2+(2y)^2$,

$|z+3i|^2=x^2+(y+3)^2$

$|2z-3|^2=|z+3i|^2$ より

$(2x-3)^2+(2y)^2=x^2+(y+3)^2$

∴ $3x^2+3y^2-12x-6y=0$

$x^2+y^2-4x-2y=0$

$(x-2)^2+(y-1)^2=5$

これは座標平面において

点 (2, 1) を中心とする半径 $\sqrt{5}$ の円

を描く。
したがって，複素数平面において

点 $2+i$ を中心とする半径 $\sqrt{5}$ の円

を描く。

(2) $z=x+yi$ とおくと
$(2-i)z+(2+i)\bar{z}+3=0$ は

$(2-i)(x+yi)+(2+i)(x-yi)+3=0$

∴ $2x-xi+2yi+y+2x+xi-2yi+y+3=0$

$4x+2y+3=0$

これは直線を表す。

(3) $z+\dfrac{2}{z}$ が実数であることから

$\overline{\left(z+\dfrac{2}{z}\right)}=z+\dfrac{2}{z}$

∴ $\bar{z}+\dfrac{2}{\bar{z}}=z+\dfrac{2}{z}$

∴ $z\bar{z}\bar{z}+2z=zz\bar{z}+2\bar{z}$

$|z|^2\bar{z}+2z=z|z|^2+2\bar{z}$

$|z|^2(z-\bar{z})-2(z-\bar{z})=0$

∴ $(|z|^2-2)(z-\bar{z})=0$

よって

$|z|^2-2=0$ または $z-\bar{z}=0$

すなわち

$|z|=\sqrt{2}$ または $z=\bar{z}$

（ただし，$z\neq0$）

よって，点 z は

原点を中心とする

半径 $\sqrt{2}$ の円

および

原点を除く実軸

を描く。

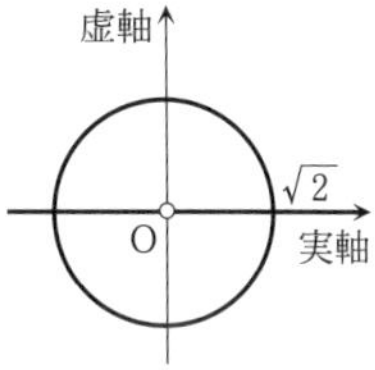

第15章　空間図形の方程式

類題 15 − 1

(1) 直線 l 上の点を (x, y, z) とすると

$(x, y, z)=(1, 2, -3)+t(3, -2, 4)$

∴ $\dfrac{x-1}{3}=\dfrac{y-2}{-2}=\dfrac{z+3}{4}$

(2) 方向ベクトルは，$\overrightarrow{\mathrm{AB}}=(-2, 0, 2)$ より $\vec{m}=(-1, 0, 1)$ であるから，直線 m 上の点を (x, y, z) とすると

$(x, y, z)=(2, 3, 1)+t(-1, 0, 1)$

∴ $\dfrac{x-2}{-1}=z-1,\ y=3$

類題 15 − 2

(1) 平面 α の方程式は

$3\cdot(x-1)+2\cdot(y-2)+4\cdot(z-3)=0$

∴ $3x+2y+4z-19=0$

(2) 平面 β の方程式を

$ax+by+cz+d=0$

とおく。ただし，これが平面を表すことから

$(a, b, c)\neq(0, 0, 0)$

点 A(1, 2, 0) を通るから

$a+2b+d=0$ ……①

点 B(3, 0, 4) を通るから

$3a+4c+d=0$ ……②

点 C(0, 1, 1) を通るから

$b+c+d=0$ ……③

①〜③より，$b=-3a$，$c=-2a$，$d=5a$
よって，平面βの方程式は
$$ax-3ay-2az+5a=0$$
ここで，$(a,\ b,\ c)\neq(0,\ 0,\ 0)$ より，$a\neq0$
$\therefore\ \ x-3y-2z+5=0$

[別解]　法線ベクトルは
$$\vec{n}=\overrightarrow{\mathrm{AB}}\times\overrightarrow{\mathrm{AC}}=\begin{pmatrix}2\\-2\\4\end{pmatrix}\times\begin{pmatrix}-1\\-1\\1\end{pmatrix}$$
$$=\begin{pmatrix}2\\-6\\-4\end{pmatrix}=2\begin{pmatrix}1\\-3\\-2\end{pmatrix}$$
よって，平面βの方程式は
$$1\cdot(x-1)+(-3)\cdot(y-2)+(-2)\cdot(z-0)=0$$
$\therefore\ \ x-3y-2z+5=0$

類題 15 − 3

$x-1=\dfrac{y+1}{4}=\dfrac{z+2}{-1}=t$ とおくと
$$x=1+t,\ y=-1+4t,\ z=-2-t$$
これを平面の方程式
$$2x+2y+z-7=0$$
に代入すると
$$2(1+t)+2(-1+4t)+(-2-t)-7=0$$
$\therefore\ \ 9t-9=0\qquad\therefore\ \ t=1$
よって，$x=2$，$y=3$，$z=-3$
すなわち，求める座標は
$$\mathrm{P}(2,\ 3,\ -3)$$

類題 15 − 4

l：$\dfrac{x+1}{2}=y-1=\dfrac{z-1}{2}=t$ とおくと
$$x=-1+2t,\ y=1+t,\ z=1+2t$$
すなわち，直線l上の点は
$$\mathrm{P}(-1+2t,\ 1+t,\ 1+2t)$$
とおける。
m：$(x=1)$，$y+1=z=s$ とおくと
$$x=1,\ y=-1+s,\ z=s$$
すなわち，直線m上の点は
　　$\mathrm{Q}(1,\ -1+s,\ s)$ とおける。
そこで，P＝Q とすると
$$-1+2t=1,\ 1+t=-1+s,\ 1+2t=s$$
$t=1$，$s=3$ がこれを満たす。
すなわち，l，m は点 $(1,\ 2,\ 3)$ で交わる。
次に，2直線l，mのなす角を求める。
直線l，mの方向ベクトルはそれぞれ
$$\vec{l}=(2,\ 1,\ 2),\ \vec{m}=(0,\ 1,\ 1)$$
$\vec{l}$と$\vec{m}$のなす角をθとすると
$$\cos\theta=\frac{\vec{l}\cdot\vec{m}}{|\vec{l}||\vec{m}|}=\frac{0+1+2}{3\cdot\sqrt{2}}=\frac{1}{\sqrt{2}}$$
$0^\circ\leqq\theta\leqq180^\circ$ であるから，$\theta=45^\circ$
よって，求める2直線のなす角は　$\theta=45^\circ$

類題 15 − 5

平面α，βの法線ベクトルはそれぞれ
$$\vec{\alpha}=(1,\ -2,\ -2),\ \vec{\beta}=(1,\ 0,\ -1)$$
そこで，$\vec{\alpha}$と$\vec{\beta}$のなす角をθとすると
$$\cos\theta=\frac{\vec{\alpha}\cdot\vec{\beta}}{|\vec{\alpha}||\vec{\beta}|}=\frac{1+0+2}{3\cdot\sqrt{2}}=\frac{1}{\sqrt{2}}$$
$0^\circ\leqq\theta\leqq180^\circ$ であるから，$\theta=45^\circ$
よって，求める2平面のなす角は　$\theta=45^\circ$
次に交線の方程式を求める。
　　α：$x-2y-2z-5=0$　……①
　　β：$x-z-6=0$　　　……②
とおく。
②より，$z=x-6$
①−② より，$-2y-z+1=0$
$\therefore\ \ z=-2y+1$
よって，求める交線の方程式は
$$x-6=-2y+1=z$$

類題 15 − 6

S：$x^2+y^2+z^2-2x+2y-4z-10=0$ より
$$(x-1)^2+(y+1)^2+(z-2)^2=16$$
よって，球面Sの中心は $\mathrm{A}(1,\ -1,\ 2)$，半径は $R=4$ である。
したがって，球面Sの中心を通り，平面πに垂直な直線の方程式は
$$\frac{x-1}{2}=\frac{y+1}{-3}=\frac{z-2}{6}$$
である。この直線と平面πとの交点が求める円の中心である。
そこで　$\dfrac{x-1}{2}=\dfrac{y+1}{-3}=\dfrac{z-2}{6}=t$
とおくと
$$x=1+2t,\ y=-1-3t,\ z=2+6t$$
これを　π：$2x-3y+6z-31=0$
に代入すると
$$2(1+2t)-3(-1-3t)+6(2+6t)-31=0$$
$\therefore\ \ 49t-14=0\qquad\therefore\ \ t=\dfrac{2}{7}$
よって，求める円の中心は
$$\mathrm{C}\left(\frac{11}{7},\ -\frac{13}{7},\ \frac{26}{7}\right)$$

したがって，求める円の半径を r とすると

$$r^2+\mathrm{AC}^2=R^2$$

よって

$$r^2+\left(\frac{4}{7}\right)^2+\left(-\frac{6}{7}\right)^2+\left(\frac{12}{7}\right)^2=4^2$$

$\therefore\quad r^2=12 \qquad \therefore\quad r=2\sqrt{3}$

類題 15 － 7

まず，直線 $x+1=\dfrac{y-3}{3}=z-1$ を 2 つの平面の交線と解釈しよう。

$x+1=\dfrac{y-3}{3}$ より，$3x-y+6=0$ ……①

$\dfrac{y-3}{3}=z-1$ より，$y-3z=0$ ……②

すなわち，題意の直線は

平面①と平面②の交線

である。

ところで，方程式

$$3x-y+6+k(y-3z)=0 \quad \cdots\cdots(*)$$

によって表される平面は，定数 k の値によらず，平面①と平面②の交線，すなわち題意の直線を通ることが分かる。

（＊）を整理すると次のようになる。

$$3x+(k-1)y+(-3k)z+6=0$$

この平面と平面 $2x-2y+z+4=0$ が直交するためには，法線ベクトルどうしが直交すればよいから

$$3\cdot2+(k-1)\cdot(-2)+(-3k)\cdot1=0$$

$\therefore\quad -5k+8=0 \qquad \therefore\quad k=\dfrac{8}{5}$

よって，求める平面の方程式は

$$3x+\frac{3}{5}y-\frac{24}{5}z+6=0$$

$\therefore\quad 5x+y-8z+10=0$

第16章　いろいろな曲線

類題 16 － 1

$x^2-2x-2y+5=0$ より

$$(x-1)^2=2(y-2) \quad \cdots\cdots①$$

これは縦型の放物線　$x^2=2y$ ……②

を，x 軸方向に 1，y 軸方向に 2 だけ平行移動したものである。

ところで，②は　$x^2=4\cdot\dfrac{1}{2}y$

と表すことができるから

焦点の座標が $\left(0,\ \dfrac{1}{2}\right)$

準線の方程式が $y=-\dfrac{1}{2}$

これを x 軸方向に 1，y 軸方向に 2 だけ平行移動することにより，①について

焦点の座標が $\left(1,\ \dfrac{5}{2}\right)$

準線の方程式が $y=\dfrac{3}{2}$

類題 16 － 2

$4x^2+3y^2+16x-24y+16=0$ より

$$4(x+2)^2+3(y-4)^2=48$$

$$\therefore\quad \frac{(x+2)^2}{12}+\frac{(y-4)^2}{16}=1 \quad \cdots\cdots①$$

これは楕円　$\dfrac{x^2}{12}+\dfrac{y^2}{16}=1$ ……②

を，x 軸方向に -2，y 軸方向に 4 だけ平行移動したものである。

②の焦点の座標は，$(0,\ 2)$，$(0,\ -2)$

これを x 軸方向に -2，y 軸方向に 4 だけ平行移動することにより，①の焦点の座標は

$$(-2,\ 6),\ (-2,\ 2)$$

類題 16 － 3

$4x^2-9y^2-8x-18y+31=0$ より

$$4(x-1)^2-9(y+1)^2=-36$$

$$\therefore\quad \frac{(x-1)^2}{9}-\frac{(y+1)^2}{4}=-1 \quad \cdots\cdots①$$

これは縦型の双曲線

$$\frac{x^2}{9}-\frac{y^2}{4}=-1 \quad \cdots\cdots②$$

を，x 軸方向に 1，y 軸方向に -1 だけ平行移動したものである。

②について

焦点の座標が $(0,\ \sqrt{13})$，$(0,\ -\sqrt{13})$

漸近線が $y=\pm\dfrac{2}{3}x$

であるから，これを x 軸方向に 1，y 軸方向に -1 だけ平行移動することにより

①について

焦点の座標が

$$(1,\ \sqrt{13}-1),\ (1,\ -\sqrt{13}-1)$$

漸近線の方程式が $y+1=\pm\dfrac{2}{3}(x-1)$

すなわち，$y=\dfrac{2}{3}x-\dfrac{5}{3}$，$y=-\dfrac{2}{3}x-\dfrac{1}{3}$

類題 16 − 4

(1)　$r\cos\left(\theta+\dfrac{\pi}{3}\right)=2$ より

$$r\left(\cos\theta\cos\frac{\pi}{3}-\sin\theta\sin\frac{\pi}{3}\right)=2$$

$$\therefore\quad r\left(\frac{1}{2}\cos\theta-\frac{\sqrt{3}}{2}\sin\theta\right)=2$$

$$r\cos\theta-\sqrt{3}\,r\sin\theta-4=0$$

$\therefore\quad x-\sqrt{3}\,y-4=0$ （直線）

(2)　$r=2\sin\theta$ の両辺に r をかけると

$$r^2=2r\sin\theta$$

$$\therefore\quad x^2+y^2=2y$$

$\therefore\quad x^2+(y-1)^2=1$ （円）

(3)　$r(1+2\cos\theta)=3$ より

$$r+2r\cos\theta=3$$

$$\therefore\quad r^2=(3-2r\cos\theta)^2$$

$$\therefore\quad x^2+y^2=(3-2x)^2$$

$$x^2+y^2=4x^2-12x+9$$

$$3x^2-y^2-12x+9=0$$

$$3(x-2)^2-y^2=3$$

$\therefore\quad (x-2)^2-\dfrac{y^2}{3}=1$ （双曲線）

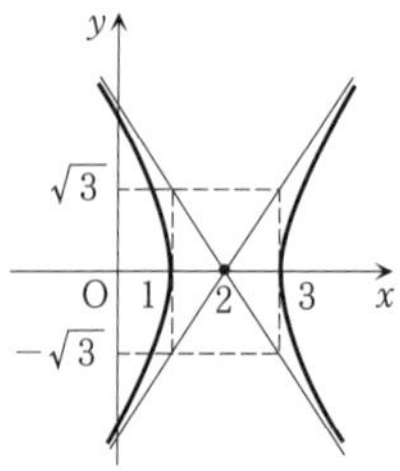

類題 16 − 5

点 F(1, 0) を極とする極座標を考える。すなわち，点 $(x,\ y)$ に対して，図のように極座標 $(r,\ \theta)$ を定める。

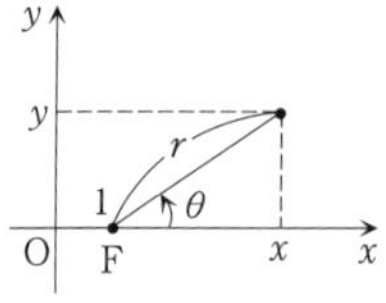

このとき，$x=1+r\cos\theta,\ y=r\sin\theta$

これを $\dfrac{x^2}{4}+\dfrac{y^2}{3}=1$ に代入すると

$$\frac{(1+r\cos\theta)^2}{4}+\frac{(r\sin\theta)^2}{3}=1$$

$$\therefore\quad 3(1+r\cos\theta)^2+4r^2\sin^2\theta=12$$

$$3(1+2r\cos\theta+r^2\cos^2\theta)+4r^2(1-\cos^2\theta)=12$$

$$\therefore\quad (4-\cos^2\theta)r^2+6\cos\theta\cdot r-9=0$$

$$\therefore\quad \{(2+\cos\theta)r-3\}\{(2-\cos\theta)r+3\}=0$$

ここで

$$(2-\cos\theta)r+3>0$$

であるから

$$(2+\cos\theta)r-3=0$$

$$\therefore\quad r=\frac{3}{2+\cos\theta}$$

これが与えられた楕円の極方程式である。

さて，点 P，Q の点 F(1, 0) を極とする極座標をそれぞれ，$(r_1,\ \theta_1)$，$(r_2,\ \theta_2)$ とすると，点 P，Q ともに与えれた楕円上の点であるから

$$r_1=\frac{3}{2+\cos\theta_1},\quad r_2=\frac{3}{2+\cos\theta_2}$$

を満たす。ただし，$\theta_2=\theta_1+\pi$

よって

$$\frac{1}{\mathrm{FP}}+\frac{1}{\mathrm{FQ}}=\frac{1}{r_1}+\frac{1}{r_2}$$

$$=\frac{2+\cos\theta_1}{3}+\frac{2+\cos\theta_2}{3}$$

$$=\frac{4+\cos\theta_1+\cos(\theta_1+\pi)}{3}$$

$$=\frac{4+\cos\theta_1-\cos\theta_1}{3}=\frac{4}{3}\quad\text{（一定）}$$

類題 16 − 6

点 $\mathrm{P}(x,\ y)$ が円 $x^2+y^2=1$ の第 1 象限の部分を動くから

$$x=\cos\theta,\ y=\sin\theta\quad\left(0<\theta<\frac{\pi}{2}\right)$$

と表すことができる。

よって，$\mathrm{Q}(X,\ Y)$ とおくと

$$X=3x^2+2\sqrt{3}\,xy+y^2$$

$$=3\cos^2\theta+2\sqrt{3}\sin\theta\cos\theta+\sin^2\theta$$

$$=3\frac{1+\cos2\theta}{2}+2\sqrt{3}\,\frac{\sin2\theta}{2}+\frac{1-\cos2\theta}{2}$$

$$=2+\cos2\theta+\sqrt{3}\sin2\theta$$

$$=2+2\left(\cos2\theta\cdot\frac{1}{2}+\sin2\theta\cdot\frac{\sqrt{3}}{2}\right)$$

$$=2+2\left(\cos2\theta\cos\frac{\pi}{3}+\sin2\theta\sin\frac{\pi}{3}\right)$$

$=2+2\cos\left(2\theta-\dfrac{\pi}{3}\right)$

$Y=\sqrt{3}x^2+2xy+3\sqrt{3}y^2$

$=\sqrt{3}\cos^2\theta+2\sin\theta\cos\theta+3\sqrt{3}\sin^2\theta$

$=\sqrt{3}\dfrac{1+\cos2\theta}{2}+\sin2\theta+3\sqrt{3}\dfrac{1-\cos2\theta}{2}$

$=2\sqrt{3}+\sin2\theta-\sqrt{3}\cos2\theta$

$=2\sqrt{3}+2\left(\sin2\theta\cdot\dfrac{1}{2}-\cos2\theta\cdot\dfrac{\sqrt{3}}{2}\right)$

$=2\sqrt{3}+2\left(\sin2\theta\cos\dfrac{\pi}{3}-\cos2\theta\sin\dfrac{\pi}{3}\right)$

$=2\sqrt{3}+2\sin\left(2\theta-\dfrac{\pi}{3}\right)$

よって

$$\begin{cases} X=2+2\cos\left(2\theta-\dfrac{\pi}{3}\right) \\ Y=2\sqrt{3}+2\sin\left(2\theta-\dfrac{\pi}{3}\right) \end{cases}$$

であり，点Qは円

$(x-2)^2+(y-2\sqrt{3})^2=4$

の周上を図のように半周する。

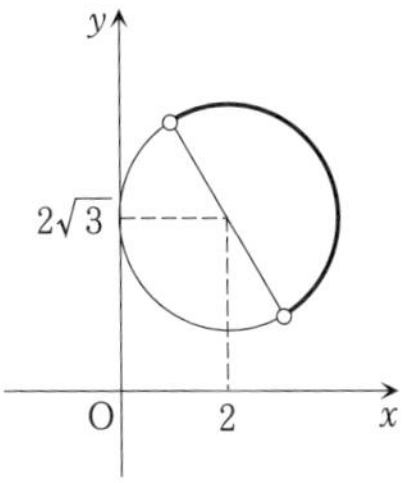

第17章　行　　列

類題 17－1

$$A^2=\begin{pmatrix} a & b \\ 0 & d \end{pmatrix}\begin{pmatrix} a & b \\ 0 & d \end{pmatrix}=\begin{pmatrix} a^2 & ab+bd \\ 0 & d^2 \end{pmatrix}$$

よって，$A^2=A$ となるための条件は

$$\begin{cases} a^2=a \\ ab+bd=b \\ d^2=d \end{cases}$$

すなわち

$$\begin{cases} a(a-1)=0 & \cdots\cdots① \\ b(a+d-1)=0 & \cdots\cdots② \\ d(d-1)=0 & \cdots\cdots③ \end{cases}$$

（i）　$a+d\neq1$ のとき；

②より $b=0$

また

①より，$a=0,\ 1$

③より，$d=0,\ 1$

$a+d\neq1$ に注意すると

$(a,\ d)=(0,\ 0),\ (1,\ 1)$

$\therefore\quad A=\begin{pmatrix} 0 & 0 \\ 0 & 0 \end{pmatrix},\ \begin{pmatrix} 1 & 0 \\ 0 & 1 \end{pmatrix}$

（ii）　$a+d=1$ のとき；

このとき b によらず②は成り立つ。

また

①より，$a=0,\ 1$

③より，$d=0,\ 1$

$a+d=1$ に注意すると

$(a,\ d)=(0,\ 1),\ (1,\ 0)$

$\therefore\quad A=\begin{pmatrix} 0 & b \\ 0 & 1 \end{pmatrix},\ \begin{pmatrix} 1 & b \\ 0 & 0 \end{pmatrix}$　（b は任意）

以上より，求める行列 A は

$$A=\begin{pmatrix} 0 & 0 \\ 0 & 0 \end{pmatrix},\ \begin{pmatrix} 1 & 0 \\ 0 & 1 \end{pmatrix},\ \begin{pmatrix} 0 & b \\ 0 & 1 \end{pmatrix},\ \begin{pmatrix} 1 & b \\ 0 & 0 \end{pmatrix}$$

（b は任意）

類題 17－2

ケーリー・ハミルトンの定理より

$A^2-(a+d)A+(ad-bc)E=O$　……①

条件より

$A^2=-E$　……②

①より，$A^2=(a+d)A-(ad-bc)E$

これを②に代入すると

$(a+d)A-(ad-bc)E=-E$

$\therefore\quad (a+d)A=(ad-bc-1)E$

（i）　$a+d=0$ のとき；

$(ad-bc-1)E=O$ となるから

$ad-bc=1$

（ii）　$a+d\neq0$ のとき；

$A=\dfrac{ad-bc-1}{a+d}E$ となるから

$A=kE$ とおいて②に代入すると

$(kE)^2=-E$　　$\therefore\quad (k^2+1)E=O$

$\therefore\quad k^2+1\neq0$ であるからこれは不適。

よって

$a+d=0,\ ad-bc=1$

類題 17－3

$A^2-A+E=O$ より　$A-A^2=E$

$\therefore\quad A(E-A)=E$　かつ　$(E-A)A=E$

すなわち，$E-A$ が A の逆行列である。

類題 17 − 4

(1) $A\begin{pmatrix}1\\3\end{pmatrix}=\begin{pmatrix}2&1\\3&4\end{pmatrix}\begin{pmatrix}1\\3\end{pmatrix}=\begin{pmatrix}5\\15\end{pmatrix}=5\begin{pmatrix}1\\3\end{pmatrix}$

$A\begin{pmatrix}1\\-1\end{pmatrix}=\begin{pmatrix}2&1\\3&4\end{pmatrix}\begin{pmatrix}1\\-1\end{pmatrix}=\begin{pmatrix}1\\-1\end{pmatrix}$

(2) $P=\begin{pmatrix}1&1\\3&-1\end{pmatrix}$ より

$P^{-1}=\dfrac{1}{-4}\begin{pmatrix}-1&-1\\-3&1\end{pmatrix}=\dfrac{1}{4}\begin{pmatrix}1&1\\3&-1\end{pmatrix}$

よって

$P^{-1}AP=\dfrac{1}{4}\begin{pmatrix}1&1\\3&-1\end{pmatrix}\begin{pmatrix}2&1\\3&4\end{pmatrix}\begin{pmatrix}1&1\\3&-1\end{pmatrix}$

$=\dfrac{1}{4}\begin{pmatrix}20&0\\0&4\end{pmatrix}=\begin{pmatrix}5&0\\0&1\end{pmatrix}$

であるから

$(P^{-1}AP)^n=\begin{pmatrix}5&0\\0&1\end{pmatrix}^n$

$\therefore\quad P^{-1}A^nP=\begin{pmatrix}5^n&0\\0&1\end{pmatrix}$

よって

$A^n=P\begin{pmatrix}5^n&0\\0&1\end{pmatrix}P^{-1}$

$=\begin{pmatrix}1&1\\3&-1\end{pmatrix}\begin{pmatrix}5^n&0\\0&1\end{pmatrix}\dfrac{1}{4}\begin{pmatrix}1&1\\3&-1\end{pmatrix}$

$=\dfrac{1}{4}\begin{pmatrix}5^n&1\\3\cdot5^n&-1\end{pmatrix}\begin{pmatrix}1&1\\3&-1\end{pmatrix}$

$=\dfrac{1}{4}\begin{pmatrix}5^n+3&5^n-1\\3\cdot5^n-3&3\cdot5^n+1\end{pmatrix}$

類題 17 − 5

(1) x^n を x^2-2x+1 で割ったときの商を $g(x)$，余りを $px+q$ とすると

$x^n=(x^2-2x+1)g(x)+px+q$

$\therefore\quad x^n=(x-1)^2g(x)+px+q$

$x=1$ を代入すると，$p+q=1$　……①

また

$x^n=(x-1)^2g(x)+px+q$

の両辺を微分すると

$nx^{n-1}=2(x-1)\cdot g(x)$
$\quad+(x-1)^2\cdot g'(x)+p$

ここで $x=1$ を代入すると，$p=n$

①より，$q=1-n=-n+1$

よって，求める余りは　$nx+(-n+1)$

(2) (1)の結果より

$x^n=(x^2-2x+1)g(x)+nx+(-n+1)$

これから次の等式が成り立つことが分かる。

$A^n=(A^2-2A+E)g(A)$
$\quad+nA+(-n+1)E$

ところで，ケーリー・ハミルトンの定理より

$A^2-2A+E=O$

であるから

$A^n=nA+(-n+1)E$

$=n\begin{pmatrix}0&1\\-1&2\end{pmatrix}+(-n+1)\begin{pmatrix}1&0\\0&1\end{pmatrix}$

$=\begin{pmatrix}0&n\\-n&2n\end{pmatrix}+\begin{pmatrix}-n+1&0\\0&-n+1\end{pmatrix}$

$=\begin{pmatrix}-n+1&n\\-n&n+1\end{pmatrix}$

類題 17 − 6

(1) $3P+4Q=A$　……①

$P+Q=E$　……②

②×4−① より

$P=4E-A=\begin{pmatrix}3&3\\-2&-2\end{pmatrix}$

①−②×3 より

$Q=A-3E=\begin{pmatrix}-2&-3\\2&3\end{pmatrix}$

(2) $P^2=\begin{pmatrix}3&3\\-2&-2\end{pmatrix}\begin{pmatrix}3&3\\-2&-2\end{pmatrix}$

$=\begin{pmatrix}3&3\\-2&-2\end{pmatrix}$

$Q^2=\begin{pmatrix}-2&-3\\2&3\end{pmatrix}\begin{pmatrix}-2&-3\\2&3\end{pmatrix}$

$=\begin{pmatrix}-2&-3\\2&3\end{pmatrix}$

$PQ=\begin{pmatrix}3&3\\-2&-2\end{pmatrix}\begin{pmatrix}-2&-3\\2&3\end{pmatrix}=\begin{pmatrix}0&0\\0&0\end{pmatrix}=O$

$QP=\begin{pmatrix}-2&-3\\2&3\end{pmatrix}\begin{pmatrix}3&3\\-2&-2\end{pmatrix}=\begin{pmatrix}0&0\\0&0\end{pmatrix}=O$

(3) $PQ=QP$ であるから，二項定理より

$A^n=(3P+4Q)^n$

$=\sum_{r=0}^{n}{}_n\mathrm{C}_r(3P)^{n-r}(4Q)^r$

$=(3P)^n+{}_n\mathrm{C}_1(3P)^{n-1}(4Q)$
$\quad+{}_n\mathrm{C}_2(3P)^{n-2}(4Q)^2+\cdots+(4Q)^n$

$=3^nP+4^nQ$

$(\because\quad PQ=QP=O,\ P^2=P,\ Q^2=Q)$

$=3^n\begin{pmatrix}3&3\\-2&-2\end{pmatrix}+4^n\begin{pmatrix}-2&-3\\2&3\end{pmatrix}$

$=\begin{pmatrix}3^{n+1}-2\cdot4^n&3^{n+1}-3\cdot4^n\\-2\cdot3^n+2\cdot4^n&-2\cdot3^n+3\cdot4^n\end{pmatrix}$

類題 17 − 7

(1) $A=\begin{pmatrix}0&2\\1&0\end{pmatrix}$

$A^2=\begin{pmatrix}0&2\\1&0\end{pmatrix}\begin{pmatrix}0&2\\1&0\end{pmatrix}=\begin{pmatrix}2&0\\0&2\end{pmatrix}$

$A^3=A^2\cdot A=\begin{pmatrix}2&0\\0&2\end{pmatrix}\begin{pmatrix}0&2\\1&0\end{pmatrix}=\begin{pmatrix}0&4\\2&0\end{pmatrix}$

$A^4=A^3\cdot A=\begin{pmatrix}0&4\\2&0\end{pmatrix}\begin{pmatrix}0&2\\1&0\end{pmatrix}=\begin{pmatrix}4&0\\0&4\end{pmatrix}$

$A^5=A^4\cdot A=\begin{pmatrix}4&0\\0&4\end{pmatrix}\begin{pmatrix}0&2\\1&0\end{pmatrix}=\begin{pmatrix}0&8\\4&0\end{pmatrix}$

$A^6=A^5\cdot A=\begin{pmatrix}0&8\\4&0\end{pmatrix}\begin{pmatrix}0&2\\1&0\end{pmatrix}=\begin{pmatrix}8&0\\0&8\end{pmatrix}$

そこで

$A^{2m-1}=\begin{pmatrix}0&2^m\\2^{m-1}&0\end{pmatrix}$, $A^{2m}=\begin{pmatrix}2^m&0\\0&2^m\end{pmatrix}$

……(＊)　と予想する。

この予想が正しいことを数学的帰納法により証明する。

(Ⅰ)　$m=1$ のとき

明らかに(＊)は成り立つ。

(Ⅱ)　$m=k$ のとき(＊)が成り立つとすると

$m=k+1$ のとき

$A^{2k+1}=A^{2k-1}\cdot A^2$

$=\begin{pmatrix}0&2^k\\2^{k-1}&0\end{pmatrix}\begin{pmatrix}2&0\\0&2\end{pmatrix}=\begin{pmatrix}0&2^{k+1}\\2^k&0\end{pmatrix}$

$A^{2k+2}=A^{2k}\cdot A^2$

$=\begin{pmatrix}2^k&0\\0&2^k\end{pmatrix}\begin{pmatrix}2&0\\0&2\end{pmatrix}=\begin{pmatrix}2^{k+1}&0\\0&2^{k+1}\end{pmatrix}$

すなわち，$m=k$ で成り立つなら，$m=k+1$ でも成り立つ。

(Ⅰ)，(Ⅱ)より，すべての自然数 m に対して（＊）は成り立つ。

以上より

$A^{2m-1}=\begin{pmatrix}0&2^m\\2^{m-1}&0\end{pmatrix}$, $A^{2m}=\begin{pmatrix}2^m&0\\0&2^m\end{pmatrix}$

(2) A, A^2, A^3, … を計算してみる。

$A=\begin{pmatrix}0&1\\-1&-1\end{pmatrix}$

$A^2=\begin{pmatrix}0&1\\-1&-1\end{pmatrix}\begin{pmatrix}0&1\\-1&-1\end{pmatrix}=\begin{pmatrix}-1&-1\\1&0\end{pmatrix}$

$A^3=A^2\cdot A=\begin{pmatrix}-1&-1\\1&0\end{pmatrix}\begin{pmatrix}0&1\\-1&-1\end{pmatrix}$

$=\begin{pmatrix}1&0\\0&1\end{pmatrix}=E$

よって

$$\begin{cases}A^{3m-2}=A=\begin{pmatrix}0&1\\-1&-1\end{pmatrix},\\ A^{3m-1}=A^2=\begin{pmatrix}-1&-1\\1&0\end{pmatrix},\\ A^{3m}=A^3=\begin{pmatrix}1&0\\0&1\end{pmatrix}\end{cases}$$

($m=1,\ 2,\ 3,\ \cdots\cdots$)

第18章　1 次 変 換

類題 18 − 1

(1)　1次変換 f を表す行列を A とすると，2点 (2, 1), (1, 2) が1次変換 f によってそれぞれ点 (3, 1), (1, 3) に移ることから

$A\begin{pmatrix}2\\1\end{pmatrix}=\begin{pmatrix}3\\1\end{pmatrix}$, $A\begin{pmatrix}1\\2\end{pmatrix}=\begin{pmatrix}1\\3\end{pmatrix}$

$\therefore\ A\begin{pmatrix}2&1\\1&2\end{pmatrix}=\begin{pmatrix}3&1\\1&3\end{pmatrix}$

ここで，$\begin{pmatrix}2&1\\1&2\end{pmatrix}^{-1}=\dfrac{1}{3}\begin{pmatrix}2&-1\\-1&2\end{pmatrix}$ であり

$A=\begin{pmatrix}3&1\\1&3\end{pmatrix}\begin{pmatrix}2&1\\1&2\end{pmatrix}^{-1}$

$=\begin{pmatrix}3&1\\1&3\end{pmatrix}\dfrac{1}{3}\begin{pmatrix}2&-1\\-1&2\end{pmatrix}$

$=\dfrac{1}{3}\begin{pmatrix}3&1\\1&3\end{pmatrix}\begin{pmatrix}2&-1\\-1&2\end{pmatrix}=\dfrac{1}{3}\begin{pmatrix}5&-1\\-1&5\end{pmatrix}$

(2)　$A\begin{pmatrix}5\\4\end{pmatrix}=\dfrac{1}{3}\begin{pmatrix}5&-1\\-1&5\end{pmatrix}\begin{pmatrix}5\\4\end{pmatrix}$

$=\dfrac{1}{3}\begin{pmatrix}21\\15\end{pmatrix}=\begin{pmatrix}7\\5\end{pmatrix}$

よって，点 (5, 4) は f により点 (7, 5) に移る。

類題 18 − 2

(1)　点Qは点Pを原点のまわりに 60° 回転した点である。

$\begin{pmatrix}\cos60^\circ&-\sin60^\circ\\\sin60^\circ&\cos60^\circ\end{pmatrix}\begin{pmatrix}1\\2\end{pmatrix}$

$=\dfrac{1}{2}\begin{pmatrix}1&-\sqrt{3}\\\sqrt{3}&1\end{pmatrix}\begin{pmatrix}1\\2\end{pmatrix}$

$=\dfrac{1}{2}\begin{pmatrix}1-2\sqrt{3}\\\sqrt{3}+2\end{pmatrix}$

よって，$Q\left(\dfrac{1-2\sqrt{3}}{2},\ \dfrac{\sqrt{3}+2}{2}\right)$

(2)　直線 $y=mx$ に関する対称変換 f を表す行列を A とする。
2 点 $(1,\ m)$，$(m,\ -1)$ は 1 次変換 f によって，それぞれ点 $(1,\ m)$，$(-m,\ 1)$ に移るから

$$A\begin{pmatrix}1\\m\end{pmatrix}=\begin{pmatrix}1\\m\end{pmatrix},\quad A\begin{pmatrix}m\\-1\end{pmatrix}=\begin{pmatrix}-m\\1\end{pmatrix}$$

$$\therefore\quad A\begin{pmatrix}1&m\\m&-1\end{pmatrix}=\begin{pmatrix}1&-m\\m&1\end{pmatrix}$$

ここで

$$\begin{pmatrix}1&m\\m&-1\end{pmatrix}^{-1}=\frac{1}{-1-m^2}\begin{pmatrix}-1&-m\\-m&1\end{pmatrix}$$
$$=\frac{1}{m^2+1}\begin{pmatrix}1&m\\m&-1\end{pmatrix}$$

であるから

$$A=\begin{pmatrix}1&-m\\m&1\end{pmatrix}\begin{pmatrix}1&m\\m&-1\end{pmatrix}^{-1}$$
$$=\begin{pmatrix}1&-m\\m&1\end{pmatrix}\frac{1}{m^2+1}\begin{pmatrix}1&m\\m&-1\end{pmatrix}$$
$$=\frac{1}{m^2+1}\begin{pmatrix}1-m^2&2m\\2m&m^2-1\end{pmatrix}$$

［研究］　直線 $y=mx$ に関する対称変換が 1 次変換であることも証明する場合は次のように計算する。
直線 $y=mx$ に関する対称変換によって，点 $\mathrm{P}(X,\ Y)$ が点 $\mathrm{Q}(X',\ Y')$ に移るとする。
PQ の中点

$$\left(\frac{X+X'}{2},\ \frac{Y+Y'}{2}\right)$$

は直線 $y=mx$ 上の点であるから

$$\frac{Y+Y'}{2}=m\frac{X+X'}{2}$$

$\therefore\quad Y+Y'=mX+mX'$　……①

直線 PQ⊥直線 $y=mx$ であるから

$$m\cdot\frac{Y-Y'}{X-X'}=-1$$

$\therefore\quad mY-mY'=-X+X'$　……②

①×m＋② より

$$2mY=(m^2-1)X+(m^2+1)X'$$

$$\therefore\quad X'=\frac{(1-m^2)X+2mY}{m^2+1}$$

①－②×m より

$$(1-m^2)Y+(1+m^2)Y'=2mX$$

$$\therefore\quad Y'=\frac{2mX+(m^2-1)Y}{m^2+1}$$

よって

$$\begin{pmatrix}X'\\Y'\end{pmatrix}=\frac{1}{m^2+1}\begin{pmatrix}(1-m^2)X+2mY\\2mX+(m^2-1)Y\end{pmatrix}$$
$$=\frac{1}{m^2+1}\begin{pmatrix}1-m^2&2m\\2m&m^2-1\end{pmatrix}\begin{pmatrix}X\\Y\end{pmatrix}$$

したがって，直線 $y=mx$ に関する対称変換 f は 1 次変換であり，f を表す行列 A は

$$A=\frac{1}{m^2+1}\begin{pmatrix}1-m^2&2m\\2m&m^2-1\end{pmatrix}$$

類題 18 － 3

(1)　直線 $3x-4y-1=0$ 上の任意の点を $(4t-1,\ 3t-1)$ とおく。

$$\begin{pmatrix}x'\\y'\end{pmatrix}=A\begin{pmatrix}4t-1\\3t-1\end{pmatrix}$$
$$=\begin{pmatrix}-2&3\\4&-6\end{pmatrix}\begin{pmatrix}4t-1\\3t-1\end{pmatrix}=\begin{pmatrix}t-1\\-2t+2\end{pmatrix}$$

よって　$y'=-2x'$
　　　（$x'=t-1$ は任意の実数値をとる。）
したがって，求める図形は
　　直線 $y=-2x$

(2)　直線 $2x-3y+4=0$ 上の任意の点を $(3t+1,\ 2t+2)$ とおく。

$$\begin{pmatrix}x'\\y'\end{pmatrix}=A\begin{pmatrix}3t+1\\2t+2\end{pmatrix}$$
$$=\begin{pmatrix}-2&3\\4&-6\end{pmatrix}\begin{pmatrix}3t+1\\2t+2\end{pmatrix}=\begin{pmatrix}4\\-8\end{pmatrix}$$

よって，$(x',\ y')=(4,\ -8)$
したがって，求める図形は　1 点 $(4,\ -8)$

(3)　円 $x^2+y^2=1$ 上の任意の点を $(\cos\theta,\ \sin\theta)$ とおく。

$$\begin{pmatrix}x'\\y'\end{pmatrix}=A\begin{pmatrix}\cos\theta\\\sin\theta\end{pmatrix}$$
$$=\begin{pmatrix}-2&3\\4&-6\end{pmatrix}\begin{pmatrix}\cos\theta\\\sin\theta\end{pmatrix}=\begin{pmatrix}3\sin\theta-2\cos\theta\\-6\sin\theta+4\cos\theta\end{pmatrix}$$

よって，$y'=-2x'$
ただし

$x'=3\sin\theta-2\cos\theta$
　$=\sqrt{13}\sin(\theta+\alpha)$
（α は図のような角）
より $-\sqrt{13}\leqq x'\leqq\sqrt{13}$

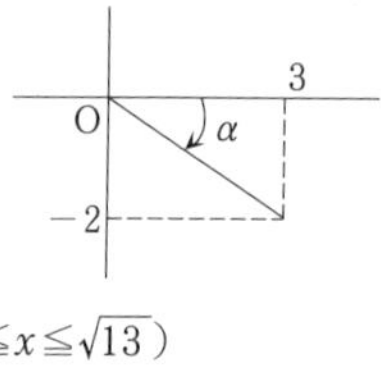

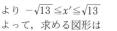

よって，求める図形は
線分 $y=-2x$ （$-\sqrt{13}\leqq x\leqq\sqrt{13}$）

類題 18 － 4

(1)　曲線 $3x^2-2\sqrt{3}xy+y^2-2x-2\sqrt{3}y=0$ 上の点 $(x,\ y)$ を原点のまわりに 30° 回転し

た点を (X, Y) とすると

$$\begin{pmatrix} X \\ Y \end{pmatrix} = \begin{pmatrix} \cos 30^\circ & -\sin 30^\circ \\ \sin 30^\circ & \cos 30^\circ \end{pmatrix} \begin{pmatrix} x \\ y \end{pmatrix}$$

であるから

$$\begin{pmatrix} x \\ y \end{pmatrix} = \begin{pmatrix} \cos(-30^\circ) & -\sin(-30^\circ) \\ \sin(-30^\circ) & \cos(-30^\circ) \end{pmatrix} \begin{pmatrix} X \\ Y \end{pmatrix}$$

$$= \frac{1}{2} \begin{pmatrix} \sqrt{3} & 1 \\ -1 & \sqrt{3} \end{pmatrix} \begin{pmatrix} X \\ Y \end{pmatrix}$$

よって

$$x = \frac{\sqrt{3}X + Y}{2}, \quad y = \frac{-X + \sqrt{3}Y}{2}$$

これを

$$3x^2 - 2\sqrt{3}xy + y^2 - 2x - 2\sqrt{3}y = 0$$

に代入すると

$$3\left(\frac{\sqrt{3}X+Y}{2}\right)^2 - 2\sqrt{3}\,\frac{\sqrt{3}X+Y}{2}\,\frac{-X+\sqrt{3}Y}{2} + \left(\frac{-X+\sqrt{3}Y}{2}\right)^2 - 2\frac{\sqrt{3}X+Y}{2} - 2\sqrt{3}\,\frac{-X+\sqrt{3}Y}{2} = 0$$

$$\therefore \quad 3(\sqrt{3}X+Y)^2 - 2\sqrt{3}(\sqrt{3}X+Y)(-X+\sqrt{3}Y) + (-X+\sqrt{3}Y)^2 - 4(\sqrt{3}X+Y) - 4\sqrt{3}(-X+\sqrt{3}Y) = 0$$

$$\therefore \quad 3(3X^2+2\sqrt{3}XY+Y^2) - 2\sqrt{3}(-\sqrt{3}X^2+2XY+\sqrt{3}Y^2) + (X^2-2\sqrt{3}XY+3Y^2) - 4(\sqrt{3}X+Y) - 4\sqrt{3}(-X+\sqrt{3}Y) = 0$$

$$\therefore \quad 16X^2 - 16Y = 0$$

$$\therefore \quad Y = X^2$$

よって，与えられた曲線を原点のまわりに 30° 回転して得られる曲線は

放物線 $y = x^2$

であり，その概形は図のようになる。

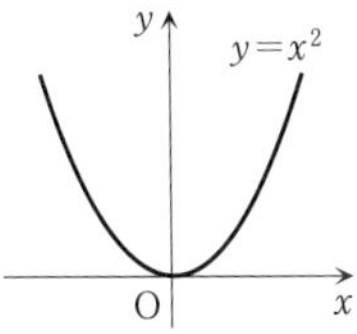

(2) 曲線 $5x^2 - 22xy + 5y^2 = 48$ 上の点 (x, y) を原点のまわりに 45° 回転した点を (X, Y) とすると

$$\begin{pmatrix} X \\ Y \end{pmatrix} = \begin{pmatrix} \cos 45^\circ & -\sin 45^\circ \\ \sin 45^\circ & \cos 45^\circ \end{pmatrix} \begin{pmatrix} x \\ y \end{pmatrix}$$

であるから

$$\begin{pmatrix} x \\ y \end{pmatrix} = \begin{pmatrix} \cos(-45^\circ) & -\sin(-45^\circ) \\ \sin(-45^\circ) & \cos(-45^\circ) \end{pmatrix} \begin{pmatrix} X \\ Y \end{pmatrix}$$

$$= \frac{1}{\sqrt{2}} \begin{pmatrix} 1 & 1 \\ -1 & 1 \end{pmatrix} \begin{pmatrix} X \\ Y \end{pmatrix}$$

よって

$$x = \frac{X+Y}{\sqrt{2}}, \quad y = \frac{-X+Y}{\sqrt{2}}$$

これを

$$5x^2 - 22xy + 5y^2 = 48$$

に代入すると

$$5\left(\frac{X+Y}{\sqrt{2}}\right)^2 - 22\frac{X+Y}{\sqrt{2}}\,\frac{-X+Y}{\sqrt{2}} + 5\left(\frac{-X+Y}{\sqrt{2}}\right)^2 = 48$$

$$\therefore \quad 5(X+Y)^2 - 22(X+Y)(-X+Y) + 5(-X+Y)^2 = 96$$

$$5(X^2+2XY+Y^2) - 22(Y^2-X^2) + 5(X^2-2XY+Y^2) = 96$$

$$\therefore \quad 32X^2 - 12Y^2 = 96$$

$$\therefore \quad \frac{X^2}{3} - \frac{Y^2}{8} = 1$$

よって，与えられた曲線を原点のまわりに 45° 回転して得られる曲線は

双曲線 $\dfrac{x^2}{3} - \dfrac{y^2}{8} = 1$

であり，その概形は図のようになる。

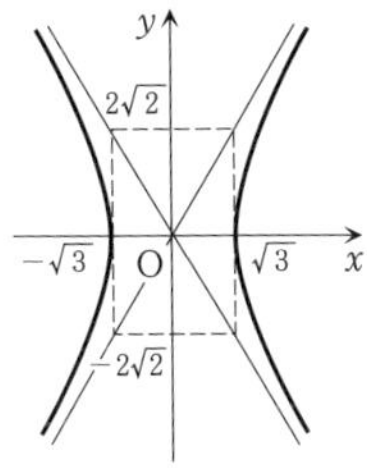

類題 18－5

(i) 求める直線が y 軸に平行な場合；

求める直線を $x = k$ とおく。

直線 $x = k$ 上の任意の点を (k, t) とすると

$$\begin{pmatrix} x' \\ y' \end{pmatrix} = A\begin{pmatrix} k \\ t \end{pmatrix} = \begin{pmatrix} 2 & 1 \\ 6 & 1 \end{pmatrix} \begin{pmatrix} k \\ t \end{pmatrix} = \begin{pmatrix} 2k+t \\ 6k+t \end{pmatrix}$$

よって，$x' = 2k + t$ は一定ではないから，直線 $x = k$ は不適。

(ii) 求める直線が y 軸に平行でない場合；

求める直線を $y = ax + b$ とおく。

直線 $y = ax + b$ 上の任意の点を $(t, at+b)$ とすると

$$\begin{pmatrix} x' \\ y' \end{pmatrix} = A\begin{pmatrix} t \\ at+b \end{pmatrix} = \begin{pmatrix} 2 & 1 \\ 6 & 1 \end{pmatrix} \begin{pmatrix} t \\ at+b \end{pmatrix}$$

$$= \begin{pmatrix} (2+a)t+b \\ (6+a)t+b \end{pmatrix}$$

そこで，点 $((2+a)t+b,\ (6+a)t+b)$ がまた直線 $y=ax+b$ 上の点であるとすると

$$(6+a)t+b=a\{(2+a)t+b\}+b$$

$$\therefore\quad (a^2+a-6)t+ab=0$$

$$(a-2)(a+3)t+ab=0$$

これがすべての t について成り立つ条件は

$[a=2$ かつ $b=0]$

または

$[a=-3$ かつ $b=0]$

以上より，求める不動直線は

$y=2x$　および　$y=-3x$

第19章　場 合 の 数

類題 19 − 1

樹形図を描くと次のようになり

16 通りである。

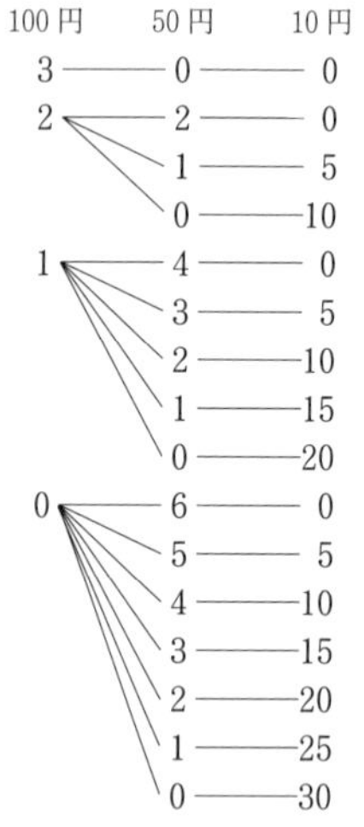

類題 19 − 2

(1)　一の位が 0，2，4 のいずれかであるとき偶数となる。

(ｉ) 一の位が 0 のとき

$5\times4=20$（通り）

(ii) 一の位が 2，4 のとき

$2\times(4\times4)=32$（通り）

よって，求める場合の数は

$20+32=52$（通り）

(2)　下 2 桁が 4 の倍数のとき，4 の倍数となる。考えられる下 2 桁は

04，12，20，24，32，40，52

(ｉ)　下 2 桁が 04，20，40 のとき

$3\times4=12$（通り）

(ii)　下 2 桁が 12，24，32，52 のとき

$4\times3=12$（通り）

よって，求める場合の数は

$12+12=24$（通り）

(3)　各桁の数字の和が 3 の倍数になるとき，3 の倍数となる。

そのような 3 つの数字の組は

012，015，024，045，123，135，234，345

(ｉ)　3 つの数字の組が

012，015，024，045 のとき

$4\times(2\times2\times1)=16$（通り）

(ii)　3 つの数字の組が

123，135，234，345 のとき

$4\times(3\times2\times1)=24$（通り）

よって，求める場合の数は

$16+24=40$（通り）

類題 19 − 3

(1)　$\dfrac{6!}{2!}=6\cdot5\cdot4\cdot3=360$（通り）

(2)　B，C，D をとりあえず□で表して

A，A，□，□，□，E

を並べることを考える。その並べ方は

$$\frac{6!}{2!\cdot3!}=5\cdot4\cdot3=60\text{（通り）}$$

このあと，3 つの□に B，C，D を書き込む方法は左の□から順に B，C，D と書きこむ 1 通りしかない。

よって，求める場合の数は

$$\frac{6!}{2!\cdot3!}\times1=60\text{（通り）}$$

類題 19 − 4

(1)　赤玉 1 個をとってきて固定する。

残った白玉 1 個，青玉 4 個を“1 列に”並べる。

$$\frac{5!}{4!}=5\text{（通り）}$$

(2)　赤玉 2 個を固定する。

(ｉ)　赤玉 2 個を隣合せて固定するとき；

残った白玉 2 個，青玉 2 個を“1 列に”並べる。

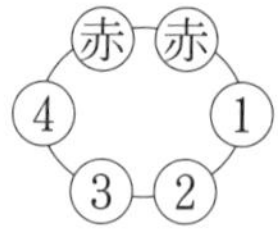

$$\frac{4!}{2!\cdot2!}=6\text{（通り）}$$

(ii)　赤玉 2 個の間に 1 個入れて固定するとき；

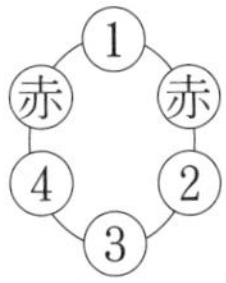

残った白玉2個，青玉2個を“1列に”並べる。

$$\frac{4!}{2!\cdot 2!}=6 \text{（通り）}$$

（iii）赤玉2個の間に2個入れて固定するとき；

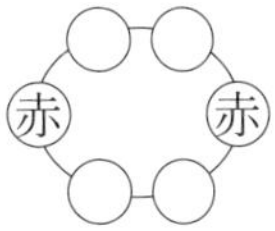

これはまた円順列で，考え違いをしそうなので図を見てよく考えよう。

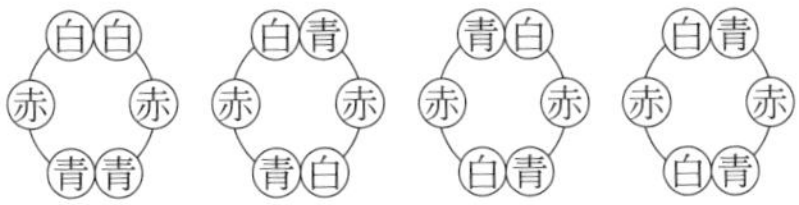

の4（通り）

（i），（ii），（iii）より，求める場合の数は

$$6+6+4=16 \text{（通り）}$$

（注） (1)では $\dfrac{6!}{4!}\div 6=5$（通り）

としても正解を得るが

(2)では $\dfrac{6!}{2!\cdot 2!\cdot 2!}\div 6=15$

とすると不正解を得る。

ただし，次のようにすれば正解は得られる。

$$\left(\frac{6!}{2!\cdot 2!\cdot 2!}-2\times 3\right)\div 6+2=14+2=16$$

すなわち，まず円形の場所に①から⑥までの印をつけておいて，あとでその区別を取り払おうというアイデアである。確かに

以外のものについては，最初に同じ円順列が6つ重複して数えられているから6で割ればよいが，上の2つについては最初に同じ円順列が3つ重複して数えられただけである。

つまり，最初の $\dfrac{6!}{2!\cdot 2!\cdot 2!}$ の中には，この“半回転で重なる”2つの円順列の

2×3（通り）

が含まれている。

“1回転して初めて重なる”もの，すなわち6で割らなければならないものは

$$\frac{6!}{2!\cdot 2!\cdot 2!}-2\times 3 \text{（通り）}$$

だけだったのである。

類題 19 － 5

(1)　2人，3人，4人に分ける。

$${}_9C_2\times{}_7C_3\times{}_4C_4=36\times 35\times 1=1260 \text{（通り）}$$

(2)　3人ずつ3組に分ける。

$$\frac{{}_9C_3\times{}_6C_3\times{}_3C_3}{3!}=\frac{84\times 20\times 1}{6}=280 \text{（通り）}$$

(3)　2人，2人，5人に分ける。

$$\frac{{}_9C_2\times{}_7C_2\times{}_5C_5}{2!}=\frac{36\times 21\times 1}{2}=378 \text{（通り）}$$

類題 19 － 6

3人をA，B，Cと名付けておく。

(1)　1球ももらえない人がいてもよい場合；

配り方は次のような図式で表現できる。

たとえば

「Aが2個，Bが3個，Cが1個」は

○○｜○○○｜○

「Aが2個，Bが0個，Cが4個」は

○○｜｜○○○○

すなわち

6個の○（球）と2本の｜（区切り線）の並べ方の総数に等しい。

よって，同じものを含む順列の計算により

$$\frac{8!}{6!\cdot 2!}=28 \text{（通り）}$$

(2)　全員少なくとも1球はもらえる場合；

この場合，区切り線｜が隣り合ったり端に来てはいけないから，まず6個の○を並べておいて，5か所の隙間から2か所選んで区切り線｜を入れればよい。

よって　${}_5C_2=10$（通り）

類題 19 － 7

求める場合の数を a_n（通り）とする。

さて，この中で最後のコインが表であるような並べ方の総数を b_n，最後のコインが裏であるような並べ方の総数を c_n とするとき，次の関係が成り立つ。

$$\begin{cases} a_n=b_n+c_n \\ a_n=b_{n-1}\times 2+c_{n-1}\times 1 \\ b_n=a_{n-1}\times 1 \end{cases}$$

これより，次の漸化式を得る。

$$\begin{aligned} a_n&=(a_{n-2}\times 1)\times 2+(a_{n-1}-b_{n-1})\times 1 \\ &=(a_{n-2}\times 1)\times 2+(a_{n-1}-a_{n-2}\times 1)\times 1 \\ &=a_{n-1}+a_{n-2} \end{aligned}$$

よって，次の3項間漸化式の問題に帰着された。

$a_1=2,\ a_2=3,\ a_{n+2}=a_{n+1}+a_n$

$t^2-t-1=0$ を解くと，$t=\dfrac{1\pm\sqrt{5}}{2}$

これを $\alpha,\ \beta\ (\alpha<\beta)$ とおくと，漸化式は次のように変形できる。

$a_{n+2}-\alpha a_{n+1}=\beta(a_{n+1}-\alpha a_n)$ ……①

$a_{n+2}-\beta a_{n+1}=\alpha(a_{n+1}-\beta a_n)$ ……②

①より

$$a_{n+1}-\alpha a_n=(a_2-\alpha a_1)\beta^{n-1}$$
$$=(3-2\alpha)\beta^{n-1}\ \cdots\cdots①'$$

②より

$$a_{n+1}-\beta a_n=(a_2-\beta a_1)\alpha^{n-1}$$
$$=(3-2\beta)\alpha^{n-1}\ \cdots\cdots②'$$

①′−②′ より

$$(\beta-\alpha)a_n=(3-2\alpha)\beta^{n-1}-(3-2\beta)\alpha^{n-1}$$

$$\therefore\quad a_n=\frac{1}{\beta-\alpha}\{(3-2\alpha)\beta^{n-1}-(3-2\beta)\alpha^{n-1}\}$$

よって

$$a_n=\frac{1}{\sqrt{5}}\left\{(2+\sqrt{5})\left(\frac{1+\sqrt{5}}{2}\right)^{n-1}-(2-\sqrt{5})\left(\frac{1-\sqrt{5}}{2}\right)^{n-1}\right\}$$

ここで

$$\left(\frac{1\pm\sqrt{5}}{2}\right)^3=\frac{1\pm3\sqrt{5}+15\pm5\sqrt{5}}{8}=2\pm\sqrt{5}$$

に注意すると

$$a_n=\frac{1}{\sqrt{5}}\left\{\left(\frac{1+\sqrt{5}}{2}\right)^{n+2}-\left(\frac{1-\sqrt{5}}{2}\right)^{n+2}\right\}$$

類題 19－8

(1)　一般項は

$$_{10}C_k(2x^4)^{10-k}\left(-\frac{1}{x}\right)^k$$
$$={}_{10}C_k\cdot2^{10-k}x^{40-4k}\frac{(-1)^k}{x^k}$$
$$={}_{10}C_k\cdot2^{10-k}\cdot(-1)^kx^{40-5k}$$

$40-5k=5$ とすると $k=7$ であるから

x^5 の項は

$$_{10}C_7\cdot2^3\cdot(-1)^7x^5$$
$$=120\cdot8\cdot(-1)x^5=-960x^5$$

よって，x^5 の係数は　-960

また，$40-5k=0$ とすると $k=8$ であるから

定数項は　$_{10}C_8\cdot2^2\cdot(-1)^8=45\cdot4\cdot1=180$

(2)　二項定理より

$$(1+x)^n={}_nC_0+{}_nC_1x+{}_nC_2x^2+\cdots+{}_nC_nx^n\ \cdots\cdots①$$

(a)　①に $x=-1$ を代入すると

$$0={}_nC_0-{}_nC_1+{}_nC_2-\cdots+(-1)^n{}_nC_n$$

(b)　①の両辺を x で微分すると

$$n\cdot(1+x)^{n-1}={}_nC_1+2{}_nC_2x+3{}_nC_3x^2+\cdots+n{}_nC_nx^{n-1}$$

ここで，$x=1$ を代入すると

$$n\cdot2^{n-1}={}_nC_1+2{}_nC_2+3{}_nC_3+\cdots+n{}_nC_n$$

第20章　確　　率

類題 20－1

同じ色の玉でも区別をつけて考える。

すなわち

赤$_1$，赤$_2$，白$_1$，白$_2$，青$_1$，青$_2$

起こり得るすべての場合の数は

$$_6C_2\times{}_4C_2=\frac{6\cdot5}{2\cdot1}\times\frac{4\cdot3}{2\cdot1}=90\ (通り)$$

次に，A，B どちらの箱の2個も異なる色になる場合の数を求める。

A の箱に色の異なる2個が入る入り方について。

どの色かで，$_3C_2=3$（通り）

たとえば，赤と白とすると，赤の選び方，白の選び方が 2×2 通りあることに注意して，結局 A の箱に異なる2個が入る入り方は

$_3C_2\times2\times2=12$（通り）

このとき，B の箱に色の異なる2個が入る入り方は

A の箱に赤$_1$と白$_1$が入っているとすると，

B の箱に青$_1$と青$_2$が入らなければよいから

$_4C_2-1=5$（通り）

よって，A，B どちらの箱の2個も異なる色になる場合の数は　$12\times5=60$（通り）

以上より，求める確率は　$\dfrac{60}{90}=\dfrac{2}{3}$

類題 20－2

(1)　X が奇数となる確率は，3回とも奇数の目が出る確率に等しく　$\left(\dfrac{1}{2}\right)^3=\dfrac{1}{8}$

よって，X が偶数となる確率は

$$1-\frac{1}{8}=\frac{7}{8}$$

(2) X が6の倍数になるのは次の場合である。

$$\begin{cases} \text{(i)} & 6\text{の目が出る} \\ \text{(ii)} & 2\text{か}4\text{の目も}3\text{の目も出る} \end{cases}$$

(i)の事象を A，(ii)の事象を B とすると求めたい確率は

$$P(A\cup B)=P(A)+P(B)-P(A\cap B)$$

である。

$$P(A)=1-P(\overline{A})$$
$$=1-\left(\frac{5}{6}\right)^3=\frac{91}{216}$$
$$P(B)=1-P(\overline{B})$$
$$=1-\left\{\left(\frac{4}{6}\right)^3+\left(\frac{5}{6}\right)^3-\left(\frac{3}{6}\right)^3\right\}$$
$$=1-\frac{4^3+5^3-3^3}{6^3}=\frac{1}{4}$$
$$P(A\cap B)=\frac{2\times 3!}{6^3}=\frac{1}{18}$$

より

$$P(A\cup B)=\frac{91}{216}+\frac{1}{4}-\frac{1}{18}=\frac{133}{216}$$

類題 20 － 3

$$P(A\cap B)=P(A)\cdot P(B)$$

が成り立つ n を求める。

$$P(A)=1-P(\overline{A})$$
$$=1-\frac{2}{2^n}=1-\frac{1}{2^{n-1}}$$
$$P(B)=\frac{1}{2^n}+\frac{n}{2^n}=\frac{n+1}{2^n}$$
$$P(A\cap B)=\frac{n}{2^n}$$

よって

$$P(A\cap B)=P(A)\cdot P(B)$$

とすると

$$\frac{n}{2^n}=\left(1-\frac{1}{2^{n-1}}\right)\cdot\frac{n+1}{2^n}$$
$$\therefore\quad n\cdot 2^{n-1}=(2^{n-1}-1)\cdot(n+1)$$
$$=n\cdot 2^{n-1}-n+2^{n-1}-1$$
$$\therefore\quad 2^{n-1}=n+1$$

これを満たす n は明らかに $n=3$ のみである。

類題 20 － 4

(1) 表が k 回，裏が l 回出たとすると

ちょうど1周で「あがる」ための条件は

$$2k+l=6$$
$$\therefore\quad (k,\ l)=(3,\ 0),\ (2,\ 2),\ (1,\ 4),\ (0,\ 6)$$

よって，求める確率は

$$\left(\frac{1}{2}\right)^3+{}_4C_2\left(\frac{1}{2}\right)^2\left(\frac{1}{2}\right)^2$$
$$+{}_5C_1\frac{1}{2}\left(\frac{1}{2}\right)^4+\left(\frac{1}{2}\right)^6$$
$$=\frac{2^3+24+10+1}{2^6}=\frac{43}{64}$$

(2) ちょうど2周で「あがる」ためには，まず5つ進んでFに止まり，次に表を出してBに移動し，最後に5つ進んでAに止まらなければならない。

さて，$2k+l=5$ を満たす $(k,\ l)$ は

$$(k,\ l)=(2,\ 1),\ (1,\ 3),\ (0,\ 5)$$

したがって，5つ進む確率は

$${}_3C_2\left(\frac{1}{2}\right)^2\frac{1}{2}+{}_4C_1\frac{1}{2}\left(\frac{1}{2}\right)^3+\left(\frac{1}{2}\right)^5$$
$$=\frac{12+8+1}{2^5}=\frac{21}{32}$$

よって，求める確率は

$$\frac{21}{32}\times\frac{1}{2}\times\frac{21}{32}=\frac{441}{2048}$$

類題 20 － 5

2つの事象 A，B を次のように定める。

事象 A：1枚抜き出したトランプから3枚抜き出したとき3枚ともダイヤ

事象 B：箱の中のカードがダイヤ

求める確率は，条件付確率 $P_A(B)$ である。

乗法定理より　$P(A\cap B)=P(A)\cdot P_A(B)$

であるから　$P_A(B)=\dfrac{P(A\cap B)}{P(A)}$

ここで

$$P(A\cap B)=P(B\cap A)$$
$$=P(B)\cdot P_B(A)=\frac{1}{4}\cdot\frac{{}_{12}C_3}{{}_{51}C_3}$$
$$=\frac{1}{4}\cdot\frac{12\cdot 11\cdot 10}{51\cdot 50\cdot 49}=\frac{3\cdot 11}{51\cdot 5\cdot 49}=\frac{11}{17\cdot 5\cdot 49}$$
$$P(A)=P(B\cap A)+P(\overline{B}\cap A)$$
$$=\frac{11}{17\cdot 5\cdot 49}+\frac{3}{4}\cdot\frac{{}_{13}C_3}{{}_{51}C_3}$$
$$=\frac{11}{17\cdot 5\cdot 49}+\frac{3}{4}\cdot\frac{13\cdot 12\cdot 11}{51\cdot 50\cdot 49}=\frac{11}{17\cdot 50}$$

であるから

$$P_A(B)=\frac{P(A\cap B)}{p(A)}=\frac{\dfrac{11}{17\cdot 5\cdot 49}}{\dfrac{11}{17\cdot 50}}=\frac{10}{49}$$

類題 20 − 6

求める確率を p_n とする。

1番目の生徒は先生のあげた手を見て手を上げるから　$p_1=\frac{2}{3}$

$n+1$ 番目の生徒が先生と同じ方の手をあげるのは，次の2つの場合がある。

(i)　n 番目の人が先生と同じ手で，n 番目の人と同じ手を上げる。

(ii)　n 番目の人が先生と反対の手で，n 番目の人と反対の手を上げる。

よって　$p_{n+1}=p_n\times\frac{2}{3}+(1-p_n)\times\frac{1}{3}$

$\therefore\quad p_{n+1}=\frac{1}{3}p_n+\frac{1}{3}\quad\cdots\cdots$①

$\alpha=\frac{1}{3}\alpha+\frac{1}{3}\quad\cdots\cdots$②　とおく。

①−② より

$$p_{n+1}-\alpha=\frac{1}{3}(p_n-\alpha)$$

$\therefore\quad p_n-\alpha=(p_1-\alpha)\left(\frac{1}{3}\right)^{n-1}$

$p_1=\frac{2}{3}$　また，②より $\alpha=\frac{1}{2}$ であるから

$$p_n-\frac{1}{2}=\left(\frac{2}{3}-\frac{1}{2}\right)\left(\frac{1}{3}\right)^{n-1}$$

$$=\frac{1}{6}\left(\frac{1}{3}\right)^{n-1}=\frac{1}{2}\left(\frac{1}{3}\right)^n$$

$\therefore\quad p_n=\frac{1}{2}\left\{1+\left(\frac{1}{3}\right)^n\right\}$

類題 20 − 7

サイコロを n 回投げて，1の目が偶数回出る確率を p_n，奇数回出る確率を q_n とする。

明らかに，$p_1=\frac{5}{6}$，$q_1=\frac{1}{6}$

さて，$n+1$ 回投げて1の目が偶数回出る場合として，次が考えられる。

(i)　n 回投げて1の目が偶数回出て，$n+1$ 回目は1の目が出ない

(ii)　n 回投げて1の目が奇数回出て，$n+1$ 回目は1の目が出る

よって，次の漸化式が成り立つ。

$$p_{n+1}=p_n\times\frac{5}{6}+q_n\times\frac{1}{6}$$

$\therefore\quad p_{n+1}=\frac{5}{6}p_n+\frac{1}{6}q_n\quad\cdots\cdots$①

同様に，$n+1$ 回投げて1の目が奇数回出る場合として，次が考えられる。

(i)　n 回投げて1の目が奇数回出て，$n+1$　回目は1の目が出ない

(ii)　n 回投げて1の目が偶数回出て，$n+1$ 回目は1の目が出る

よって，次の漸化式が成り立つ。

$$q_{n+1}=q_n\times\frac{5}{6}+p_n\times\frac{1}{6}$$

$\therefore\quad q_{n+1}=\frac{5}{6}q_n+\frac{1}{6}p_n\quad\cdots\cdots$②

①+② より　$p_{n+1}+q_{n+1}=p_n+q_n$

$\therefore\quad p_n+q_n=p_1+q_1=1\quad\cdots\cdots$③

①−② より　$p_{n+1}-q_{n+1}=\frac{2}{3}(p_n-q_n)$

$\therefore\quad p_n-q_n=(p_1-q_1)\left(\frac{2}{3}\right)^{n-1}=\left(\frac{2}{3}\right)^n\quad\cdots\cdots$④

③，④より

$$p_n=\frac{1}{2}\left\{1+\left(\frac{2}{3}\right)^n\right\},\quad q_n=\frac{1}{2}\left\{1-\left(\frac{2}{3}\right)^n\right\}$$

したがって，サイコロを n 回投げるとき，1の目が偶数回出る確率は

$$p_n=\frac{1}{2}\left\{1+\left(\frac{2}{3}\right)^n\right\}$$

(注)　解答では p_n，q_n の連立漸化式をつくって解いたが，明らかに $p_n+q_n=1$ であるから，p_n の漸化式を解いてもよい。

類題 20 − 8

1の目を出すことを○，

1以外の目を出すことを×で表す。

Aが勝つのは次のような場合である。

A	B	C	A	B	C	A	B	C	……
○									
×	×	×	○						
×	×	×	×	×	×	○			
……									

よって，Aが勝つ確率は

$$\frac{1}{6}+\left(\frac{5}{6}\right)^3\cdot\frac{1}{6}+\left(\frac{5}{6}\right)^6\cdot\frac{1}{6}+\cdots$$

$$=\sum_{n=0}^{\infty}\frac{1}{6}\left(\frac{5}{6}\right)^{3n}=\sum_{n=0}^{\infty}\frac{1}{6}\left(\frac{125}{216}\right)^n$$

$$=\frac{\frac{1}{6}}{1-\frac{125}{216}}=\frac{36}{91}$$

Bが勝つのは次のような場合である。

A　B　C　A　B　C　A　B　C　……
×　○
×　×　×　×　○
×　×　×　×　×　×　×　○
……

よって，Bが勝つ確率は

$$\left(\frac{5}{6}\right)^1\cdot\frac{1}{6}+\left(\frac{5}{6}\right)^4\cdot\frac{1}{6}+\left(\frac{5}{6}\right)^7\cdot\frac{1}{6}+\cdots$$

$$=\sum_{n=0}^{\infty}\frac{1}{6}\left(\frac{5}{6}\right)^{3n+1}=\sum_{n=0}^{\infty}\frac{5}{36}\left(\frac{125}{216}\right)^n$$

$$=\frac{\frac{5}{36}}{1-\frac{125}{216}}=\frac{30}{91}$$

したがって，Cが勝つ確率は

$$1-\frac{36}{91}-\frac{30}{91}=\frac{25}{91}$$

以上より

$$\begin{cases}\text{Aが勝つ確率は }\dfrac{36}{91}\\[2mm]\text{Bが勝つ確率は }\dfrac{30}{91}\\[2mm]\text{Cが勝つ確率は }\dfrac{25}{91}\end{cases}$$

類題 20 － 9

(1)　勝者の人数を X 人とする。

X のとり得る値は，$X=0,\ 1,\ 2,\ 3$ である。

$$P(X=1)=\frac{{}_4C_1\times3}{3^4}=\frac{4}{27}$$

$$P(X=2)=\frac{{}_4C_2\times3}{3^4}=\frac{6}{27}$$

$$P(X=3)=\frac{{}_4C_3\times3}{3^4}=\frac{4}{27}$$

より，勝者の人数 X の期待値は

$$E(X)=1\times\frac{4}{27}+2\times\frac{6}{27}+3\times\frac{4}{27}=\frac{28}{27}$$

(2)　サイコロを振る回数を X 回とする。

X のとり得る値は，$X=1,\ 2,\ 3,\ \cdots$ である。

$$P(X=n)=\left(\frac{5}{6}\right)^{n-1}\times\frac{1}{6}=\frac{1}{6}\left(\frac{5}{6}\right)^{n-1}$$

よって

サイコロを振る回数 X の期待値は

$$E(X)=\sum_{n=1}^{\infty}n\cdot P(X=n)$$

$$=\sum_{n=1}^{\infty}n\cdot\frac{1}{6}\left(\frac{5}{6}\right)^{n-1}=\frac{1}{6}\sum_{n=1}^{\infty}n\left(\frac{5}{6}\right)^{n-1}$$

$S_n=\sum_{k=1}^{n}k\left(\frac{5}{6}\right)^{k-1}$ とおくと

$$S_n=1+2\cdot\frac{5}{6}+\cdots+n\cdot\left(\frac{5}{6}\right)^{n-1}\quad\cdots\cdots①$$

$$\frac{5}{6}S_n=\quad 1\cdot\frac{5}{6}+\cdots+(n-1)\cdot\left(\frac{5}{6}\right)^{n-1}+n\cdot\left(\frac{5}{6}\right)^n\quad\cdots\cdots②$$

①－② より

$$\frac{1}{6}S_n=1+\frac{5}{6}+\left(\frac{5}{6}\right)^2+\cdots+\left(\frac{5}{6}\right)^{n-1}-n\cdot\left(\frac{5}{6}\right)^n$$

$$=\frac{1-\left(\frac{5}{6}\right)^n}{1-\frac{5}{6}}-n\cdot\left(\frac{5}{6}\right)^n$$

$$=6\left\{1-\left(\frac{5}{6}\right)^n\right\}-n\cdot\left(\frac{5}{6}\right)^n\to6\quad(n\to\infty)$$

よって

$$E(X)=\frac{1}{6}\sum_{n=1}^{\infty}n\left(\frac{5}{6}\right)^{n-1}=6$$

第21章　確率分布

類題 21 － 1

(1)　X のとりうる値は，2，3，4，5 の 4 つ。

$$P(X=2)=\frac{2}{5}\cdot\frac{1}{4}=\frac{1}{10},$$

$$P(X=3)=\frac{2}{5}\cdot\frac{3}{4}\cdot\frac{1}{3}+\frac{3}{5}\cdot\frac{2}{4}\cdot\frac{1}{3}=\frac{1}{5}$$

⬆ 赤白赤　or　白赤赤

$P(X=4)$

$$=\frac{2}{5}\cdot\frac{3}{4}\cdot\frac{2}{3}\cdot\frac{1}{2}+\frac{3}{5}\cdot\frac{2}{4}\cdot\frac{2}{3}\cdot\frac{1}{2}+\frac{3}{5}\cdot\frac{2}{4}\cdot\frac{2}{3}\cdot\frac{1}{2}=\frac{3}{10}$$

⬆ 赤白白赤　or　白赤白赤　or　白白赤赤

$$P(X=5)=1-\frac{1}{10}-\frac{1}{5}-\frac{3}{10}=\frac{2}{5}$$

より，確率分布は次のようになる。

X	2	3	4	5	計
P	$\frac{1}{10}$	$\frac{1}{5}$	$\frac{3}{10}$	$\frac{2}{5}$	1

(2)　確率分布より

$$E(X)=2\cdot\frac{1}{10}+3\cdot\frac{1}{5}+4\cdot\frac{3}{10}+5\cdot\frac{2}{5}$$
$$=\frac{1+3+6+10}{5}=\frac{20}{5}=4$$
$$E(X^2)=2^2\cdot\frac{1}{10}+3^2\cdot\frac{1}{5}+4^2\cdot\frac{3}{10}+5^2\cdot\frac{2}{5}$$
$$=\frac{2+9+24+50}{5}=\frac{85}{5}=17$$

よって

$$V(X)=E(X^2)-\{E(X)\}^2=17-4^2=1$$

類題 21 － 2

1の数字を書いたカードが X_1 組隣り合っているとする。

X_1 のとり得る値は，0または1であり

$$P(X_1=1)=\frac{7!\cdot 2!}{8!}=\frac{1}{4}$$
$$\therefore\quad E(X_1)=0\cdot\frac{3}{4}+1\cdot\frac{1}{4}=\frac{1}{4}$$

同様に，2の数字を書いたカードが X_2 組，3の数字を書いたカードが X_3 組，4の数字を書いたカードが X_4 組隣り合っているとすると

$$E(X_1)=E(X_2)=E(X_3)=E(X_4)$$

であるから

$$E(X)=E(X_1+X_2+X_3+X_4)$$
$$=E(X_1)+E(X_2)+E(X_3)+E(X_4)$$
$$=\frac{1}{4}+\frac{1}{4}+\frac{1}{4}+\frac{1}{4}=1$$

類題 21 － 3

$$\lim_{n\to\infty}P(X=k)$$
$$=\lim_{n\to\infty}{}_n\mathrm{C}_k\,p^k(1-p)^{n-k}$$
$$=\lim_{n\to\infty}\frac{n(n-1)\cdots(n-k+1)}{k!}\times\left(\frac{\lambda}{n}\right)^k\left(1-\frac{\lambda}{n}\right)^{n-k}$$
$$(\because\quad E(X)=np=\lambda)$$
$$=\frac{\lambda^k}{k!}\lim_{n\to\infty}\frac{n(n-1)\cdots(n-k+1)}{n^k}\left(1-\frac{\lambda}{n}\right)^{n-k}$$
$$=\frac{\lambda^k}{k!}\lim_{n\to\infty}\left(1-\frac{1}{n}\right)\cdots\left(1-\frac{k-1}{n}\right)\left(1-\frac{\lambda}{n}\right)^{n-k}$$
$$=\frac{\lambda^k}{k!}\lim_{n\to\infty}\left(1-\frac{\lambda}{n}\right)^{n-k}$$
$$=\frac{\lambda^k}{k!}\lim_{n\to\infty}\left(1-\frac{\lambda}{n}\right)^{n}\left(1-\frac{\lambda}{n}\right)^{-k}$$
$$=\frac{\lambda^k}{k!}\lim_{n\to\infty}\left(1-\frac{\lambda}{n}\right)^{n}$$
$$=\frac{\lambda^k}{k!}\lim_{n\to\infty}\left\{\left(1-\frac{\lambda}{n}\right)^{-\frac{n}{\lambda}}\right\}^{-\lambda}$$
$$=\frac{\lambda^k}{k!}e^{-\lambda}\quad(k=0,\ 1,\ 2,\ \cdots)$$

【参考】　このようにして二項分布の極限として得られた確率分布

$$P(X=k)=\frac{\lambda^k}{k!}e^{-\lambda}$$

は**ポアソン分布**と呼ばれる。

類題 21 － 4

身長を X とする。仮定より

　X は正規分布 $N(170,\ 5.6^2)$ に従う。

ここで

$$Z=\frac{X-170}{5.6}$$

の変換を行えば

　Z は標準正規分布 $N(0,\ 1)$ に従う。

(1)　$P(X\geqq 180)$

$$=P\left(Z\geqq\frac{180-170}{5.6}=1.79\right)$$
$$=0.5-0.4633=0.0367$$

よって，$500\times 0.0367=18.35$

180cm 以上の人は約 18 人であるから，ちょうど 180cm の人は高い方から約 18 番目。

(2)　$P(X\geqq X_0)=\dfrac{100}{500}=0.2$　……①

を満たす X_0 を求めたい。

$Z_0=\dfrac{X_0-170}{5.6}$ とおけば①は次のようになる。

$$P(Z\geqq Z_0)=0.2$$
$$\therefore\quad P(0\leqq Z\leqq Z_0)=0.5-0.2=0.3$$

巻末の正規分布表より，$Z_0\fallingdotseq 0.84$

よって，$X_0\fallingdotseq 175$

すなわち，高い方から数えて 100 番以内に入るには約 175cm ほしい。

類題 21 － 5

AB 型の人数を X とすると，確率分布は

$$P(X=k)={}_{400}\mathrm{C}_k\left(\frac{1}{10}\right)^k\left(\frac{9}{10}\right)^{400-k}$$

であり，これは二項分布

$$B\left(400,\ \frac{1}{10}\right)$$

である。

$n=400$ は十分大きいと考えると

$$np=400\cdot\frac{1}{10}=40,$$

$$np(1-p)=400\cdot\frac{1}{10}\cdot\frac{9}{10}=36=6^2$$

より，正規分布 $N(40,\ 6^2)$ で近似できる。

$Z=\dfrac{X-40}{6}$ とおくと

$P(37\leqq X\leqq 49)=P(-0.5\leqq Z\leqq 1.5)$
$=P(0\leqq Z\leqq 0.5)+P(0\leqq Z\leqq 1.5)$
$=0.1915+0.4332=0.6247$

よって，求める確率は約 62%

第22章　統　　計

類題 22 － 1

標本の大きさを n とする。

$$\sigma(\overline{X})=\frac{\sigma}{\sqrt{n}}=\frac{0.6}{\sqrt{n}}\leqq 0.05 \text{ より}$$

$$\sqrt{n}\geqq\frac{0.6}{0.05}=12 \qquad \therefore\quad n\geqq 12^2=144$$

よって，最低でも大きさ 144 の標本が必要。

類題 22 － 2

正規分布に従う，母平均 $m=165$，母標準偏差 $\sigma=6$ の母集団から，大きさ $n=36$ の無作為標本を抽出しているから，標本平均 $\overline{X}$ は次の正規分布に従う。

$$N\left(165,\ \frac{6^2}{36}\right)=N(165,\ 1)=N(165,\ 1^2)$$

よって，$Z=\dfrac{\overline{X}-165}{1}$ とおくと，Z は標準正規分布 $N(0,\ 1)$ に従うから

$P(162.5<\overline{X}<167.5)=P(-2.5<Z<2.5)$
$=2P(0<Z<2.5)=2\times 0.4938=0.9876$

よって，求める確率は約 99%

類題 22 － 3

標本の大きさは $n=2500$，標本平均は $\overline{X}=105$，標本標準偏差は $s=38$ であるから，母平均 m に対する信頼度 95% の信頼区間は

$$\overline{X}-1.96\cdot\frac{s}{\sqrt{n}}\leqq m\leqq\overline{X}+1.96\cdot\frac{s}{\sqrt{n}}$$

$$105-1.96\cdot\frac{38}{\sqrt{2500}}\leqq m$$
$$\leqq 105+1.96\cdot\frac{38}{\sqrt{2500}}$$

$\therefore\quad 103.5\leqq m\leqq 106.5$

すなわち，信頼度 95% で，母平均 m は

103.5kg 以上 106.5kg 以下

の範囲にある。

類題 22 － 4

標本の大きさは $n=200$，標本比率は $R=\dfrac{80}{200}=0.4$ であるから，母比率 p に対する信頼度 95% の信頼区間は

$$R-1.96\sqrt{\frac{R(1-R)}{n}}\leqq p$$
$$\leqq R+1.96\sqrt{\frac{R(1-R)}{n}}$$

$$\therefore\quad 0.4-1.96\sqrt{\frac{0.4(1-0.4)}{200}}\leqq p$$
$$\leqq 0.4+1.96\sqrt{\frac{0.4(1-0.4)}{200}}$$

$\therefore\quad 0.4-0.0679\leqq p\leqq 0.4+0.0679$

$\therefore\quad 0.33\leqq p\leqq 0.47$

すなわち，この地方の高校生の虫歯の割合は，信頼度 95% で

33% 以上 47% 以下

の範囲にある。

類題 22 － 5

次のように仮説を立てる。

「このサイコロは正常である。」

この仮説を危険率 5 % で検定してみよう。

900 回投げて 1 の目が出る回数を X とすると，確率変数 X は二項分布 $B\left(900,\ \dfrac{1}{6}\right)$ に従う。

ここで，$n=900$ は十分大きいと考えれば，X は正規分布

$$N\left(900\cdot\frac{1}{6},\ 900\cdot\frac{1}{6}\cdot\frac{5}{6}\right)$$
$$=N(150,\ (5\sqrt{5})^2)$$

に従うとみなしてよい。よって

$$P(150-1.96\cdot 5\sqrt{5}\leqq X\leqq 150+1.96\cdot 5\sqrt{5})\fallingdotseq 0.95$$

$\therefore\quad P(150-21.9\leqq X\leqq 150+21.9)\fallingdotseq 0.95$

$\therefore\quad P(128.1\leqq X\leqq 171.9)\fallingdotseq 0.95$

すなわち，仮説の棄却域は

$X\leqq 128,\ 172\leqq X$

であるから，上の仮説は棄却される。

すなわち

このサイコロは正常である，とは言えない。

総合演習の解答

総合演習①
数列・数列の極限

1 (数列の和)

(1) $1^2\cdot n+2^2\cdot(n-1)+3^2\cdot(n-2)+\cdots+n^2\cdot 1$

$=\sum_{k=1}^{n}k^2(n-k+1)=\sum_{k=1}^{n}\{-k^3+(n+1)k^2\}$

$=-\frac{1}{4}n^2(n+1)^2+(n+1)\cdot\frac{1}{6}n(n+1)(2n+1)$

$=\frac{1}{12}n(n+1)^2\{-3n+2(2n+1)\}$

$=\frac{1}{12}n(n+1)^2(n+2)$

(2) $\frac{1}{1}+\frac{1}{1+2}+\frac{1}{1+2+3}+\cdots+\frac{1}{1+2+\cdots+n}$

$=\sum_{k=1}^{n}\frac{1}{1+2+\cdots+k}=\sum_{k=1}^{n}\frac{1}{\frac{1}{2}k(k+1)}$

$=\sum_{k=1}^{n}\frac{2}{k(k+1)}=2\sum_{k=1}^{n}\left(\frac{1}{k}-\frac{1}{k+1}\right)$

$=2\left(1-\frac{1}{n+1}\right)=\frac{2n}{n+1}$

(3) $S=1+4x+7x^2+\cdots+(3n-2)x^{n-1}$

とおく。

$$\begin{array}{rl} S= & 1+4x+7x^2+\cdots+(3n-2)x^{n-1} \\ -)\ xS= & \qquad x+4x^2+\cdots+(3n-5)x^{n-1}+(3n-2)x^n \\ \hline (1-x)S= & 1+3x+3x^2+\cdots+3x^{n-1}-(3n-2)x^n \end{array}$$

(i) $x\neq 1$ のとき;

$(1-x)S=1+3x+3x^2+\cdots+3x^{n-1}-(3n-2)x^n$

$=-2+(3+3x+3x^2+\cdots+3x^{n-1})-(3n-2)x^n$

$=-2+\frac{3(1-x^n)}{1-x}-(3n-2)x^n$

$=\frac{-2(1-x)+3(1-x^n)-(3n-2)x^n(1-x)}{1-x}$

$=\frac{1+2x-(3n+1)x^n+(3n-2)x^{n+1}}{1-x}$

$\therefore\quad S=\frac{1+2x-(3n+1)x^n+(3n-2)x^{n+1}}{(1-x)^2}$

(ii) $x=1$ のとき;

$S=1+4+7+\cdots+(3n-2)$

$=\frac{n}{2}\{1+(3n-2)\}$

$=\frac{1}{2}n(3n-1)$

2 (等差数列)

次の2つの数列を考える。

$\frac{3m}{3},\ \frac{3m+1}{3},\ \frac{3m+2}{3},\ \frac{3m+3}{3},\ \cdots\cdots,\ \frac{3n-1}{3},\ \frac{3n}{3}$ ……①

$m,\ m+1,\ \cdots\cdots,\ n-1,\ n$ ……②

①の個数は

$3m,\ 3m+1,\ \cdots\cdots,\ 3n-1,\ 3n$

の個数に等しいから

$3n-3m+1$ (個) ……①′

また,①の総和は,等差数列の和の公式より

$\frac{3n-3m+1}{2}(m+n)$ ……①″

②の個数は

$m,\ m+1,\ \cdots\cdots,\ n-1,\ n$

の個数に等しいから

$n-m+1$ (個) ……②′

また,②の総和は,等差数列の和の公式より

$\frac{n-m+1}{2}(m+n)$ ……②″

自然数 m, n ($m<n$) の間にある,3を分母とする既約分数とは,数列①に属する数から数列②に属する数を取り除いたものに等しいから

求める個数は,①′−②′ より

$(3n-3m+1)-(n-m+1)=2n-2m$ (個)

また，求める和は，①″−②″ より

$$\frac{3n-3m+1}{2}(m+n)-\frac{n-m+1}{2}(m+n)$$

$$=(n-m)(m+n)=n^2-m^2$$

3 （いろいろな数列）

(1) $\displaystyle\sum_{k=1}^{n}\frac{1}{a_k}=n(n^2-1)+1$ において

$n=1$ とすると，$\dfrac{1}{a_1}=1$　　∴　$a_1=1$

$n\geqq 2$ のとき

$$\sum_{k=1}^{n}\frac{1}{a_k}=n(n^2-1)+1$$

$$-)\ \sum_{k=1}^{n-1}\frac{1}{a_k}=(n-1)\{(n-1)^2-1\}+1$$

$$\frac{1}{a_n}=n(n^2-1)-(n-1)\{(n-1)^2-1\}$$

$$=n(n^2-1)-(n-1)(n^2-2n)$$

$$=n(n-1)\{(n+1)-(n-2)\}$$

$$=3n(n-1)$$

∴　$a_n=\dfrac{1}{3n(n-1)}$

よって，$a_n=\begin{cases}1 & (n=1)\\ \dfrac{1}{3n(n-1)} & (n\geqq 2)\end{cases}$

(2) （i）　$n=1$ のとき；

$S_1=a_1=1$

（ii）　$n\geqq 2$ のとき；

$$S_n=\sum_{k=1}^{n}a_k$$

$$=1+\sum_{k=2}^{n}\frac{1}{3k(k-1)}$$

$$=1+\frac{1}{3}\sum_{k=2}^{n}\left(\frac{1}{k-1}-\frac{1}{k}\right)$$

$$=1+\frac{1}{3}\left(1-\frac{1}{n}\right)=1+\frac{n-1}{3n}=\frac{4n-1}{3n}$$

（これは $n=1$ のときも成り立つ。）

よって，$S_n=\dfrac{4n-1}{3n}$

4 （格子点の個数）

直線 $x=k$ 上にある格子点の個数を N_k とすると

$N_k=n^2-k^2+1$

よって，求める格子点の個数は

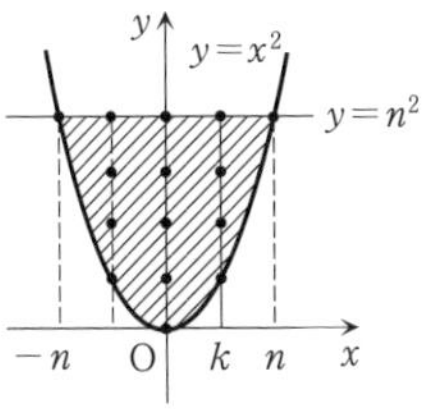

$$N_0+2\sum_{k=1}^{n}N_k$$

$$=n^2+1+2\sum_{k=1}^{n}(n^2-k^2+1)$$

$$=n^2+1+2\sum_{k=1}^{n}\{-k^2+(n^2+1)\}$$

$$=n^2+1+2\left\{-\frac{1}{6}n(n+1)(2n+1)+(n^2+1)n\right\}$$

$$=n^2+1-\frac{1}{3}n(n+1)(2n+1)+2(n^2+1)n$$

$$=(n^2+1)(2n+1)-\frac{1}{3}n(n+1)(2n+1)$$

$$=\frac{1}{3}(2n+1)\{3(n^2+1)-n(n+1)\}$$

$$=\frac{1}{3}(2n+1)(2n^2-n+3)\ （個）$$

5 （群数列①）

次のように群に分ける。

$$\frac{1}{2},\left|\frac{2}{3},\frac{1}{3},\right|\frac{3}{4},\frac{2}{4},\frac{1}{4},\left|\frac{4}{5},\frac{3}{5},\frac{2}{5},\frac{1}{5},\right|\ \cdots\cdots$$

①　区切り方：第 n 群に n 個

②　一般項：第 n 群の l 番目は $\dfrac{n-l+1}{n+1}$

(1) $n=24$，$24-l+1=19$ より，$l=6$

よって

$\dfrac{19}{25}$ は第 24 群の 6 番目

これが第 k 項とすると

$$k=(1+2+\cdots+23)+6$$

$$=\frac{1}{2}\cdot 23\cdot 24+6=282$$

したがって，$\dfrac{19}{25}$ は第 282 項

(2) 第 n 群だけの和は

$$\frac{n+\cdots+2+1}{n+1}=\frac{1}{n+1}\cdot\frac{1}{2}n(n+1)=\frac{n}{2}$$

よって，第 24 群の 6 番目までの和は

$$\left(\frac{1}{2}+\frac{2}{2}+\frac{3}{2}+\cdots+\frac{23}{2}\right)+\frac{24+23+22+21+20+19}{25}$$

$$=\frac{1}{2}\times\frac{1}{2}\cdot 23\cdot 24+\frac{1}{25}\cdot\frac{6}{2}(24+19)$$

$$=138+\frac{129}{25}=\frac{3579}{25}$$

6　(群数列②)

①　区切り方：第 n 群に n 個

②　一般項：第 k 項は $a_k=2k-1$

(1)　第 n 群の1番目が第 k 項とすると

$$k=\{1+2+\cdots+(n-1)\}+1$$

$$=\frac{1}{2}(n-1)n+1=\frac{n^2-n+2}{2}$$

よって

$$a_k=2\cdot\frac{n^2-n+2}{2}-1=n^2-n+1$$

(2) 第 n 群は，初項が n^2-n+1，公差が2，項数が n の等差数列であるから

第 n 群の総和は

$$\frac{n}{2}\{2\cdot(n^2-n+1)+(n-1)\cdot 2\}$$

$$=n\{(n^2-n+1)+(n-1)\}=n^3$$

(3)　$a_k=2k-1=301$ より，$k=151$

すなわち，301 は第151項

これが第 n 群に属するとすると

$$1+2+\cdots+(n-1)<151\leqq 1+2+\cdots+(n-1)+n$$

$$\therefore\quad \frac{1}{2}(n-1)n<151\leqq\frac{1}{2}n(n+1)$$

$$(n-1)n<302\leqq n(n+1)$$

ここで

$$16\cdot 17=272<302,\ 17\cdot 18=306\geqq 302$$

より　$n=17$

第151項が第17群の l 番目とすると

$$(1+2+\cdots+16)+l=151$$

$$\therefore\quad \frac{1}{2}\cdot 16\cdot 17+l=151 \qquad 136+l=151$$

$$\therefore\quad l=15$$

よって，301 は第17群の15番目。

7　(漸化式，数列の和)

(1)

$$3\sum_{k=1}^{n+1}a_k=(n+3)a_{n+1}$$

$$-)\ 3\sum_{k=1}^{n}a_k=(n+2)a_n$$

$$3a_{n+1}=(n+3)a_{n+1}-(n+2)a_n$$

$$\therefore\quad na_{n+1}=(n+2)a_n$$

両辺を $n(n+1)(n+2)$ で割ると

$$\frac{a_{n+1}}{(n+1)(n+2)}=\frac{a_n}{n(n+1)}$$

$$\therefore\quad \frac{a_n}{n(n+1)}=\frac{a_1}{1\cdot 2}=\frac{1}{2}$$

よって，$a_n=\dfrac{1}{2}n(n+1)$

(2)　$\dfrac{1}{a_1}+\dfrac{1}{a_2}+\cdots+\dfrac{1}{a_n}$

$$=\sum_{k=1}^{n}\frac{1}{a_k}=\sum_{k=1}^{n}\frac{2}{k(k+1)}$$

$$=2\sum_{k=1}^{n}\left(\frac{1}{k}-\frac{1}{k+1}\right)$$

$$=2\left(1-\frac{1}{n+1}\right)=\frac{2n}{n+1}$$

8　(数学的帰納法，漸化式)

$$a_2=\frac{1}{2-a_1}=\frac{1}{2-\frac{1}{4}}=\frac{4}{7}$$

$$a_3=\frac{1}{2-a_2}=\frac{1}{2-\frac{4}{7}}=\frac{7}{10}$$

$$a_4=\frac{1}{2-a_3}=\frac{1}{2-\frac{7}{10}}=\frac{10}{13}$$

そこで，$a_n=\dfrac{3n-2}{3n+1}$　……(＊)　と予想。

(Ⅰ)　$n=1$ のとき

明らかに(＊)は成り立つ。

(Ⅱ)　$n=k$ のとき(＊)が成り立つとすると

$$a_{k+1}=\frac{1}{2-a_k}$$

$$=\frac{1}{2-\frac{3k-2}{3k+1}}=\frac{3k+1}{2(3k+1)-(3k-2)}$$

$$=\frac{3k+1}{3k+4}=\frac{3(k+1)-2}{3(k+1)+1}$$

よって，$n=k$ のとき(＊)が成り立てば $n=k+1$ のときも(＊)は成り立つ。

(Ⅰ)，(Ⅱ)より，すべての自然数 n に対して(＊)は成り立つ。

9　(数学的帰納法，漸化式)

条件式で $n=1$ とすると

$$a_1a_2=2a_1{}^2$$

$a_1=1$ より，$a_2=2$

条件式で $n=2$ とすると

$$a_1a_2+a_2a_3=2(a_1a_2+a_2a_1)$$

$a_1=1$，$a_2=2$ より

$$1\cdot 2+2\cdot a_3=2(1\cdot 2+2\cdot 1)$$

$$\therefore\quad 1+a_3=4 \qquad \therefore\quad a_3=3$$

そこで，$a_n=n$　……(＊)　と予想する。

(Ⅰ)　$n=1$ のとき

$a_1=1$ であるから(＊)は成り立つ。

（Ⅱ）$n=1,\ 2,\ \cdots,\ k$ のとき（＊）が成り立つとすると

$$1\cdot 2+2\cdot 3+\cdots(k-1)k+ka_{k+1}$$
$$=2\{1\cdot k+2\cdot(k-1)+\cdots+k\cdot 1\}$$

$$\therefore\quad \sum_{l=1}^{k-1}l(l+1)+ka_{k+1}=2\sum_{l=1}^{k}l(k+1-l)$$

$$\sum_{l=1}^{k-1}(l^2+l)+ka_{k+1}=2\sum_{l=1}^{k}\{(k+1)l-l^2\}$$

$$\frac{1}{6}(k-1)k(2k-1)+\frac{1}{2}(k-1)k+ka_{k+1}$$
$$=2\left\{(k+1)\cdot\frac{1}{2}k(k+1)-\frac{1}{6}k(k+1)(2k+1)\right\}$$

$$\frac{1}{6}(k-1)(2k-1)+\frac{1}{2}(k-1)+a_{k+1}$$
$$=2\left\{(k+1)\cdot\frac{1}{2}(k+1)-\frac{1}{6}(k+1)(2k+1)\right\}$$

$$\frac{1}{6}(k-1)\{(2k-1)+3\}+a_{k+1}$$
$$=(k+1)\cdot(k+1)-\frac{1}{3}(k+1)(2k+1)$$

$$\frac{1}{6}(k-1)(2k+2)+a_{k+1}$$
$$=\frac{1}{3}(k+1)\{3(k+1)-(2k+1)\}$$

$$\frac{1}{3}(k-1)(k+1)+a_{k+1}=\frac{1}{3}(k+1)(k+2)$$

$$\therefore\quad a_{k+1}=\frac{1}{3}(k+1)\{(k+2)-(k-1)\}$$
$$=k+1$$

よって，$n=1,\ 2,\ \cdots,\ k$ のとき（＊）が成り立てば $n=k+1$ でも成り立つ。

（Ⅰ），（Ⅱ）より，すべての自然数 n に対して（＊）は成り立つ。

10 （数列の極限）

(1) $0<a_n<3$ ……（＊） とおく。

（Ⅰ）$n=1$ のとき

$a_1=2$ であるから（＊）は成り立つ。

（Ⅱ）$n=k$ のとき（＊）が成り立つとする。

すなわち，$0<a_k<3$ ……① とする。

このとき $1<\sqrt{a_k+1}<\sqrt{4}=2$

$\therefore\quad 2<a_{k+1}<3 \qquad \therefore\quad 0<a_{k+1}<3$

よって，$n=k$ のとき（＊）が成り立てば $n=k+1$ のときも（＊）は成り立つ。

（Ⅰ），（Ⅱ）より，すべての自然数 n に対して（＊）は成り立つ。

(2) $3-a_{n+1}=3-(1+\sqrt{a_n+1})$

$$=2-\sqrt{a_n+1}=\frac{4-(a_n+1)}{2+\sqrt{a_n+1}}$$
$$=\frac{3-a_n}{2+\sqrt{a_n+1}}\leqq\frac{3-a_n}{3}$$
$$(\because\quad 2+\sqrt{a_n+1}\geqq 3)$$

(3) (1)，(2)より

$$0<3-a_n\leqq\frac{1}{3}(3-a_{n-1})$$
$$\leqq\left(\frac{1}{3}\right)^2(3-a_{n-2})\leqq\cdots$$
$$\leqq\left(\frac{1}{3}\right)^{n-1}(3-a_1)=\left(\frac{1}{3}\right)^{n-1}$$

$$\therefore\quad 0<3-a_n\leqq\left(\frac{1}{3}\right)^{n-1}$$

$$\therefore\quad \lim_{n\to\infty}(3-a_n)=0 \qquad \therefore\quad \lim_{n\to\infty}a_n=3$$

11 （無限等比級数）

(1) $\displaystyle\sum_{n=1}^{\infty}\left(\frac{1}{3}\right)^n\cos n\pi$

$$=\sum_{n=1}^{\infty}\left(\frac{1}{3}\right)^n(-1)^n$$
$$=\sum_{n=1}^{\infty}\left(-\frac{1}{3}\right)^n$$
$$=\frac{-\frac{1}{3}}{1-\left(-\frac{1}{3}\right)}=-\frac{1}{4}$$

(2) $\displaystyle\sum_{n=1}^{\infty}\left(-\frac{1}{3}\right)^n\sin\frac{n\pi}{2}$

$$=\sum_{m=1}^{\infty}\left(-\frac{1}{3}\right)^{2m-1}\sin\frac{(2m-1)\pi}{2}$$
$$=\sum_{m=1}^{\infty}\left(-\frac{1}{3}\right)^{2m-1}(-1)^{m-1}$$
$$=\sum_{m=1}^{\infty}\left(-\frac{1}{3}\right)^{2(m-1)+1}(-1)^{m-1}$$
$$=\sum_{m=1}^{\infty}\left(-\frac{1}{3}\right)\left(\frac{1}{9}\right)^{m-1}(-1)^{m-1}$$
$$=\sum_{m=1}^{\infty}\left(-\frac{1}{3}\right)\left(-\frac{1}{9}\right)^{m-1}$$
$$=\frac{-\frac{1}{3}}{1-\left(-\frac{1}{9}\right)}=-\frac{3}{10}$$

12　(無限級数)

(1)　$\dfrac{1}{2^{n-1}+1}+\dfrac{1}{2^{n-1}+2}+\cdots+\dfrac{1}{2^n}$

$=\dfrac{1}{2^{n-1}+1}+\dfrac{1}{2^{n-1}+2}+\cdots+\dfrac{1}{2^{n-1}+2^{n-1}}$

$>\dfrac{1}{2^{n-1}+2^{n-1}}+\dfrac{1}{2^{n-1}+2^{n-1}}+\cdots$

$+\dfrac{1}{2^{n-1}+2^{n-1}}=\dfrac{1}{2^{n-1}+2^{n-1}}\times 2^{n-1}=\dfrac{1}{2}$

(2)　部分和を $S_n=\sum_{k=1}^{n}\dfrac{1}{k}=1+\dfrac{1}{2}+\cdots+\dfrac{1}{n}$ とする。

$S_{2^m}=1+\dfrac{1}{2}+\dfrac{1}{3}+\cdots+\dfrac{1}{2^m}$

$=1+\dfrac{1}{2}+\left(\dfrac{1}{2+1}+\dfrac{1}{2+2}\right)$

$+\left(\dfrac{1}{2^2+1}+\dfrac{1}{2^2+2}+\dfrac{1}{2^2+3}+\dfrac{1}{2^2+2^2}\right)$

$+\cdots$

$+\left(\dfrac{1}{2^{m-1}+1}+\cdots+\dfrac{1}{2^m}\right)$

$>1+\dfrac{1}{2}+\dfrac{1}{2}+\dfrac{1}{2}+\cdots+\dfrac{1}{2}=1+\dfrac{m}{2}$

$\therefore\ \lim_{m\to\infty}S_{2^m}=\infty$　　$\therefore\ \lim_{n\to\infty}S_n=\infty$

よって，$\sum_{n=1}^{\infty}\dfrac{1}{n}=1+\dfrac{1}{2}+\dfrac{1}{3}+\dfrac{1}{4}+\cdots\cdots=\infty$

総合演習②
関数・微分積分

1　(三角関数の最大・最小)

(1)　$t^2=(\sin x+\cos x)^2$

$=\sin^2 x+\cos^2 x+2\sin x\cos x$

$=1+\sin 2x$

$\therefore\ \sin 2x=t^2-1$

よって

$y=\sin 2x+2a(\sin x+\cos x)+2$

$=(t^2-1)+2at+2=t^2+2at+1$

(2)　$f(t)=t^2+2at+1$ とおくと

$f(t)=(t+a)^2-a^2+1$

軸の方程式は $t=-a$

頂点の座標は $(-a,\ -a^2+1)$

$t=\sin x+\cos x=\sqrt{2}\sin\left(x+\dfrac{\pi}{4}\right)$

$0\leqq x\leqq\pi$ より

$\dfrac{\pi}{4}\leqq x+\dfrac{\pi}{4}\leqq\dfrac{5\pi}{4}$

$\therefore\ -\dfrac{1}{\sqrt{2}}\leqq\sin\left(x+\dfrac{\pi}{4}\right)\leqq 1$

$\therefore\ -1\leqq t\leqq\sqrt{2}$

求める最大値を M，最小値を m とする。

最大値 M について；

(i)　$-a\leqq\dfrac{\sqrt{2}-1}{2}$

すなわち

$a\geqq\dfrac{1-\sqrt{2}}{2}$ のとき

$M=f(\sqrt{2})$

$=2\sqrt{2}a+3$

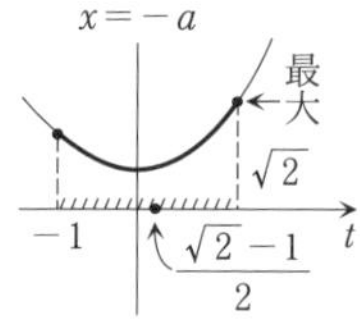

(ii)　$-a\geqq\dfrac{\sqrt{2}-1}{2}$

すなわち

$a\leqq\dfrac{1-\sqrt{2}}{2}$ のとき

$M=f(-1)$

$=-2a+2$

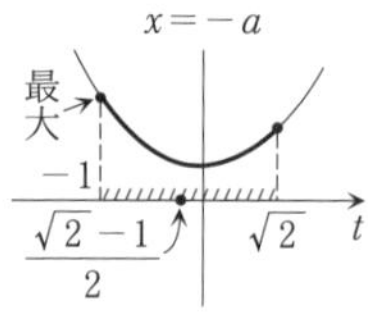

最小値 m について；

(i)　$-a\leqq -1$

すなわち

$a\geqq 1$ のとき

$m=f(-1)$

$=-2a+2$

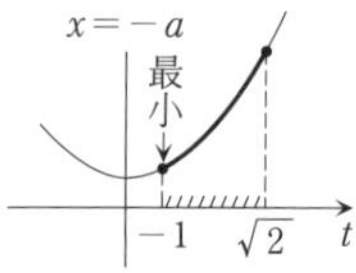

(ii)　$-1\leqq -a\leqq\sqrt{2}$

すなわち

$-\sqrt{2}\leqq a\leqq 1$ のとき

$m=f(-a)$

$=-a^2+1$

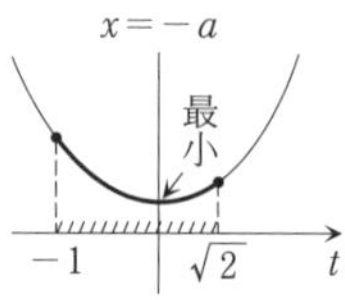

(iii)　$-a\geqq\sqrt{2}$

すなわち

$a\leqq -\sqrt{2}$ のとき

$m=f(\sqrt{2})$

$=2\sqrt{2}a+3$

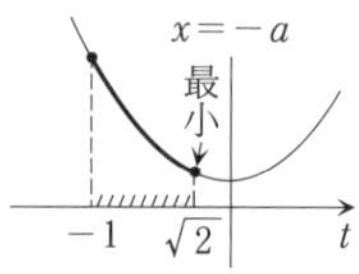

2　(対数関数)

$a^2<b<a<1$ より

$\log_a a^2>\log_a b>\log_a a$

$\therefore\ 2>\log_a b>1$

$\log_b a=\dfrac{1}{\log_a b}$ より，$\dfrac{1}{2}<\log_b a<1$

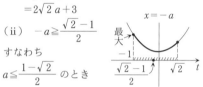

$\log_a\dfrac{a}{b}=1-\log_a b$ より，$-1<\log_a\dfrac{a}{b}<0$

$\log_b \dfrac{b}{a} = 1 - \log_b a$ より，$0 < \log_b \dfrac{b}{a} < \dfrac{1}{2}$

以上より

$$-1 < \log_a \frac{a}{b} < 0 < \log_b \frac{b}{a} < \frac{1}{2}$$
$$< \log_b a < 1 < \log_a b < 2$$

すなわち，大小の順は

$$\log_a \frac{a}{b} < \log_b \frac{b}{a} < \frac{1}{2} < \log_b a < \log_a b$$

3 （導関数）

(1)　$x=0$ において連続であることを示せばよい。

$$\lim_{x \to +0} f(x) = \lim_{x \to +0} x^p \sin \frac{1}{x^2} = 0 \quad (\because \quad p > 0)$$
$$\lim_{x \to -0} f(x) = \lim_{x \to -0} 0 = 0$$

より　$\displaystyle\lim_{x \to 0} f(x) = 0 = f(0)$

よって，$f(x)$ は $x=0$ において連続である。

(2)　$x=0$ において微分可能であればよい。

$$\lim_{h \to -0} \frac{f(h)-f(0)}{h} = \lim_{h \to -0} \frac{0-0}{h} = 0$$
$$\lim_{h \to +0} \frac{f(h)-f(0)}{h} = \lim_{h \to +0} \frac{f(h)-0}{h}$$
$$= \lim_{h \to +0} \frac{1}{h} h^p \sin \frac{1}{h^2}$$
$$= \lim_{h \to +0} h^{p-1} \sin \frac{1}{h^2}$$

$\displaystyle\lim_{h \to +0} \frac{f(h)-f(0)}{h} = 0$ となればよいから

$$p-1>0 \qquad \therefore \quad p>1$$

(3)　$p>1$ とする。

$x \leqq 0$ において，$f'(x)=0$

$x>0$ において

$$f'(x) = \left(x^p \sin \frac{1}{x^2} \right)'$$
$$= px^{p-1} \cdot \sin \frac{1}{x^2} + x^p \cdot \left(-\frac{2}{x^3} \right) \cos \frac{1}{x^2}$$
$$= px^{p-1} \cdot \sin \frac{1}{x^2} - 2x^{p-3} \cos \frac{1}{x^2}$$

よって

$$\lim_{x \to +0} f'(x)$$
$$= \lim_{x \to +0} \left(px^{p-1} \cdot \sin \frac{1}{x^2} - 2x^{p-3} \cos \frac{1}{x^2} \right)$$

これが 0 に収束するための条件は

$$p-3>0 \qquad \therefore \quad p>3$$

4 （微分法の公式）

以下，簡単のため x を省略して書く。

$$(f \cdot g)^{(n)} = \sum_{k=0}^{n} {}_n\mathrm{C}_k f^{(n-k)} \cdot g^{(k)} \quad \cdots\cdots (*)$$

とおく。

（Ｉ）　$n=1$ のとき

$$(\text{左辺}) = (f \cdot g)' = f' \cdot g + f \cdot g'$$
$$(\text{右辺}) = \sum_{k=0}^{1} {}_1\mathrm{C}_k f^{(1-k)} \cdot g^{(k)} = f' \cdot g + f \cdot g'$$

よって，$n=1$ のとき（＊）は成り立つ。

（II）　$n=l$ のとき（＊）が成り立てば

$$(f \cdot g)^{(l)} = \sum_{k=0}^{l} {}_l\mathrm{C}_k f^{(l-k)} \cdot g^{(k)}$$

両辺を微分すると

$$(f \cdot g)^{(l+1)} = \sum_{k=0}^{l} {}_l\mathrm{C}_k (f^{(l-k)} \cdot g^{(k)})'$$
$$= \sum_{k=0}^{l} {}_l\mathrm{C}_k (f^{(l-k+1)} \cdot g^{(k)} + f^{(l-k)} \cdot g^{(k+1)})$$
$$= \sum_{k=0}^{l} {}_l\mathrm{C}_k f^{(l-k+1)} \cdot g^{(k)} + \sum_{k=0}^{l} {}_l\mathrm{C}_k f^{(l-k)} \cdot g^{(k+1)}$$
$$= \sum_{k=0}^{l} {}_l\mathrm{C}_k f^{(l-k+1)} \cdot g^{(k)} + \sum_{k=1}^{l+1} {}_l\mathrm{C}_{k-1} f^{(l-k+1)} \cdot g^{(k)}$$
$$= {}_l\mathrm{C}_0 f^{(l+1)} \cdot g^{(0)} + \sum_{k=1}^{l} ({}_l\mathrm{C}_k + {}_l\mathrm{C}_{k-1}) f^{(l-k+1)} \cdot g^{(k)} + {}_l\mathrm{C}_l f^{(0)} \cdot g^{(l+1)}$$
$$= {}_{l+1}\mathrm{C}_0 f^{(l+1)} \cdot g^{(0)} + \sum_{k=1}^{l} {}_{l+1}\mathrm{C}_k f^{(l-k+1)} \cdot g^{(k)} + {}_{l+1}\mathrm{C}_{l+1} f^{(0)} \cdot g^{(l+1)}$$

（注：${}_l\mathrm{C}_0 = {}_{l+1}\mathrm{C}_0 = 1$，${}_l\mathrm{C}_l = {}_{l+1}\mathrm{C}_{l+1} = 1$，${}_{l+1}\mathrm{C}_k = {}_l\mathrm{C}_k + {}_l\mathrm{C}_{k-1}$）

$$= \sum_{k=0}^{l+1} {}_{l+1}\mathrm{C}_k f^{(l-k+1)} \cdot g^{(k)}$$

よって，$n=l$ のとき成り立てば，$n=l+1$ のときも成り立つ。

（Ｉ），（II）より，すべての自然数 n に対して（＊）は成り立つ。

5 （最大・最小，数列の極限）

(1)　$f(x) = nx(1-x)^n$ より

$$f'(x) = n \cdot (1-x)^n + nx \cdot \{-n(1-x)^{n-1}\}$$
$$= n\{(1-x) - nx\}(1-x)^{n-1}$$
$$= n\{1-(n+1)x\}(1-x)^{n-1}$$

よって，増減表は次のようになる。

x	0	$\cdots$	$\dfrac{1}{n+1}$	$\cdots$	1
$f'(x)$		$+$	0	$-$	
$f(x)$	0	$\nearrow$	$\left(\dfrac{n}{n+1}\right)^{n+1}$	$\searrow$	0

したがって

$$M(n)=f\left(\frac{1}{n+1}\right)=\left(\frac{n}{n+1}\right)^{n+1}$$

(2)　$\displaystyle\lim_{n\to\infty}M(n)=\lim_{n\to\infty}\left(\frac{n}{n+1}\right)^{n+1}$

$$=\lim_{n\to\infty}\frac{1}{\left(1+\dfrac{1}{n}\right)^{n+1}}$$

$$=\lim_{n\to\infty}\frac{1}{\left(1+\dfrac{1}{n}\right)^{n}\left(1+\dfrac{1}{n}\right)}=\frac{1}{e}$$

6　**（微分法の方程式への応用）**

$$x^4-4kx^3+3=0 \iff \frac{x^4+3}{4x^3}=k$$

$$f(x)=\frac{x^4+3}{4x^3}$$

とおくと

$$f'(x)=\frac{4x^3\cdot x^3-(x^4+3)\cdot 3x^2}{4x^6}$$

$$=\frac{4x^4-(x^4+3)\cdot 3}{4x^4}=\frac{x^4-9}{4x^4}$$

$$=\frac{(x^2+3)(x^2-3)}{4x^4}$$

よって，増減表は次のようになる。

x	$\cdots$	$-\sqrt{3}$	$\cdots$	0	$\cdots$	$\sqrt{3}$	$\cdots$
$f'(x)$	$+$	0	$-$		$-$	0	$+$
$f(x)$	$\nearrow$	$-\dfrac{1}{\sqrt{3}}$	$\searrow$		$\searrow$	$\dfrac{1}{\sqrt{3}}$	$\nearrow$

また

$$\lim_{x\to\pm\infty}\frac{x^4+3}{4x^3}=\lim_{x\to\pm\infty}\left(\frac{x}{4}+\frac{3}{4x^3}\right)=\pm\infty$$

$$\lim_{x\to\pm 0}\frac{x^4+3}{4x^3}=\lim_{x\to\pm 0}\left(\frac{x}{4}+\frac{3}{4x^3}\right)=\pm\infty$$

したがって，グラフは図のようになる。
以上より，k のとり得る値の範囲は

$$k\leqq-\frac{1}{\sqrt{3}},\ \ \frac{1}{\sqrt{3}}\leqq k$$

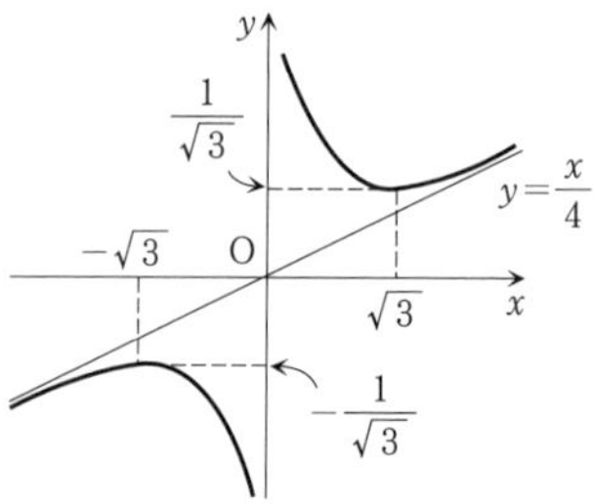

7　**（微分法の不等式への応用）**

数学的帰納法により証明する。

$$\begin{cases}\dfrac{a_1+a_2+\cdots+a_n}{n}\geqq\sqrt[n]{a_1\cdot a_2\cdots\cdots a_n}\\ \text{等号成立の条件は，}\ a_1=a_2=\cdots=a_n\end{cases}$$

……（＊）とおく。

（Ⅰ）　$n=1$ のとき
明らかに（＊）は成り立つ。
（Ⅱ）　$n=k$ のとき（＊）が成り立つとする。
$n=k+1$ のときも（＊）が成り立つことを示す。

$$f(x)=\frac{a_1+a_2+\cdots+a_k+x}{k+1}-\sqrt[k+1]{a_1\cdot a_2\cdots\cdots a_k x}$$

$$=\frac{a_1+a_2+\cdots+a_k+x}{k+1}-\sqrt[k+1]{a_1\cdot a_2\cdots\cdots a_k}\sqrt[k+1]{x}$$

とおく。

$f'(x)$

$$=\frac{1}{k+1}-\sqrt[k+1]{a_1\cdot a_2\cdots a_k}\frac{1}{k+1}x^{\frac{1}{k+1}-1}$$

$$=\frac{1}{k+1}\left(1-\sqrt[k+1]{a_1\cdot a_2\cdots a_k}\,x^{-\frac{k}{k+1}}\right)$$

$f'(x)=0$ とすると　$x^{\frac{k}{k+1}}=\sqrt[k+1]{a_1\cdot a_2\cdots a_k}$

$\therefore$　$x=\sqrt[k]{a_1\cdot a_2\cdots a_k}$

よって，$f(x)$ の最小値は

$f(\sqrt[k]{a_1\cdot a_2\cdots a_k})$

$$=\frac{a_1+a_2+\cdots+a_k+\sqrt[k]{a_1\cdot a_2\cdots a_k}}{k+1}-\sqrt[k+1]{a_1\cdot a_2\cdots\cdots a_k}\,(a_1\cdot a_2\cdots a_k)^{\frac{1}{k(k+1)}}$$

$$=\frac{a_1+a_2+\cdots+a_k+\sqrt[k]{a_1\cdot a_2\cdots a_k}}{k+1}-(a_1\cdot a_2\cdots a_k)^{\frac{1}{k}}$$

$$=\frac{a_1+a_2+\cdots+a_k-k\sqrt[k]{a_1\cdot a_2\cdots a_k}}{k+1}$$

$$=\frac{k}{k+1}\left(\frac{a_1+a_2+\cdots+a_k}{k}-\sqrt[k]{a_1\cdot a_2\cdots a_k}\right)$$

≧0（帰納法の仮定より）

よって

$$\frac{a_1+a_2+\cdots+a_k+x}{k+1}\geqq\sqrt[k+1]{a_1\cdot a_2\cdots\cdots a_k\cdot x}$$

また，等号成立の条件は

$x=\sqrt[k]{a_1\cdot a_2\cdots a_k}$ かつ $a_1=a_2=\cdots=a_k$

すなわち，$a_1=a_2=\cdots=a_k=x$

よって，$n=k+1$ のときも（＊）は成り立つ。

（Ⅰ），（Ⅱ）より，すべての自然数 n に対して（＊）は成り立つ。

8 （平均値の定理）

$0<x<1$ を満たす x を任意にとる。

平均値の定理より

$f(x)-f(0)=f'(c)(x-0)$ ……①

を満たす c $(0<c<x)$ が存在する。

①および(ⅰ)より　$f(x)=f'(c)x$

さらに(ⅱ)より，$f(x)$ が $0\leqq x\leqq 1$ において広義単調増加であることにも注意すると

$f(x)=f'(c)x\leqq f(c)x\leqq f(x)x$

$\therefore$　$(1-x)f(x)\leqq 0$

$0<x<1$ より，$f(x)\leqq 0$

(ⅱ)より $0\leqq f(x)$ でもあるから，$f(x)=0$

よって，$0<x<1$ において，$f(x)=0$

$f(x)$ は連続であるから，$f(0)=f(1)=0$

以上より，$0\leqq x\leqq 1$ において　$f(x)=0$

9 （回転体の体積の応用問題）

$x^2-x=x$ とすると

$x(x-2)=0$　　$\therefore$　$x=0,\ 2$

放物線 $y=x^2-x$ 上に点 $\mathrm{P}(t,\ t^2-t)$ をとる。ただし，$0<t<2$

点Pから $y=x$ に下ろした垂線の足をQとすると

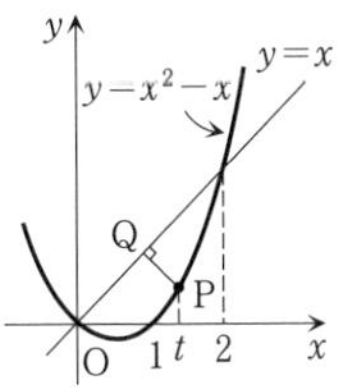

$$\mathrm{PQ}=\frac{|t-(t^2-t)|}{\sqrt{1^2+(-1)^2}}=\frac{|2t-t^2|}{\sqrt{2}}$$

$$\therefore\quad \mathrm{PQ}^2=\frac{(2t-t^2)^2}{2}$$

また，点Pを通り，$y=x$ に直交する直線は

$y-(t^2-t)=-(x-t)$　　$\therefore$　$y=-x+t^2$

$x=-x+t^2$ とすると，$x=\dfrac{t^2}{2}$

よって，$\mathrm{Q}\left(\dfrac{t^2}{2},\ \dfrac{t^2}{2}\right)$

ここで，$\mathrm{OQ}=s$ とすると

$s=\sqrt{2}\cdot\dfrac{t^2}{2}=\dfrac{t^2}{\sqrt{2}}$　　$\therefore$　$ds=\sqrt{2}\,t\,dt$

よって，求める体積は

$$\int_0^{2\sqrt{2}}\pi\mathrm{PQ}^2ds=\int_0^2\pi\frac{(2t-t^2)^2}{2}\cdot\sqrt{2}\,t\,dt$$

$$=\frac{\pi}{\sqrt{2}}\int_0^2(4t^3-4t^4+t^5)dt$$

$$=\frac{\pi}{\sqrt{2}}\left[t^4-\frac{4}{5}t^5+\frac{1}{6}t^6\right]_0^2$$

$$=\frac{\pi}{\sqrt{2}}\left(16-\frac{128}{5}+\frac{32}{3}\right)$$

$$=\frac{\pi}{\sqrt{2}}\cdot\frac{240-384+160}{15}$$

$$=\frac{\pi}{\sqrt{2}}\cdot\frac{16}{15}=\frac{8\sqrt{2}}{15}\pi$$

10 （水の問題）

(1)　図より

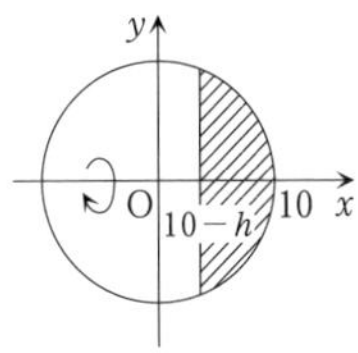

$$V=\pi\int_{10-h}^{10}y^2dx$$

$$=\pi\int_{10-h}^{10}(100-x^2)dx$$

$$=\pi\left[100x-\frac{x^3}{3}\right]_{10-h}^{10}$$

$$=\pi\left(100\{10-(10-h)\}-\frac{10^3-(10-h)^3}{3}\right)$$

$$=\pi\left(100h-\frac{300h-30h^2+h^3}{3}\right)$$

$$=\frac{\pi}{3}(-h^3+30h^2)$$

(2)　時刻を t で表すと

$$\frac{dV}{dt}=\frac{dV}{dh}\cdot\frac{dh}{dt}\ より，\ \frac{dh}{dt}=\frac{\dfrac{dV}{dt}}{\dfrac{dV}{dh}}$$

毎秒 4cm^3 の割合で水を入れることから

$$\frac{dV}{dt}=4$$

また　$\dfrac{dV}{dh}=\pi(-h^2+20h)$ より

$h=5$ のとき

$$\frac{dV}{dh}=\pi(-25+20\cdot 5)=75\pi$$

よって　$\dfrac{dh}{dt}=\dfrac{\dfrac{dV}{dt}}{\dfrac{dV}{dh}}=\dfrac{4}{75\pi}$ （cm/秒）

11　(区分求積法)

$$\lim_{n\to\infty}\log\frac{1}{n}\left(\frac{(2n)!}{n!}\right)^{\frac{1}{n}}=\lim_{n\to\infty}\log\left(\frac{(2n)!}{n^n\cdot n!}\right)^{\frac{1}{n}}$$

$$=\lim_{n\to\infty}\frac{1}{n}\log\frac{(2n)!}{n^n\cdot n!}$$

$$=\lim_{n\to\infty}\frac{1}{n}\log\frac{(2n)(2n-1)\cdots(n+2)(n+1)}{n^n}$$

$$=\lim_{n\to\infty}\frac{1}{n}\log\left(\frac{n+n}{n}\cdot\frac{n+(n-1)}{n}\cdots\frac{n+2}{n}\cdot\frac{n+1}{n}\right)$$

$$=\lim_{n\to\infty}\frac{1}{n}\log\left(1+\frac{n}{n}\right)\left(1+\frac{n-1}{n}\right)\cdots\left(1+\frac{2}{n}\right)\left(1+\frac{1}{n}\right)$$

$$=\lim_{n\to\infty}\frac{1}{n}\sum_{k=1}^{n}\log\left(1+\frac{k}{n}\right)$$

$$=\int_0^1\log(1+x)\,dx$$

$$=\int_0^1 1\cdot\log(1+x)\,dx$$

$$=\Big[(1+x)\log(1+x)\Big]_0^1-\int_0^1(1+x)\frac{1}{1+x}dx$$

$$=2\log 2-0-1=\log 4-\log e=\log\frac{4}{e}$$

よって

$$\lim_{n\to\infty}\frac{1}{n}\left(\frac{(2n)!}{n!}\right)^{\frac{1}{n}}=\frac{4}{e}$$

12　(定積分と不等式，数列の極限)

(1)　$f(x)$ が $x\geqq 1$ で単調増加であることから

$$f(k)\leqq\int_k^{k+1}f(x)\,dx\leqq f(k+1)$$

$f(k)\leqq\int_k^{k+1}f(x)\,dx$ より

$$\sum_{k=1}^{n-1}f(k)\leqq\sum_{k=1}^{n-1}\int_k^{k+1}f(x)\,dx$$

$$\therefore\quad f(1)+f(2)+\cdots+f(n-1)\leqq\int_1^n f(x)\,dx$$

$\int_k^{k+1}f(x)\,dx\leqq f(k+1)$ より

$$\sum_{k=1}^{n-1}\int_k^{k+1}f(x)\,dx\leqq\sum_{k=1}^{n-1}f(k+1)$$

$$\therefore\quad \int_1^n f(x)\,dx\leqq f(2)+\cdots+f(n-1)+f(n)$$

以上より

$$f(1)+f(2)+\cdots+f(n-1)\leqq\int_1^n f(x)\,dx$$
$$\leqq f(2)+\cdots+f(n-1)+f(n)$$

(2)　$f(1)+f(2)+\cdots+f(n-1)\leqq\int_1^n f(x)\,dx$
$=F(n)$

より

$$f(1)+f(2)+\cdots+f(n)\leqq F(n)+f(n)$$

$$\therefore\quad \frac{f(1)+f(2)+\cdots+f(n)}{F(n)}\leqq 1+\frac{f(n)}{F(n)}$$

また

$$F(n)=\int_1^n f(x)\,dx$$
$$\leqq f(2)+\cdots+f(n-1)+f(n)$$

より

$$F(n)+f(1)\leqq f(1)+f(2)+\cdots+f(n)$$

$$\therefore\quad 1+\frac{f(1)}{F(n)}\leqq\frac{f(1)+f(2)+\cdots+f(n)}{F(n)}$$

よって

$$1+\frac{f(1)}{F(n)}\leqq\frac{f(1)+f(2)+\cdots+f(n)}{F(n)}$$
$$\leqq 1+\frac{f(n)}{F(n)}$$

ここで

$$\lim_{n\to\infty}\left(1+\frac{f(n)}{F(n)}\right)=1$$

$$\lim_{n\to\infty}\left(1+\frac{f(1)}{F(n)}\right)=1$$

であるから，はさみうちの原理より

$$\lim_{n\to\infty}\frac{f(1)+f(2)+\cdots+f(n)}{F(n)}=1$$

総合演習③
ベクトル・複素数

1　(平面ベクトル)

(1)　$\overrightarrow{\mathrm{AP}}=\overrightarrow{\mathrm{AB}}+\overrightarrow{\mathrm{BC}}+\overrightarrow{\mathrm{CP}}$

$$=\vec{a}+(\vec{a}+\vec{b})+\frac{1}{2}\vec{b}=2\vec{a}+\frac{3}{2}\vec{b}$$

$\overrightarrow{\mathrm{AQ}}=\overrightarrow{\mathrm{AF}}+\overrightarrow{\mathrm{FE}}+\overrightarrow{\mathrm{EQ}}$

$$=\vec{b}+(\vec{a}+\vec{b})+\frac{1}{2}\vec{a}$$

$$=\frac{3}{2}\vec{a}+2\vec{b}$$

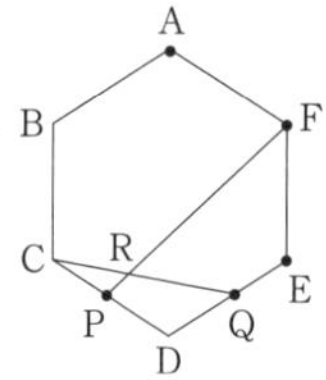

(2)　R は線分 CQ 上の点であるから

$$\overrightarrow{\mathrm{CR}}=s\overrightarrow{\mathrm{CQ}}$$

$$\therefore\quad \overrightarrow{\mathrm{AR}}-\overrightarrow{\mathrm{AC}}=s(\overrightarrow{\mathrm{AQ}}-\overrightarrow{\mathrm{AC}})$$

よって

$\overrightarrow{AR}=(1-s)\overrightarrow{AC}+s\overrightarrow{AQ}$

$=(1-s)(2\vec{a}+\vec{b})+s\left(\frac{3}{2}\vec{a}+2\vec{b}\right)$

$=\left(2-\frac{1}{2}s\right)\vec{a}+(1+s)\vec{b}$ ……①

R は線分 FP 上の点であるから

$\overrightarrow{FR}=t\overrightarrow{FP}$

∴ $\overrightarrow{AR}-\overrightarrow{AF}=t(\overrightarrow{AP}-\overrightarrow{AF})$

よって

$\overrightarrow{AR}=(1-t)\overrightarrow{AF}+t\overrightarrow{AP}$

$=(1-t)\vec{b}+t\left(2\vec{a}+\frac{3}{2}\vec{b}\right)$

$=2t\vec{a}+\left(1+\frac{1}{2}t\right)\vec{b}$ ……②

①，②より

$2-\frac{1}{2}s=2t$ かつ $1+s=1+\frac{1}{2}t$

∴ $s=\frac{4}{9}$，$t=\frac{8}{9}$

よって，$\overrightarrow{AR}=\frac{16}{9}\vec{a}+\frac{13}{9}\vec{b}$

(3) S は線分 AR 上の点であるから

$\overrightarrow{AS}=k\overrightarrow{AR}$

よって

$\overrightarrow{AS}=k\left(\frac{16}{9}\vec{a}+\frac{13}{9}\vec{b}\right)$

$=\frac{16k}{9}\vec{a}+\frac{13k}{9}\vec{b}$ ……③

S は線分 CF 上の点であるから

$\overrightarrow{CS}=l\overrightarrow{CF}$

∴ $\overrightarrow{AS}-\overrightarrow{AC}=l(\overrightarrow{AF}-\overrightarrow{AC})$

よって

$\overrightarrow{AS}=(1-l)\overrightarrow{AC}+l\overrightarrow{AF}$

$=(1-l)(2\vec{a}+\vec{b})+l\vec{b}$

$=(2-2l)\vec{a}+\vec{b}$ ……④

③，④より

$\frac{16k}{9}=2-2l$ かつ $\frac{13k}{9}=1$

∴ $k=\frac{9}{13}$，$l=\frac{5}{13}$

よって，$\overrightarrow{AS}=\frac{16}{13}\vec{a}+\vec{b}$

$l=\frac{5}{13}$ より，$\overrightarrow{CS}=\frac{5}{13}\overrightarrow{CF}$

∴ CS：SF＝5：8

2 （平面の方程式）

(1) $\boldsymbol{m}\cdot\boldsymbol{n}=3+(-6)+(-2)=-5$

$|\boldsymbol{m}|=\sqrt{1+9+1}=\sqrt{11}$

$|\boldsymbol{n}|=\sqrt{9+4+4}=\sqrt{17}$

より

$\cos\theta=\frac{\boldsymbol{m}\cdot\boldsymbol{n}}{|\boldsymbol{m}||\boldsymbol{n}|}=\frac{-5}{\sqrt{11}\sqrt{17}}$

$=-\frac{5}{\sqrt{187}}$

(2) 面積公式より，求める面積は

$\sqrt{|\boldsymbol{m}|^2|\boldsymbol{n}|^2-(\boldsymbol{m}\cdot\boldsymbol{n})^2}$

$=\sqrt{11\cdot17-(-5)^2}=\sqrt{162}=9\sqrt{2}$

別解 外積を利用すると

$$\boldsymbol{m}\times\boldsymbol{n}=\begin{pmatrix}1\\-3\\1\end{pmatrix}\times\begin{pmatrix}3\\2\\-2\end{pmatrix}$$

$$=\begin{pmatrix}6-2\\3-(-2)\\2-(-9)\end{pmatrix}=\begin{pmatrix}4\\5\\11\end{pmatrix}$$

より，求める面積は

$|\boldsymbol{m}\times\boldsymbol{n}|=\sqrt{16+25+121}=\sqrt{162}=9\sqrt{2}$

(3) 法線ベクトルは

$$\boldsymbol{m}\times\boldsymbol{n}=\begin{pmatrix}1\\-3\\1\end{pmatrix}\times\begin{pmatrix}3\\2\\-2\end{pmatrix}$$

$$=\begin{pmatrix}6-2\\3-(-2)\\2-(-9)\end{pmatrix}=\begin{pmatrix}4\\5\\11\end{pmatrix}$$

よって，求める平面の方程式は

$4(x-1)+5(y-4)+11(z-0)=0$

∴ $4x+5y+11z-24=0$

3 （平面のベクトル方程式）

(1) $\overrightarrow{OP}=\frac{\vec{a}+\vec{b}}{2}=\frac{1}{2}\vec{a}+\frac{1}{2}\vec{b}$

$\overrightarrow{OQ}=\frac{\overrightarrow{OP}+2\overrightarrow{OC}}{3}=\frac{1}{3}\left(\frac{\vec{a}+\vec{b}}{2}+2\vec{c}\right)$

$=\frac{1}{6}\vec{a}+\frac{1}{6}\vec{b}+\frac{2}{3}\vec{c}$

$\overrightarrow{OR}=\frac{1}{3}\overrightarrow{OQ}=\frac{1}{3}\left(\frac{1}{6}\vec{a}+\frac{1}{6}\vec{b}+\frac{2}{3}\vec{c}\right)$

$=\frac{1}{18}\vec{a}+\frac{1}{18}\vec{b}+\frac{2}{9}\vec{c}$

S は直線AR上の点であるから

$\overrightarrow{AS}=k\overrightarrow{AR}$

∴ $\overrightarrow{OS}-\overrightarrow{OA}=k(\overrightarrow{OR}-\overrightarrow{OA})$

よって

$\overrightarrow{OS}=(1-k)\overrightarrow{OA}+k\overrightarrow{OR}$

$=(1-k)\vec{a}+k\left(\dfrac{1}{18}\vec{a}+\dfrac{1}{18}\vec{b}+\dfrac{2}{9}\vec{c}\right)$

$=\left(1-\dfrac{17}{18}k\right)\vec{a}+\dfrac{k}{18}\vec{b}+\dfrac{2k}{9}\vec{c}$　……①

また，Sは平面OBC上の点であるから

$\overrightarrow{OS}=s\overrightarrow{OB}+t\overrightarrow{OC}=s\vec{b}+t\vec{c}$　……②

①，②より

$1-\dfrac{17}{18}k=0,\ \dfrac{k}{18}=s,\ \dfrac{2k}{9}=t$

$\therefore\ k=\dfrac{18}{17},\ s=\dfrac{1}{17},\ t=\dfrac{4}{17}$

よって，$\overrightarrow{OS}=\dfrac{1}{17}\vec{b}+\dfrac{4}{17}\vec{c}$

(2)　$\overrightarrow{OS}=\dfrac{1}{17}\vec{b}+\dfrac{4}{17}\vec{c}$

$=\dfrac{\vec{b}+4\vec{c}}{17}=\dfrac{5}{17}\cdot\dfrac{\vec{b}+4\vec{c}}{5}$

$\therefore\ \overrightarrow{OT}=\dfrac{\vec{b}+4\vec{c}}{5}=\dfrac{1}{5}\vec{b}+\dfrac{4}{5}\vec{c}$

$V_2=\left(V_1\times\dfrac{12}{17}\right)\times\dfrac{1}{2}\times\dfrac{1}{5}\times\dfrac{2}{3}$

$=V_1\times\dfrac{4}{85}$

$\therefore\ V_1:V_2=85:4$

4　（空間ベクトル）

(1)　$\boldsymbol{e}_1=\dfrac{\overrightarrow{OA}}{|\overrightarrow{OA}|}=\dfrac{1}{\sqrt{6}}(1,\ 2,\ -1)$

$=\left(\dfrac{1}{\sqrt{6}},\ \dfrac{2}{\sqrt{6}},\ -\dfrac{1}{\sqrt{6}}\right)$

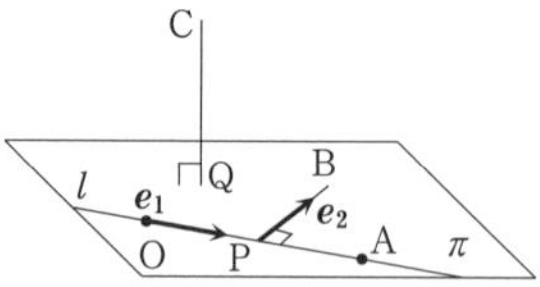

Pは直線l上の点であるから

$\overrightarrow{OP}=t\overrightarrow{OA}=t(1,\ 2,\ -1)=(t,\ 2t,\ -t)$

よって

$\overrightarrow{PB}=\overrightarrow{OB}-\overrightarrow{OP}=(1,\ 2,\ 1)-(t,\ 2t,\ -t)$

$=(1-t,\ 2-2t,\ 1+t)$

$\overrightarrow{OA}\perp\overrightarrow{PB}$ より，$\overrightarrow{OA}\cdot\overrightarrow{PB}=0$ であるから

$1\cdot(1-t)+2\cdot(2-2t)+(-1)\cdot(1+t)=0$

$-6t+4=0\qquad\therefore\ t=\dfrac{2}{3}$

$\therefore\ \overrightarrow{PB}=\left(\dfrac{1}{3},\ \dfrac{2}{3},\ \dfrac{5}{3}\right)\qquad\therefore\ |\overrightarrow{PB}|=\dfrac{\sqrt{30}}{3}$

よって

$\boldsymbol{e}_2=\dfrac{\overrightarrow{PB}}{|\overrightarrow{PB}|}=\dfrac{3}{\sqrt{30}}\left(\dfrac{1}{3},\ \dfrac{2}{3},\ \dfrac{5}{3}\right)$

$=\dfrac{1}{\sqrt{30}}(1,\ 2,\ 5)=\left(\dfrac{1}{\sqrt{30}},\ \dfrac{2}{\sqrt{30}},\ \dfrac{5}{\sqrt{30}}\right)$

(2)　$\overrightarrow{CQ}=\overrightarrow{OQ}-\overrightarrow{OC}=\alpha\boldsymbol{e}_1+\beta\boldsymbol{e}_2-\overrightarrow{OC}$

$\overrightarrow{CQ}\perp\boldsymbol{e}_1$ より，$\overrightarrow{CQ}\cdot\boldsymbol{e}_1=0$

$\therefore\ \alpha|\boldsymbol{e}_1|^2+\beta\boldsymbol{e}_2\cdot\boldsymbol{e}_1-\overrightarrow{OC}\cdot\boldsymbol{e}_1=0$

$|\boldsymbol{e}_1|=1,\ \boldsymbol{e}_2\cdot\boldsymbol{e}_1=0$ だから

$\alpha=\overrightarrow{OC}\cdot\boldsymbol{e}_1$

$=\dfrac{1}{\sqrt{6}}+\dfrac{2}{\sqrt{6}}+\left(-\dfrac{1}{\sqrt{6}}\right)=\dfrac{2}{\sqrt{6}}$

$\overrightarrow{CQ}\perp\boldsymbol{e}_2$ より，$\overrightarrow{CQ}\cdot\boldsymbol{e}_2=0$

$\therefore\ \alpha\boldsymbol{e}_1\cdot\boldsymbol{e}_2+\beta|\boldsymbol{e}_2|^2-\overrightarrow{OC}\cdot\boldsymbol{e}_2=0$

$\boldsymbol{e}_1\cdot\boldsymbol{e}_2=0,\ |\boldsymbol{e}_2|=1$ だから

$\beta=\overrightarrow{OC}\cdot\boldsymbol{e}_2$

$=\dfrac{1}{\sqrt{30}}+\dfrac{2}{\sqrt{30}}+\dfrac{5}{\sqrt{30}}=\dfrac{8}{\sqrt{30}}$

以上より

$\overrightarrow{OQ}=\alpha\boldsymbol{e}_1+\beta\boldsymbol{e}_2$

$=\left(\dfrac{1}{3},\ \dfrac{2}{3},\ -\dfrac{1}{3}\right)+\left(\dfrac{4}{15},\ \dfrac{8}{15},\ \dfrac{4}{3}\right)$

$=\left(\dfrac{9}{15},\ \dfrac{18}{15},\ \dfrac{3}{3}\right)=\left(\dfrac{3}{5},\ \dfrac{6}{5},\ 1\right)$

5　（1の原始3乗根）

$x^3-1=(x-1)(x^2+x+1)=0$

の虚数解の1つをωとすると

$\omega^3=1$ かつ $\omega^2+\omega+1=0$

このとき，方程式 $x^3-1=0$ の解は

$1,\ \omega,\ \omega^2$

であるから

$\alpha=1,\ \beta=\omega,\ \gamma=\omega^2$

としてよい。

$\dfrac{1}{\alpha^n\beta^n}+\dfrac{1}{\beta^n\gamma^n}+\dfrac{1}{\gamma^n\alpha^n}$

$=\dfrac{\alpha^n+\beta^n+\gamma^n}{\alpha^n\beta^n\gamma^n}=\dfrac{\alpha^n+\beta^n+\gamma^n}{(\alpha\beta\gamma)^n}$

$=\dfrac{1^n+\omega^n+(\omega^2)^n}{(\omega^3)^n}=1+\omega^n+\omega^{2n}$　……(＊)

（i）　$n=3k$ のとき；

(＊)$=1+\omega^{3k}+\omega^{6k}$

$=1+(\omega^3)^k+(\omega^3)^{2k}=1+1^k+1^{2k}=3$

（ii） $n=3k+1$ のとき；

$(*)=1+\omega^{3k+1}+\omega^{6k+2}$

$=1+(\omega^3)^k\omega+(\omega^3)^{2k}\omega^2$

$=1+\omega+\omega^2=0$

（iii） $n=3k+2$ のとき；

$(*)=1+\omega^{3k+2}+\omega^{6k+4}$

$=1+(\omega^3)^k\omega^2+(\omega^3)^{2k+1}\omega$

$=1+\omega^2+\omega=0$

以上より

$\begin{cases} n \text{ が } 3 \text{ の倍数のとき，} 3 \\ n \text{ が } 3 \text{ の倍数でないとき，} 0 \end{cases}$

6 （共役複素数）

(1) $z+1-\dfrac{a}{z}=0$ より，$z^2+z-a=0$

$\therefore \quad z=\dfrac{-1\pm\sqrt{1+4a}}{2}$

（i） $a\geqq-\dfrac{1}{4}$ のとき；

$z=\dfrac{-1\pm\sqrt{1+4a}}{2}$

（ii） $a<-\dfrac{1}{4}$ のとき；

$z=\dfrac{-1\pm\sqrt{1+4a}}{2}$

$=\dfrac{-1\pm\sqrt{(-1-4a)(-1)}}{2}$

$=\dfrac{-1\pm\sqrt{-1-4a}\,i}{2}$

(2) $\bar{z}+1-\dfrac{a}{z}=0$ より　$z\bar{z}+z-a=0$

$\therefore \quad |z|^2+z-a=0 \qquad \therefore \quad z=a-|z|^2$

よって，z は実数である。

これを x で表すと　$x^2+x-a=0$

よって，これを満たす実数 x が存在するための条件は

$1+4a\geqq0 \qquad \therefore \quad a\geqq-\dfrac{1}{4}$

(3) $z(\bar{z})^2+\bar{z}-\dfrac{a}{z}=0$ より

$z^2(\bar{z})^2+z\bar{z}-a=0$

$\therefore \quad |z|^4+|z|^2-a=0$

そこで，$x=|z|^2$ とおくと　$x^2+x-a=0$

$\therefore \quad x^2+x=a$

よって，これを満たす正の数 x が存在するための条件は

$a>0$

7 （共役複素数）

(1) $z=x+iy$（x，y 実数）と表すと

$z\bar{z}=(x+iy)(x-iy)$

$=x^2-i^2y^2=x^2+y^2=|z|^2$

(2) $z^2=(x+iy)^2=(x^2-y^2)+2xyi$

$z^4=\{(x^2-y^2)+2xyi\}^2$

$=\{(x^2-y^2)^2-4x^2y^2\}+4xy(x^2-y^2)i$

$|z|^2=x^2+y^2$，$|z|^4=(x^2+y^2)^2$

$(*)$より

$\{(x^2-y^2)^2-4x^2y^2\}+4xy(x^2-y^2)i$

$+(1-a^2)(x^2+y^2)^2$

$-a^2[\{(x^2-y^2)^2-4x^2y^2\}$

$-4xy(x^2-y^2)i]=0$

$\therefore \quad (1-a^2)\{(x^2-y^2)^2-4x^2y^2\}$

$+4(1+a^2)xy(x^2-y^2)i$

$+(1-a^2)(x^2+y^2)^2=0$

$\therefore \quad (1-a^2)\{(x^2-y^2)^2+(x^2+y^2)^2-4x^2y^2\}$

$+4(1+a^2)xy(x^2-y^2)i=0$

$2(1-a^2)(x^4+y^4-2x^2y^2)$

$+4(1+a^2)xy(x^2-y^2)i=0$

$2(1-a^2)(x^2-y^2)^2$

$+4(1+a^2)xy(x^2-y^2)i=0$

$(1-a^2)(x^2-y^2)^2$

$+2(1+a^2)xy(x^2-y^2)i=0$

$(x^2-y^2)\{(1-a^2)(x^2-y^2)$

$+2(1+a^2)xyi\}=0$

よって，a が ±1 以外の実数であることに注意して，求める関係式は　$x^2-y^2=0$

(3) $x^2-y^2=0$ より，$y=\pm x$

よって，z を方程式 $(*)$ の $z=0$ 以外の解とするとき

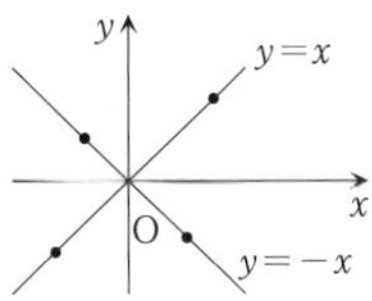

$\arg(z)$

$=\pm\dfrac{\pi}{4}$，$\pm\dfrac{3\pi}{4}$

よって，

$-\pi\leqq\arg(z_2)-\arg(z_1)<\pi$

とするとき

$\arg(z_2)-\arg(z_1)=-\pi,\ -\dfrac{\pi}{2},\ 0,\ \dfrac{\pi}{2}$

(4) $\arg\left(\dfrac{z_2}{z_1}\right)=\arg(z_2)-\arg(z_1)$

$=-\pi,\ -\dfrac{\pi}{2},\ 0,\ \dfrac{\pi}{2}$　より

$\dfrac{z_2}{z_1}$ は実数または純虚数である。

8 **(複素数による図形の方程式)**

(1)　$|u+2|^2=4|u-1|^2$ より

$(u+2)(\overline{u}+2)=4(u-1)(\overline{u}-1)$

$\therefore$　$u\overline{u}-2u-2\overline{u}=0$

$\therefore$　$(u-2)(\overline{u}-2)=4$

$\therefore$　$|u-2|^2=4$　　$\therefore$　$|u-2|=2$

よって，u が描く図形は

中心が 2 で半径が 2 の円。

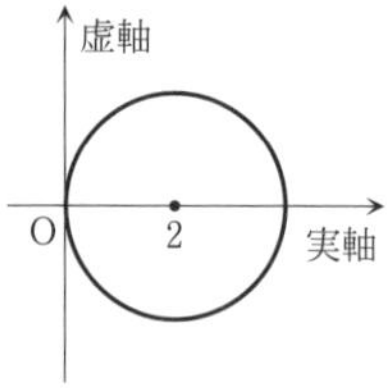

(2)　$u=2(\cos\theta+i\sin\theta)$ とおけて

$$v=2(\cos\theta+i\sin\theta)+\frac{1}{4\cdot 2(\cos\theta+i\sin\theta)}$$

$$=2(\cos\theta+i\sin\theta)+\frac{\cos\theta-i\sin\theta}{8}$$

$$=\left(\frac{17}{8}\cos\theta\right)+\left(\frac{15}{8}\sin\theta\right)i$$

そこで，$v=x+yi$ とすれば

$$x=\frac{17}{8}\cos\theta,\ y=\frac{15}{8}\sin\theta$$

$$\therefore\quad \frac{x^2}{\left(\frac{17}{8}\right)^2}+\frac{y^2}{\left(\frac{15}{8}\right)^2}=1$$

これは図のような楕円である。

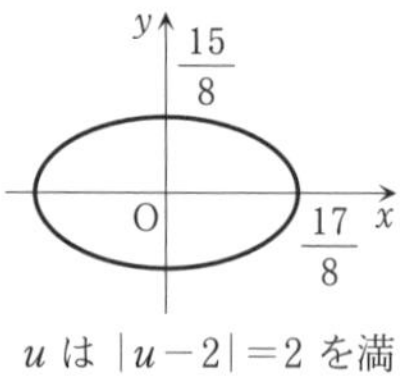

(3)　(1)より，u は $|u-2|=2$ を満たすから

$u-2=2(\cos\theta+i\sin\theta)$

とおけて

$$w=i\cdot\frac{4u^2-16u+17}{4u-8}=i\cdot\frac{4(u-2)^2+1}{4(u-2)}$$

$$=i\cdot\left\{(u-2)+\frac{1}{4(u-2)}\right\}$$

$$=i\cdot\left\{2(\cos\theta+i\sin\theta)+\frac{1}{4\cdot 2(\cos\theta+i\sin\theta)}\right\}$$

$$=i\cdot\left\{2(\cos\theta+i\sin\theta)+\frac{\cos\theta-i\sin\theta}{4\cdot 2}\right\}$$

$$=i\cdot\left\{\left(\frac{17}{8}\cos\theta\right)+\left(\frac{15}{8}\sin\theta\right)i\right\}$$

$$=\left(-\frac{15}{8}\sin\theta\right)+\left(\frac{17}{8}\cos\theta\right)i$$

そこで，$w=x+yi$ とすれば

$$x=-\frac{15}{8}\sin\theta,\ y=\frac{17}{8}\cos\theta$$

$$\therefore\quad \frac{x^2}{\left(\frac{15}{8}\right)^2}+\frac{y^2}{\left(\frac{17}{8}\right)^2}=1$$

これは図のような楕円である。

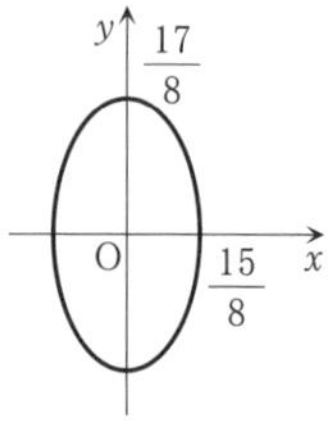

(参考)　$w=i\cdot\left\{(u-2)+\dfrac{1}{4(u-2)}\right\}$ の図形的意味を考えれば(1)，(2)の結果から(3)の結果を判断することもできる。すなわち

①　実軸方向に -2 平行移動

②　(2)の変換

③　原点のまわりに 90° 回転

総合演習④ 図形の方程式・行列と 1 次変換

1 **(空間図形の方程式)**

(1)　2 直線 l，m の方向ベクトルはそれぞれ

$\vec{l}=(2,\ -1,\ 1)$，$\vec{m}=(1,\ 2,\ 3)$

であるから，平行ではない。

よって，交わらないことを示せばよい。

$l:\dfrac{x-3}{2}=\dfrac{y-1}{-1}=\dfrac{z-5}{1}=s$ とおくと

$x=2s+3,\ y=-s+1,\ z=s+5$

$m:\dfrac{x-2}{1}=\dfrac{y+1}{2}=\dfrac{z+1}{3}=t$ とおくと

$x=t+2,\ y=2t-1,\ z=3t-1$

そこで

$$\begin{cases} 2s+3=t+2 & \cdots\cdots① \\ -s+1=2t-1 & \cdots\cdots② \\ s+5=3t-1 & \cdots\cdots③ \end{cases}$$

とすると，①，②より $s=0$，$t=1$ を得るが，これは③を満たさない。

よって，2直線 l，m は交わらない。

以上より，2直線 l，m は平行でなく，かつ，交わらない（ねじれの位置）から

同一平面上にない。

(2) 直線 l 上の点を

$$P(2s+3,\ -s+1,\ s+5)$$

直線 m 上の点を

$$Q(t+2,\ 2t-1,\ 3t-1)$$

とおく。

このとき

$$\overrightarrow{PQ}=(t-2s-1,\ 2t+s-2,\ 3t-s-6)$$

$\vec{l}\perp\overrightarrow{PQ}$ とすると，$\vec{l}\cdot\overrightarrow{PQ}=0$

$$\therefore\ 2\cdot(t-2s-1)+(-1)\cdot(2t+s-2)+1\cdot(3t-s-6)=0$$

$$\therefore\ 2s-t+2=0 \quad \cdots\cdots①$$

$\vec{m}\perp\overrightarrow{PQ}$ とすると，$\vec{m}\cdot\overrightarrow{PQ}=0$

$$\therefore\ 1\cdot(t-2s-1)+2\cdot(2t+s-2)+3\cdot(3t-s-6)=0$$

$$\therefore\ 3s-14t+23=0 \quad \cdots\cdots②$$

①，②より，$s=-\dfrac{1}{5}$，$t=\dfrac{8}{5}$

よって

$$P\left(\frac{13}{5},\ \frac{6}{5},\ \frac{24}{5}\right),\ Q\left(\frac{18}{5},\ \frac{11}{5},\ \frac{19}{5}\right)$$

$$\overrightarrow{PQ}=(1,\ 1,\ -1)$$

より，求める直線は

$$x-\frac{13}{5}=y-\frac{6}{5}=-z+\frac{24}{5}$$

2 （空間図形の方程式）

(1) $$\overrightarrow{AB}\times\overrightarrow{AC}=\begin{pmatrix}1\\1\\2\end{pmatrix}\times\begin{pmatrix}2\\-6\\-2\end{pmatrix}$$

$$=\begin{pmatrix}-2-(-12)\\4-(-2)\\(-6)-2\end{pmatrix}=\begin{pmatrix}10\\6\\-8\end{pmatrix}=2\begin{pmatrix}5\\3\\-4\end{pmatrix}$$

より，平面 α の方程式は

$$5(x-1)+3(y-3)-4(z-1)=0$$

$$\therefore\ 5x+3y-4z-10=0$$

(2) 求める平面の方程式は

$$5x+3y-4z+d=0$$

とおけて，これと点 P(1, 1. 1) との距離が 5 であることから

$$\frac{|5+3-4+d|}{\sqrt{5^2+3^2+(-4)^2}}=5$$

$$\therefore\ \frac{|4+d|}{5\sqrt{2}}=5 \qquad \therefore\ d=\pm25\sqrt{2}-4$$

よって，求める平面の方程式は

$$5x+3y-4z\pm25\sqrt{2}-4=0$$

(3) 球面 S は中心が点 P(1, 1, 1) で半径が 5 の球面である。

平面 α と球面 S が交わってできる円の中心を D，半径を r とする。

平面 α と点 P(1, 1, 1) との距離は

$$\frac{|5+3-4-10|}{\sqrt{5^2+3^2+(-4)^2}}=\frac{6}{5\sqrt{2}}$$

よって

$$r=\sqrt{5^2-\left(\frac{6}{5\sqrt{2}}\right)^2}=\sqrt{\frac{1250-36}{50}}$$

$$=\sqrt{\frac{607}{25}}=\frac{\sqrt{607}}{5}$$

円の中心 D は，点 P(1, 1, 1) を通り，方向ベクトルが (5, 3, −4) の直線上の点であるから

$$D(1+5t,\ 1+3t,\ 1-4t)$$

とおける。

これが平面 α 上の点とすると

$$5(1+5t)+3(1+3t)-4(1-4t)-10=0$$

$$\therefore\ 50t-6=0 \qquad \therefore\ t=\frac{3}{25}$$

よって，$D\left(\dfrac{8}{5},\ \dfrac{34}{25},\ \dfrac{13}{25}\right)$

3 （空間図形の方程式）

(1) $\overrightarrow{PQ}=(0,\ 1,\ 1)$，$\overrightarrow{PR}=(1,\ 1,\ -1)$

$$\overrightarrow{PQ}\cdot\overrightarrow{PR}=0+1+(-1)=0$$

よって，$\overrightarrow{PQ}$，$\overrightarrow{PR}$ のなす角は $\dfrac{\pi}{2}$

(2) $$\overrightarrow{PQ}\times\overrightarrow{PR}=\begin{pmatrix}0\\1\\1\end{pmatrix}\times\begin{pmatrix}1\\1\\-1\end{pmatrix}$$

$$=\begin{pmatrix}-1-1\\1-0\\0-1\end{pmatrix}=\begin{pmatrix}-2\\1\\-1\end{pmatrix}$$

より，3点 P，Q，R を通る平面の方程式は

$$(-2)\cdot(x+1)+1\cdot(y-1)+(-1)\cdot(z-1)=0$$

$$\therefore\ 2x-y+z+2=0$$

(3)　$\overrightarrow{\mathrm{SH}}=t(-2,\ 1,\ -1)$ とおけるから

$\overrightarrow{\mathrm{OH}}=\overrightarrow{\mathrm{OS}}+\overrightarrow{\mathrm{SH}}$

$=(1,\ -1,\ -1)+t(-2,\ 1,\ -1)$

$=(1-2t,\ -1+t,\ -1-t)$

点Hは平面PQR上の点であるから

$$2(1-2t)-(-1+t)+(-1-t)+2=0$$

$\therefore\quad -6t+4=0 \qquad \therefore\quad t=\dfrac{2}{3}$

よって

$$\overrightarrow{\mathrm{SH}}=\frac{2}{3}(-2,\ 1,\ -1)$$

$$=\left(-\frac{4}{3},\ \frac{2}{3},\ -\frac{2}{3}\right)$$

(4)　三角錐PQRSの体積は

$$\frac{1}{3}\times\triangle\mathrm{PQR}\times\mathrm{SH}$$

ここで

$$\triangle\mathrm{PQR}=\frac{1}{2}\cdot\mathrm{PQ}\cdot\mathrm{PR}$$

$$=\frac{1}{2}\cdot\sqrt{2}\cdot\sqrt{3}=\frac{\sqrt{6}}{2}$$

$$\mathrm{SH}=\frac{2\sqrt{6}}{3}$$

であるから，求める体積は

$$\frac{1}{3}\times\frac{\sqrt{6}}{2}\times\frac{2\sqrt{6}}{3}=\frac{6}{9}=\frac{2}{3}$$

4　（極座標と極方程式）

(1)　$r=\dfrac{1}{1+\varepsilon\cos\theta}$ より

$$r+\varepsilon r\cos\theta=1$$

$\therefore\quad r^2=(1-\varepsilon r\cos\theta)^2$

$\therefore\quad x^2+y^2=(1-\varepsilon x)^2$

$$x^2+y^2=1-2\varepsilon x+\varepsilon^2x^2$$

$$(1-\varepsilon^2)x^2+2\varepsilon x+y^2=1$$

(2)　曲線の名称は

(a)　$\varepsilon=0$ のとき；円

(b)　$0<\varepsilon<1$ のとき；楕円

(c)　$\varepsilon=1$ のとき；放物線

(d)　$\varepsilon>1$ のとき；双曲線

5　（行列の演算）

(1)　ケーリー・ハミルトンの定理より

$$A^2-(a+d)A+(ad-bc)E=O$$

条件より $A^2=O$ であるから

$$(a+d)A=(ad-bc)E$$

もし，$a+d\neq0$ だとすると

$$A=kE \qquad \therefore\quad A^2=k^2E$$

再び $A^2=O$ より，$k^2=0 \qquad \therefore\quad k=0$

よって，$A=O$

ところがこれは $a+d\neq0$ に矛盾する。

したがって，　$a+d=0$

このとき

$$(ad-bc)E=O \qquad \therefore\quad ad-bc=0$$

(2)　$X^2=A$ を満たす X が存在したとする。

$X=\begin{pmatrix}x & y\\ z & w\end{pmatrix}$ とおく。

ケーリー・ハミルトンの定理より

$$X^2-(x+w)X+(xw-yz)E=O$$

よって，$X^2=A$ とすると

$$A-(x+w)X+(xw-yz)E=O$$

であるから

$$A=(x+w)X-(xw-yz)E$$

$$=(x+w)\begin{pmatrix}x & y\\ z & w\end{pmatrix}-(xw-yz)\begin{pmatrix}1 & 0\\ 0 & 1\end{pmatrix}$$

$$=\begin{pmatrix}x^2+yz & (x+w)y\\ (x+w)z & yz+w^2\end{pmatrix}$$

よって，$a+d=0$ より

$$(x^2+yz)+(yz+w^2)=0$$

$\therefore\quad x^2+2yz+w^2=0 \quad \cdots\cdots①$

$ad-bc=0$ より

$$(x^2+yz)\cdot(yz+w^2)$$

$$-(x+w)y\cdot(x+w)z=0$$

$\therefore\quad (x^2+yz)(yz+w^2)-(x+w)^2yz=0$

$\therefore\quad y^2z^2+x^2w^2-2xwyz=0$

$(yz-xw)^2=0 \qquad \therefore\quad yz=xw \quad \cdots\cdots②$

①，②より　$x^2+2xw+w^2=0$

$\therefore\quad (x+w)^2=0 \qquad \therefore\quad x+w=0 \quad \cdots\cdots③$

②，③および $A=(x+w)X-(xw-yz)E$

より $A=O$　これは $A\neq O$ に反する。

したがって，$X^2=A$ を満たす行列 X は存在しない。

6　（行列の n 乗）

(1)　$A^{n+1}=A^n\cdot A=\begin{pmatrix}a_n & b_n\\ c_n & d_n\end{pmatrix}\begin{pmatrix}2 & 1\\ 1 & 2\end{pmatrix}$

$$=\begin{pmatrix}2a_n+b_n & a_n+2b_n\\ 2c_n+d_n & c_n+2d_n\end{pmatrix}$$

よって

$$\begin{cases}a_{n+1}=2a_n+b_n & \cdots\cdots①\\ b_{n+1}=a_n+2b_n & \cdots\cdots②\\ c_{n+1}=2c_n+d_n & \cdots\cdots③\\ d_{n+1}=c_n+2d_n & \cdots\cdots④\end{cases}$$

①，②より

$$a_{n+1}=2a_n+b_n,\ b_{n+1}=a_n+2b_n$$

(2) 連立漸化式

$a_1=2,\ b_1=1,$

$\begin{cases} a_{n+1}=2a_n+b_n & \cdots\cdots① \\ b_{n+1}=a_n+2b_n & \cdots\cdots② \end{cases}$

を解く。

①＋② より

$a_{n+1}+b_{n+1}=3(a_n+b_n)$

$\therefore\ a_n+b_n=(a_1+b_1)3^{n-1}=3^n \quad \cdots\cdots(\mathrm{i})$

①－② より

$a_{n+1}-b_{n+1}=a_n-b_n$

$\therefore\ a_n-b_n=a_1-b_1=1 \quad \cdots\cdots(\mathrm{ii})$

$\{(\mathrm{i})+(\mathrm{ii})\}\div 2$ より，$a_n=\dfrac{3^n+1}{2}$

$\{(\mathrm{i})-(\mathrm{ii})\}\div 2$ より，$b_n=\dfrac{3^n-1}{2}$

同様に，連立漸化式

$c_1=1,\ d_1=2,$

$\begin{cases} c_{n+1}=2c_n+d_n & \cdots\cdots③ \\ d_{n+1}=c_n+2d_n & \cdots\cdots④ \end{cases}$

を解く。

③＋④ より

$c_{n+1}+d_{n+1}=3(c_n+d_n)$

$\therefore\ c_n+d_n=(c_1+d_1)3^{n-1}=3^n \quad \cdots\cdots(\mathrm{iii})$

③－④ より

$c_{n+1}-d_{n+1}=c_n-d_n$

$\therefore\ c_n-d_n=c_1-d_1=-1 \quad \cdots\cdots(\mathrm{iv})$

$\{(\mathrm{iii})+(\mathrm{iv})\}\div 2$ より，$c_n=\dfrac{3^n-1}{2}$

$\{(\mathrm{iii})-(\mathrm{iv})\}\div 2$ より，$d_n=\dfrac{3^n+1}{2}$

以上より

$$A^n=\begin{pmatrix} a_n & b_n \\ c_n & d_n \end{pmatrix}=\frac{1}{2}\begin{pmatrix} 3^n+1 & 3^n-1 \\ 3^n-1 & 3^n+1 \end{pmatrix}$$

7 **(行列の n 乗)**

(1) $(A-kE)^2$

$=\begin{pmatrix} 4-k & 1 \\ -1 & 2-k \end{pmatrix}\begin{pmatrix} 4-k & 1 \\ -1 & 2-k \end{pmatrix}$

$=\begin{pmatrix} (4-k)^2-1 & (4-k)+(2-k) \\ -(4-k)-(2-k) & -1+(2-k)^2 \end{pmatrix}$

$=\begin{pmatrix} k^2-8k+15 & -2k+6 \\ 2k-6 & k^2-4k+3 \end{pmatrix}$

$=\begin{pmatrix} (k-5)(k-3) & -2(k-3) \\ 2(k-3) & (k-1)(k-3) \end{pmatrix}$

$(A-kE)^2=O$ を満たす実数 k は，$k=3$

(2) $N=A-3E$ とおくと，(1)より　$N^2=O$

よって

$A^n=(3E+N)^n$

$=\displaystyle\sum_{k=0}^{n}{}_n\mathrm{C}_k(3E)^{n-k}N^k$

$=(3E)^n+{}_n\mathrm{C}_1(3E)^{n-1}N$

$=3^nE+n\cdot 3^{n-1}N$

$=3^n\begin{pmatrix} 1 & 0 \\ 0 & 1 \end{pmatrix}+n\cdot 3^{n-1}\begin{pmatrix} 1 & 1 \\ -1 & -1 \end{pmatrix}$

$=\begin{pmatrix} (3+n)\cdot 3^{n-1} & n\cdot 3^{n-1} \\ -n\cdot 3^{n-1} & (3-n)\cdot 3^{n-1} \end{pmatrix}$

8 **(１次変換)**

(1) $\begin{pmatrix} -b & -b \\ b & b \end{pmatrix}\begin{pmatrix} 1 \\ 2 \end{pmatrix}=\begin{pmatrix} -3b \\ 3b \end{pmatrix}$

$\therefore\ \mathrm{Q}(-3b,\ 3b)$

$\begin{pmatrix} -b & -b \\ b & b \end{pmatrix}\begin{pmatrix} -3b \\ 3b \end{pmatrix}=\begin{pmatrix} 0 \\ 0 \end{pmatrix}$

よって，点Qの g による像は，O(0, 0)

(2) $\begin{pmatrix} a-b & -b \\ b & a+b \end{pmatrix}\begin{pmatrix} 1 \\ 2 \end{pmatrix}=\begin{pmatrix} a-3b \\ 2a+3b \end{pmatrix}$

$\therefore\ \mathrm{R}(a-3b,\ 2a+3b)$

また，直線 l 上の点を $(x,\ y)$ とすると

$(x,\ y)=(1,\ 2)+t(-3b,\ 3b)$

$=(1-3bt,\ 2+3bt)$

よって，直線 l の方程式は　$x+y=3$

したがって，点Pの f による像Rが直線 l 上にあれば

$(a-3b)+(2a+3b)=3$

$\therefore\ 3a=3 \qquad \therefore\ a=1$

(3) $a=1$ のとき $A=\begin{pmatrix} 1-b & -b \\ b & 1+b \end{pmatrix}$

直線 l 上の点を $(u,\ 3-u)$ と表す。

$\begin{pmatrix} x \\ y \end{pmatrix}=\begin{pmatrix} 1-b & -b \\ b & 1+b \end{pmatrix}\begin{pmatrix} u \\ 3-u \end{pmatrix}$

$=\begin{pmatrix} (1-b)u-b(3-u) \\ bu+(1+b)(3-u) \end{pmatrix}$

$=\begin{pmatrix} -3b+u \\ 3+3b-u \end{pmatrix}$

より，$x+y=3$

すなわち，直線 l 上のすべての点は f により l 上に移る。

9 **(１次変換)**

(1) $\overrightarrow{\mathrm{OP}}+\overrightarrow{\mathrm{OQ}}+\overrightarrow{\mathrm{OR}}=\vec{0}$ より

$f(\overrightarrow{\mathrm{OP}}+\overrightarrow{\mathrm{OQ}}+\overrightarrow{\mathrm{OR}})=f(\vec{0})=\vec{0}$

$\therefore\ f(\overrightarrow{\mathrm{OP}})+f(\overrightarrow{\mathrm{OQ}})+f(\overrightarrow{\mathrm{OR}})=\vec{0}$

Q$=f$(P)，R$=f$(Q) であることから

$\overrightarrow{OQ}+\overrightarrow{OR}+f(\overrightarrow{OR})=\vec{0}$

$\therefore\ f(\overrightarrow{OR})=-\overrightarrow{OQ}-\overrightarrow{OR}=\overrightarrow{OP}$

$(\because\ \overrightarrow{OP}+\overrightarrow{OQ}+\overrightarrow{OR}=\vec{0})$

すなわち，f(R)$=$P

(2)　$f\circ f(\overrightarrow{OP})=f(\overrightarrow{OQ})=\overrightarrow{OR}$

$=-\overrightarrow{OP}-\overrightarrow{OQ}=-\overrightarrow{OP}-f(\overrightarrow{OP})$

$\therefore\ A^2\overrightarrow{OP}=-\overrightarrow{OP}-A\overrightarrow{OP}$

$\therefore\ (A^2+A+E)\overrightarrow{OP}=\vec{0}$

全く同様にして

$(A^2+A+E)\overrightarrow{OQ}=\vec{0}$

を得る。

したがって，$\overrightarrow{OP}$ と $\overrightarrow{OQ}$ が1次独立であることを示せば，$A^2+A+E=O$ であることが言える。

もし，$\overrightarrow{OQ}=k\overrightarrow{OP}$ とすると

$\overrightarrow{OR}=f(\overrightarrow{OQ})$

$=f(k\overrightarrow{OP})=kf(\overrightarrow{OP})=k\overrightarrow{OQ}=k^2\overrightarrow{OP}$

$\therefore\ \overrightarrow{OP}=f(\overrightarrow{OR})=f(k^2\overrightarrow{OP})$

$=k^2f(\overrightarrow{OP})=k^2\overrightarrow{OQ}=k^3\overrightarrow{OP}$

すなわち，$\overrightarrow{OP}=k^3\overrightarrow{OP}$

$\overrightarrow{OP}\neq\vec{0}$ であるから，$k^3=1$ であり，

さらに k は実数だから，$k=1$

$\therefore\ \overrightarrow{OQ}=\overrightarrow{OP}$

同様にして，$\overrightarrow{OR}=\overrightarrow{OQ}$

よって　$\overrightarrow{OP}+\overrightarrow{OQ}+\overrightarrow{OR}=3\overrightarrow{OP}$

となるが，これは $\overrightarrow{OP}+\overrightarrow{OQ}+\overrightarrow{OR}=\vec{0}$ に反する。

したがって，$\overrightarrow{OP}$ と $\overrightarrow{OQ}$ は1次独立である。

(3)　$A=\begin{pmatrix}a & b\\ c & d\end{pmatrix}$ とおく。

ケーリー・ハミルトンの定理より

$A^2-(a+d)A+(ad-bc)E=O$ ……①

(2)より　$A^2+A+E=O$ ……②

①，②より

$(a+d)A-(ad-bc)E+A+E=O$

$\therefore\ (a+d+1)A=(ad-bc-1)E$

$a+d+1\neq0$ とすると，$A=kE$

これを②に代入すると　$(k^2+k+1)E=O$

$\therefore\ k^2+k+1=0\qquad\therefore\ k=\dfrac{-1\pm\sqrt{3}\,i}{2}$

k は実数であるからこれは不適。

よって，$a+d+1=0\ \ \therefore\ ad-bc-1=0$

したがって，$a+d=-1$，$ad-bc=1$

さて

$\begin{pmatrix}a & b\\ c & d\end{pmatrix}\begin{pmatrix}1\\ 0\end{pmatrix}=\begin{pmatrix}a\\ c\end{pmatrix}$

$\begin{pmatrix}a & b\\ c & d\end{pmatrix}\begin{pmatrix}a\\ c\end{pmatrix}=\begin{pmatrix}a^2+bc\\ (a+d)c\end{pmatrix}$

より

P(1, 0)，Q(a, c)，

R(a^2+bc, $(a+d)c$)

ここで

$a^2+bc=a^2+ad-1\qquad(\because\ ad-bc=1)$

$=(a+d)a-1=-a-1\qquad(\because\ a+d=-1)$

に注意すると，R$(-a-1,\ -c)$

PQ$=\sqrt{5}$ より

$(a-1)^2+c^2=5$ ……(i)

また

$\overrightarrow{PQ}=(a-1,\ c)$，$\overrightarrow{PR}=(-a-2,\ -c)$

であり

△PQR の面積が $\dfrac{3}{2}$ であることから

$\dfrac{1}{2}|(a-1)\cdot(-c)-c\cdot(-a-2)|=\dfrac{3}{2}$

$\therefore\ |3c|=3\qquad\therefore\ |c|=1\qquad\therefore\ c=\pm1$

(i)より，$(a-1)^2=4\qquad\therefore\ a=3,\ -1$

最後に，$a+d=-1$，$ad-bc=1$ より

求める行列 A は

$\begin{pmatrix}3 & -13\\ 1 & -4\end{pmatrix}$，$\begin{pmatrix}3 & 13\\ -1 & -4\end{pmatrix}$，

$\begin{pmatrix}-1 & -1\\ 1 & 0\end{pmatrix}$，$\begin{pmatrix}-1 & 1\\ -1 & 0\end{pmatrix}$

総合演習⑤
確率の集中特訓

1　(1)　余事象の確率を考える。

積 X_1X_2 が18より大である目の出方は

$(X_1,\ X_2)$：(4, 5)，(4, 6)，(5, 4)，(5, 5)，(5, 6)，(6, 4)，(6, 5)，(6, 6)

の8通り。

よって，積 X_1X_2 が18より大である確率（余事象の確率）は　$\dfrac{8}{6^2}=\dfrac{2}{9}$

したがって，積 X_1X_2 が18以下である確率は

$1-\dfrac{2}{9}=\dfrac{7}{9}$

(2) 積 $X_1X_2\cdots X_n$ が偶数であるのは，少なくとも1つの目が偶数のときであり，その余事象は「すべて奇数の目」であるから

$$1-\left(\frac{1}{2}\right)^n=1-\frac{1}{2^n}$$

(3) 積 $X_1X_2\cdots X_n$ が4の倍数となるのは，次の2つの場合がある。

(i) 偶数の目が2つ以上のとき；

$$1-\left(\frac{1}{2}\right)^n-{}_n\mathrm{C}_1\frac{1}{2}\left(\frac{1}{2}\right)^{n-1}=1-\frac{n+1}{2^n}$$

(ii) 1つが4の目で，残りはすべて奇数の目のとき；

$${}_n\mathrm{C}_1\frac{1}{6}\left(\frac{1}{2}\right)^{n-1}=\frac{n}{3\cdot 2^n}$$

よって

積 $X_1X_2\cdots X_n$ が4の倍数である確率は

$$\left(1-\frac{n+1}{2^n}\right)+\frac{n}{3\cdot 2^n}=\frac{3\cdot 2^n-2n-3}{3\cdot 2^n}$$

(4) 次の計算

$$(3p+1)(3q+1)=3(3pq+p+q)+1$$
$$(3p+1)(3q+2)=3(3pq+2p+q)+2$$
$$(3p+2)(3q+2)=3(3pq+2p+2q+1)+1$$

により，積 $X_1X_2\cdots X_n$ を3で割ったときの余りが1であるのは

すべて3の倍数でなく，かつ，
3で割って2余る数の目（2または5）が偶数個のとき

である。

よって，求める確率は

m を $2m\leqq n$ を満たす最大の整数として

$$\sum_{k=0}^{m}{}_n\mathrm{C}_{2k}\left(\frac{1}{3}\right)^{2k}\left(\frac{1}{3}\right)^{n-2k}$$

$$=\frac{1}{3^n}\sum_{k=0}^{m}{}_n\mathrm{C}_{2k}$$

ここで，二項定理より

$$\begin{cases}2^n=(1+1)^n=\sum_{l=0}^{n}{}_n\mathrm{C}_l & \cdots\cdots① \\ 0=(1-1)^n=\sum_{l=0}^{n}{}_n\mathrm{C}_l(-1)^l & \cdots\cdots②\end{cases}$$

①＋② より

$$2^n=\sum_{k=0}^{m}2\cdot{}_n\mathrm{C}_{2k} \qquad \therefore\ \sum_{k=0}^{m}{}_n\mathrm{C}_{2k}=2^{n-1}$$

よって，積 $X_1X_2\cdots X_n$ を3で割ったときの余りが1である確率は

$$\frac{2^{n-1}}{3^n}$$

2 部屋Rも右のように定める。
そこで，球が n 秒後に部屋P，Q，Rにある確率を p_n，q_n，r_n とする。

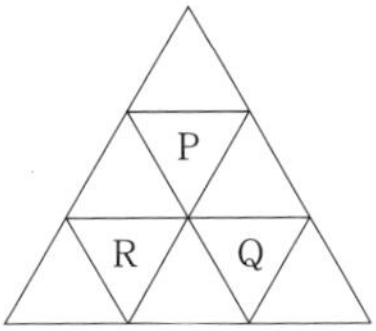

Pを出発し，1秒ごとに辺を共有する隣の部屋に移動するから，奇数秒後，偶数秒後にいる場所は右のようになる。

$$p_{2k-1}=q_{2k-1}=r_{2k-1}=0$$
$$p_{2k}+q_{2k}+r_{2k}=1,\quad q_{2k}=r_{2k}$$

より，$p_{2k}=1-2q_{2k}$

$$q_0=0,\quad q_1=0,\quad q_2=\frac{1}{3}\times\frac{1}{2}=\frac{1}{6}$$

さて，図より

$$q_{2k+2}=p_{2k}\times\frac{1}{3}\times\frac{1}{2}+r_{2k}\times\frac{1}{3}\times\frac{1}{2}$$
$$+q_{2k}\times\left(\frac{1}{3}\times\frac{1}{2}+\frac{1}{3}\times\frac{1}{2}+\frac{1}{3}\times 1\right)$$
$$=\frac{1}{6}p_{2k}+\frac{1}{6}r_{2k}+\frac{2}{3}q_{2k}$$
$$=\frac{1}{6}(1-2q_{2k})+\frac{1}{6}q_{2k}+\frac{2}{3}q_{2k}=\frac{1}{2}q_{2k}+\frac{1}{6}$$

よって

$$q_{2k+2}=\frac{1}{2}q_{2k}+\frac{1}{6} \quad \cdots\cdots①$$
$$\alpha=\frac{1}{2}\alpha+\frac{1}{6} \quad \cdots\cdots②$$

①－② より　$q_{2k+2}-\alpha=\frac{1}{2}(q_{2k}-\alpha)$

$$\therefore\quad q_{2k}-\alpha=(q_2-\alpha)\left(\frac{1}{2}\right)^{k-1}$$

$q_2=\frac{1}{6}$　②より，$\alpha=\frac{1}{3}$ だから

$$q_{2k}-\frac{1}{3}=-\frac{1}{6}\left(\frac{1}{2}\right)^{k-1}$$

$$\therefore\quad q_{2k}=\frac{1}{3}-\frac{1}{3}\left(\frac{1}{2}\right)^k=\frac{1}{3}\left\{1-\left(\frac{1}{2}\right)^k\right\}$$

以上より

$$q_n=\begin{cases}0 & (n=2k-1) \\ \frac{1}{3}\left\{1-\left(\frac{1}{2}\right)^k\right\} & (n=2k)\end{cases}$$

3　箱の中身を丁寧に追跡してみよう。
箱と球の対応を次のように表そう。
「赤青黄」は赤の箱に赤の球，青の箱に青の球，黄色の箱に黄の球が入っていることを表す。
すなわち，左から順に，赤の箱，青の箱，黄色の箱の中の球の色とする。
操作ごとに中身がどのように変化しているかを整理してみる。

初め：赤青黄
1回後：青赤黄，黄青赤，赤黄青
2回後：赤青黄，黄赤青，青黄赤
3回後：青赤黄，黄青赤，赤黄青
以降この繰り返し

すなわち，n 回の操作後の内容は
（i）　$n=2k-1$ のとき
$\frac{1}{3}$ ずつの等確率で
青赤黄，黄青赤，赤黄青
（ii）　$n=2k$ のとき
$\frac{1}{3}$ ずつの等確率で
赤青黄，黄赤青，青黄赤
以上の準備のもとで各問いに答えていく。
(1)　赤色の球が赤色の箱に入っている確率は n の偶奇によらず $\frac{1}{3}$
(2)　箱とその中の球の色が一致している箱の個数を X_n とすると，X_n のとり得る値は
$$X_n=0,\ 1,\ 3$$
であり
（i）　$n=2k-1$ のとき；
$$P(X_n=0)=0$$
$$P(X_n=1)=1$$
$$P(X_n=3)=0$$
$$\therefore\quad E(X_n)=0\times0+1\times1+3\times0=1$$
（ii）　$n=2k$ のとき；
$$P(X_n=0)=\frac{2}{3}$$
$$P(X_n=1)=0$$
$$P(X_n=3)=\frac{1}{3}$$
$$\therefore\quad E(X_n)=0\times\frac{2}{3}+1\times0+3\times\frac{1}{3}=1$$
よって，箱とその中の球の色が一致している箱の個数の期待値は，n の偶奇によらず
$$E(X_n)=1$$
(3)　2つの事象 R，B を次のように定める。
$$\begin{cases} R：赤色の球が赤色の箱に入っている \\ B：青色の球が青色の箱に入っている \end{cases}$$
（i）　$n=2k-1$ のとき；
$\frac{1}{3}$ ずつの等確率で
青赤黄，黄青赤，赤黄青
であるから
$$P(R)=P(B)=\frac{1}{3},\ P(R\cap B)=0$$
$$\therefore\quad P(R\cap B)\fallingdotseq P(R)\cdot P(B)$$
（ii）　$n=2k$ のとき；
$\frac{1}{3}$ ずつの等確率で
赤青黄，黄赤青，青黄赤
であるから
$$P(R)=P(B)=\frac{1}{3},\ P(R\cap B)=\frac{1}{3}$$
$$\therefore\quad P(R\cap B)\fallingdotseq P(R)\cdot P(B)$$
よって，n の偶奇によらず，
$$P(R\cap B)\fallingdotseq P(R)\cdot P(B)$$
であるから2つの事象 R，B は独立ではない。

4　(1)　円順列であることに注意して考える。
座り方の総数は，$n-1$ 通り。
2人が隣り合わない座り方は，$n-3$ 通り。
よって，$P(n,\ 2)=\dfrac{n-3}{n-1}$
(2)　座り方の総数は
$${}_{n-1}\mathrm{P}_{m-1}=\frac{(n-1)!}{(n-m)!}\ (通り)$$
まず，$n-m$ 個の空席を円に並べておく。
そのあと，m 人が隙間に入っていく。
円順列であることに注意して考える。
m 人のどの2人も隣り合わない座り方は
$${}_{n-m-1}\mathrm{P}_{m-1}=\frac{(n-m-1)!}{(n-2m)!}\ (通り)$$
よって
$$P(n,\ m)=\frac{\dfrac{(n-m-1)!}{(n-2m)!}}{\dfrac{(n-1)!}{(n-m)!}}$$
$$=\frac{(n-m-1)!\cdot(n-m)!}{(n-1)!\cdot(n-2m)!}$$
(3)　$\displaystyle\lim_{m\to\infty}P(m^2,\ m)$
$$=\lim_{m\to\infty}\frac{(m^2-m-1)!\cdot(m^2-m)!}{(m^2-1)!\cdot(m^2-2m)!}$$

$$=\lim_{m\to\infty}\frac{(m^2-m)(m^2-m-1)\cdots(m^2-2m+1)}{(m^2-1)(m^2-2)\cdots(m^2-m)}$$

$$=\lim_{m\to\infty}\left(1-\frac{m-1}{m^2-1}\right)\left(1-\frac{m-1}{m^2-2}\right)\cdots\left(1-\frac{m-1}{m^2-m}\right)$$

ここで

$$\left(1-\frac{m-1}{m^2-m}\right)^m<\left(1-\frac{m-1}{m^2-1}\right)\left(1-\frac{m-1}{m^2-2}\right)\cdots\left(1-\frac{m-1}{m^2-m}\right)<\left(1-\frac{m-1}{m^2-1}\right)^m$$

より

$$\left(1-\frac{1}{m}\right)^m<\left(1-\frac{m-1}{m^2-1}\right)\left(1-\frac{m-1}{m^2-2}\right)\cdots\left(1-\frac{m-1}{m^2-m}\right)<\left(1-\frac{1}{m+1}\right)^m$$

さらに

$$\lim_{m\to\infty}\left(1-\frac{1}{m}\right)^m=\frac{1}{e}$$

$$\lim_{m\to\infty}\left(1-\frac{1}{m+1}\right)^m=\frac{1}{e}$$

であるから，はさみうちの原理より

$$\lim_{m\to\infty}P(m^2,\ m)=\frac{1}{e}$$

5 (1) n 回目にBがサイコロを投げる確率を b_n とする。

$a_1=1$，$b_1=0$

$a_{n+1}=a_n\times\frac{1}{2}+b_n\times\frac{1}{3}$ より

$$a_{n+1}=\frac{1}{2}a_n+\frac{1}{3}b_n \quad \cdots\cdots①$$

$b_{n+1}=a_n\times\frac{1}{3}+b_n\times\frac{1}{2}$ より

$$b_{n+1}=\frac{1}{3}a_n+\frac{1}{2}b_n \quad \cdots\cdots②$$

①＋② より

$$a_{n+1}+b_{n+1}=\frac{5}{6}(a_n+b_n)$$

$$\therefore\quad a_n+b_n=(a_1+b_1)\left(\frac{5}{6}\right)^{n-1}=\left(\frac{5}{6}\right)^{n-1} \quad \cdots\cdots③$$

①－② より

$$a_{n+1}-b_{n+1}=\frac{1}{6}(a_n-b_n)$$

$$\therefore\quad a_n-b_n=(a_1-b_1)\left(\frac{1}{6}\right)^{n-1}=\left(\frac{1}{6}\right)^{n-1} \quad \cdots\cdots④$$

(③＋④)÷2 より

$$a_n=\frac{1}{2}\left\{\left(\frac{5}{6}\right)^{n-1}+\left(\frac{1}{6}\right)^{n-1}\right\}$$

【参考】 (③－④)÷2 より

$$b_n=\frac{1}{2}\left\{\left(\frac{5}{6}\right)^{n-1}-\left(\frac{1}{6}\right)^{n-1}\right\}$$

(2) ちょうど n 回目のサイコロ投げでAが勝つのは n 回目にAがサイコロを投げて，6の目を出せばよいから

$$p_n=a_n\times\frac{1}{6}=\frac{1}{12}\left\{\left(\frac{5}{6}\right)^{n-1}+\left(\frac{1}{6}\right)^{n-1}\right\}$$

【参考】 ちょうど n 回目でBが勝つ確率は

$$b_n\times\frac{1}{6}=\frac{1}{12}\left\{\left(\frac{5}{6}\right)^{n-1}-\left(\frac{1}{6}\right)^{n-1}\right\}$$

(3) $q_n=\sum_{k=1}^{n}p_k=\sum_{k=1}^{n}\frac{1}{12}\left\{\left(\frac{5}{6}\right)^{k-1}+\left(\frac{1}{6}\right)^{k-1}\right\}$

$$=\sum_{k=1}^{n}\frac{1}{12}\left(\frac{5}{6}\right)^{k-1}+\sum_{k=1}^{n}\frac{1}{12}\left(\frac{1}{6}\right)^{k-1}$$

$$=\frac{1}{12}\cdot\frac{1-\left(\frac{5}{6}\right)^n}{1-\frac{5}{6}}+\frac{1}{12}\cdot\frac{1-\left(\frac{1}{6}\right)^n}{1-\frac{1}{6}}$$

$$=\frac{1}{2}\left\{1-\left(\frac{5}{6}\right)^n\right\}+\frac{1}{10}\left\{1-\left(\frac{1}{6}\right)^n\right\}$$

$$=\frac{3}{5}-\frac{1}{2}\left(\frac{5}{6}\right)^n-\frac{1}{10}\left(\frac{1}{6}\right)^n$$

【参考】 Aが勝つ確率は

$$\sum_{n=1}^{\infty}\frac{1}{12}\left\{\left(\frac{5}{6}\right)^{n-1}+\left(\frac{1}{6}\right)^{n-1}\right\}$$

$$=\frac{\frac{1}{12}}{1-\frac{5}{6}}+\frac{\frac{1}{12}}{1-\frac{1}{6}}=\frac{1}{2}+\frac{1}{10}=\frac{3}{5}$$

Bが勝つ確率は

$$\sum_{n=1}^{\infty}\frac{1}{12}\left\{\left(\frac{5}{6}\right)^{n-1}-\left(\frac{1}{6}\right)^{n-1}\right\}$$

$$=\frac{\frac{1}{12}}{1-\frac{5}{6}}-\frac{\frac{1}{12}}{1-\frac{1}{6}}=\frac{1}{2}-\frac{1}{10}=\frac{2}{5}$$

6 (1) $Q_2=p\times p=p^2$

$Q_3=(1-p)\times p\times p=(1-p)p^2$

$Q_4=1\times(1-p)\times p\times p=(1-p)p^2$

よって　$Q_2=p^2$, $Q_3=Q_4=(1-p)p^2$

(2) $n+2$ 回目に初めて 2 回続けて表が出るのは次の 2 つの場合

(i) 1 回目に表が出たとき；
2 回目は裏で，その後の n 回目で初めて 2 回続けて表が出る

(ii) 1 回目に裏が出たとき；
その後の $n+1$ 回目で初めて 2 回続けて表が出る

であるから

$$Q_{n+2}=p(1-p)Q_n+(1-p)Q_{n+1}$$

(3) $p=\frac{3}{7}$ より

$$Q_{n+2}=\frac{12}{49}Q_n+\frac{4}{7}Q_{n+1}$$

$$\therefore\quad Q_{n+2}-\frac{4}{7}Q_{n+1}-\frac{12}{49}Q_n=0$$

また

$$Q_2=\left(\frac{3}{7}\right)^2=\frac{9}{49}$$

$$Q_3=Q_4=\frac{4}{7}\left(\frac{3}{7}\right)^2=\frac{36}{343}$$

であるから

$$Q_3=\frac{12}{49}Q_1+\frac{4}{7}Q_2$$

により Q_1 を定義すると

$$\frac{12}{49}Q_1=Q_3-\frac{4}{7}Q_2$$

$$=\frac{4}{7}\left(\frac{3}{7}\right)^2-\frac{4}{7}\left(\frac{3}{7}\right)^2=0 \qquad \therefore\quad Q_1=0$$

$t^2-\frac{4}{7}t-\frac{12}{49}=0$ とすると

$$\left(t-\frac{6}{7}\right)\left(t+\frac{2}{7}\right)=0 \qquad \therefore\quad t=\frac{6}{7},\ -\frac{2}{7}$$

よって

$$Q_{n+2}-\frac{4}{7}Q_{n+1}-\frac{12}{49}Q_n=0$$

は次のように変形できる。

$$Q_{n+2}-\frac{6}{7}Q_{n+1}=-\frac{2}{7}\left(Q_{n+1}-\frac{6}{7}Q_n\right) \quad \cdots\cdots①$$

$$Q_{n+2}+\frac{2}{7}Q_{n+1}=\frac{6}{7}\left(Q_{n+1}+\frac{2}{7}Q_n\right) \quad \cdots\cdots②$$

①より

$$Q_{n+1}-\frac{6}{7}Q_n=\left(Q_2-\frac{6}{7}Q_1\right)\left(-\frac{2}{7}\right)^{n-1}$$

$$\therefore\quad Q_{n+1}-\frac{6}{7}Q_n=\frac{9}{49}\left(-\frac{2}{7}\right)^{n-1} \quad \cdots\cdots③$$

②より

$$Q_{n+1}+\frac{2}{7}Q_n=\left(Q_2+\frac{2}{7}Q_1\right)\left(\frac{6}{7}\right)^{n-1}$$

$$\therefore\quad Q_{n+1}+\frac{2}{7}Q_n=\frac{9}{49}\left(\frac{6}{7}\right)^{n-1} \quad \cdots\cdots④$$

④−③ より

$$\frac{8}{7}Q_n=\frac{9}{49}\left\{\left(\frac{6}{7}\right)^{n-1}-\left(-\frac{2}{7}\right)^{n-1}\right\}$$

$$\therefore\quad Q_n=\frac{9}{56}\left\{\left(\frac{6}{7}\right)^{n-1}-\left(-\frac{2}{7}\right)^{n-1}\right\}$$

7 (1) p_2：「白白」以外であればよいから

$$p_2=1-\left(\frac{1}{3}\right)^2=\frac{8}{9}$$

p_3：「白白白」「白白黒」「黒白白」以外であればよいから

$$p_3=1-\left(\frac{1}{3}\right)^3-\left(\frac{1}{3}\right)^2\frac{2}{3}-\frac{2}{3}\left(\frac{1}{3}\right)^2$$

$$=1-\frac{5}{27}=\frac{22}{27}$$

よって，$p_2=\frac{8}{9}$, $p_3=\frac{22}{27}$

(2) 明らかに

$$a_{n+1}=\frac{2}{3}a_n+\frac{2}{3}b_n,\quad b_{n+1}=\frac{1}{3}a_n$$

(3) (2)より

$$a_{n+1}=\frac{2}{3}a_n+\frac{2}{9}a_{n-1}$$

$$b_{n+1}=\frac{2}{3}b_n+\frac{2}{9}b_{n-1}$$

よって

$$p_{n+1}=\frac{2}{3}p_n+\frac{2}{9}p_{n-1}$$

(4) $p_n>\left(\frac{8}{9}\right)^n$ ……(＊)　とおく。

(I) $n=2$, 3 のとき

$$p_2=\frac{8}{9}>\left(\frac{8}{9}\right)^2$$

$$p_3=\frac{22}{27}=\frac{594}{729}>\frac{512}{729}=\left(\frac{8}{9}\right)^3$$

より，$n=2$, 3 のとき（＊）は成り立つ。

(Ⅱ)　$n=k-1,\ k$ のとき（＊）が成り立つとする。すなわち

$$p_{k-1}>\left(\frac{8}{9}\right)^{k-1},\ p_k>\left(\frac{8}{9}\right)^k$$

このとき

$$p_{k+1}=\frac{2}{3}p_k+\frac{2}{9}p_{k-1}$$
$$>\frac{2}{3}\left(\frac{8}{9}\right)^k+\frac{2}{9}\left(\frac{8}{9}\right)^{k-1}$$
$$=\left(\frac{16}{27}+\frac{2}{9}\right)\left(\frac{8}{9}\right)^{k-1}=\frac{22}{27}\left(\frac{8}{9}\right)^{k-1}$$
$$>\left(\frac{8}{9}\right)^2\left(\frac{8}{9}\right)^{k-1}=\left(\frac{8}{9}\right)^{k+1}$$

よって，$n=k-1,\ k$ のとき（＊）が成り立てば，$n=k+1$ でも（＊）は成り立つ。
(Ⅰ)，(Ⅱ)より，2以上のすべての自然数 n に対して（＊）は成り立つ。

8　(1)　点Pの移動を追跡しよう。

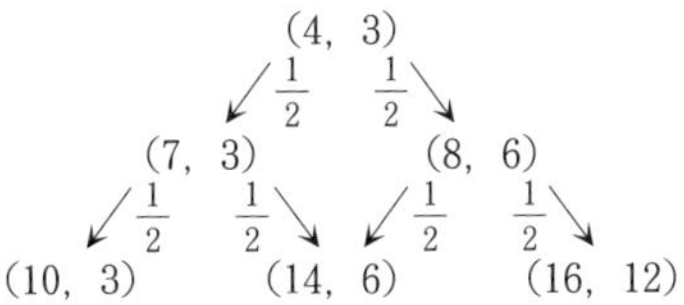

よって，求める確率は $\left(\frac{1}{2}\right)^2+\left(\frac{1}{2}\right)^2=\frac{1}{2}$

(2)　明らかに求める座標は
$(4\cdot 2^n,\ 3\cdot 2^n)=(2^{n+2},\ 3\cdot 2^n)$

(3)　表裏と裏表の順番の違いについて；
表裏：$(l,\ m)\to(l+m,\ m)$
$\to(2l+2m,\ 2m)$
裏表：$(l,\ m)\to(2l,\ 2m)$
$\to(2l+2m,\ 2m)$

表裏と裏表の順番の違いによる影響はない。したがって，${}_n\mathrm{C}_k$ 通りのすべてが，初めの k 回が表で，残りが裏と考えてよい。
初め：$(4,\ 3)\to\cdots\cdots\to(4+3k,\ 3)$
$\to((3k+4)\cdot 2,\ 3\cdot 2)$
$\to\cdots\cdots\to((3k+4)\cdot 2^{n-k},\ 3\cdot 2^{n-k})$
よって，点Pの座標は
$((3k+4)\cdot 2^{n-k},\ 3\cdot 2^{n-k})$

(4)　求める期待値は

$$\sum_{k=0}^{n}(3\cdot 2^{n-k})\cdot\frac{{}_n\mathrm{C}_k}{2^n}=\frac{3}{2^n}\sum_{k=0}^{n}{}_n\mathrm{C}_k 2^{n-k}$$
$$=\frac{3}{2^n}(1+2)^n=\frac{3^{n+1}}{2^n}$$

9　(1)　BBBと持ち帰るから

$$\frac{1}{2}\times\frac{1}{2}\times\frac{1}{2}=\frac{1}{8}$$

(2)　AABと持ち帰る確率は，$\frac{1}{2}\times\frac{1}{2}\times 1=\frac{1}{4}$

ABAと持ち帰る確率は，$\frac{1}{2}\times\frac{1}{2}\times\frac{1}{2}=\frac{1}{8}$

BAAと持ち帰る確率は，$\frac{1}{2}\times\frac{1}{2}\times\frac{1}{2}=\frac{1}{8}$

よって，Bのカードが2枚残る確率は

$$\frac{1}{4}+\frac{1}{8}+\frac{1}{8}=\frac{1}{2}$$

(3)　2つの事象 $E,\ F$ を次のように定める。
E：Bのカードが2枚残る。
F：1番目の人がBのカードを持ち帰る。
このとき，求めたい確率は

$$P_E(F)=\frac{P(E\cap F)}{P(E)}$$

ここで　$P(E)=\frac{1}{2},\ P(E\cap F)=\frac{1}{8}$

であるから　$P_E(F)=\frac{1}{4}$

10　(1)　2枚のカードを取り出したところで負けとなる取り出し方は
(1, 2)，(2, 1)，(2, 4)，(4, 2)
の4通りだから，求める確率は

$$\frac{4}{5\times 4}=\frac{1}{5}$$

(2)　3枚のカードを取り出したところで負けとなる取り出し方は
(1, 0, 2)，(1, 3, 2)，(2, 0, 1)，
(2, 0, 4)，(2, 3, 1)，(2, 3, 4)，
(4, 0, 2)，(4, 3, 2)
の8通りだから　$\frac{8}{5\times 4\times 3}=\frac{2}{15}$

(3)　●1枚のカードを取り出したところで負けとなる確率を求める。
1枚のカードを取り出したところで負けとなる取り出し方は，0，3の2通りだから $\frac{2}{5}$

●4枚のカードを取り出したところで負けとなる確率を求める。
4枚のカードを取り出したところで負けとなる取り出し方は
(1, 0, 3, 2)，(1, 3, 0, 2)，(2, 0, 3, 1)，
(2, 0, 3, 4)，(2, 3, 0, 1)，(2, 3, 0, 4)，
(4, 0, 3, 2)，(4, 3, 0, 2)

の8通りだから　$\dfrac{8}{5\times4\times3\times2}=\dfrac{1}{15}$

よって，このゲームで勝つ確率は

$$1-\left(\frac{2}{5}+\frac{1}{5}+\frac{2}{15}+\frac{1}{15}\right)=1-\frac{4}{5}=\frac{1}{5}$$

11　裏のコインの枚数が n の状態を

A_n ($n=0,\ 1,\ 2,\ 3$)

で表すことにする。

(1)　状態の変化およびその確率を整理すると

(Ⅰ)　$A_0 \underset{1}{\to} A_1 \underset{\frac{1}{3}}{\to} A_0 \underset{1}{\to} A_1 \underset{\frac{2}{3}}{\to} A_2 \underset{\frac{1}{3}}{\to} A_3$

確率は　$1\times\dfrac{1}{3}\times1\times\dfrac{2}{3}\times\dfrac{1}{3}=\dfrac{2}{27}$

(Ⅱ)　$A_0 \underset{1}{\to} A_1 \underset{\frac{2}{3}}{\to} A_2 \underset{\frac{2}{3}}{\to} A_1 \underset{\frac{2}{3}}{\to} A_2 \underset{\frac{1}{3}}{\to} A_3$

確率は　$1\times\dfrac{2}{3}\times\dfrac{2}{3}\times\dfrac{2}{3}\times\dfrac{1}{3}=\dfrac{8}{81}$

(Ⅲ)　$A_0 \underset{1}{\to} A_1 \underset{\frac{2}{3}}{\to} A_2 \underset{\frac{1}{3}}{\to} A_3 \underset{1}{\to} A_2 \underset{\frac{1}{3}}{\to} A_3$

確率は　$1\times\dfrac{2}{3}\times\dfrac{1}{3}\times1\times\dfrac{1}{3}=\dfrac{2}{27}$

よって，サイコロを5回投げたとき，3枚とも裏である確率は

$$\frac{2}{27}+\frac{8}{81}+\frac{2}{27}=\frac{6+8+6}{81}=\frac{20}{81}$$

(2)　状態の変化およびその確率を整理すると

(Ⅰ)　$A_0 \underset{1}{\to} A_1 \underset{\frac{1}{3}}{\to} A_0 \underset{1}{\to} A_1 \underset{\frac{2}{3}}{\to} A_2 \underset{\frac{1}{3}}{\to} A_3$

確率は　$1\times\dfrac{1}{3}\times1\times\dfrac{2}{3}\times\dfrac{1}{3}=\dfrac{2}{27}$

(Ⅱ)　$A_0 \underset{1}{\to} A_1 \underset{\frac{2}{3}}{\to} A_2 \underset{\frac{2}{3}}{\to} A_1 \underset{\frac{2}{3}}{\to} A_2 \underset{\frac{1}{3}}{\to} A_3$

確率は　$1\times\dfrac{2}{3}\times\dfrac{2}{3}\times\dfrac{2}{3}\times\dfrac{1}{3}=\dfrac{8}{81}$

よって，サイコロを5回投げたとき，初めて3枚とも裏になる確率は

$$\frac{2}{27}+\frac{8}{81}=\frac{6+8}{81}=\frac{14}{81}$$

(3)　「A_0 は最初だけ，A_3 は最後だけ」となる状態の変化を考える。

- $A_0 \underset{1}{\to} A_1 \underset{\frac{2}{3}}{\to} A_2 \underset{\frac{1}{3}}{\to} A_3$

確率は　$1\times\dfrac{2}{3}\times\dfrac{1}{3}=\dfrac{1}{3}\cdot\dfrac{2}{3}$

- $A_0 \underset{1}{\to} A_1 \underset{\frac{2}{3}}{\to} A_2 \underset{\frac{2}{3}}{\to} A_1 \underset{\frac{2}{3}}{\to} A_2 \underset{\frac{1}{3}}{\to} A_3$

確率は　$1\times\left(\dfrac{2}{3}\right)^3\times\dfrac{1}{3}=\dfrac{1}{3}\left(\dfrac{2}{3}\right)^3$

- $A_0 \underset{1}{\to} A_1 \underset{\frac{2}{3}}{\to} A_2 \underset{\frac{2}{3}}{\to} A_1 \underset{\frac{2}{3}}{\to} A_2 \underset{\frac{2}{3}}{\to} A_1 \underset{\frac{2}{3}}{\to} A_2 \underset{\frac{1}{3}}{\to} A_3$

確率は　$1\times\left(\dfrac{2}{3}\right)^5\times\dfrac{1}{3}=\dfrac{1}{3}\left(\dfrac{2}{3}\right)^5$

……

よって，求める確率は

$$\sum_{n=1}^{\infty}\frac{1}{3}\left(\frac{2}{3}\right)^{2n-1}=\sum_{n=1}^{\infty}\frac{2}{9}\left(\frac{4}{9}\right)^{n-1}$$

$$=\frac{\frac{2}{9}}{1-\frac{4}{9}}=\frac{2}{5}$$

[(1)，(2)の別解]

(1)　サイコロを5回投げたとき，3枚とも裏であるためには

1または2の目，3または4の目，5または6の目の出る回数が

$(3,\ 1,\ 1)$，$(1,\ 3,\ 1)$，$(1,\ 1,\ 3)$

のときであるから

$$\left\{\frac{5!}{3!}\times\left(\frac{1}{3}\right)^3\cdot\frac{1}{3}\cdot\frac{1}{3}\right\}\times3=\frac{20}{81}$$

(2)「サイコロを5回投げたとき3枚とも裏であり，かつ，

サイコロを3回投げた時点でも3枚とも裏になっていた」　⬅注意!!

という確率は

$$\left(3!\times\frac{1}{3}\cdot\frac{1}{3}\cdot\frac{1}{3}\right)\times\left(3\times\frac{1}{3}\cdot\frac{1}{3}\right)=\frac{2}{27}$$

よって，サイコロを5回投げたとき，初めて3枚とも裏になる確率は

$$\frac{20}{81}-\frac{2}{27}=\frac{14}{81}$$

(注)　(1)の答の $\dfrac{20}{81}$ から

サイコロを3回投げたとき3枚とも裏になる確率

$$3!\times\frac{1}{3}\cdot\frac{1}{3}\cdot\frac{1}{3}=\frac{2}{9}$$

を引いて

$$\frac{20}{81}-\frac{2}{9}=\frac{2}{81}$$

という間違いをしないように!!

12 (1) 次は明らか。

$a_1=\frac{1}{2},\ b_1=\frac{1}{2},\ c_1=0$

(2) 明らかに次が成り立つ。

$$\begin{cases} a_{n+1}=a_n\times\frac{1}{2}+b_n\times0+c_n\times\frac{1}{2} \\ \qquad =\frac{1}{2}a_n+\frac{1}{2}c_n \\ b_{n+1}=a_n\times\frac{1}{2}+b_n\times\frac{1}{2}+c_n\times0 \\ \qquad =\frac{1}{2}a_n+\frac{1}{2}b_n \\ c_{n+1}=a_n\times0+b_n\times\frac{1}{2}+c_n\times\frac{1}{2} \\ \qquad =\frac{1}{2}b_n+\frac{1}{2}c_n \end{cases}$$

よって

$$\begin{cases} a_2=\frac{1}{2}a_1+\frac{1}{2}c_1=\frac{1}{4} \\ b_2=\frac{1}{2}a_1+\frac{1}{2}b_1=\frac{1}{2} \\ c_2=\frac{1}{2}b_1+\frac{1}{2}c_1=\frac{1}{4} \end{cases}$$

さらに

$$\begin{cases} a_3=\frac{1}{2}a_2+\frac{1}{2}c_2=\frac{1}{8}+\frac{1}{8}=\frac{1}{4} \\ b_3=\frac{1}{2}a_2+\frac{1}{2}b_2=\frac{1}{8}+\frac{1}{4}=\frac{3}{8} \\ c_3=\frac{1}{2}b_2+\frac{1}{2}c_2=\frac{1}{4}+\frac{1}{8}=\frac{3}{8} \end{cases}$$

(3) 数学的帰納法で証明しよう。

「a_n, b_n, c_n のうち2つの値が一致する。」

……(＊) とおく。

（Ⅰ） $n=1$ のとき

$a_1=\frac{1}{2},\ b_1=\frac{1}{2},\ c_1=0$

であるから（＊）は成り立つ。

（Ⅱ） $n=k$ のとき（＊）が成り立つとする。

すなわち

「a_k, b_k, c_k のうち2つの値が一致する。」

$$\begin{cases} a_{k+1}=\frac{1}{2}a_k+\frac{1}{2}c_k \\ b_{k+1}=\frac{1}{2}a_k+\frac{1}{2}b_k \\ c_{k+1}=\frac{1}{2}b_k+\frac{1}{2}c_k \end{cases}$$

より

$$\begin{cases} a_{k+1}-b_{k+1}=\frac{1}{2}(c_k-b_k) \\ b_{k+1}-c_{k+1}=\frac{1}{2}(a_k-c_k) \\ c_{k+1}-a_{k+1}=\frac{1}{2}(b_k-a_k) \end{cases}$$

であるから

$$\begin{cases} a_k=b_k\neq c_k \text{ ならば, } c_{k+1}=a_{k+1}\neq b_{k+1} \\ b_k=c_k\neq a_k \text{ ならば, } a_{k+1}=b_{k+1}\neq c_{k+1} \\ c_k=a_k\neq b_k \text{ ならば, } b_{k+1}=c_{k+1}\neq a_{k+1} \end{cases}$$

したがって，$n=k$ のとき（＊）が成り立てば $n=k+1$ でも（＊）は成り立つ。

（Ⅰ），（Ⅱ）より，すべての自然数 n に対して（＊）は成り立つ。

(4) (3)において一致する値を p_n とするとき，残る1つの値は $1-2p_n$ である。

p_n が満たすべき漸化式を調べよう。

たとえば，$a_n=b_n\neq c_n$ とすると

$a_n=b_n=p_n$

であり，このとき(3)の証明から

$c_{n+1}=a_{n+1}\neq b_{n+1}$

であるから

$b_{n+1}=1-2p_{n+1}$

ところで

$$b_{n+1}=\frac{1}{2}a_n+\frac{1}{2}b_n$$

が成り立つから

$$1-2p_{n+1}=\frac{1}{2}p_n+\frac{1}{2}p_n$$

$$\therefore\ \ p_{n+1}=-\frac{1}{2}p_n+\frac{1}{2}\quad\cdots\cdots①$$

$$\alpha=-\frac{1}{2}\alpha+\frac{1}{2}\quad\cdots\cdots②$$

①−② より

$$p_{n+1}-\alpha=-\frac{1}{2}(p_n-\alpha)$$

$$\therefore\ \ p_n-\alpha=(p_1-\alpha)\left(-\frac{1}{2}\right)^{n-1}$$

ここで，$p_1=\frac{1}{2}$，②より $\alpha=\frac{1}{3}$ より

$$p_n-\frac{1}{3}=\left(\frac{1}{2}-\frac{1}{3}\right)\left(-\frac{1}{2}\right)^{n-1}$$

$$\therefore\ \ p_n=\frac{1}{3}+\frac{1}{6}\left(-\frac{1}{2}\right)^{n-1}$$

$$=\frac{1}{3}\left\{1-\left(-\frac{1}{2}\right)^n\right\}$$

13 (1) $p_n(2,\ 0)$

$$=\frac{1}{n}\times\left(1-\frac{1}{2n}\right)^2+\frac{1}{n}\times\left(1-\frac{2}{2n}\right)^2+\cdots+\frac{1}{n}\times\left(1-\frac{n}{2n}\right)^2$$

$$=\frac{1}{n}\sum_{k=1}^{n}\left(1-\frac{k}{2n}\right)^2$$

より

$$\lim_{n\to\infty}p_n(2,\ 0)$$

$$=\lim_{n\to\infty}\frac{1}{n}\sum_{k=1}^{n}\left(1-\frac{k}{2n}\right)^2$$

$$=\int_0^1\left(1-\frac{x}{2}\right)^2dx$$

$$=\int_0^1\left(1-x+\frac{x^2}{4}\right)dx$$

$$=\left[x-\frac{x^2}{2}+\frac{x^3}{12}\right]_0^1=1-\frac{1}{2}+\frac{1}{12}=\frac{7}{12}$$

次に

$p_n(2,\ 1)$

$$=\frac{1}{n}\times{}_2\mathrm{C}_1\frac{1}{2n}\left(1-\frac{1}{2n}\right)+\frac{1}{n}\times{}_2\mathrm{C}_1\frac{2}{2n}\left(1-\frac{2}{2n}\right)+\cdots+\frac{1}{n}\times{}_2\mathrm{C}_1\frac{n}{2n}\left(1-\frac{n}{2n}\right)$$

$$=\frac{1}{n}\sum_{k=1}^{n}\frac{k}{n}\left(1-\frac{k}{2n}\right)$$

より

$$\lim_{n\to\infty}p_n(2,\ 1)$$

$$=\lim_{n\to\infty}\frac{1}{n}\sum_{k=1}^{n}\frac{k}{n}\left(1-\frac{k}{2n}\right)$$

$$=\int_0^1x\left(1-\frac{x}{2}\right)dx$$

$$=\int_0^1\left(x-\frac{x^2}{2}\right)dx$$

$$=\left[\frac{x^2}{2}-\frac{x^3}{6}\right]_0^1=\frac{1}{2}-\frac{1}{6}=\frac{1}{3}$$

最後に

$p_n(2,\ 2)$

$$=\frac{1}{n}\times\left(\frac{1}{2n}\right)^2+\frac{1}{n}\times\left(\frac{2}{2n}\right)^2+\cdots+\frac{1}{n}\times\left(\frac{n}{2n}\right)^2$$

$$=\frac{1}{n}\sum_{k=1}^{n}\left(\frac{k}{2n}\right)^2$$

より

$$\lim_{n\to\infty}p_n(2,\ 2)$$

$$=\lim_{n\to\infty}\frac{1}{n}\sum_{k=1}^{n}\left(\frac{k}{2n}\right)^2$$

$$=\int_0^1\left(\frac{x}{2}\right)^2dx$$

$$=\int_0^1\frac{x^2}{4}dx=\left[\frac{x^3}{12}\right]_0^1=\frac{1}{12}$$

(注) 区分求積法：

$$\lim_{n\to\infty}\frac{1}{n}\sum_{k=1}^{n}f\left(\frac{k}{n}\right)=\int_0^1f(x)dx$$

(2) (1)のときと同様に考えて

$$\lim_{n\to\infty}p_n(m,\ 1)$$

$$=\lim_{n\to\infty}\frac{1}{n}\sum_{k=1}^{n}{}_m\mathrm{C}_1\frac{k}{2n}\left(1-\frac{k}{2n}\right)^{m-1}$$

$$=\lim_{n\to\infty}m\cdot\frac{1}{n}\sum_{k=1}^{n}\frac{k}{2n}\left(1-\frac{k}{2n}\right)^{m-1}$$

$$=m\int_0^1\frac{x}{2}\left(1-\frac{x}{2}\right)^{m-1}dx$$

$$=m\int_0^1\left\{1-\left(1-\frac{x}{2}\right)\right\}\left(1-\frac{x}{2}\right)^{m-1}dx$$

$$=m\int_0^1\left\{\left(1-\frac{x}{2}\right)^{m-1}-\left(1-\frac{x}{2}\right)^m\right\}dx$$

$$=m\left[-\frac{2}{m}\left(1-\frac{x}{2}\right)^m+\frac{2}{m+1}\left(1-\frac{x}{2}\right)^{m+1}\right]_0^1$$

$$=m\left[-\frac{2}{m}\left\{\left(\frac{1}{2}\right)^m-1\right\}+\frac{2}{m+1}\left\{\left(\frac{1}{2}\right)^{m+1}-1\right\}\right]$$

$$=m\left\{\left(-\frac{2}{m}+\frac{1}{m+1}\right)\left(\frac{1}{2}\right)^m+\frac{2}{m}-\frac{2}{m+1}\right\}$$

$$=\left(-2+\frac{m}{m+1}\right)\left(\frac{1}{2}\right)^m+2-\frac{2m}{m+1}$$

$$=\frac{2}{m+1}-\frac{m+2}{m+1}\left(\frac{1}{2}\right)^m$$

$$=\frac{1}{m+1}\left(2-\frac{m+2}{2^m}\right)$$

■集中ゼミ・発展研究 練習問題の解答

■集中ゼミ 練習問題の解答

●集中ゼミ 1

$$f(x)=x^2+ax+2=\left(x+\frac{a}{2}\right)^2-\frac{a^2}{4}+2$$

よって

$\begin{cases}\text{軸の方程式は } x=-\dfrac{a}{2}\\ \text{頂点の座標は } \left(-\dfrac{a}{2},\ -\dfrac{a^2}{4}+2\right)\end{cases}$

求める最大値を M，最小値を m とする。
以下，“軸の位置で場合分け”して調べる。

(Ⅰ) 最大値 M について：

(ⅰ) $-\dfrac{a}{2}\leqq\dfrac{1}{2}$ のとき，

すなわち

$a\geqq-1$

のとき

$M=f(1)$
$=a+3$

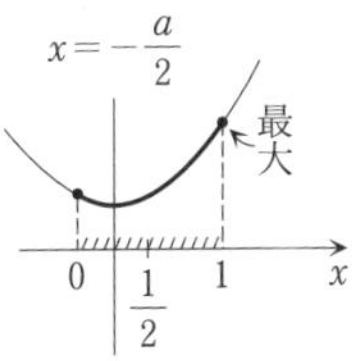

(ⅱ) $-\dfrac{a}{2}\geqq\dfrac{1}{2}$ のとき，

すなわち

$a\leqq-1$

のとき

$M=f(0)$
$=2$

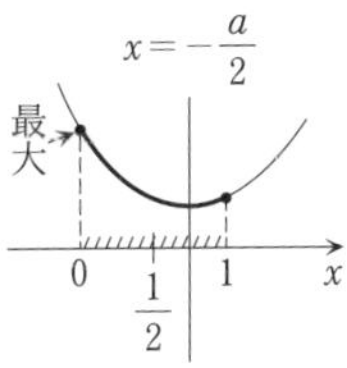

以上をまとめると

$M=\begin{cases}2 & (a\leqq-1)\\ a+3 & (a\geqq-1)\end{cases}$

(Ⅱ) 最小値 m について：

(ⅰ) $-\dfrac{a}{2}\leqq0$ のとき，

すなわち

$a\geqq0$

のとき

$m=f(0)$
$=2$

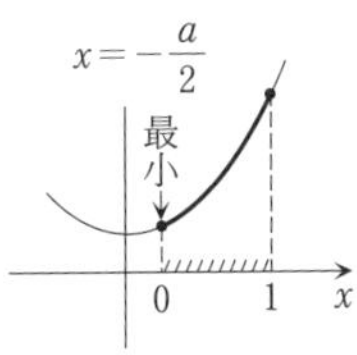

(ⅱ) $0\leqq-\dfrac{a}{2}\leqq1$ のとき，

すなわち

$-2\leqq a\leqq0$

のとき

$m=f\left(-\dfrac{a}{2}\right)$
$=-\dfrac{a^2}{4}+2$

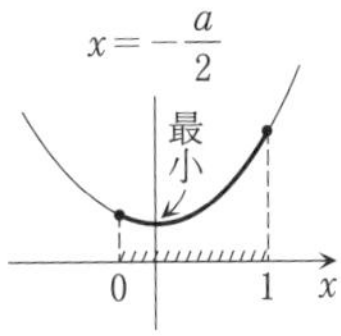

(ⅲ) $-\dfrac{a}{2}\geqq1$ のとき，

すなわち

$a\leqq-2$

のとき

$m=f(1)$
$=a+3$

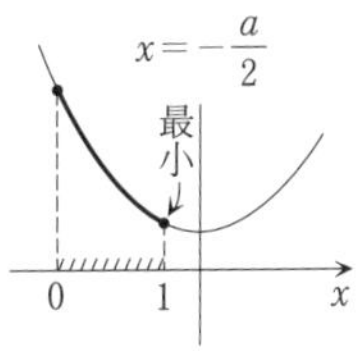

以上をまとめると

$m=\begin{cases}a+3 & (a\leqq-2)\\ -\dfrac{a^2}{4}+2 & (-2\leqq a\leqq0)\\ 2 & (a\geqq0)\end{cases}$

●集中ゼミ 2

$f(x)=x^2+2ax+a+6$
$=(x+a)^2-a^2+a+6$

よって

$\begin{cases}\text{軸の方程式は } x=-a\\ \text{頂点の座標は } (-a,\ -a^2+a+6)\end{cases}$

(1) $f(1)<0$ であればよい。

$\therefore\ 3a+7<0$

よって

$a<-\dfrac{7}{3}$

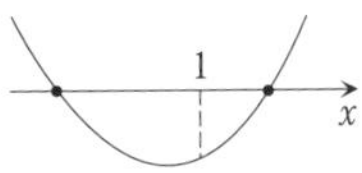

(2) 2つの解がともに1より大きいための条件は

$\begin{cases}f(1)>0 & \cdots\cdots(\text{i})\\ -a^2+a+6\leqq0 & \cdots\cdots(\text{ii})\\ -a>1 & \cdots\cdots(\text{iii})\end{cases}$

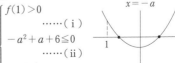

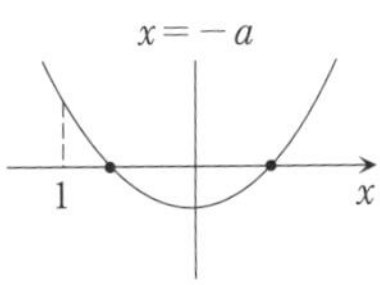

(i)より

$$3a+7>0 \quad \therefore \quad a>-\frac{7}{3} \quad \cdots\cdots ①$$

(ii)より　$a^2-a-6 \geqq 0$

$\therefore$　$a \leqq -2,\ 3 \leqq a$　……②

(iii)より　$a<-1$　……③

①，②，③より，$-\dfrac{7}{3}<a \leqq -2$

(3)　軸の位置で場合分けする。

(i)　$-a \leqq 1$　すなわち，$a \geqq -1$ のとき

$f(1)=3a+7<0$

であればよい。

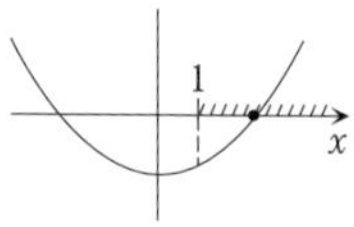

$\therefore$　$a<-\dfrac{7}{3}$

$a \geqq -1$ よりこれは不適。

(ii)　$-a>1$　すなわち，$a<-1$ のとき

$-a^2+a+6 \leqq 0$

であればよい。

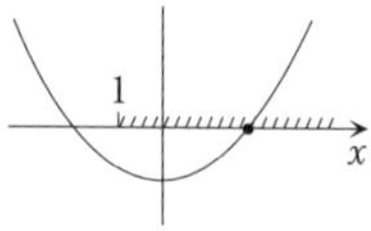

$\therefore$　$a \leqq -2,\ 3 \leqq a$

$a<-1$ のときなので

$a \leqq -2$

(i)，(ii)より，$a \leqq -2$

●集中ゼミ 3

(1)　不等式 $x^2+y^2 \leqq 1,\ y \geqq 0$ で表される領域を D とする。

$$x^2+y^2-2x+2y=k$$

とおくと

$$(x-1)^2+(y+1)^2=k+2 \quad \cdots\cdots ①$$

これは

中心が $(1,\ -1)$，半径が $\sqrt{k+2}$ の円を表す。($k>-2$ のとき)

(i)　k が最小のとき；

図より，k が最小となるとき，

①は半径 1 の円を表す。

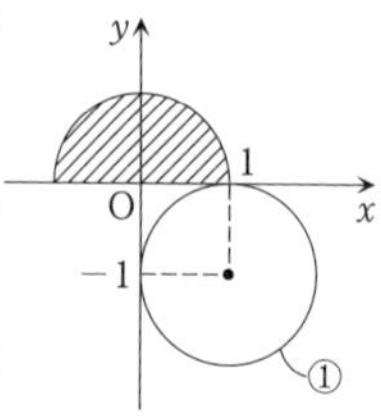

$\therefore$　$\sqrt{k+2}=1$

$\therefore$　$k=-1$

(ii)　k が最大のとき；

図より，k が最大となるとき，

①は半径 $\sqrt{2}+1$ の円を表す。

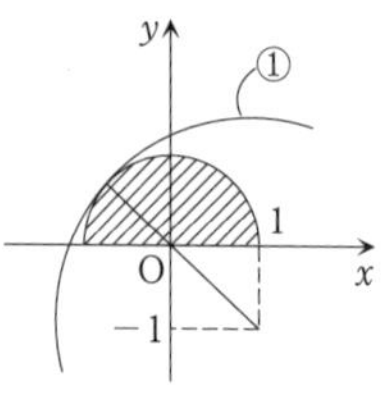

$\therefore$　$\sqrt{k+2}=\sqrt{2}+1$

$\therefore$　$k+2=3+2\sqrt{2}$

$\therefore$　$k=1+2\sqrt{2}$

以上より

最大値は $1+2\sqrt{2}$，最小値は -1

(2)　$2x^2-2xy+y^2=2$ のとき，

$x+y$ が k という値をとり得る。

$\iff \begin{cases} 2x^2-2xy+y^2=2 \\ x+y=k \end{cases}$

を満たす実数 $x,\ y$ が存在する。

$\iff 2x^2-2x(k-x)+(k-x)^2=2$

を満たす実数 x が存在する。

$\iff$ x の 2 次方程式

$5x^2-4kx+k^2-2=0$

が実数解をもつ。

よって

判別式：$\dfrac{D}{4}=(-2k)^2-5(k^2-2) \geqq 0$

$\therefore$　$-k^2+10 \geqq 0$

$k^2-10 \leqq 0$

$\therefore$　$-\sqrt{10} \leqq k \leqq \sqrt{10}$

以上より

最大値は $\sqrt{10}$，最小値は $-\sqrt{10}$

●集中ゼミ 4

(解)　右向き矢印→，左向き矢印←の○×チェックをすればよい。

(1)　$x=2 \underset{\times}{\overset{\bigcirc}{\rightleftarrows}} x^2=2x$　　よって，②

(2)　$x>0 \underset{\times}{\overset{\times}{\rightleftarrows}} x \neq 1$　　よって，④

(3)　面積が等しい $\underset{\bigcirc}{\overset{\times}{\rightleftarrows}}$ 合同　　よって，①

●集中ゼミ 5

(1)　背理法で証明する。

a と c は異符号でない，

すなわち同符号であると仮定する。

(i)　$a,\ c$ がともに正のとき

$a(a-b+c)<0$ より，$a-b+c<0$　……①

$c(a+b-c)<0$ より，$a+b-c<0$　……②

①＋② より，$2a<0$　　$\therefore$　$a<0$

これは a が正であることに反する。

(ii)　$a,\ c$ がともに負のとき

$a(a-b+c)<0$ より，$a-b+c>0$　……①

$c(a+b-c)<0$ より，$a+b-c>0$　……②

①＋② より，$2a>0$　　$\therefore$　$a>0$

これは a が負であることに反する。

以上より，a と c は異符号である。

(2) 対偶を証明する。
すなわち次の命題を証明する。
「a が無理数でないならば，a^2 は無理数でない。」
a は無理数でない，すなわち有理数であるから，2つの整数 p，q を用いて

$$a=\frac{p}{q}$$

と表すことができる。
このとき

$$a^2=\frac{p^2}{q^2}$$

であるから
a^2 は有理数，すなわち無理数でない。
(3) 背理法で証明する。
$x \fallingdotseq y$ でない，すなわち $x=y$ と仮定する。

$x^2>y$ より，$x^2>x$ ……①
$x>y^2$ より，$x>x^2$ ……②

①，②より，$x^2>x^2$　　これは不合理。
よって，$x \fallingdotseq y$ である。

●集中ゼミ 6

n を 3 で割った余りで分類して調べてみる。
（i） $n=3k$ のとき；

$n^2+n+1=(3k)^2+3k+1$
$=3(3k^2+k)+1$

よって，3 で割った余りは 1
（ii） $n=3k+1$ のとき；

$n^2+n+1=(3k+1)^2+(3k+1)+1$
$=9k^2+9k+3=3(3k^2+3k+1)$

よって，3 で割った余りは 0
（iii） $n=3k-1$ のとき；

$n^2+n+1=(3k-1)^2+(3k-1)+1$
$=9k^2-3k+1=3(3k^2-k)+1$

よって，3 で割った余りは 1
以上より
n^2+n+1 が 3 で割り切れるような n は
$n=3k+1$ と表せる整数，すなわち，
3 で割って 1 余る整数である。
$1 \leqq 3k+1 \leqq 100$ を満たす整数 k は

$k=0,\ 1,\ 2,\ \cdots,\ 33$

の 34 個ある。
すなわち，n^2+n+1 が 3 で割り切れるような 100 以下の自然数 n は全部で 34 個ある。

■発展研究 1
練習問題の解答

$\lim_{n\to\infty} a_n=\alpha$，$\lim_{n\to\infty} b_n=\beta$ とおく。
(1) 任意に正の数 ε をとってくる。
$\lim_{n\to\infty} a_n=\alpha$ であるから
ある自然数 N_1 が存在して；

$$n>N_1 \text{ ならば，} |a_n-\alpha|<\frac{\varepsilon}{2}$$

$\lim_{n\to\infty} b_n=\beta$ であるから
ある自然数 N_2 が存在して；

$$n>N_2 \text{ ならば，} |b_n-\beta|<\frac{\varepsilon}{2}$$

$N=\max\{N_1,\ N_2\}$ とおくと
$N\geqq N_1$ かつ $N\geqq N_2$ であるから
$n>N$ ならば

$|(a_n+b_n)-(\alpha+\beta)|$
$=|(a_n-\alpha)+(b_n-\beta)|$
$\leqq|a_n-\alpha|+|b_n-\beta|<\dfrac{\varepsilon}{2}+\dfrac{\varepsilon}{2}=\varepsilon$

すなわち

$|(a_n+b_n)-(\alpha+\beta)|<\varepsilon$

(2) ある正の数 C が存在して

$|a_n|<C$ かつ $|b_n|<C$

$\lim_{n\to\infty} a_n=\alpha$ であるから
ある自然数 N_1 が存在して；

$$n>N_1 \text{ ならば，} |a_n-\alpha|<\frac{\varepsilon}{2C}$$

$\lim_{n\to\infty} b_n=\beta$ であるから
ある自然数 N_2 が存在して；

$$n>N_2 \text{ ならば，} |b_n-\beta|<\frac{\varepsilon}{2C}$$

$N=\max\{N_1,\ N_2\}$ とおくと

$N\geqq N_1$ かつ $N\geqq N_2$ であるから

$n>N$ ならば

$|a_nb_n-\alpha\beta|=|(a_n-\alpha)b_n+\alpha(b_n-\beta)|$
$\leqq|a_n-\alpha||b_n|+|\alpha||b_n-\beta|$
$<\dfrac{\varepsilon}{2C}\cdot C+C\cdot\dfrac{\varepsilon}{2C}=\varepsilon$

すなわち，$|a_nb_n-\alpha\beta|<\varepsilon$

正規分布表

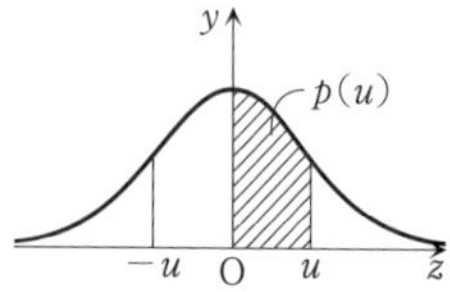

u	0.00	0.01	0.02	0.03	0.04	0.05	0.06	0.07	0.08	0.09
0.0	0.0000	0.0040	0.0080	0.0120	0.0160	0.0199	0.0239	0.0279	0.0319	0.0359
0.1	0.0398	0.0438	0.0478	0.0517	0.0557	0.0596	0.0636	0.0675	0.0714	0.0753
0.2	0.0793	0.0832	0.0871	0.0910	0.0948	0.0987	0.1026	0.1064	0.1103	0.1141
0.3	0.1179	0.1217	0.1255	0.1293	0.1331	0.1368	0.1406	0.1443	0.1480	0.1517
0.4	0.1554	0.1591	0.1628	0.1664	0.1700	0.1736	0.1772	0.1808	0.1844	0.1879
0.5	0.1915	0.1950	0.1985	0.2019	0.2054	0.2088	0.2123	0.2157	0.2190	0.2224
0.6	0.2257	0.2291	0.2324	0.2357	0.2389	0.2422	0.2454	0.2486	0.2518	0.2549
0.7	0.2580	0.2612	0.2642	0.2673	0.2704	0.2734	0.2764	0.2794	0.2823	0.2852
0.8	0.2881	0.2910	0.2939	0.2967	0.2995	0.3023	0.3051	0.3078	0.3106	0.3133
0.9	0.3159	0.3186	0.3212	0.3238	0.3264	0.3289	0.3315	0.3340	0.3365	0.3389
1.0	0.3413	0.3438	0.3461	0.3485	0.3508	0.3531	0.3554	0.3577	0.3599	0.3621
1.1	0.3643	0.3665	0.3686	0.3708	0.3729	0.3749	0.3770	0.3790	0.3810	0.3830
1.2	0.3849	0.3869	0.3888	0.3907	0.3925	0.3944	0.3962	0.3980	0.3997	0.4015
1.3	0.4032	0.4049	0.4066	0.4082	0.4099	0.4115	0.4131	0.4147	0.4162	0.4177
1.4	0.4192	0.4207	0.4222	0.4236	0.4251	0.4265	0.4279	0.4292	0.4306	0.4319
1.5	0.4332	0.4345	0.4357	0.4370	0.4382	0.4394	0.4406	0.4418	0.4429	0.4441
1.6	0.4452	0.4463	0.4474	0.4484	0.4495	0.4505	0.4515	0.4525	0.4535	0.4545
1.7	0.4554	0.4564	0.4573	0.4582	0.4591	0.4599	0.4608	0.4616	0.4625	0.4633
1.8	0.4641	0.4649	0.4656	0.4664	0.4671	0.4678	0.4686	0.4693	0.4699	0.4706
1.9	0.4713	0.4719	0.4726	0.4732	0.4738	0.4744	0.4750	0.4756	0.4761	0.4767
2.0	0.4772	0.4778	0.4783	0.4788	0.4793	0.4798	0.4803	0.4808	0.4812	0.4817
2.1	0.4821	0.4826	0.4830	0.4834	0.4838	0.4842	0.4846	0.4850	0.4854	0.4857
2.2	0.4861	0.4864	0.4868	0.4871	0.4875	0.4878	0.4881	0.4884	0.4887	0.4890
2.3	0.4893	0.4896	0.4898	0.4901	0.4904	0.4906	0.4909	0.4911	0.4913	0.4916
2.4	0.4918	0.4920	0.4922	0.4925	0.4927	0.4929	0.4931	0.4932	0.4934	0.4936
2.5	0.4938	0.4940	0.4941	0.4943	0.4945	0.4946	0.4948	0.4949	0.4951	0.4952
2.6	0.4953	0.4955	0.4956	0.4957	0.4959	0.4960	0.4961	0.4962	0.4963	0.4964
2.7	0.4965	0.4966	0.4967	0.4968	0.4969	0.4970	0.4971	0.4972	0.4973	0.4974
2.8	0.4974	0.4975	0.4976	0.4977	0.4977	0.4978	0.4979	0.4979	0.4980	0.4981
2.9	0.4981	0.4982	0.4982	0.4983	0.4984	0.4984	0.4985	0.4985	0.4986	0.4986
3.0	0.4987	0.4987	0.4987	0.4988	0.4988	0.4989	0.4989	0.4989	0.4990	0.4990
3.1	0.4990	0.4991	0.4991	0.4991	0.4992	0.4992	0.4992	0.4992	0.4993	0.4993
3.2	0.4993	0.4993	0.4994	0.4994	0.4994	0.4994	0.4994	0.4995	0.4995	0.4995
3.3	0.4995	0.4995	0.4995	0.4996	0.4996	0.4996	0.4996	0.4996	0.4996	0.4997
3.4	0.4997	0.4997	0.4997	0.4997	0.4997	0.4997	0.4997	0.4997	0.4997	0.4998
3.5	0.4998	0.4998	0.4998	0.4998	0.4998	0.4998	0.4998	0.4998	0.4998	0.4998

本書は，聖文新社より2013年に発行された『編入数学入門－講義と演習－』の復刊であり，同書第1刷（2013年3月発行）を底本とし，若干の修正を加えました。

〈著　者　紹　介〉

桜井　基晴（さくらい・もとはる）

大阪大学大学院理学研究科修士課程（数学）修了

大阪市立大学大学院理学研究科博士課程（数学）単位修了

専門は確率論，微分幾何学

現在　ECC 編入学院　数学科チーフ・講師

著書に『編入数学徹底研究』『編入数学過去問特訓』『編入の線形代数 徹底研究』『編入の微分積分 徹底研究』（金子書房），『大学院・大学編入のための応用数学』『統計学の数理』（プレアデス出版），『数学Ⅲ徹底研究』（科学新興新社）がある。月刊誌『大学への数学』（東京出版）において，超難問『宿題』（学力コンテストよりはるかにハイレベル）を高校生のときにたびたび解答した実績を持つ。余暇のすべては現代数学の勉強。

■大学編入試験対策

編入数学入門

－講義と演習－

2021 年 4 月 30 日　初版第 1 刷発行　［検印省略］

2024 年 1 月 31 日　初版第 2 刷発行

著　者　桜　井　基　晴

発行者　金　子　紀　子

発行所　株式会社　金　子　書　房

〒 112-0012　東京都文京区大塚 3-3-7

電話 03-3941-0111（代）FAX 03-3941-0163

振替 00180-9-103376

URL https://www.kanekoshobo.co.jp

印刷・製本　藤原印刷株式会社

ISBN 978-4-7608-9223-5　C3041